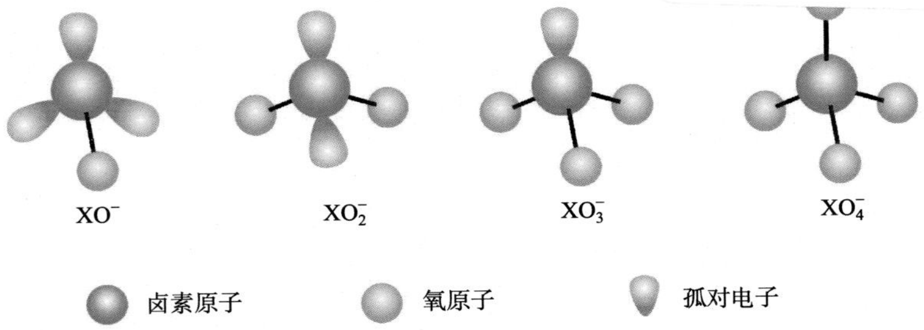

图 13.16　卤素含氧酸根的结构

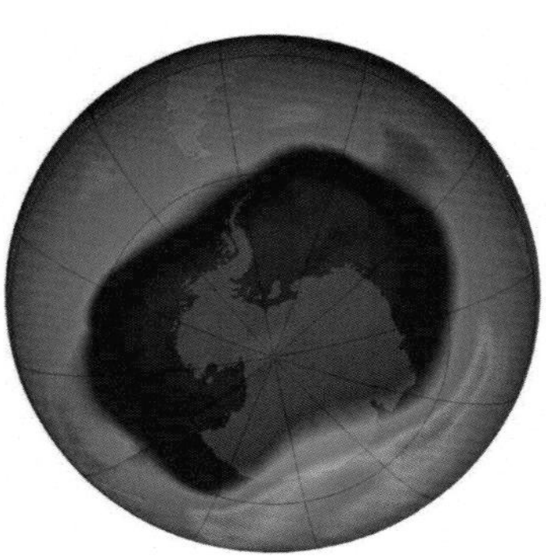

图 14.6　南极上空的臭氧层空洞(美国 NASA 照片)

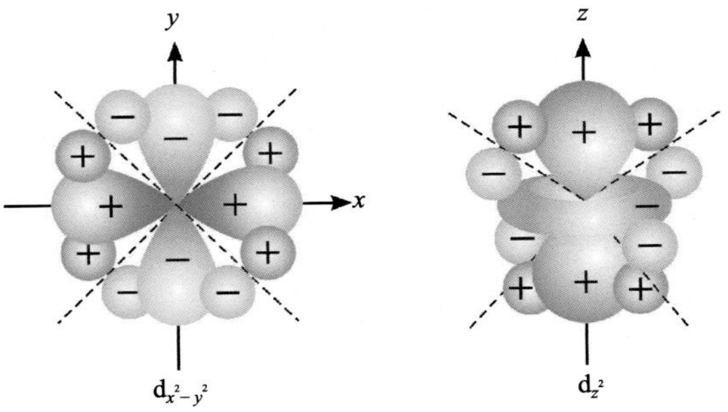

图 14.16　SO_4^{2-} 中两个 Π_5^8 键的形成示意图

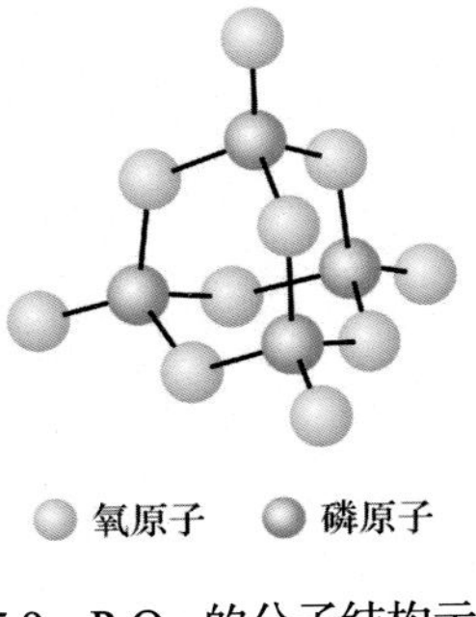

图 15.9　P_4O_{10} 的分子结构示意图

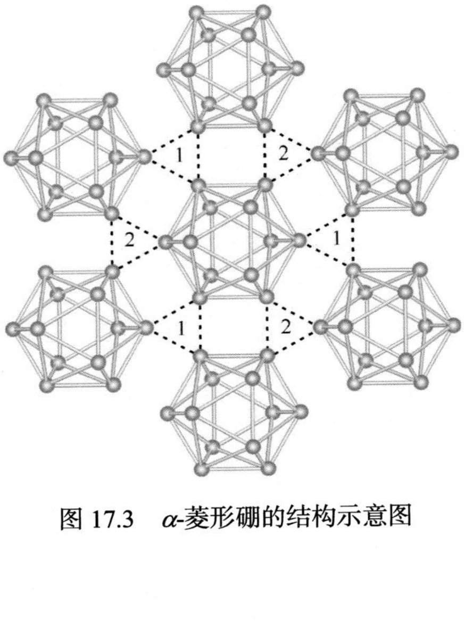

图 17.3　α-菱形硼的结构示意图

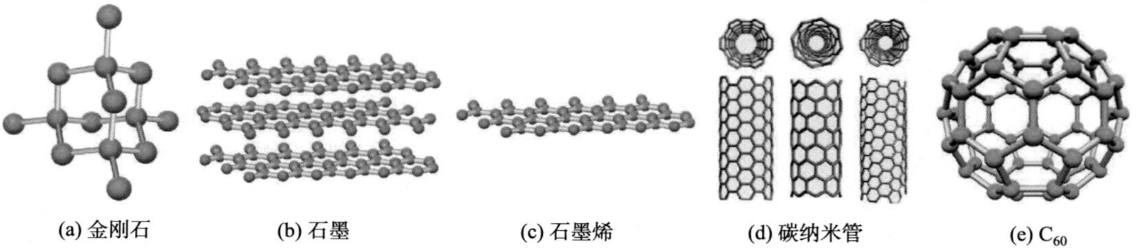
(a) 金刚石
(b) 石墨
(c) 石墨烯
(d) 碳纳米管
(e) C_{60}

图 16.2　金刚石、石墨、石墨烯、碳纳米管、C_{60} 的结构示意图

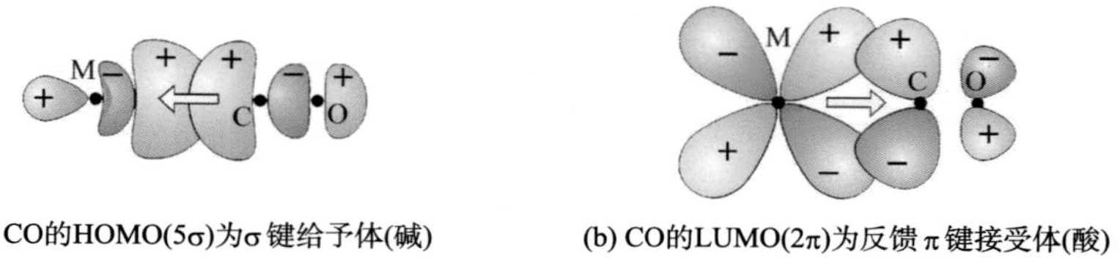
M
C
O
M
C
O
(a) CO的HOMO(5σ)为σ键给予体(碱)
(b) CO的LUMO(2π)为反馈π键接受体(酸)

图 20.23　金属羰基配合物 $M(CO)_6$ 的 σ 配位键(a)和反馈 π 键(b)形成示意图

箭头表示电子迁移方向

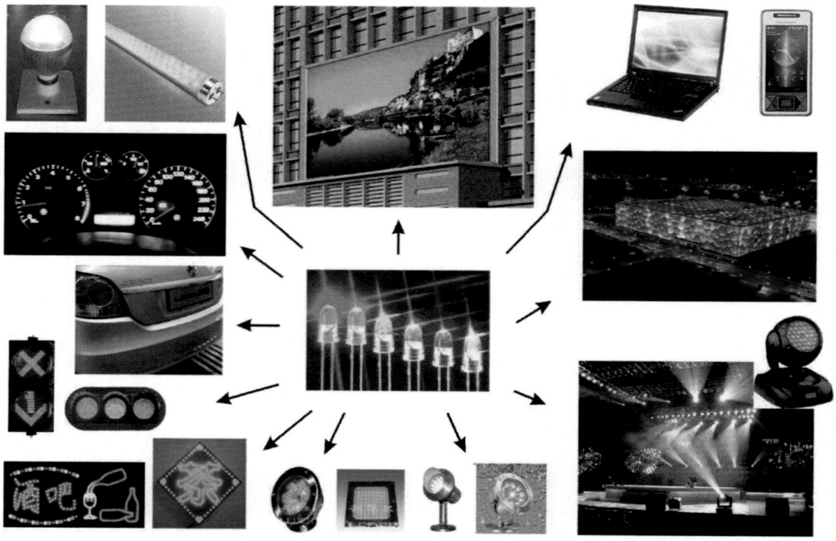

图 21.5　LED 的应用

国家精品课程配套教材

无机化学

（下册）（第二版）

龚孟濂　乔正平　主编
石建新　梁宏斌　编著

科学出版社
北京

内 容 简 介

本书分上、下两册，上册内容是基础无机化学原理，下册内容是元素无机化学。下册按照元素周期表，系统地介绍各族重要元素单质和无机化合物的存在形式、制备、物理-化学性质及应用；同时，简要介绍无机化学发展前沿（无机功能材料、生物无机化学和环境科学）的理论与应用研究成果。

本书可作为高等院校化学、应用化学、材料化学、高分子化学、化学工程与工艺、化学生物学等专业本科生的无机化学教材，也可以作为生物学、物理学、材料科学、环境科学、地学、海洋科学、医学、卫生学、药学及相关专业本科生的无机化学或普通化学课程的教学参考书，以及报考相关专业硕士学位研究生的参考书。

图书在版编目（CIP）数据

无机化学. 下册／龚孟濂，乔正平主编. —2 版. —北京：科学出版社，2023.1

国家精品课程配套教材

ISBN 978-7-03-064013-0

Ⅰ. ①无… Ⅱ. ①龚… ②乔… Ⅲ. ①无机化学-高等学校-教材 Ⅳ. ① O61

中国版本图书馆 CIP 数据核字（2019）第 291030 号

责任编辑：赵晓霞 李丽娇／责任校对：杨 赛
责任印制：张 伟／封面设计：迷底书装

科学出版社 出版
北京东黄城根北街 16 号
邮政编码：100717
http://www.sciencep.com
北京凌奇印刷有限责任公司 印刷
科学出版社发行 各地新华书店经销
*
2013 年 1 月第 一 版 开本：787 × 1092 1/16
2023 年 1 月第 二 版 印张：18 3/4 插页：2
2023 年 12 月第八次印刷
字数：450 000

定价：69.00 元

（如有印装质量问题，我社负责调换）

第 二 版 序

中山大学和南开大学合作编著、龚孟濂教授主编的《无机化学》上册和下册第一版教材自 2011 年、2013 年由科学出版社出版以来，一直在国家精品课程——中山大学化学类专业本科生无机化学课程中使用，取得了良好的教学效果，受到师生的欢迎。

第二版由中山大学化学学院 7 位教师编著。中山大学无机化学学科是国家重点学科，具有重视本科教育和科学研究的优良传统，7 位参编教师均具备丰富的教学经验和科学研究经历。

在第二版中，作者重新编著了八章内容，对其余各章也做了细致的修改，在保持第一版教材科学性、前沿性、应用性和适用性的基础上，对化学基础理论的表述更加严谨、流畅，对元素化学的论述更加注重热力学原理和结构理论的应用。

化学作为中心科学和应用科学的重要性正在被越来越多的人认识。因此，学习与掌握化学的基本理论和知识，不仅是对高等院校相关专业本科生的专业要求，而且对于提高其他专业本科生的科学素质也有重要作用。

无机化学是化学的分支学科，也是化学科学的基础。该书作为化学基础课入门教材，对于引导本科一年级学生跨进化学科学的大门，会产生良好的作用。

这是一本值得推荐的教材。值此《无机化学》第二版教材出版之际，我向参与编写的全体教师表示衷心的祝贺。我相信，教材的出版、使用将有助于读者了解和掌握化学理论和知识，顺利跨进化学科学的大门。

中国科学院院士、中山大学教授

2022 年 4 月 18 日

第二版前言

《无机化学》上、下册自2011年、2013年由科学出版社出版以来，作为国家精品课程——中山大学化学类专业本科生无机化学课程的教材，已使用近十年，不仅满足了教学的需要，同时也为进一步改善教材积累了经验。2020 年，中山大学无机化学课程被评选为“国家级一流本科课程”，本书的使用起了积极作用。

根据新时代高等院校教学改革的要求，为了进一步提高教学质量，编者在本书第一版的基础上修订、出版第二版。修订的主要内容有：

(1) 重新编著了上册第 2 章“化学基础知识”、第 3 章“化学热力学基础”、第 10 章“晶体结构”和第 11 章“配位化合物与配位平衡”，以及下册第 18 章“碱金属和碱土金属”、第 19 章“铜锌副族元素”、第 20 章“d 区过渡金属元素”和第 22 章“氢和稀有气体”等八章内容。下册增补了各族元素的生物学作用简介，并增加了对各族元素及其化合物应用的论述。

(2) 对其余各章做了部分修改，更正了已发现的第一版中的差错。

(3) 严格按照国际单位制(SI)规范物理量的表达和运算，对“化学平衡”等重要概念严格按“热力学”特点进行定义，对反应速率对数运算($\lg k$)做了清晰表述，目的是使读者能学习严谨表述的化学理论。对元素化学的论述更注重热力学原理和结构理论的应用。

本书除了普遍适用的基础无机化学理论外，还包括无机化学在无机功能材料、生物无机化学等领域的基础知识和最新进展，以帮助学生扩展视野。教师可根据本专业的需要有针对性地选用内容。书中注“*”号的内容供选学。

此外，本书还包含国内外有关教材不具有的内容和特点，如各族元素的自由能-氧化态图及其在分析元素的不同氧化态物质的热力学稳定性及氧化还原性质方面的应用。

在本书中，我们尽可能使用生动活泼的语言、图表和编排方式，并适当介绍有关领域著名科学家的科学活动。

为了帮助学生理解和掌握相关的基础无机化学理论，章末编写了相应的习题，供学生练习。这些习题是作者在长期的教学过程中精选出来的，有一定的代表性、广度和深度，基本可以满足教学的需要。教师和学生可以按照教学的需要和各校、各专业的特点选用。

中山大学化学学院 7 位教师参加本书的编著，他们都长期参与本科无机化学课程的教学工作，并且活跃在无机化学科学研究的第一线。本书上册由乔正平、龚孟濂任主编。参加编写人员分工为：龚孟濂编写第 1 章、第 12 章和附录 6，赵修毅编写第 2 章和第 11 章，乔正平编写第 3 章、第 8 章、第 9 章和其余附录，巢晖编写第 4 章、第 5 章和第 6 章，梁宏斌编写第 7 章，林志强编写第 10 章，并由乔正平、龚孟濂统稿。

本书下册由龚孟濂、乔正平任主编。参加编写人员分工为：龚孟濂编写第 13 章、第 14 章、第 18 章和第 19 章，乔正平编写第 15～17 章和第 22 章，石建新编写第 20 章，梁宏斌编写第 21 章，并由龚孟濂、乔正平统稿。

感谢中山大学教务部、化学学院对本书的编著、出版给予的大力支持，感谢中山大学本科教学质量工程类项目和化学学院的资助。张吉林博士协助绘制和修改部分图形，谨表谢意。

由于作者水平所限，本书的疏漏和不足之处在所难免，恳请读者和同行专家不吝赐教，以便再版时修正。

作　者

2022 年 4 月 28 日

第 一 版 序

2008年12月30日联合国第63届大会通过议案，将2011年作为“国际化学年”(International Year of Chemistry)，其主题是“化学——人类的生活，人类的未来”，目的是进一步增加公众对化学创造人类美好生活的认知，激发年轻人对化学的兴趣，使人们对化学的未来满怀激情，从而在全球范围内促进化学科学的发展。

化学是一门中心科学。化学与信息、生命、材料、环境、能源、地球、空间和核科学等八大朝阳科学紧密联系，产生了许多重要的交叉学科，如分子生物学、结构生物学、生物物理学、材料化学、化学信息学、环境化学、药物化学、固体化学、化学器件学等。化学与这些学科在相互交叉、相互渗透、相互促进中共同发展。

化学又是一门应用科学，化学科学的应用为人类创造了大量物质财富。

化学科学作为中心科学和应用科学的重要性，正在被越来越多的人认识。因此，学习与掌握化学科学的基本理论和知识，不仅是对高等院校相关专业本科生的专业要求，而且对于提高其他专业本科生的科学素质也有重要作用。

无机化学既是化学的一个分支，也是化学科学的基础。学习无机化学，是跨进化学科学大门的第一步。无疑，一本好的无机化学教材，对于引导本科一年级学生跨进化学科学的大门，会产生良好的作用。

由中山大学和南开大学两校 8 位教师合作编著、龚孟濂教授主编的《无机化学》即将由科学出版社出版。两校无机化学学科均是国家重点学科，参加编写的教师都长期从事本科无机化学课程教学工作和科学研究工作，有着丰富的经验，为编著该书奠定了基础。中山大学无机化学课程在2010年被评为国家精品课程，该书为配套的教科书。

该书的特点之一是在选材上密切结合各专业的需要，既保证无机化学基础理论的相对完整性，又注重了无机化学在各个专业方向的应用，以适应不同专业的教学需要。

该书在用科学、严谨、流畅的语言介绍无机化学基础理论的同时，也用了不少篇幅向读者展现了国内外无机化学新的重要科研成果，这有利于激发学生的学习兴趣，培养学生科学素质。这是该书的另一特点。

该书在编排上采取“基本原理—元素无机—前沿进展”的模式，既考虑到不同专业的共同教学需要，又叙述了无机化学在功能材料、生物无机化学、环境科学等前沿领域的进展，可以帮助读者扩展视野。

我很高兴作为最早的读者之一，阅读了该书内容。这是一本值得推荐的教材。借此《无机化学》出版之际，我向全体参加编写的教师表示衷心的祝贺。我相信，教材的出版、使用将会有助于读者了解和掌握化学理论和知识，顺利跨进化学科学的大门。

计亮年

中国科学院院士、中山大学教授

2012年5月28日

第一版前言

无机化学是高等院校化学化工类各专业本科生的第一门专业基础课，也是生命科学、物理学、材料科学、环境科学、地学、医学、药学等专业和师范院校相关专业本科生的一门专业必修课。无机化学作为大学阶段的第一门化学课，是一门“承前启后”的课程。一本好的无机化学教材，对于相关专业的大学新生而言，将会起到进入大学阶段化学科学大门的“引领者”的作用。

根据高等院校本科教学的需要，2007 年我们开始组织编写“无机化学系列教材”，它包括 3 本书，即适用于化学类各专业本科生的《无机化学(上册)》、《无机化学(下册)》以及适用于非化学类各专业本科生的《无机化学》。

“无机化学系列教材”由中山大学和南开大学合作编著。中山大学和南开大学两校的无机化学学科均是国家重点学科，具有重视本科教育和科学研究的优良传统。两校共 8 位教师参加本系列教材的编著，他们都长期参与本科无机化学课程的教学工作，并且活跃在无机化学科学研究的第一线。

本书具有以下特点：

(1)科学性。准确阐述无机化学理论，使读者能接触并学习严谨、科学表达的基础无机化学理论。

(2)前沿性。紧跟无机化学学科发展前沿，充分利用编著人员科研力量强的优势，把国内外无机化学方面最新的重要科研成果呈现给读者。

(3)应用性。紧密联系无机化学相关的应用领域，既重视理论，也重视应用。

(4)适用性。除了普遍适用的基础无机化学理论外，还包括无机化学在无机光磁功能材料、生物无机化学(含无机药物、仿生材料等)、环境科学等领域的基础知识和最新进展，以帮助学生扩展视野。教师可根据本专业的需要有针对性地选用本书的内容。书中注“*”的内容供选学。

此外，本书还包含国内外有关教材较少涉及的内容，如重要元素的自由能-氧化态图及其在分析元素的不同氧化态物质的热力学稳定性、氧化还原性质方面的应用。

在本书中，我们尽可能使用生动活泼的语言、图表和编排方式，并适当介绍有关领域著名科学家的科学活动。

为了帮助学生理解和掌握相关的基础无机化学理论，章末编写了相应的习题，供学生练习。这些习题是编者在长期的教学过程中精选出来的，有一定的代表性、广度和深度，基本可以满足教学的需要。教师和学生可以按照教学的需要和各校、各专业的特点选用。

本书由龚孟濂任主编，具体写作分工为：龚孟濂(中山大学)编写第 13 章、第 14 章，乔正平(中山大学)编写第 15 章、第 16 章、第 17 章，邱晓航(南开大学)编写第 18 章和第 22 章，朱宝林(南开大学)编写第 19 章和第 20 章，梁宏斌(中山大学)编写第 21 章，顾文(南开大学)编写有关章节中关于过渡金属及其化合物的磁性、大气中含硫化合物和氮的氧化物污染及治理的部分内容，巢晖(中山大学)编写有关章节中一些元素的生物化学功能。全书由龚孟濂统稿。书末“化学元素周期表”由陈三平、谢钢、高胜利、杨奇编著。

西北大学唐宗薰教授担任本书的主审，他认真地审阅了全部书稿，提出了许多专业的、重要的和有价值的修改意见，使本书得以改进。全体参编作者都被他的专业精神感动，在此表示深深的谢意。感谢中山大学教务处、化学与化学工程学院和南开大学教务处、化学学院对本书的编著、出版给予的大力支持。张吉林（中山大学）协助绘制和修改部分图形，谨表谢意。

由于编者水平所限，本书的疏漏和错误之处在所难免，恳请读者和同行专家不吝赐教，以便重印时修正。

编　者
2012 年 6 月

符　号　表

表1　本书一些物理量名称、符号和SI单位

名称	符号	SI单位	注释
物质的量	n(B) 或 n_B	mol	物质B的物质的量。B是化学式(下同)。在使用mol时，其基本单元应予指出，可以是一种粒子，也可以是若干种特定粒子的组合
浓度	c(B) 或 c_B	$mol \cdot dm^{-3}$	1 dm^3溶液溶解的溶质B的物质的量。又称“物质的量浓度”。有的书刊用[B]。单位 $mol \cdot L^{-1}$ 保留使用
起始浓度	c_{ini}(B)	$mol \cdot dm^{-3}$	反应开始时物质B的浓度
平衡浓度	c_{eq}(B)	$mol \cdot dm^{-3}$	反应平衡时物质B的浓度
标准浓度	$c^{\ominus}$	$mol \cdot dm^{-3}$	定义 $c^{\ominus} = 1\ mol \cdot dm^{-3}$
相对浓度	$c(B)/c^{\ominus}$	1	$c(B)/c^{\ominus}$ 用于与标准平衡常数有关的计算
质量摩尔浓度	b(B)或 b_B，也可用 m(B)或 m_B	$mol \cdot kg^{-1}$	1 kg溶剂溶解的溶质B的物质的量
标准质量摩尔浓度	$b^{\ominus}$ 或 $m^{\ominus}$	$mol \cdot kg^{-1}$	定义 $b^{\ominus} = 1\ mol \cdot kg^{-1}$ 或 $m^{\ominus} = 1\ mol \cdot kg^{-1}$
压力(压强)	p	Pa	
起始分压	p_{ini}(B)	Pa	反应开始时气态物质B的分压
平衡分压	p_{eq}(B)	Pa	反应平衡时气态物质B的分压
标准压力	$p^{\ominus}$	Pa	定义 $p^{\ominus} = 1 \times 10^5$ Pa
相对分压	$p(B)/p^{\ominus}$	1	$p(B)/p^{\ominus}$ 用于与标准平衡常数有关的计算
体积	V	m^3	
温度	T	K	单位℃保留使用
能量	E	J	
热	Q	J	
功	W	J	
热力学能	U	J	
热力学能变	ΔU	J，$kJ \cdot mol^{-1}$	
焓	H	J	
标准生成焓	$\Delta_f H_m^{\ominus}$(B)	$kJ \cdot mol^{-1}$	
反应的标准焓变	$\Delta_r H_m^{\ominus}$	$kJ \cdot mol^{-1}$	
熵	S	$J \cdot K^{-1}$	
标准熵	$S_m^{\ominus}$(B)	$J \cdot K^{-1} \cdot mol^{-1}$	
反应的标准熵变	$\Delta_r S_m^{\ominus}$	$J \cdot K^{-1} \cdot mol^{-1}$	
吉布斯自由能	G	J	
标准生成自由能	$\Delta_f G_m^{\ominus}$(B)	$kJ \cdot mol^{-1}$	
反应的标准自由能变	$\Delta_r G_m^{\ominus}$	$kJ \cdot mol^{-1}$	
标准平衡常数	$K^{\ominus}$	1	对具体反应方程式单值；可与热力学函数联系
酸解离常数	$K_a^{\ominus}$	1	属于标准平衡常数

续表

名称	符号	SI 单位	注释
碱解离常数	$K_b^\ominus$	1	属于标准平衡常数
溶度积常数	$K_{sp}^\ominus$	1	属于标准平衡常数
配合物稳定常数	$K_{稳}^\ominus$	1	属于标准平衡常数
浓度平衡常数	K_c	$(mol \cdot dm^{-3})^x$	属于实验平衡常数，单位中 x 值视具体反应方程式而定。不可与热力学函数联系
酸解离常数	K_a	$(mol \cdot dm^{-3})^x$	属于实验平衡常数(浓度平衡常数)
碱解离常数	K_b	$(mol \cdot dm^{-3})^x$	属于实验平衡常数(浓度平衡常数)
压力平衡常数	K_p	$(Pa)^x$	属于实验平衡常数，单位中 x 值视具体反应方程式而定；不可与热力学函数联系
混合平衡常数	K_x	$(mol \cdot dm^{-3})^y \cdot (Pa)^z$	适用于多相平衡系统；属于实验平衡常数，单位中 y、z 值视具体反应方程式而定；不可与热力学函数联系
溶解度	s	$mol \cdot dm^{-3}$	有其他表示方法，如 100 g 或 1 dm^3 溶剂溶解的溶质的质量(g)
反应进度	ξ	mol	
时间	t	s	可以用 min 或 h
反应速率	J	$mol \cdot s^{-1}$	$J=\frac{d\xi}{dt}=\frac{1}{\nu_B}\cdot\frac{dn_B}{dt}$，此定义未涉及系统体积。$\nu_B$ 是物质 B 在反应方程式中的化学计量系数，单位是 1，对于反应物取负值，对于产物取正值
反应瞬时速率	r	$mol \cdot dm^{-3} \cdot s^{-1}$	$r=\frac{J}{V}=\frac{1}{\nu_B}\cdot\frac{dc_B}{dt}$，$\nu_B$ 同上
电离能	I (I_1、I_2、…)	$kJ \cdot mol^{-1}$	
电子亲和能	E_{ea} (E_{ea1}、E_{ea2}、…)	$kJ \cdot mol^{-1}$	
电负性	χ	1	鲍林标度，指定氟元素的电负性为 3.98
键能	B.E.$_{A—B}$、$D_{A—B}$ 或 $\Delta_D H_m^\ominus$	$kJ \cdot mol^{-1}$	A—B 键的解离能
晶格能	U	$kJ \cdot mol^{-1}$	晶格能是热力学标准态下，1 mol 离子晶体解离成自由的气态正、负离子的过程的热力学能的变化：$A_mB_n(s) = mA^{n+}(g) + nB^{m-}(g)$，$U(A_mB_n)=\Delta_r U_m^\ominus$
电极电势	E	V	有的书刊用符号 φ
标准电极电势	$E^\ominus$	V	有的书刊用符号 $\varphi^\ominus$
原电池电动势	$E_{池}$	V	$E_{池}=E_+ - E_-$，E_+、E_-分别表示正极、负极的电极电势
原电池标准电动势	$E_{池}^\ominus$	V	

表 2 本书一些物理量常量名称、符号、SI 单位和数值

名称	符号	SI 单位	数值
真空中光速	c_0	$m \cdot s^{-1}$	$2.997\,924\,58 \times 10^8\ m \cdot s^{-1}$(精确值)
摩尔气体常量	R	$J \cdot K^{-1} \cdot mol^{-1}$	$8.314\,510(70)\ J \cdot K^{-1} \cdot mol^{-1}$
阿伏伽德罗常量	N_A	mol^{-1}	$6.022\,136\,7(36) \times 10^{23}\ mol^{-1}$
法拉第常量	F	$C \cdot mol^{-1}$	$96\,485.309(29)\ C \cdot mol^{-1}$
普朗克常量	h	$J \cdot s$	$6.626\,075\,5(40) \times 10^{-34}\ J \cdot s$
原子质量	m_u(或 1u)	kg	$1.660\,540\,2(10) \times 10^{-27}$ kg
中子静止质量	m_n	kg	$1.674\,928\,6(10) \times 10^{-27}$ kg
质子静止质量	m_p	kg	$1.672\,623\,1(10) \times 10^{-27}$ kg
电子静止质量	m_e	kg	$9.109\,389\,7(54) \times 10^{-31}$ kg
基本电荷	e	C	$1.602\,177\,33(49) \times 10^{-19}$ C
电子荷质比	e/m_e	$C \cdot kg^{-1}$	$1.758\,805(5) \times 10^{-11}\ C \cdot kg^{-1}$
经典电子半径	r_e	m	$2.817\,938(7) \times 10^{-15}$ m
玻尔磁子	μ_B(或 B.M.)	$J \cdot T^{-1}$	$9.274\,015\,4(31) \times 10^{-24}\ J \cdot T^{-1}$
玻尔半径	a_0	m	$5.291\,772\,49(24) \times 10^{-11}$ m

数据来源：迪安 J A. 2003. 兰氏化学手册. 2 版. 北京：科学出版社. 2.3～2.4

目　录

第 13 章　卤 族 元 素
（The Halogen Group Elements）

本章学习要求

1. 掌握卤族元素的基本性质及氟的特殊性。
2. 掌握卤素单质的制备及其反应方程式。
3. 理解卤素单质及其重要化合物的氧化还原性质：
(1) 卤素单质的氧化性及卤离子的还原性规律；
(2) 卤素的歧化与逆歧化反应及其发生的条件；
(3) 卤素含氧酸盐的氧化性规律及其理论解释；
(4) 根据自由能-氧化态图（$\Delta_r G_m^\ominus / F\text{-}Z$ 图）定量计算 $E^\ominus$、$E_{池}^\ominus$ 和 $K^\ominus$。
4. 掌握卤素含氧酸的结构、酸性变化规律。
5. 掌握 VSEPR 法分析卤素重要化合物分子（离子）的几何构型。
6. 了解拟卤素的基本性质。

卤族元素简称卤素，位于元素周期表ⅦA 族（或第 17 族），包括氟（fluorine）、氯（chlorine）、溴（bromine）、碘（iodine）、砹（astatine）和近年发现的鿬（tennessine，Ts）六种元素。

卤素（halogen）的意思是“成盐”。氟、氯、溴、碘在地壳的丰度（按质量分数）依次为 $5.85\times10^{-2}\%$、$1.45\times10^{-2}\%$、$2.4\times10^{-4}\%$、$4.5\times10^{-5}\%$，在所有元素中分列第 13、19、50、63 位。氟以萤石（CaF_2）、冰晶石（Na_3AlF_6）、氟磷灰石[$Ca_5F(PO_4)_3$]等矿物形式存在。氯主要以氯化钠形式存在于海水中（约含 2% NaCl），也存在于岩盐（NaCl）和光卤石（$KCl\cdot MgCl_2\cdot 6H_2O$）等矿物中。溴以溴化钾、溴化钠等形式存在于海水或岩盐中。碘以碘化物形式存在于海水或岩盐中，也以碘酸钾形式存在于智利硝石中，海藻类植物中常富集碘。砹是放射性元素，地壳中含量极低，已知其原子基态价层电子构型是 $6s^26p^5$，鿬是人工合成元素，原子序数 117，其原子基态价层电子构型是 $7s^27p^5$，本书不作进一步介绍。

13.1　卤族元素基本性质
（General Properties of the Halogen Group Elements）

13.1.1　卤族元素通性

卤族元素的一些基本性质列于表 13.1。

表 13.1　卤族元素原子结构及基本性质*

结构及性质	元素			
	F	Cl	Br	I
价层电子构型	$2s^22p^5$	$3s^23p^5$	$4s^24p^5$	$5s^25p^5$

续表

结构及性质	元素			
	F	Cl	Br	I
主要氧化数	−1，0	−1，0，+1，+3，+4，+5，+7	−1，0，+1，+3，+5，+7	−1，0，+1，+3，+5，+7
原子共价半径/pm	64	99	121	140
X^-有效离子半径**/pm	133	181	196	220
熔点/℃	−219.67	−101.5	−7.2	113.57
沸点/℃	−188.72	−34.04	58.8	184.4
单质在水中溶解度(20℃)/[g·(100 g H_2O)$^{-1}$]	分解 H_2O	0.732 (0.10 mol·dm^{-3})	3.58 (0.22 mol·dm^{-3})	0.029 (0.001 mol·dm^{-3})
I_1/(kJ·mol^{-1})	1681.0	1251.2	1139.9	1008.4
E_{ea1}***/(kJ·mol^{-1})	328.16	348.57	324.54	295.15
χ_P****	3.98	3.16	2.96	2.66
单键(X—X)解离能 D/(kJ·mol^{-1})	158.670	236.303	193.859	152.25
X^-离子水合能/(kJ·mol^{-1})	−332.6	−167.2	−121.6	−55.2
$E^\ominus$ (X_2/X^-)/V	2.889	1.360	1.077	0.534

* 本书各章正文元素的基本性质数据来源：Lide D R. 2010. CRC Handbook of Chemistry and Physics. 90th ed. Boca Raton: CRC Press。

** 第二周期元素的有效离子半径是在 CN = 4 条件下测量的结果，其余有效离子半径均为 CN = 6 条件下测量的结果，下同。

*** 习惯上，电子亲和能值是相应标准焓变的相反数，即第一电子亲和能 $E_{ea1} = -\Delta_{r1}H_m^\ominus$、第二电子亲和能 $E_{ea2} = -\Delta_{r2}H_m^\ominus$ 等。

**** χ_P 即鲍林(Pauling)标度的电负性。

由表 13.1 可见：卤素原子基态价层电子构型均为 ns^2np^5，离最外层 8 电子稳定构型仅差 1 个电子，故该族元素原子均有强烈的接受外来电子的倾向，在同一周期元素中非金属性最强；随着原子半径增大，从氟到碘第一电离能和电负性递减，非金属性逐渐减弱，表明与有效核电荷相比，原子半径对元素性质的影响占主导地位。从氯到碘，第一电子亲和能和单键(X—X)解离能均有规律地减小，但氟元素显特殊性。

13.1.2 第二周期元素——氟的特殊性

与同族其他元素相比，第二周期元素氟显示一系列特殊性。

1. 氧化态

氟元素的氧化态为−1 和 0，无正氧化态，因为氟是电负性最大的元素；而氯、溴、碘除了−1 和 0 氧化态外，还有+1、+3、+5、+7 等常见氧化态。O_2F_2 和 OF_2 应视为氟化物，其中氟元素的氧化态为−1，而氧元素的氧化态依次为+1 和+2。

2. 第一电子亲和能

第一电子亲和能 E_{ea1} 绝对值 F＜Cl，而 Cl、Br、I 递减，这类似于氧族 O＜S，氮族 N＜P。

3. 键解离能

自身形成单键时，键解离能 F—F(158.670 kJ·mol^{-1})＜Cl—Cl(236.303 kJ·mol^{-1})＞

Br—Br(193.859 kJ · mol^{-1})＞I—I(152.25 kJ · mol^{-1})；与电负性较大、价电子数目较多的元素的原子成键时，O—F(184 kJ · mol^{-1})＜Cl—O(205 kJ · mol^{-1})。

氟的单键解离能和第一电子亲和能偏小，是因为它是第二周期元素，原子半径较小，成键或接受外来电子后，电子密度过大，电子互相排斥作用增加。

但是，当与电负性较小、价电子数目较少的元素原子成键时，氟所形成的单键解离能却大于氯所形成的对应单键，如 F—C(435.3 kJ · mol^{-1})＞Cl—C(327.2 kJ · mol^{-1})，F—H(565.3 kJ · mol^{-1})＞Cl—H(427.6 kJ · mol^{-1})。显然，由于成键后价层电子密度不太大，F—C 和 F—H 与 Cl—C 和 Cl—H 相比较，原子轨道更有效的重叠和能量更相近起着主导作用。

4. 化学键类型

多数氟化物为离子型，而相应的氯化物、溴化物、碘化物中键的离子性逐步减小，出现从离子型到共价型的过渡。这显然与氟元素电负性最大有关。

5. 与水的作用

$F_2(g)$ 通入水中，发生激烈反应，F_2 把 H_2O 氧化为氧气，而氯、溴、碘在水中均有一定溶解度，相应的溶液称为氯水、溴水、碘水。

6. 配位数

对于同一中心原子，以卤素原子作配位原子，中心原子配位数(CN)以氟化物最大，稳定性也最高。例如

(1)存在$[AlF_6]^{3-}$和$[AlCl_4]^-$，不存在$[AlCl_6]^{3-}$。

(2)AsF_5 与 $AsCl_5$：AsF_5 稳定，$AsCl_5$ 在 50℃分解；不存在 $AsBr_5$ 和 AsI_5。

(3)PbF_4 与 $PbCl_4$：PbF_4 稳定，$PbCl_4$ 在室温分解；不存在 $PbBr_4$ 和 PbI_4。

7. 稳定性

卤化物热力学稳定性，以氟化物最稳定。

氟元素的特殊性，除了可以从原子半径小、电负性最大等结构因素考虑外，还可以从热力学因素理解：离子型卤化物中，以氟化物晶格能最大(因为 F 电负性最大，而且在 X^- 中 F^- 的半径最小)；而共价型卤化物中，以氟化物的标准生成自由能($\Delta_f G_m^\ominus$)最负。以生成卤化氢的玻恩-哈伯循环(Born-Haber cycle)为例说明(图 13.1)，相应的热力学数据列于表 13.2。

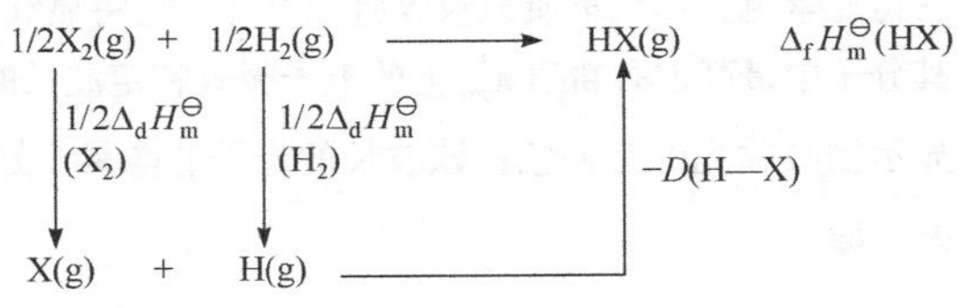

图 13.1　生成卤化氢的玻恩-哈伯循环

表 13.2　卤化氢玻恩-哈伯循环的热力学数据(kJ · mol^{-1})

终态物质	反应式	X_2 原子化热	$\frac{1}{2}\Delta_d H_m^\ominus(X_2)$	$\frac{1}{2}\Delta_d H_m^\ominus(H_2)$	D(H—X)	$\Delta_f H_m^\ominus$(HX)
HF(g)	$1/2F_2(g) + 1/2H_2(g) = HF(g)$		78.85	216	565.3	−270.4
HCl(g)	$1/2Cl_2(g) + 1/2H_2(g) = HCl(g)$		119.05	216	427.6	−92.5
HBr(g)	$1/2Br_2(l) + 1/2H_2(g) = HBr(g)$	30	94.55	216	361.9	−36.25
HI(g)	$1/2I_2(s) + 1/2H_2(g) = HI(g)$	62.2	74.45	216	294.5	−27.05

图 13.1 设计了生成 HX(g)的两种不同途径：其一是直接由单质化合，其二是 X_2 和 H_2(g)先解离为气态原子[Br_2(l)和 I_2(s)还需增加气化步骤，相应增加原子化热]，再结合成 HX(g)。根据赫斯定律(或根据状态函数的性质)，两种途径的热效应相等，即

$$\Delta_f H_m^{\ominus}(HX) = \Delta_d H_m^{\ominus}(X_2) + \Delta_d H_m^{\ominus}(H_2) + [-D(H—X)]$$

比较表 13.2 中数据可发现：X_2 解离焓以 F_2(g)最小，而 HX(g)键能(BE)以 HF(g)最大，因此 HF(g)的标准生成焓最负①。

13.2 卤 素 单 质
(The Halogen Elements)

13.2.1 物理性质

卤素单质的一些物理性质示于表 13.1。卤素单质分子均为非极性分子，随着 X_2 相对分子质量增大，色散力增大，故单质的熔点、沸点升高，室温下，氟是淡黄色气体；氯是黄绿色气体；溴是红棕色液体，易挥发；而碘是紫黑色固体，易升华。氟气、氯气、溴蒸气、碘蒸气均有强烈的刺激性气味，刺激眼睛、鼻、气管等器官的黏膜，对人有毒性，且毒性自氟到碘逐渐减小。发生氯气中毒，可以吸入乙醇和乙醚的混合蒸气解毒。液溴接触皮肤可导致难愈合的创伤，使用时要十分小心；液溴致伤，可用苯或甘油清洗伤口，再用水洗，并到医院治疗。

物质为什么会显示不同的颜色？*

这可以从光的互补原理理解。可见光的互补关系示于图 13.2。通常，人的眼睛可以看见波长 400～760 nm 的光，称为可见光；按照波长从短到长，依次为紫、蓝、绿、黄、橙、红等颜色。当一束白光照射到某物质上时，如果所有波长的可见光全部被该物质吸收，它就呈黑色；如果该物质对所有波长的可见光都不吸收，它就呈白色；如果该物质吸收所有波长的可见光的一部分，它就呈灰色；如果该物质只吸收特定波长范围的可见光，它就呈现被吸收光的互补色。例如，物质只吸收紫色光，它将显黄绿色；相反，只吸收黄绿色光，它将显紫色；如果物质只吸收蓝绿色光，它将显红色等。卤素单质显示特定颜色，源于当可见光照射它时，其分子中最高占有轨道 π_{np}^* 上的电子吸收特定波长的光，受激发而跃迁到最低空轨道 σ_{np}^* 上，从而使卤素单质显示被吸收光的互补色；该波长的光子的能量正好等于卤素分子最低空轨道 σ_{np}^* 与最高占有轨道 π_{np}^* 的能级差，即

$$E_{光子} = \Delta E = E(\sigma_{np}^*) - E(\pi_{np}^*) = h\nu$$

卤素单质被光激发的过程，可以用分子轨道式表示为

$$X_2[(\sigma_{ns})^2(\sigma_{ns}^*)^2(\sigma_{np_x})^2(\pi_{np_y}, \pi_{np_z})^4(\pi_{np_y}^*, \pi_{np_z}^*)^4(\sigma_{np_x}^*)^0](基态) \xrightarrow{h\nu}$$

$$X_2[(\sigma_{ns})^2(\sigma_{ns}^*)^2(\sigma_{np_x})^2(\pi_{np_y}, \pi_{np_z})^4(\pi_{np_y}^*, \pi_{np_z}^*)^3(\sigma_{np_x}^*)^1](第一激发态)$$

相应的电子跃迁及能级示意图见图 13.3。

① 严格来说，应以物质的标准生成自由能来衡量其热力学稳定性，这里忽略了熵变的影响；在一些情况下，熵变因素的影响不大。

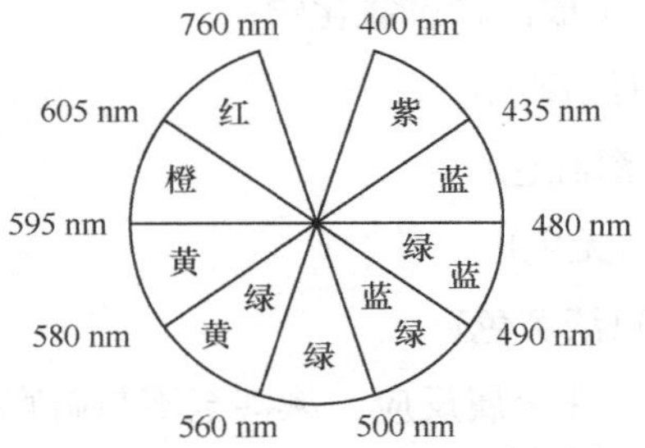

图 13.2　可见光的互补关系示意图

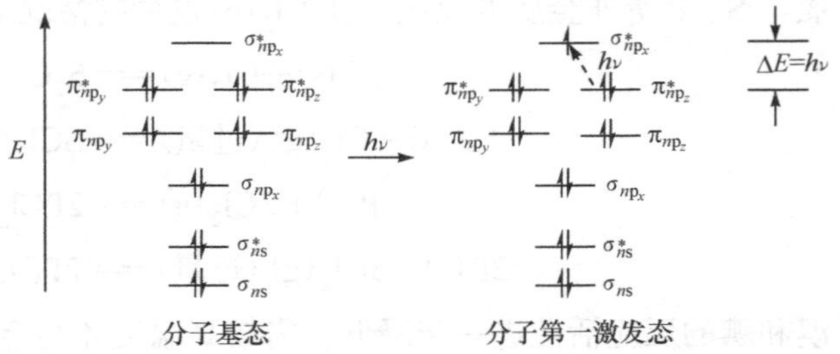

图 13.3　卤素单质分子被光激发过程发生的电子跃迁及能级示意图

随着原子序数增加，从 F_2 到 I_2，卤素分子最低空轨道 σ_{np}^* 与最高占有轨道 π_{np}^* 的能级差 ΔE 逐渐减小，所吸收光的波长逐渐增大(光谱学称为“红移”)，因而卤素显示的互补光颜色发生规律性变化。例如，F_2(g)部分吸收较短波长的紫光，显示出互补光浅黄色；Cl_2(g)吸收稍长波长的紫光，显示出互补光黄绿色；I_2(g)吸收较长波长的黄绿光，显示出互补光紫色，如图 13.2 所示。

F_2(g)对水的作用与其他卤素不同，F_2(g)与水激烈反应，把 H_2O 氧化为氧气：

$$2F_2(g)+2H_2O(l) \xlongequal{\quad} 4HF(aq)+O_2(g)$$

而氯、溴、碘溶解于水中，但溶解度不大(表 13.1)。

碘在有机溶剂中的溶解度比在水中更大，在 100 g 溶剂中的溶解度和溶液颜色为：水 0.030 g(25℃)，溶液浅黄褐色；乙醇 20.5 g(15℃)，溶液褐色；苯 16.46 g(25℃)，溶液红褐色；四氯化碳 2.91 g(25℃)，溶液紫色。除四氯化碳溶液外，其他溶液颜色均不同于碘蒸气紫色，这是因为 I_2 与溶剂分子发生溶剂化作用，生成溶剂化物。

碘可以形成多碘离子 I_3^-、I_5^-、I_7^- 等，故碘在 KI 溶液中的溶解度比在水中显著增加。碘易升华，据此可以提纯碘。

13.2.2　化学性质

卤素原子基态价层电子构型 ns^2np^5 决定氟、氯、溴、碘均是所在周期中非金属性最强的元素，而从氟到碘，非金属性逐渐减弱，这是原子半径对元素性质的影响占主导地位的结果。

卤素单质的主要化学性质是其氧化还原性质，尤其是氧化性。由标准电极电势 $E^\ominus(X_2/X^-)$(表 13.1)可知：F_2 是很强的氧化剂，Cl_2 是强氧化剂，Br_2 是中等氧化剂，I_2 是温和的氧化剂，同浓度下氧化性顺序为 $F_2 \gg Cl_2 > Br_2 > I_2$，而还原性顺序为 $F^- \ll Cl^- < Br^- < I^-$。

1. 卤素与金属、非金属的反应

氟可以与除 He、Ne、O_2 和 N_2 外的其余单质直接化合，其中与金、铂等惰性的贵金属需加热才反应，而在室温或稍高温度下与 Mg、Fe、Ni、Cu、Pb 等反应时，生成致密的氟化物薄膜，防止了金属进一步氧化，故常用钢制或镍铜合金制的容器储运氟。氟在低温下即与 B、C、Si、P、S 等非金属激烈反应，产生火焰，生成相应的氟化物。

氯也可以与除 He、Ne、Ar、Kr、O_2 和 N_2 外的其余单质直接化合，但反应不如氟激烈。室温下干燥的氯气不与铁反应，故可用钢制容器储运氯。但在加热条件下，Cl_2(g)可与 Fe(s)化合，生成 $FeCl_3$(s)。

氯与S、P等非金属的反应，在$Cl_2(g)$过量的情况下，生成高价态氯化物：

$$2S(s)+Cl_2(g) \longrightarrow S_2Cl_2(l)\ (红黄色)$$

$$S(s)+Cl_2(g)\ (过量) \longrightarrow SCl_2(l)\ (深红色)$$

$$2P(s)+3Cl_2(g) \longrightarrow 2PCl_3(l)\ (无色)$$

$$2P(s)+5Cl_2(g)\ (过量) \longrightarrow 2PCl_5(s)\ (淡黄色)$$

溴和碘的反应活性进一步降低，需较高温度才与金属、非金属反应，碘甚至不与硫直接化合。溴和碘与P等非金属的反应不如氯激烈，通常只生成低价态溴化物、碘化物：

$$2P(s)+3Br_2(l) \longrightarrow 2PBr_3(l)\ (无色)$$

$$2P(s)+3I_2(s) \longrightarrow 2PI_3(s)\ (红色)$$

卤素与氢气的化合是卤素反应活泼性差异的典型例子：

$$X_2(g)+H_2(g) \longrightarrow 2HX(g)$$

F_2在低温、暗处即发生爆炸性反应；Cl_2在100℃或紫外光照射下发生激烈反应；Br_2在150～500℃才发生反应；I_2的反应温度高达300℃，但高于500℃，HI即逆向分解。

2. 卤素与化合物的反应

卤素与具有还原性的化合物反应，把后者氧化：

$$H_2S(g)+I_2(aq) \longrightarrow 2HI(aq)+S(s)$$

$$H_2SO_3(aq)+I_2(aq)+H_2O(l) \longrightarrow H_2SO_4(aq)+2HI(aq)$$

$$4X_2+S_2O_3^{2-}(aq)+5H_2O(l) \longrightarrow 2SO_4^{2-}(aq)+10H^+(aq)+8X^-(aq)\ (X=Cl、Br)$$

$$I_2(s)+2S_2O_3^{2-}(aq) \longrightarrow S_4O_6^{2-}(aq)+2I^-(aq)$$

注意I_2与硫代硫酸盐的反应产物与Cl_2、Br_2不同，后一反应是定量分析化学“碘量法”的基础。

Cl_2、Br_2可以把Fe^{2+}氧化为Fe^{3+}：

$$2Fe^{2+}(aq)+X_2 \longrightarrow 2Fe^{3+}(aq)+2X^-(aq)\ (X=Cl、Br)$$

但是，Fe^{3+}却可以把I^-氧化为I_2：

$$2Fe^{3+}(aq)+2I^-(aq) \longrightarrow 2Fe^{2+}(aq)+I_2(s)$$

这个反应说明碘的氧化性不如氯和溴，甚至不如Fe^{3+}，这容易从有关电对的标准电极电势理解。

以下反应进一步表明氯、溴、碘非金属性的顺序，也反映了卤离子的还原性顺序：

$$Cl_2(g)+2X^-(aq) \longrightarrow 2Cl^-(aq)+X_2\ (X=Br、I)$$

$$Br_2(aq)+2I^-(aq) \longrightarrow 2Br^-(aq)+I_2(s)$$

3. 卤素与水的作用

卤素与水的作用可以分为卤素氧化水以及卤素在水溶液中发生歧化两类。

1) 卤素氧化水

根据E-pH图，可以方便地讨论卤素氧化水的反应。如果一个电对的E-pH图位于“氧区”，该电对的氧化型物质将自发将水氧化为氧气。从E-pH图(图12.13)可见：F_2/F^-、Cl_2/Cl^-和pH＞3.0

的 Br_2/Br^-的 E-pH 图位于"氧区"，热力学认为下列反应将自发进行：

$$2X_2+2H_2O(l) = 4HX(aq)+O_2(g) \quad (X=F、Cl、Br)$$

实际反应情况取决于动力学因素：F_2 激烈反应，因此无"氟水"；Cl_2 在光照下缓慢反应，而 Br_2 反应很慢，主要还是 Cl_2、Br_2 在水中的溶解作用，存在氯水、溴水。

2)氯、溴、碘在水溶液中的歧化作用

从卤素的 $\Delta_r G_m^\ominus/F$-Z 图(图 13.4)可见：在碱性介质中，Cl_2、Br_2、I_2 分别位于与 X^-和 XO^-(或 XO_3^-)连线的"峰顶"位置，因此下述歧化反应①和反应②自发进行(参阅 12.4.3 小节和图 12.15)：

$$X_2+2OH^- = X^-+XO^-+H_2O \quad (X=Cl、Br、I) \quad K_1^\ominus \qquad ①$$

$$3X_2+6OH^- = 5X^-+XO_3^-+3H_2O \quad (X=Cl、Br、I) \quad K_2^\ominus \qquad ②$$

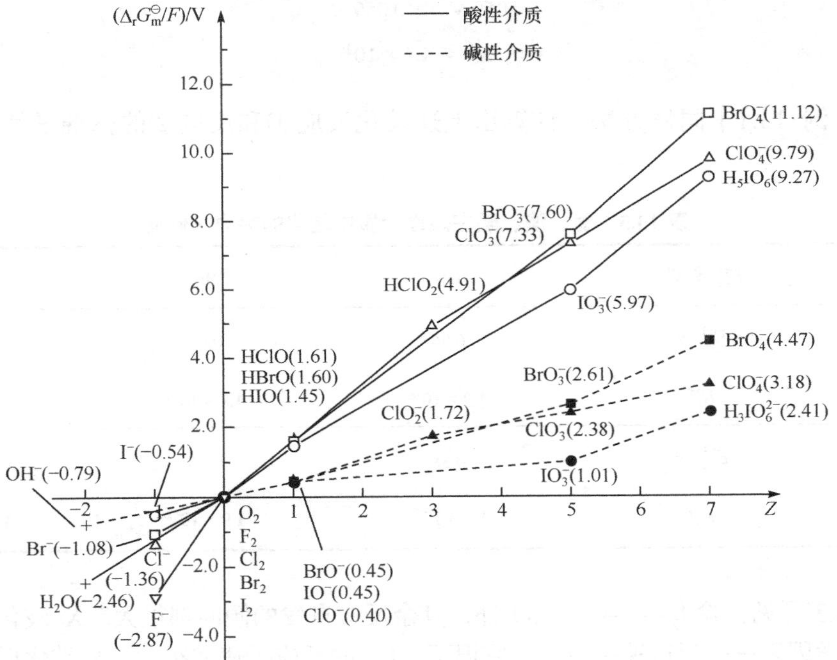

图 13.4　卤素的 $\Delta_r G_m^\ominus/F$-Z 图

【例 13.1】　由碘元素在碱性介质中的 $\Delta_r G_m^\ominus/F$-Z 图，求 I_2 发生下列歧化反应的标准平衡常数。

$$3I_2(s)+6OH^-(aq) = 5I^-(aq)+IO_3^-(aq)+3H_2O(l)$$

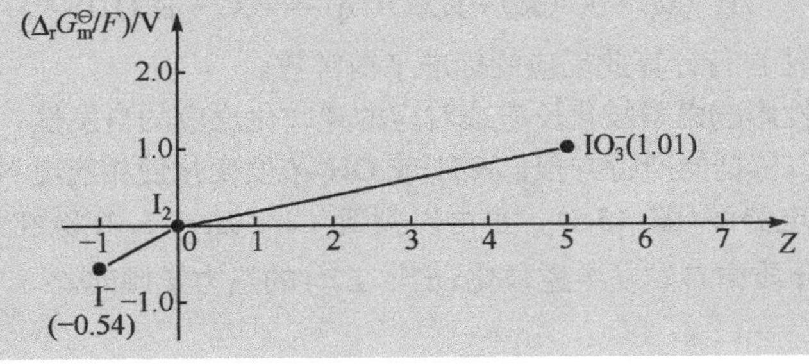

解　在碱性介质中，I_2 在 I^-、I_2 和 IO_3^- 三点连线上，处于“峰顶”位置，会自发歧化：

$$3I_2(s) + 6OH^-(aq) \longrightarrow 5I^-(aq) + IO_3^-(aq) + 3H_2O(l) \qquad K^\ominus$$

$\Delta_r G_m^\ominus / F\text{-}Z$ 图中任意两点连线的斜率等于相应电对的标准电极电势。

$$E_B^\ominus(I_2/I^-) = \frac{(0\ V)-(-0.54\ V)}{0-(-1)} = 0.54\ V$$

$$E_B^\ominus(IO_3^-/I_2) = \frac{(1.01\ V)-(0\ V)}{5-0} = 0.202\ V$$

对题示反应：

$$E_{池}^\ominus = E_B^\ominus(I_2/I^-) - E_B^\ominus(IO_3^-/I_2) = 0.54\ V - 0.202\ V = 0.338\ V$$

$$\lg K^\ominus = \frac{nE_{池}^\ominus}{0.059\ V} = \frac{5\times 0.338\ V}{0.059\ V} = 28.64$$

$$K^\ominus = 4.4\times 10^{28}$$

按照【例 13.1】同样方法，计算出上述歧化反应①和反应②的标准平衡常数，列于表 13.3。

表 13.3　氯、溴、碘在碱性介质中歧化的热力学倾向

反应	$E_{池}^\ominus$ 或 $K^\ominus$	Cl_2	Br_2	I_2
①	$E_{池1}^\ominus$/V	0.96	0.63	0.090
	$K_1^\ominus$	1.9×10^{16}	4.8×10^{10}	3.3×10
②	$E_{池2}^\ominus$/V	0.88	0.56	0.34
	$K_2^\ominus$	8.2×10^{74}	1.9×10^{47}	4.4×10^{28}

由表 13.3 可见：除 $I_2 \longrightarrow I^- + IO^-$ 外，其余反应自发的倾向都很大。X_2 歧化反应的实际产物由动力学因素——反应速率决定。室温下，Cl_2 的反应①速率很大，故歧化反应的实际产物是 Cl^- 和 ClO^-；Br_2 反应①、反应②都发生，在 50～80℃则以反应②为主；I_2 反应①速率很小，反应②是定量反应，实际产物是 I^- 和 IO_3^-。

同样，由卤素的 $\Delta_r G_m^\ominus / F\text{-}Z$ 图（图 13.4）可见，在酸性介质中，Cl_2、Br_2、I_2 分别位于与 X^- 和 HXO 连线的“谷底”位置，因此下述逆歧化反应自发进行：

$$2H^+(aq) + X^-(aq) + HXO(aq) \longrightarrow X_2 + H_2O(l)$$

读者可以用同样的方法自行计算此反应的标准平衡常数。

可见，介质酸碱性影响卤素歧化反应或对应的逆歧化反应的自发性，即 pH 对物质的稳定性有重要影响，这可以依据能斯特方程，从 H^+ 或 OH^- 浓度变化使相应电对电极电势改变理解。

按照卤素的元素电势图（图 13.5），也可以判断 Cl_2、Br_2、I_2 在碱性介质中自发发生歧化（$E_{右}^\ominus > E_{左}^\ominus$）及在酸性介质中自发发生逆歧化（$E_{右}^\ominus < E_{左}^\ominus$）的热力学倾向。

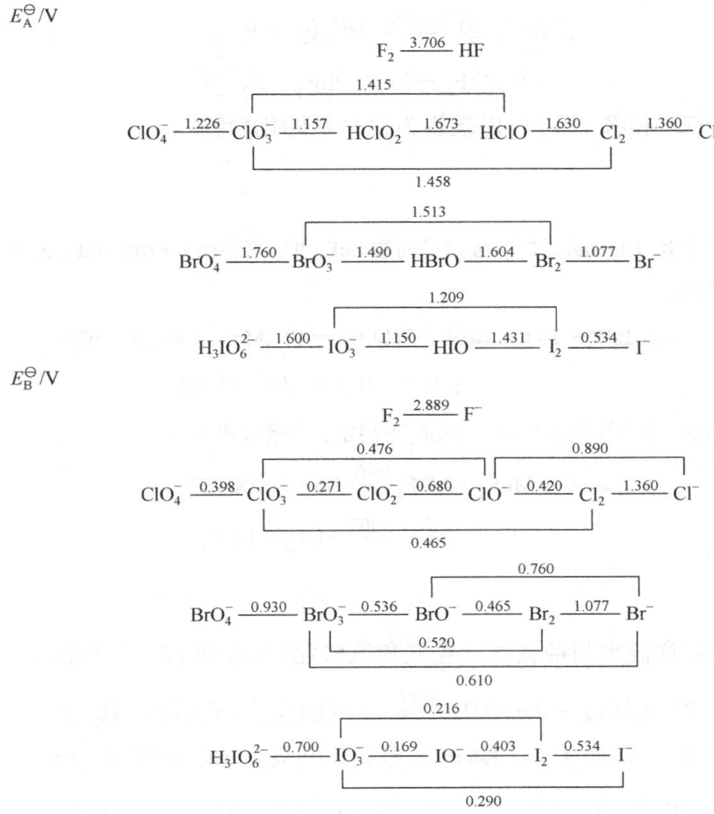

图 13.5　卤素的元素电势图

13.2.3　卤素单质的制备

制备卤素单质的基本原理是把 X^- 氧化，即 $2X^- \longrightarrow X_2$ (X = F、Cl、Br、I)；对于碘，还可以采用还原碘酸盐的方法制备，即 $IO_3^- \longrightarrow I_2$。

1. F_2

由于 $E_B^\ominus(F_2/F^-) = 2.889$ V，欲使 F^- 被氧化为 F_2，只能使用最强的氧化方法——电解法。常用的电解质是熔融的氟氢化钾 (KHF_2) 和氟化氢 (HF) 的混合物，加入 LiF 或 AlF_3 作为助熔剂以降低电解质熔点，在 373 K 电解，在石墨阳极发生氧化反应：

$$2F^-(l) = F_2(g) + 2e^-$$

在蒙铜 (一种铜镍合金) 制的阴极发生还原反应：

$$2HF_2^-(l) + 2e^- = H_2(g) + 4F^-(l)$$

电解总反应为

$$2KHF_2(l) \xrightarrow[373\,K]{电解} 2KF(l) + F_2(g) + H_2(g)$$

电解过程中不断补充氟化氢。以蒙铜制的隔板分隔阳极区和阴极区，分别导出氟气和氢气。氟气冷却到 203 K 并通过 NaF 洗涤以除去混入的少量 HF，以镍钢制的瓶储存和运输。

实验室将氟化物加热分解，制备少量氟气：

$$BrF_5(g) \xlongequal{\geq 500℃} BrF_3(g) + F_2(g)$$

$$K_2PbF_6 \xlongequal{\triangle} K_2PbF_4 + F_2(g)$$

BrF_5（沸点 40.5℃）和 K_2PbF_6 可以被视为储存氟的化合物。

$F_2(g)$的化学制备*

1986 年，克里斯特（K. Christe）设想：强路易斯酸 SbF_5 可以将弱路易斯酸 MnF_4 从$[MnF_6]^{2-}$中置换出来。首先制备 K_2MnF_6 和 SbF_5：

$$2KMnO_4 + 2KF + 10HF + 3H_2O_2 = 2K_2MnF_6 + 8H_2O + 3O_2$$

$$SbCl_5 + 5HF = SbF_5 + 5HCl$$

再以 K_2MnF_6 和 SbF_5 为原料制备 MnF_4，MnF_4 不稳定，分解放出 $F_2(g)$：

$$K_2MnF_6 + 2SbF_5 \xlongequal{150℃} MnF_4 + 2KSbF_6$$

$$MnF_4 \xlongequal{150℃} MnF_3 + 1/2\ F_2$$

2. Cl_2

氯碱工业以电解食盐水制备氯气、氢气和氢氧化钠（参阅 12.5.2 小节）：

$$2NaCl(aq) + 2H_2O(l) \xlongequal{电解} 2NaOH(aq) + Cl_2(g) + H_2(g)$$

实验室可用 MnO_2、$K_2Cr_2O_7$ 或 $KMnO_4$ 等氧化剂氧化 HCl 制取 $Cl_2(g)$：

$$MnO_2(s) + 4HCl(aq) = MnCl_2(aq) + 2H_2O(l) + Cl_2(g)$$

$$K_2Cr_2O_7(s) + 14HCl(aq) = 2CrCl_3(aq) + 2KCl(aq) + 7H_2O(l) + 3Cl_2(g)$$

$$2KMnO_4(s) + 16HCl(aq) = 2MnCl_2(aq) + 2KCl(aq) + 8H_2O(l) + 5Cl_2(g)$$

用能斯特方程计算，可以得到以上各反应进行所需盐酸的最低浓度；考虑要提高反应速率，使用 MnO_2、$K_2Cr_2O_7$ 或 $KMnO_4$ 分别作氧化剂，通常所用盐酸浓度和温度依次是：浓盐酸（$\geq 8\ mol \cdot dm^{-3}$）、加热，中等浓度盐酸（约 $6\ mol \cdot dm^{-3}$）、加热，稀盐酸（约 $2\ mol \cdot dm^{-3}$）、室温。

3. Br_2

工业上主要从海水中制备 Br_2，包括以下 3 个步骤。

(1) 酸性条件下置换：

$$Cl_2(g) + 2Br^-(aq) \xlongequal{pH3.5} 2Cl^-(aq) + Br_2(l)$$

(2) 以压缩空气吹出 Br_2，并在碱性条件（Na_2CO_3 溶液）下发生歧化反应：

$$3Br_2(l) + 3CO_3^{2-}(aq) = 5Br^-(aq) + BrO_3^-(aq) + 3CO_2(g)$$

(3) 浓缩溶液，酸化，发生逆歧化反应，得到 Br_2：

$$5Br^-(aq) + BrO_3^-(aq) + 6H^+(aq) = 3Br_2(l) + 3H_2O(l)$$

以上反应原理可从 Cl_2/Cl^-、Br_2/Br^- 电对的标准电极电势和 $\Delta_r G_m^{\ominus} / F$-$Z$ 图理解。

利用此方法，1 t 海水可以制备 0.14 kg Br_2。

实验室制备 Br_2 与制备 Cl_2 原理相似，使用 MnO_2 或浓 H_2SO_4 将 NaBr 氧化得到 Br_2：

$$MnO_2(s) + 2NaBr(aq) + 3H_2SO_4(aq) = Br_2(l) + MnSO_4(aq) + 2NaHSO_4(aq) + 2H_2O(l)$$

$$2NaBr(aq) + 3H_2SO_4(aq) = Br_2(l) + 2NaHSO_4(aq) + SO_2(g) + 2H_2O(l)$$

4. I_2

碘的工业制备主要用智利硝石（含 $NaNO_3$ 和少量 $NaIO_3$）制备 KNO_3 后的母液作原料，以还原剂 $NaHSO_3$ 还原母液中的 IO_3^-：

$$2IO_3^-(aq) + 5HSO_3^-(aq) = I_2(s) + 5SO_4^{2-}(aq) + 3H^+(aq) + H_2O(l)$$

反应实际上分两步进行，IO_3^- 先被 HSO_3^- 还原为 I^-，I^- 与剩余的 IO_3^- 在酸性介质中发生逆歧化，得到 I_2：

$$IO_3^-(aq) + 3HSO_3^-(aq) = I^-(aq) + 3SO_4^{2-}(aq) + 3H^+(aq)$$

$$5I^-(aq) + IO_3^-(aq) + 6H^+(aq) = 3I_2(s) + 3H_2O(l)$$

另一工业制备方法是利用海水中富集碘的海藻类植物作原料，以酸性水溶液浸取海藻灰，浓缩溶液，用 MnO_2 作氧化剂，在 H_2SO_4 介质中制备 I_2：

$$2I^-(aq) + MnO_2(s) + 4H^+(aq) = Mn^{2+}(aq) + I_2(s) + 2H_2O(l)$$

也可以改用 $Cl_2(g)$ 氧化其中的 I^-：

$$2I^-(aq) + Cl_2(g) = I_2(s) + 2Cl^-(aq)$$

此法要防止 Cl_2 过量，以免 Cl_2 把生成的 I_2 氧化为 IO_3^-：

$$I_2(s) + 5Cl_2(g) + 6H_2O(l) = 2IO_3^-(aq) + 10Cl^-(aq) + 12H^+(aq)$$

析出的碘可以用 CCl_4、CS_2 等有机溶剂萃取，或用离子交换树脂富集以多碘化物形式存在的碘；过滤、干燥、升华，可得到较纯净的碘。

实验室制备 I_2 与制备 Br_2 原理相似，使用 MnO_2 或浓 H_2SO_4 将 NaI 氧化得到 I_2：

$$MnO_2(s) + 2NaI(aq) + 3H_2SO_4(aq) = I_2(s) + MnSO_4(aq) + 2NaHSO_4(aq) + 2H_2O(l)$$

$$2NaI(aq) + 3H_2SO_4(aq, 浓) = I_2(s) + 2NaHSO_4(aq) + SO_2(g) + 2H_2O(l)$$

13.2.4　卤素的用途与生物学作用

氟在原子能工业中被用于提取铀-235（^{235}U），先用氢氟酸从铀矿中提取 UF_4，后者与 $F_2(g)$ 反应生成 $UF_6(g)$：

$$UO_2(s) + 4HF(aq) = UF_4(g) + 2H_2O(l)$$

$$UF_4(g) + F_2(g) \xlongequal{400℃} UF_6(g)$$

反应产物 $UF_6(g)$ 包括 $^{235}UF_6(g)$ 和 $^{238}UF_6(g)$，利用它们相对分子质量的差异，采用气体扩散法，可使 ^{235}U 和 ^{238}U 分离。低浓度的 ^{235}U 可用于发电，高浓度的 ^{235}U 可用于制造原子弹。

液氟是强氧化剂，可作火箭助燃剂。氟用于制备聚四氟乙烯 $\left[CF_2-CF_2\right]_n$，商品名“特氟龙”，俗称“塑料王”，具有耐高温、耐腐蚀等性能，用它制作的薄膜可做人造血管。CCl_3F 用作杀虫剂。CBr_2F_2 用作灭火剂。氟利昂-12（CCl_2F_2）曾用作制冷剂，但因其对臭氧层的破坏作用(见 14.2.3 小节)，已被禁止使用。氟是人体必需的微量元素之一，主要存在于骨骼和牙齿中，但摄入氟过量会导致氟斑牙、氟骨症。

氯可以用于纸浆、纺织物的漂白，饮用水的消毒。二氟一氯一溴甲烷(CF_2ClBr，俗称“1211”)是高效灭火剂。氯用于制备聚氯乙烯塑料和盐酸，后者在化工、石油、医药、农药等工业中广泛使用。氯是人体必需的微量元素之一，主要以 NaCl 和 KCl 形式存在，其功能是控制细胞、组织液和血液中的电解质平衡、酸碱平衡和渗透压。摄入 NaCl 过量，会导致心血管疾病。氯气有毒，少量吸入会引起呼吸道不适，大量吸入会致人窒息死亡。涉及氯气的实验应在通风橱内进行。

溴用于制备感光材料 AgBr，也用于制备烟熏杀虫剂(CH_3Br)、医药的镇静剂(KBr、NaBr、NH_4Br 等)和汽油抗震添加剂($C_2H_4Br_2$)。溴与钨制成的溴钨灯是一种高效光源。溴蒸气有刺激性气味，会引起流眼泪和呼吸道症状，甚至窒息。

碘大量用于制备医药。碘和碘化钾的乙醇溶液是常用的消毒剂——碘酒。碘化银可作感光材料，也用作人工降雨剂，1 g AgI 可以在大气层形成 10 万亿颗“晶核”，在合适的气象条件下可以诱导降雨。碘钨灯是一种高效光源。碘是人体必需的微量元素，是甲状腺激素的组分。缺碘会导致甲状腺肥大症，在缺碘地区，可以食用加碘[KIO_3、$Ca(IO_3)_2$、KI 等]食盐；但是，过量摄入碘(日摄入量大于 900 μg)也会导致甲状腺肥大症。成年人每天的碘需要量约 150 μg。

13.3　卤化氢与氢卤酸
(Halides of Hydrogen and Hydrohalic Acids)

13.3.1　卤化氢

卤化氢的一些性质列于表 13.4。室温下卤化氢均是无色气体，有强烈的刺激性气味。从 HCl 到 HI，随着相对分子质量增大，范德华力增大，熔点、沸点升高；但是，HF 因形成分子间氢键(图 13.6)，熔点、沸点“反常”升高，熔点高于 HCl，沸点高于 HCl、HBr 和 HI。固态 HF 分子间氢键的键能高达 27.8 $kJ \cdot mol^{-1}$，比固态水(冰)中氢键键能(18.8 $kJ \cdot mol^{-1}$)高 48%；但由于每个 H_2O 分子可以形成两个氢键，故 H_2O 的熔点、沸点比 HF 高。卤化氢分子均为极性分子，从 HF 到 HI，随着元素电负性差减小，极性变小，但在水中溶解度都很大，其中 HF 与 H_2O 无限互溶。高纯度氟化氢气体在集成电路制造中用来蚀刻半导体硅片。

表 13.4　卤化氢的一些性质

性质	HF	HCl	HBr	HI
熔点/℃	−88.55	−114.22	−86.88	−50.80
熔化热/($kJ \cdot mol^{-1}$)	19.6	2.0	2.4	2.9
沸点/℃	−19.51	−85.05	−66.73	−35.36
气化热/($kJ \cdot mol^{-1}$)	30.1	16.2	17.6	19.8
水溶解度*/[$g \cdot (100\ g\ H_2O)^{-1}$]	互溶	42.02^{20}	65.88^{25}	71^{0}
偶极矩/(10^{-30} C · m)	6.37	3.57	2.74	1.49
H—X 键解离能/($kJ \cdot mol^{-1}$)	535.1	404.5	339.1	272.2

续表

性质	HF	HCl	HBr	HI
$\Delta_f H_m^\ominus(g)$ / (kJ · mol^{-1})	−273.30	−92.31	−36.29	26.50
$\Delta_f G_m^\ominus(g)$ / (kJ · mol^{-1})	−275.4	−95.30	−53.4	1.7

* 右上角为温度，单位为℃。

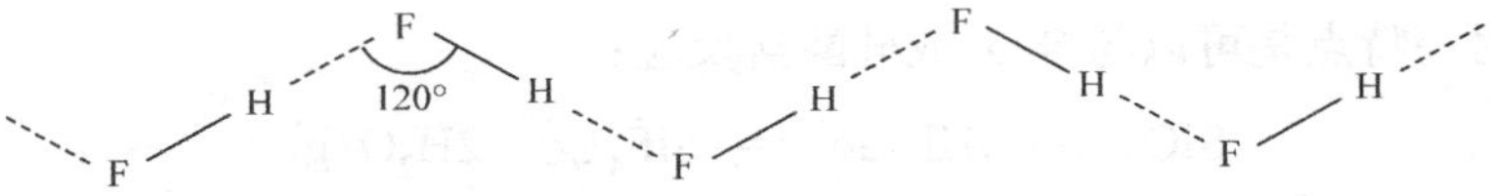

图 13.6　HF 固体中的分子间氢键示意图

卤化氢的标准生成自由能表明：热力学稳定性顺序为 HF＞HCl＞HBr＞HI(参阅 13.1.2 小节)。HI 的 $\Delta_f G_m^\ominus$ 为正值，说明它热力学不稳定，300℃明显分解，600℃分解 19%。

13.3.2　氢卤酸

卤化氢的水溶液称为氢卤酸。除氢氟酸是弱酸外，其余均为强酸；从 HF 到 HI，酸性逐渐增强，可由卤化氢水溶液电离的玻恩-哈伯循环(图 13.7)说明，相应的热力学数据列于表 13.5。图 13.7 设计了卤化氢水溶液电离的两种不同途径：其一是直接电离($\Delta_r G_m^\ominus$)；其二是 HX(aq) 先去溶剂化($\Delta_{r1} G_m^\ominus$)，HX(g) 发生键的解离($\Delta_{r2} G_m^\ominus$)，再生成 $H^+(g)$ 和 $X^-(g)$($\Delta_{r3} G_m^\ominus$ 和 $\Delta_{r4} G_m^\ominus$)，最后生成水合离子($\Delta_{r5} G_m^\ominus$ 和 $\Delta_{r6} G_m^\ominus$)。根据状态函数的性质，两种途径的标准自由能变化相等，即

$$\Delta_r G_m^\ominus = \Delta_{r1} G_m^\ominus + \Delta_{r2} G_m^\ominus + \Delta_{r3} G_m^\ominus + \Delta_{r4} G_m^\ominus + \Delta_{r5} G_m^\ominus + \Delta_{r6} G_m^\ominus$$

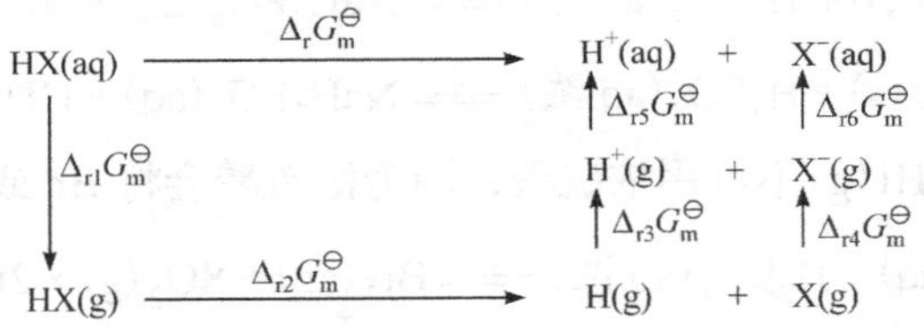

图 13.7　卤化氢水溶液电离的玻恩-哈伯循环

表 13.5　卤化氢水溶液电离玻恩-哈伯循环的热力学数据(kJ · mol^{-1})

HX	$\Delta_{r1} G_m^\ominus$	$\Delta_{r2} G_m^\ominus$	$\Delta_{r3} G_m^\ominus$	$\Delta_{r4} G_m^\ominus$	$\Delta_{r5} G_m^\ominus + \Delta_{r6} G_m^\ominus$	$\Delta_r G_m^\ominus$	$K_a^\ominus$
HF	23.9	535.1	1320.3	−347.5	−1513.6	18.1	6.3×10^{-4}
HCl	−4.2	404.5	1320.3	−366.8	−1393.4	−39.7	1.0×10^{7}
HBr	−4.2	339.1	1320.3	−345.4	−1363.7	−54	3.2×10^{9}
HI	−4.2	272.2	1320.3	−315.3	−1330.2	−57.3	1.0×10^{10}

由 $\Delta_r G_m^\ominus = -RT\ln K_a^\ominus$，计算各酸的电离常数 $K_a^\ominus$，可见盐酸、氢溴酸、氢碘酸均是强酸，而氢氟酸是弱酸。比较表 13.5 中数据可发现：氢氟酸的弱酸性主要是由于 $\Delta_{r1} G_m^\ominus$ 和 $\Delta_{r2} G_m^\ominus$ 太大，即小的 F^- 强烈的水合作用以及 HF 与 H_2O 之间的分子间氢键形成导致 HF(aq) 去溶剂化对应的标准自由能变化 $\Delta_{r1} G_m^\ominus$ 最大，同时 HF(g) 键的解离过程对应的 $\Delta_{r2} G_m^\ominus$ 也最大。

HF 在溶液中存在两种电离平衡：

$$HF(aq) \rightleftharpoons H^+(aq) + F^-(aq) \qquad K_1^\ominus = 6.3\times10^{-4}$$

$$HF(aq) + F^-(aq) \rightleftharpoons HF_2^-(aq) \qquad K_2^\ominus = 5.2$$

当氢氟酸的浓度较小时，第一个平衡占优，故呈弱酸性；当氢氟酸的浓度较大（$\geqslant 5\ mol\cdot dm^{-3}$）时，第二个平衡占优，氢氟酸酸性增强。这是氢氟酸不同于其他氢卤酸的特点。

氢氟酸的另一特点是可以与 SiO_2 或硅酸盐反应：

$$SiO_2(s) + 4HF(aq) = SiF_4(g) + 2H_2O(g)$$

$$CaSiO_3(s) + 6HF(aq) = CaF_2(s) + SiF_4(g) + 3H_2O(l)$$

发生以上反应与 $SiF_4(g)$ 中 Si—F 键键能很大（$565\ kJ\cdot mol^{-1}$）有关，作为对比，Si—Cl、Si—Br、Si—I 键键能仅为 $381\ kJ\cdot mol^{-1}$、$310\ kJ\cdot mol^{-1}$、$234\ kJ\cdot mol^{-1}$，故其他氢卤酸均不发生此类反应。

普通玻璃的主要成分是硅酸盐，因此氢氟酸不宜用玻璃瓶盛载，而应保存在塑料瓶中。NH_4F 溶液水解，含部分氢氟酸，也应以塑料瓶保存。

先制备卤化氢，溶解于水，即得相应的氢卤酸。卤化氢的制备，实际上只有氯化氢可以使用氯气与氢气直接合成法；其余卤化氢可以利用金属卤化物与高沸点酸（硫酸、磷酸等）的复分解反应制取（氯化氢也可用此法）：

$$CaF_2(s) + H_2SO_4(浓) \xlongequal{\triangle} CaSO_4(s) + 2HF(g)$$

$$NaCl(s) + H_2SO_4(aq,浓) \xlongequal{150℃} NaHSO_4(aq) + HCl(g)$$

$$NaHSO_4(s) + NaCl(s) \xlongequal{>500℃} Na_2SO_4(s) + HCl(g)$$

$$NaBr(s) + H_3PO_4(aq,浓) \xlongequal{\triangle} NaH_2PO_4(aq) + HBr(g)$$

$$NaI(s) + H_3PO_4(aq,浓) \xlongequal{\triangle} NaH_2PO_4(aq) + HI(g)$$

注意制备 HBr(g) 和 HI(g) 不可用浓硫酸，因为浓硫酸会将 Br^- 或 I^- 氧化：

$$2HBr(aq) + H_2SO_4(aq,浓) \xlongequal{\triangle} Br_2(aq) + SO_2(g) + 2H_2O(l)$$

甚至一般浓度的硫酸也可以将 I^- 氧化：

$$2HI(aq) + H_2SO_4(aq) \xlongequal{\triangle} I_2(aq) + SO_2(g) + 2H_2O(l)$$

而浓硫酸在将 I^- 氧化时，自身可被还原至更低氧化态的 S：

$$6HI(aq) + H_2SO_4(aq,浓) \xlongequal{\triangle} 3I_2(aq) + S(s) + 4H_2O(l)$$

空气中的氧气也可以将 HI 部分氧化，故放置时间长的 HI 溶液中常含有少量 I_2：

$$4HI(aq) + O_2(g) = 2I_2(s) + 2H_2O(l)$$

要除去 HI 溶液中的碘，可加入铜屑，然后过滤：

$$2Cu(s) + I_2(s) = 2CuI(s)$$

实验室利用非金属卤化物的水解，也可以制备少量 HBr、HI：

$$PX_3 + 3H_2O(l) = H_3PO_3(aq) + 3HX(g) \qquad (X = Br、I)$$

实际操作方法是将溴水滴入磷与水的混合物中，或将水滴入磷与碘的混合物中，下述反应即可发生，并与上述反应连续进行：

$$2P(s) + 3X_2 \longrightarrow 2PX_3 \quad (X = Br、I)$$

13.4 卤化物、卤素互化物和多卤化物 (Halides, Interhalogens and Polyhalides)

13.4.1 卤化物

卤素可以与除 He、Ne、Ar 外的所有元素形成二元化合物，其中与电负性更小的元素组成的二元化合物称为卤化物。但是，Cl_2O_7、BrO_2、I_2O_5 等应视为氧化物。

1. 金属卤化物

1) 键型与晶体结构

所有金属元素都可形成卤化物。按化学键类型，金属卤化物可以划分为离子型卤化物和共价型卤化物两大类。ⅠA、ⅡA、镧系和锕系元素以及部分较活泼金属元素的低价态卤化物(如 $FeCl_2$、$MnCl_2$ 等)为离子型卤化物，对应晶体为离子晶体；它们的熔点、沸点较高，熔融状态能导电。较活泼金属元素的高价态卤化物和较不活泼金属元素的卤化物属共价型卤化物，对应晶体为分子晶体，如 $FeCl_3$、$TiCl_4$、$SnCl_4$、$PbCl_4$ 等；它们的熔点、沸点较低，水溶液能导电，在有机溶剂中有一定溶解度，气态可双聚或多聚。显然，在离子型卤化物和共价型卤化物之间并无明确的分界线，一些金属卤化物处在离子型和共价型之间的状态，其晶体结构呈层状(如 $CdCl_2$、$FeBr_2$、BiI_3 等)或链状(如 $PdCl_2$、$BeCl_2$ 等)。

金属卤化物键型变化呈一定规律性：

(1) 同一周期，自左到右，随着金属元素氧化数增加、离子半径减小，金属离子对卤离子的极化作用增强，导致键的离子性减弱，而共价性增强。例如，第三周期元素氯化物 NaCl、$MgCl_2$、$AlCl_3$、$SiCl_4$，由典型的离子键逐步过渡到典型的共价键，NaCl、$MgCl_2$ 熔点分别为 801℃、714℃，$AlCl_3$ 在 118℃升华，$SiCl_4$ 熔点−69℃、沸点 58℃，室温下是液体，不导电；第四周期元素氯化物 KCl、$CaCl_2$、$ScCl_3$、$TiCl_4$，前三个是离子化合物，熔点依次为 771℃、775℃、967℃，而 $TiCl_4$ 是共价化合物，熔点−25℃、沸点 136℃，室温下是液体，且不导电。

(2) 同一金属元素，低价态卤化物键的离子性强，而高价态卤化物键的共价性强。例如，$FeCl_2$ 为离子晶体，熔点 670℃，不溶于有机溶剂，而 $FeCl_3$ 为分子晶体，熔点 360℃，可溶于有机溶剂；$SnCl_2$ 熔点 246℃，而 $SnCl_4$ 为分子晶体，熔点−33℃，沸点 114℃，室温下是液体。

(3) 同一金属元素的不同卤化物，以氟化物键的离子性最强，而碘化物键的共价性最强，这显然是元素电负性差不同导致的。例如，AlF_3 为离子晶体，而 AlI_3 为分子晶体。

2) 在水中的溶解度

同一金属离子的不同卤化物呈现以下规律：

(1) 键离子性占优的卤化物，在水中的溶解度氟化物＜氯化物＜溴化物＜碘化物，这是因为氟化物的晶格能最大，而碘化物的晶格能最小。例如，20℃，CaF_2 不溶于水，而 $CaCl_2$、$CaBr_2$、CaI_2 在水中溶解度依次为 74.5 g · (100 g H_2O)$^{-1}$、143 g · (100 g H_2O)$^{-1}$、209 g · (100 g H_2O)$^{-1}$。

(2) 键共价性占优的卤化物，在水中的溶解度氟化物＞氯化物＞溴化物＞碘化物，这是因为金属离子与卤离子强烈的相互极化作用导致碘化物中键的共价性十分明显。例如，AgF 可溶于水，而 AgCl、AgBr、AgI 不溶于水，25℃时，$K_{sp}^{\ominus}$ 依次为 1.77×10^{-10}、5.35×10^{-13}、8.52×10^{-17}。Hg_2X_2、PbX_2 也呈类似变化规律。

3）金属卤化物与水的反应及无水金属卤化物的制备

NaF、KF、NH_4F 等水溶液，因 F^- 水解而呈碱性：

$$F^-(aq) + H_2O(l) \rightleftharpoons HF(aq) + OH^-(aq)$$

“盐”属于阿伦尼乌斯电离学说的概念，上述反应被视为“强碱弱酸盐的水解”，相应平衡常数被称为水解常数（hydrolysis constant）：

$$K_h^{\ominus} = \frac{[c_{eq}(HF)/c^{\ominus}][c_{eq}(OH^-)/c^{\ominus}]}{[c_{eq}(F^-)/c^{\ominus}]}$$

而按照酸碱质子理论，上述反应被视为“质子碱 F^- 的电离”，F^- 的碱常数为

$$K_b^{\ominus} = \frac{[c_{eq}(HF)/c^{\ominus}][c_{eq}(OH^-)/c^{\ominus}]}{[c_{eq}(F^-)/c^{\ominus}]}$$

HF 是 F^- 的共轭酸：

$$K_b^{\ominus} = \frac{[c_{eq}(HF)/c^{\ominus}][c_{eq}(OH^-)/c^{\ominus}]}{[c_{eq}(F^-)/c^{\ominus}]} \times \frac{[c_{eq}(H^+)/c^{\ominus}]}{[c_{eq}(H^+)/c^{\ominus}]} = \frac{K_w^{\ominus}}{K_a^{\ominus}} = \frac{1.00 \times 10^{-14}}{6.31 \times 10^{-4}} = 1.58 \times 10^{-11}$$

$$K_w^{\ominus} = K_a^{\ominus} \cdot K_b^{\ominus}$$

对于金属离子半径小或氧化数高的一些金属卤化物，按照阿伦尼乌斯电离学说，属于“强酸弱碱盐的水解”（金属离子水解），故溶液呈酸性。例如

$$MgCl_2 + H_2O \rightleftharpoons Mg(OH)Cl + HCl$$

$$AlCl_3 + 3H_2O \rightleftharpoons Al(OH)_3 + 3HCl$$

$$BiCl_3 + H_2O \rightleftharpoons BiOCl + 2HCl$$

以上反应也可以用酸碱质子理论描述。

鉴于这些金属离子的水解性质，要从其水合卤化物直接加热、脱水制备无水卤化物是不可行的。例如，对于 $MgCl_2 \cdot 6H_2O$，必须在 HCl 气氛保护下加热、脱水，以抑制 Mg^{2+} 水解的倾向：

$$MgCl_2 \cdot 6H_2O \xrightarrow[\triangle]{HCl或NH_4Cl} MgCl_2(s) + 6H_2O(g)$$

由于 Al^{3+} 水解倾向太强，无水 $AlCl_3$ 只能用干燥的单质为原料，以干法制备：

$$2Al(s) + 3Cl_2(g) \xlongequal{\triangle} 2AlCl_3(s)$$

2. 非金属卤化物

除 He、Ne、Ar 外的所有非金属元素都可与卤素形成二元化合物，如 BX_3（X = F、Cl、Br）、CX_4、SiX_4（X = F、Cl）、NX_3（X = F、Cl）、PX_3、PX_5（X = F、Cl、Br）、AsF_5、$AsCl_3$、SF_4、SF_6 等。非金属卤化物均是共价型卤化物，除个别例子[如固态 PCl_5，结构单元为 $(PCl_4)^+$、$(PCl_6)^-$]外，对应的晶体结构均为分子晶体。

大多数非金属卤化物均可自发发生水解反应（$\Delta_r G_m^{\ominus} < 0\ kJ \cdot mol^{-1}$），而且反应不可逆。例如

$$BCl_3(g) + 3H_2O(l) = H_3BO_3(aq) + 3HCl(g)$$

$$NCl_3(l) + 3H_2O(l) = NH_3(g) + 3HOCl(aq)$$

$$SF_4(g) + 2H_2O(l) = SO_2(g) + 4HF(g)$$

从热力学角度看，CF_4、CCl_4、SF_6也可自发发生水解反应：

$$CF_4(g) + 2H_2O(l) = CO_2(g) + 4HF(g) \qquad \Delta_r G_m^\ominus = -463\ kJ \cdot mol^{-1}$$

$$CCl_4(g) + 2H_2O(l) = CO_2(g) + 4HCl(g) \qquad \Delta_r G_m^\ominus = -232\ kJ \cdot mol^{-1}$$

$$SF_6(g) + 4H_2O(l) = H_2SO_4(aq) + 6HF(aq) \qquad \Delta_r G_m^\ominus = -569\ kJ \cdot mol^{-1}$$

但是，实际上室温下它们不发生水解，这可以归因于下列原因引起的动力学障碍：①这些卤化物分子中的中心原子的配位数达到饱和，H_2O 中的氧原子难做亲核进攻；②C—F、C—Cl、Si—F 键键能大，难断开；③对称的分子几何构型。

从分子结构角度探讨非金属卤化物水解反应机理，可以划分为“亲核水解”、“亲电水解”和“亲核+亲电水解”三类。

1) 亲核水解

例如，$SiCl_4(l)$的水解：

$$SiCl_4(l) + 4H_2O(l) \longrightarrow H_4SiO_4 + 4HCl$$

按照电负性，$SiCl_4$分子中，Si—Cl 键是极性键，Si 原子带部分正电荷，Cl 原子带部分负电荷，记作 $^{\delta^+}Si—Cl^{\delta^-}$；$H_2O$ 分子中，H—O 键是极性键，H 原子带部分正电荷，O 原子带部分负电荷，记作 $^{\delta^+}H—O^{\delta^-}$。当 $SiCl_4$ 与 H_2O 相遇时，H_2O 的氧原子以孤对电子接近 Si 原子并进入 Si 原子的空的价轨道(Si 原子的 3d 与 3s、3p 轨道能量相近，可以参与杂化成键)，生成 O→Si 配位键；一个 Si—Cl 键和一个 H—O 键断开，生成 H—Cl 键，脱去一个 HCl 分子；然后，第二个 H_2O 分子的氧原子以孤对电子再进入 Si 原子的空的价轨道……，继续反应，最终生成 $Si(OH)_4$和 HCl，如图 13.8 所示。

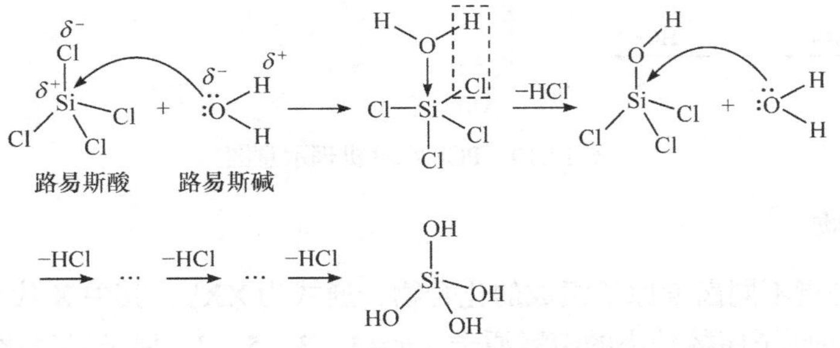

图 13.8　$SiCl_4$水解机理示意图

按照路易斯酸碱理论，水解反应的实质是路易斯酸、碱的相互作用。

由上例总结化合物发生“亲核水解”的分子结构条件是：中心原子带部分正电荷(δ^+)并且有空的价轨道，可作路易斯酸，接受 H_2O(路易斯碱)的 O 原子的亲核进攻。

2) 亲电水解

例如，NCl_3 的水解：

$$NCl_3(l) + 3H_2O(l) \longrightarrow NH_3 + 3HOCl$$

NCl_3 分子中，N—Cl 键是极性键，Cl 原子带部分正电荷，N 原子带部分负电荷，记作 $^{\delta^+}Cl—N^{\delta^-}$；当 NCl_3 与 H_2O 相遇时，H_2O 的氢原子接近 N 原子，一个 O—H 键断开，N 原子以孤对电子进入 H^+ 的空的 1s 轨道，生成 N→H 配位键，并脱去一个 HOCl 分子；继续反应，最终生成 NH_3 和 HOCl，如图 13.9 所示。

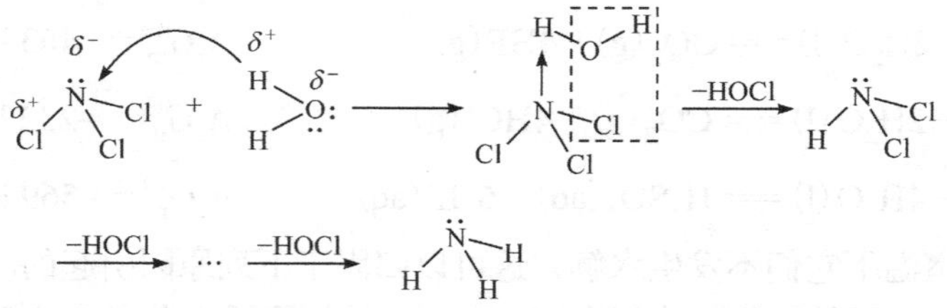

图 13.9　NCl_3 水解机理示意图

由上例总结化合物发生"亲电水解"的分子结构条件是：中心原子带部分负电荷（δ^-）并且有孤对电子，可作路易斯碱，接受 H_2O（路易斯酸）的 H^+ 的亲电进攻。

3）亲电+亲核水解

例如，PCl_3 的水解：

$$PCl_3(l) + 3H_2O(l) \longrightarrow H_3PO_3(aq) + 3HCl(g)$$

PCl_3 分子中，P—Cl 键是极性键，P 原子带部分正电荷，Cl 原子带部分负电荷，记作 $^{\delta^+}P—Cl^{\delta^-}$。由于 PCl_3 分子同时具备发生亲核水解和亲电水解的分子结构条件，它的水解被认为具有"亲电+亲核水解"的机理，水解产物是 H_3PO_3 和 HCl，如图 13.10 所示。

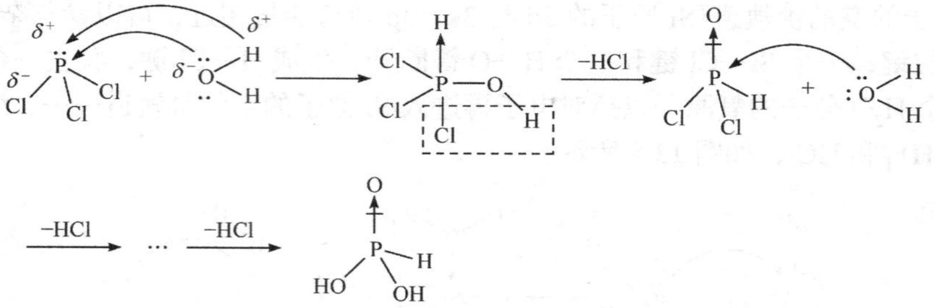

图 13.10　PCl_3 水解机理示意图

13.4.2　卤素互化物

卤素互化物是指不同卤素原子组成的化合物，通式为 XX'_n，其中 X 代表原子序数较大的卤素原子，X′代表原子序数较小的卤素原子，$n = 1$、3、5、7。原子半径比 $r_X / r_{X'}$ 越大，则 n 越大。此外，还存在几种由 3 种不同卤素原子组成的卤素互化物，如 IFCl、$IFCl_2$。部分卤素互化物的一些性质列于表 13.6。

表 13.6　卤素互化物的一些性质*

类型	分子式	平均键能/$(kJ \cdot mol^{-1})$	室温下形态
XX′	ClF	249.0	无色气体
	BrF	249.4	淡棕色气体
	IF	277.8	歧化为 IF_5 和 I_2

续表

类型	分子式	平均键能/(kJ · mol^{-1})	室温下形态
XX'	BrCl	215.9	红色气体
	ICl	207.9	暗红色固体
	IBr	175.3	暗灰紫色固体
XX'_3	ClF_3	172.4	无色气体
	BrF_3	201.3	黄绿色液体
	IF_3	272.0	黄色固体
	ICl_3	—	橙色固体
	IBr_3	—	棕色液体
XX'_5	ClF_5	142.3	固体
	BrF_5	187.0	无色液体
	IF_5	267.8	无色液体
XX'_7	IF_7	230.7	无色液体

卤素互化物分子中的键均是极性共价键。对比表 13.6 中 XX' 型卤素互化物的平均键能与卤素单质的键能(表 13.1)，可发现卤素互化物的平均键能均大于相应卤素单质的键能。例如，Cl—F 键键能 249.0 kJ · mol^{-1}，既大于 F—F 键键能(158.670 kJ · mol^{-1})，也大于 Cl—Cl 键键能(236.303 kJ · mol^{-1})。这是因为共价键的键能有 3 个来源：①共价能，参与成键的原子轨道重叠程度越大，共价能越大；②电负性能，参与成键的两元素的电负性差越大，电负性能越大；③马德隆能(Madelung energy)，键的极性越大，马德隆能越大。显然，卤素互化物分子较大的键能来源于电负性差和键的极性，即电负性能和马德隆能对键能的贡献大，而卤素单质分子的键能只是来自共价能。

由组成和结构可以知道，卤素互化物的化学性质与卤素单质相似，具有较强的氧化性，可以与大多数金属和非金属反应生成卤化物，可以与水反应。例如

$$XX' + H_2O(l) = HOX(aq) + H^+(aq) + X'^-(aq)$$

卤素互化物常被用作卤化剂。例如，在提取铀-235 时代替 $F_2(g)$ 使用：

$$UF_4(g) + ClF_3(g) \xlongequal{400^\circ C} UF_6(g) + ClF(g)$$

在有机合成中使用：

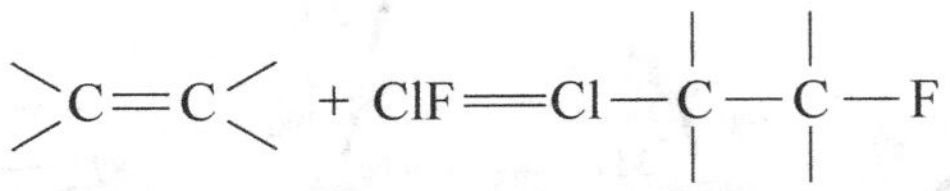

卤素互化物分子的几何构型可利用价层电子对互斥模型推断。例如，IF_3 的中心原子价层有 5 对电子，故 IF_3 的价电子几何构型为三角双锥体，而分子几何构型为 T 形；IF_7 的中心原子价层有 7 对电子，故 IF_7 的价电子几何构型和分子几何构型均为五角双锥体。

不同卤素在一定条件下互相化合，即可制备卤素互化物。例如

$$Cl_2(g) + F_2(g) \xlongequal{200^\circ C} 2ClF(g)$$

$$Cl_2(g) + 3F_2(g) \xlongequal{280^\circ C} 2ClF_3(g)$$

13.4.3 多卤化物

多卤化物是指金属卤化物与卤素单质或卤素互化物反应得到的加合物。例如，碘固体溶

解于 KI 溶液中，生成 KI_3：

$$KI(aq)+I_2(s) = KI_3(aq)$$

随着 KI 溶液浓度的增大，溶液颜色逐渐由黄色变橙色再变红色，生成 KI_5、KI_7、KI_9。

CsBr(s) 与卤素互化物 IBr 反应，生成 $CsIBr_2$：

$$CsBr(s)+IBr(aq) = CsIBr_2(aq)$$

多卤化物可以只含有一种卤素原子，如 KI_n（$n = 3、5、7、9$），也可以含有两种或三种卤素原子，如 KIF_6、$RbBrCl_2$、$CsIBr_2$、CsIBrCl 等，其中卤素原子数目之和为 3、5、7、9。只有半径大、电荷少的金属阳离子（和个别有机阳离子）由于对阴离子的极化作用弱，才能与卤素单质或卤素互化物形成较稳定的多卤化物。

多卤化物均是离子型化合物，其阴离子称为多卤离子。多卤离子以半径较大的卤素原子为中心原子，部分多卤离子的几何构型可由 VSEPR 推测。例如，$Cs^+[BrICl]^-$的阴离子$[BrICl]^-$，以原子半径最大的卤素原子(I)为中心原子，其价层电子对数目为 5，故价电子几何构型为三角双锥体，3 对孤对电子在同一平面，分子几何构型为直线形，如图 13.11 所示。

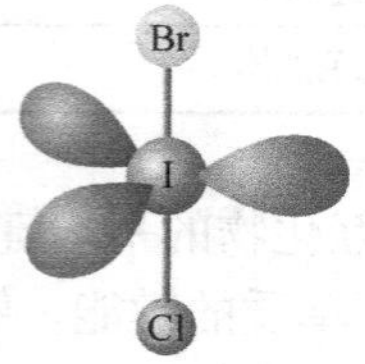

图 13.11　$[BrICl]^-$的几何构型

I_3^- 与$[BrICl]^-$相似，呈线形结构。I_3^- 的线形结构是否对称依赖于与它结合的阳离子大小：当 I_3^- 与较大的阳离子结合或在溶液中时，I_3^- 呈对称的线形，如 $(CH_3)_4N^+I_3^-$ 和 $(C_6H_5)_4As^+I_3^-$，后者 I_3^- 为$[\mathrm{I}\overset{290\ \mathrm{pm}}{-\!-\!-\!-}\mathrm{I}\overset{290\ \mathrm{pm}}{-\!-\!-\!-}\mathrm{I}]^-$，其中 I—I 键键长都大于 I_2 分子中的 I—I 键键长（280 pm）；但是，当 I_3^- 与较小的阳离子结合时，I_3^- 却是不对称的线形，如 CsI_3 晶体中为$[\mathrm{I}\overset{283\ \mathrm{pm}}{-\!-\!-\!-}\mathrm{I}\overset{303\ \mathrm{pm}}{-\!-\!-\!-}\mathrm{I}]^-$，这可能是晶格中 Cs^+对 I_3^- 中两个 I—I 键的相对位置不等同因而极化作用有差异所致。

I_5^- 呈 V 形结构[图 13.12(a)]，可以看作是 1 个 I^-与 2 个 I_2 结合而成；I_7^- 可以看作是 1 个 I_3^- 与 2 个 I_2 结合而成[图 13.12(b)]；I_9^- 可以看作是 1 个 I^-与 4 个 I_2 结合而成[图 13.12(c)]。

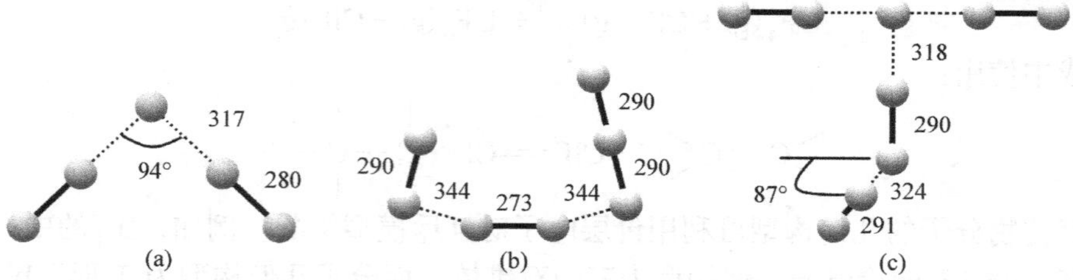

图 13.12　I_5^- (a)、I_7^- (b) 和 I_9^- (c) 的结构（单位：pm）

13.5　卤素氧化物、含氧酸及其盐
（Oxides, Oxyacids and Oxysalts of Halogens）

13.5.1　卤素氧化物

一些卤素氧化物列于表 13.7，其中 OF_2、O_2F_2 应视为氟化物，因为电负性 F 大于 O。

表 13.7　一些卤素氧化物在室温下的形态

氟	氯	溴	碘
OF_2 无色气体	Cl_2O 黄棕色气体	Br_2O 深棕色气体	I_2O_4 蓝色固体
O_2F_2 红色气体	ClO_2 黄绿色气体	BrO_2 黄色固体	I_2O_9 蓝色固体
	Cl_2O_6 深红色液体	Br_2O_6 固体	I_2O_5 白色固体
	Cl_2O_7 无色液体		

一些卤素氧化物是相应卤素含氧酸酸酐。例如，Cl_2O 是次氯酸酐，Cl_2O_7 是高氯酸酐，I_2O_5 是碘酸酐；ClO_2 则可以看作是混合酸酐，因为它在碱性介质中发生歧化反应：

$$2ClO_2(g) + 2OH^-(aq) = ClO_2^-(aq) + ClO_3^-(aq) + H_2O(l)$$

卤素氧化物大多不稳定，受撞击或受热会爆炸分解。例如，Cl_2O_7 受热分解为 ClO_3 和 ClO_4：

$$Cl_2O_7 \xlongequal{\triangle} ClO_3 + ClO_4$$

I_2O_5 可以将 CO 完全氧化，生成的 I_2 可用标准 $Na_2S_2O_3$ 溶液滴定，故可以用于定量检测空气中的 CO 含量：

$$5CO(g) + I_2O_5 = 5CO_2(g) + I_2$$

卤素氧化物分子中的化学键均是极性共价键，其几何构型可用 VSEPR 预测。例如，Cl_2O 分子中心氧原子价层电子对数目为 4，价电子几何构型为四面体，而分子几何构型为 V 形，如图 13.13 所示。

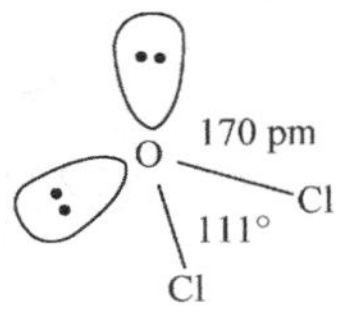

图 13.13　Cl_2O 分子的几何构型

OF_2 具有与 Cl_2O 相似的分子几何构型，根据元素电负性差异，可以推断键角∠FOF＜∠ClOCl。在同一中心原子以相同杂化态构成的 V 形分子中，若配位原子的电负性越大，则键角越小；若配位原子相同，则中心原子的电负性越大，键角越大。

【例 13.2】　已知 ClO_2 的键角为 116.5°，键长为 149 pm，不发生双聚，顺磁性。试根据以上性质和 VSEPR、杂化轨道理论，分析 ClO_2 的分子结构。参考键长：正常 Cl—O 键键长为 170 pm。

解　Cl 中心原子价层电子对数目为 3.5。按照 VSEPR，无法判断 ClO_2 的价电子几何构型是四面体还是平面三角形。

从键角 116.5°考虑，中心原子 Cl 应采取 sp^2 杂化，对应结构有以下两种可能性：

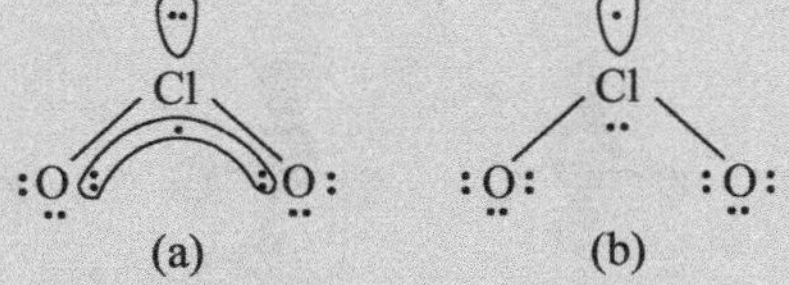

构型(b)显示 Cl—O 键为单键，分子会发生双聚，显顺磁性。已知 Cl—O 键键长为 149 pm，小于正常 Cl—O 键的键长 170 pm；而且它实际上不发生双聚。这就排除了构型(b)。

构型(a)显示：在 Cl 中心原子作 sp^2 杂化的情况下，Cl 原子与两个 O 原子不但形成 σ 单键，而且 Cl 的 $3p_z$ 轨道与两个 O 原子的 $2p_z$ 轨道还将形成 Π_3^5 键，即由 3 个原子、5 个电子组成的离域 π 键(假定分子在 *x-y* 平面)，这说明 Cl—O 键具有部分双键的性质，键级大于 1，故键长短于单键；Π_3^5 键的反键轨道上有一单电子，故 ClO_2 显顺磁性；Cl 原子上的孤对电子使 ClO_2 不可能双聚。所以，可确定(a)是正确的分子结构。

本例说明：物质的宏观性质反映其内部结构。

13.5.2 卤素含氧酸及其盐

氯、溴、碘均可形成氧化态为+1、+3、+5、+7 的含氧酸及相应盐，含氧酸依次称为次卤酸(hypohalous acid，HXO)、亚卤酸(halous acid，HXO_2)、卤酸(halic acid，HXO_3)和高卤酸(perhalic acid，HXO_4)。存在 HOF 化合物，但它并不是酸，从 HOF 与 H_2O 反应情况看，HOF 中 F 显−1 氧化态，H 为+1，O 为 0。

$$HOF + H_2O \xlongequal{\quad} HOOH + HF$$

氯和溴氧化态为+1、+3、+5、+7 的含氧酸以及 HIO_3、HIO_4 均可存在于水溶液中，高氯酸 $HClO_4$ 和正高碘酸 H_5IO_6 还可以纯液态和纯固态存在，HIO_3、HIO_4 还以纯固态存在；但是，室温下 HBrO、$HBrO_2$、HIO 和 HIO_2 均很不稳定，易分解。

1. 分子结构

除正高碘酸 H_5IO_6 外，其余含氧酸分子中，中心卤素原子均作 sp^3 杂化，以氯含氧酸为例，示于图 13.14。图中，符号“—+→”表示 σ 配位键和 p→d 反馈 π 键，其中 Cl 原子以 sp^3 杂化轨道与 O 原子的 2p 轨道重叠，并由 Cl 原子提供一对电子形成 σ 配位键；O 原子积累了较高的电子密度，通过充满电子的 2p 轨道与 Cl 原子的 3d 空轨道重叠，形成 p→d 反馈 π 键(图 13.15)，因此 Cl—+→O 键具有部分双键性质。除了端基氧原子形成 Cl—+→O 键外，Cl 原子还以 sp^3 杂化轨道与羟基 O 原子的 2p 轨道重叠，并各提供一个电子，形成 σ 单键。

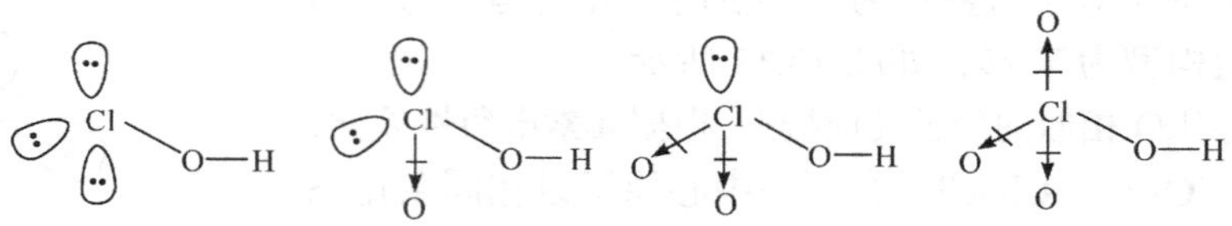

图 13.14 氯含氧酸的分子结构

卤素含氧酸盐一般比相应的酸稳定，其中含氧酸根的结构如图 13.16 所示，中心卤素原子均作 sp^3 杂化。

高碘酸有正高碘酸 H_5IO_6 和偏高碘酸 HIO_4(酸根 IO_4^-，见图 13.16)。正高碘酸分子中，中心 I 原子作 sp^3d^2 杂化，与 5 个羟基 O 原子的 2p 轨道重叠并各提供一个电子，形成 σ 单键，而与端基 O 原子形成 σ 配位键和 p→d 反馈 π 键，分子呈八面体几何构型，如图 13.17 所示。

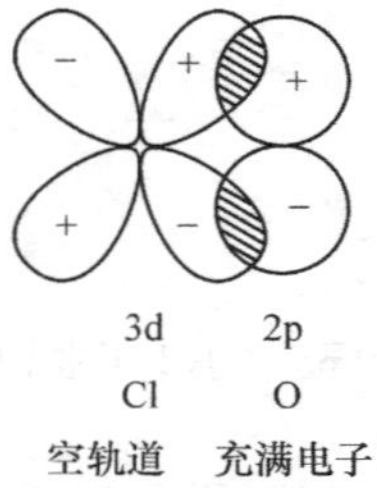

图 13.15 p→d 反馈 π 键的形成示意图

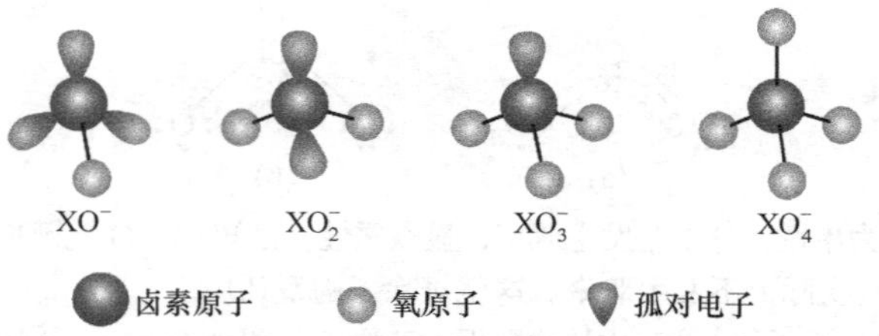

图 13.16 卤素含氧酸根的结构

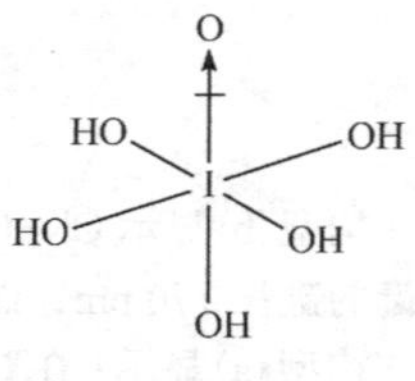

图 13.17 正高碘酸 H_5IO_6 的分子结构

2. 卤素含氧酸酸性变化规律

卤素含氧酸酸性呈现规律性的变化：从氯到溴再到碘，同一氧化态的含氧酸酸性逐渐减弱；同一卤素，随着卤素氧化数升高，从 HXO、HXO_2、HXO_3 到 HXO_4，酸性逐渐增强，如表 13.8 所示。

表 13.8　卤素含氧酸酸性（$K_a^\ominus$，298 K）

卤素	HXO	HXO_2	HXO_3	HXO_4
氯	2.9×10^{-8}	1.15×10^{-2}	10	～10^8
溴	2.8×10^{-9}		1	
碘	3.2×10^{-11}	5.1×10^{-4}	1.6×10^{-1}	2.3×10^{-2}

→ 酸性增强（从左到右）；↑ 酸性增强（从下到上）

鲍林研究了无机含氧酸酸性与其分子结构的关系，提出了关于无机含氧酸酸性变化规律的两条经验规则①：

(1) 多元含氧酸的逐级电离常数有如下规律：$K_{a1}^\ominus : K_{a2}^\ominus : K_{a3}^\ominus \approx 1 : (10^{-6}\sim10^{-4}) : (10^{-11}\sim10^{-9})$，因为多元含氧酸分子每电离出一个质子后，剩余羟基上氧原子密度增大，O—H 键增强，再电离出一个质子需更高能量，如 H_3PO_4，$K_{a1}^\ominus=7.11\times10^{-3}$，$K_{a2}^\ominus=6.34\times10^{-8}$，$K_{a3}^\ominus=4.79\times10^{-13}$。

(2) 在含氧酸 $XO_m(OH)_n$ 中，非羟基氧原子数目 m 越大，含氧酸酸性越强：

$m=0$，$X(OH)_n$，$K_{a1}^\ominus=10^{-11}\sim10^{-8}$，以氯的含氧酸为例，HClO，$K_a^\ominus=2.9\times10^{-8}$；

$m=1$，$XO(OH)_n$，$K_{a1}^\ominus=10^{-4}\sim10^{-2}$，如 $HClO_2$，$K_a^\ominus=1.15\times10^{-2}$；

$m=2$，$XO_2(OH)_n$，$K_{a1}^\ominus=10^{-1}\sim10$，如 $HClO_3$，$K_a^\ominus=1\times10^1$；

$m=3$，$XO_3(OH)_n$，$K_{a1}^\ominus\geqslant10^8$，如 $HClO_4$，$K_a^\ominus=1\times10^8$。

实际上，酸分子中非羟基氧原子数目 m 就是它所含有的 X⟶O 键数目（参阅图 13.14），由于电负性 O 大于 Cl、Br、I，随着 m 增大，更多非羟基氧原子对 O—X 成键电子对的吸引导致中心 X 原子电子密度减小，从而显示更高的电负性，使 X 原子吸引 X—OH 键的成键电子对向 X 原子转移，从而削弱 O—H 键，这称为“电子诱导效应”（以氯含氧酸分子为例，示于图 13.18），其结果是质子更易电离，酸性增强。这就从结构上解释了含氧酸酸性的变化。

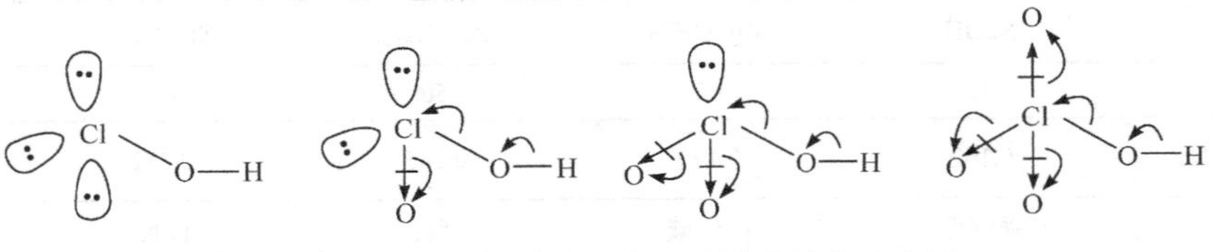

图 13.18　氯含氧酸分子中电子诱导效应示意图

再如，正磷酸 H_3PO_4，$K_{a1}^\ominus=7.11\times10^{-3}$，焦磷酸 $H_4P_2O_7$，$K_{a1}^\ominus=1.23\times10^{-1}$，因为后者分子中有更多的 P⟶O 键（图 13.19）。由此可知，含氧酸分子之间脱水，将导致酸性增强。硫酸 H_2SO_4 和焦硫酸 $H_2S_2O_7$ 是另一对例子。

① 实际上，只有少数无机含氧酸适用于该规则，如 H_3PO_4、H_3AsO_4、H_2SO_3、H_2CO_3 等，多数无机含氧酸和有机酸不符合，如 H_5IO_6、H_2SiO_3、H_6TeO_6、H_3VO_4 等。

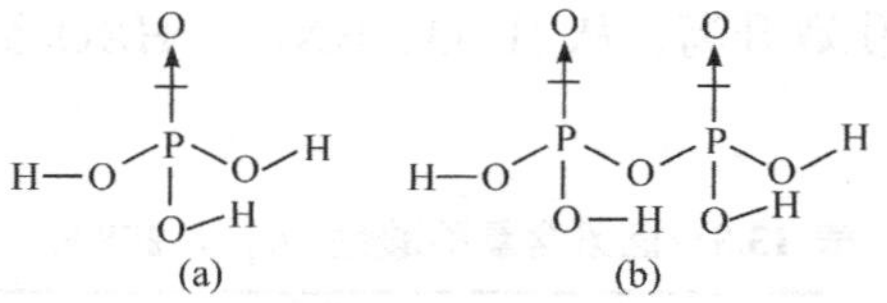

图 13.19 正磷酸(a)和焦磷酸(b)的分子结构(省略分子内氢键)

卤素含氧酸酸性的变化规律还可以用 R—O—H 模型解释。该模型认为 R—O—H 有酸式电离和碱式电离两种电离方式:

$$R—O—H = RO^- + H^+ \quad \text{酸式电离}$$

$$R—O—H = R^+ + OH^- \quad \text{碱式电离}$$

具体 R—O—H 采用哪种电离方式，由中心原子 R 的离子势决定。离子势(ϕ)定义为离子电荷(Z)与离子半径(r，单位 pm)之比，即

$$\phi = Z/r$$

中心原子 R 的离子势的平方根$\sqrt{\phi}$越大，则 R 原子对氧原子上电子的吸引力越大，R—O 键越强，而 O—H 键被削弱，倾向于发生酸式电离；$\sqrt{\phi}$越小，R 原子对氧原子上电子的吸引力越小，R—O 键越弱，而 O—H 键越强，倾向于发生碱式电离。作为经验规则，当 r 以 pm 为单位时，$\sqrt{\phi} > 0.32\ pm^{-0.5}$，发生酸式电离；$\sqrt{\phi} < 0.22\ pm^{-0.5}$，发生碱式电离；$\sqrt{\phi} = 0.22 \sim 0.32\ pm^{-0.5}$，R—O—H 具有酸碱两性。

表 13.9 列出了一些主族元素氢氧化物的$\sqrt{\phi}$、r 和酸碱性变化情况，符合上述经验规则。

表 13.9 一些主族元素氢氧化物的$\sqrt{\phi}$、r 和酸碱性变化情况

性质	$Be(OH)_2$	$Mg(OH)_2$	$Ca(OH)_2$	$Sr(OH)_2$	$Ba(OH)_2$
r/pm	31	65	99	113	135
$\sqrt{\phi}$ / $pm^{-0.5}$	0.254	0.175	0.142	0.133	0.121
酸碱性	两性	碱性	碱性	碱性	碱性
	$\sqrt{\phi}$ 减小，碱性增强 →				
性质	NaOH	$Mg(OH)_2$	$Al(OH)_3$	$Si(OH)_4$	
r/pm	95	65	50	41	
$\sqrt{\phi}$ / $pm^{-0.5}$	0.102	0.175	0.245	0.312	
酸碱性	强碱性	中强碱	两性	酸性	
	$\sqrt{\phi}$ 增大，碱性减弱，酸性增强 →				

3. 卤素含氧酸及其盐的氧化性变化规律

卤素含氧酸及其盐的氧化性可由相应电对的标准电极电势判断。以酸性介质 $E_A^\ominus(HXO_n/X^-)$ 和碱性介质 $E_B^\ominus(XO_n^-/X^-)$ ($n = 1, 2, 3, 4$)为例，列于表 13.10。其他卤素含氧酸及其盐有关电对的标准电极电势见图 13.5。

表 13.10　酸性介质和碱性介质中卤素含氧酸及其盐的标准电极电势(V)

介质	电极反应	Cl	Br	I
酸性	$HXO + H^+ + 2e^- = X^- + H_2O$	1.49	1.34	1.00
	$HXO_2 + 3H^+ + 4e^- = X^- + 2H_2O$	1.57		
	$XO_3^- + 6H^+ + 6e^- = X^- + 3H_2O$	1.45	1.45	1.09
	$XO_4^- + 8H^+ + 8e^- = X^- + 4H_2O$	1.39	1.53	1.23 (H_5IO_6)
碱性	$XO^- + H_2O + 2e^- = X^- + 2OH^-$	0.890	0.760	0.50
	$XO_2^- + 2H_2O + 4e^- = X^- + 4OH^-$	0.77		
	$XO_3^- + 3H_2O + 6e^- = X^- + 6OH^-$	0.62	0.61	0.26
	$XO_4^- + 4H_2O + 8e^- = X^- + 8OH^-$	0.57	0.69	0.37($H_3IO_6^{2-}$)

从表 13.10 数据可知，卤素含氧酸及其盐氧化性有如下变化规律。

(1) 对于同一氧化态、不同卤素的含氧酸及其盐：

HXO 氧化性：$HClO > HBrO > HIO$；$ClO^- > BrO^- > IO^-$；

HXO_3 氧化性：$HClO_3 \approx HBrO_3 > HIO_3$；$ClO_3^- \approx BrO_3^- > IO_3^-$；

HXO_4 氧化性：$HClO_4 < HBrO_4 > H_5IO_6$；$ClO_4^- < BrO_4^- > H_3IO_6^{2-}$。

(2) 对于氯的含氧酸及其盐：

氧化性：$HClO > HClO_3 > HClO_4$；$ClO^- > ClO_3^- > ClO_4^-$。

(3) 同一含氧酸及其盐，在酸性介质中的氧化性总是强于在碱性介质中的氧化性。

以上氧化性变化规律可以根据分子结构、热力学原理和能斯特方程做定性分析①：

(1) 卤素含氧酸及其盐的氧化性与卤素中心原子的有效离子势有关，有效离子势越大，则 XO_n^- 中心原子 X 回收电子能力越强，XO_n^- 氧化性越强。有效离子势 (ϕ^*) 定义为含氧酸根中心原子的有效核电荷 (Z^*) 与其半径 (r) 之比，

$$\phi^* = Z^*/r$$

而 Z^* 和 r 随中心原子所属周期变化对 ϕ^* 的影响趋势刚好相反(以 HXO_4 为例，列于表 13.11)，对于高氧化态的卤素含氧酸，Z^* 和 r 对 ϕ^* 竞争性影响的结果，使 ϕ^* 极大值出现在中间的第四周期，于是第四周期溴元素高价态含氧酸显示特别强的氧化性，即酸性介质中氧化性 $HClO_4 < HBrO_4 > H_5IO_6$，碱性介质中氧化性 $ClO_4^- < BrO_4^- > H_3IO_6^{2-}$，这称为"第四周期元素高价态化合物的特殊性"。类似的现象也出现在ⅥA 族和ⅤA 族，如氧化性 $H_2SO_4 < H_2SeO_4$，$H_3PO_4 < H_3AsO_4$。

① 有学者认为，动力学反应速率因素对卤素含氧酸及其盐氧化性有重要的影响。例如，仅从标准电极电势看，HClO 和 $HClO_4$ 都可以把 Fe^{2+} 氧化成 Fe^{3+}，但实际上在无氧条件下，含有 Fe^{2+} 和 ClO_4^- 的溶液可以稳定存在几个月，而 ClO^- 却迅速氧化 Fe^{2+}。通常反应速率随卤素氧化数的减小而增大：$ClO_4^- < ClO_3^- < ClO_2^- < ClO^- \approx Cl_2$，$BrO_4^- < BrO_3^- < BrO^- \approx Br_2$，$IO_4^- < IO_3^- < I_2$。

表 13.11　不同周期+7 氧化态卤素含氧酸中心原子ϕ^*随 Z^*和 r 的变化趋势

含氧酸	$HClO_4$	$HBrO_4$	H_5IO_6
中心原子所属周期	三	四	五
中心原子氧化态	+7	+7	+7
中心原子价层电子构型	$2s^22p^6$	$3s^23p^63d^{10}$	$4s^24p^64d^{10}$
r	小	⟶	大
Z^*	小	⟶	大
ϕ^*	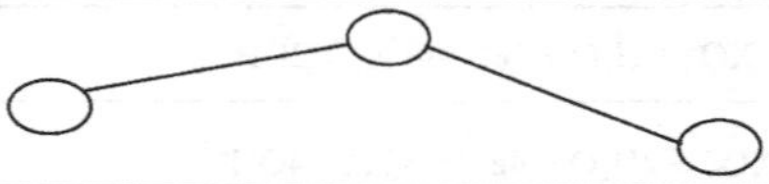		
氧化性	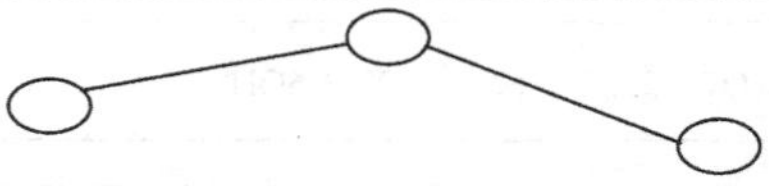		

(2)同一元素、不同氧化态含氧酸及其盐氧化性变化可从含氧酸分子结构进行解释。

以氯含氧酸 HXO_n 为例(图 13.14)：n 值越大，HXO_n 作为氧化剂需断开的 X—O 键数目越多，所需能量就越大，所以氧化性 $HClO > HClO_3 > HClO_4$；$ClO^- > ClO_3^- > ClO_4^-$。

(3)介质酸碱性对同一含氧酸及其盐氧化性的影响可用能斯特方程和化学平衡移动原理分析。

卤素含氧酸在酸性介质中被还原为 X^-的电极反应为

$$XO_n^- + 2nH^+ + 2ne^- = X^- + nH_2O$$

根据能斯特方程，H^+浓度增加，则电极电势 $E(XO_n^-/X^-)$增大，XO_n^-氧化性增强。同时，根据化学平衡移动原理，H^+浓度增加，上述反应平衡向右移动。

卤素含氧酸在碱性介质中被还原为 X^-的电极反应为

$$XO_n^- + nH_2O + 2ne^- = X^- + 2nOH^-$$

根据能斯特方程，OH^-浓度增加，则电极电势 $E(XO_n^-/X^-)$减小，XO_n^-氧化性变弱。同时，根据化学平衡移动原理，OH^-浓度增加，上述反应平衡向左移动。

根据介质酸碱性对含氧酸及其盐氧化性影响的以上规律，可以理解为什么制备高氧化性的高溴酸必须在碱性介质中进行。高溴酸的氧化性比高氯酸、高碘酸都要强，曾被认为难以制备。1968 年在 5 $mol \cdot dm^{-3}$ NaOH 溶液中，以强氧化剂 F_2(或 XeF_2)氧化溴酸盐，制备了高溴酸盐：

$$BrO_3^- + F_2 + 2OH^- = BrO_4^- + 2F^- + H_2O$$

$$BrO_3^- + XeF_2 + 2OH^- = BrO_4^- + 2F^- + Xe + H_2O$$

酸化得到高溴酸水溶液，最高浓度达 83%，并制备了 $HBrO_4 \cdot 2H_2O$ 晶体。

(4)从热力学角度看，卤素含氧酸在酸性介质中被还原为 X^-的电极反应是生成 H_2O 的放热反应($\Delta_r H_m^{\ominus} < 0$ $kJ \cdot mol^{-1}$)，属于焓驱动；在碱性介质中被还原为 X^-的电极反应是 H_2O 分解的反应，需吸热($\Delta_r H_m^{\ominus} > 0$ $kJ \cdot mol^{-1}$)，焓因素不利于反应向右进行。

4. 一些重要的卤素含氧酸及其盐

在论述卤素含氧酸及其盐的组成、命名、分子结构、酸性及氧化性变化规律的基础上，简单介绍一些重要的卤素含氧酸及其盐。

1) 次卤酸及其盐

次卤酸(HXO)的分子结构为 H—O—X，为 V 形分子构型。次氯酸 HClO 不稳定，溶液浓度高于 4%即分解，从 HClO 到 HBrO，再到 HIO，稳定性迅速减小；它们均为弱酸，酸性比碳酸弱，且酸性依次递减(表 13.8)。

次卤酸有两种分解方式，在光照或加热条件下分解产物不同：

$$2HXO(aq) \xlongequal{光照} 2HX(aq) + O_2(g)$$

$$3HXO(aq) \xlongequal{加热} 2HX(aq) + HXO_3(aq)$$

第一种分解方式为次卤酸的自氧化还原反应，第二种分解方式为次卤酸的歧化反应。

次卤酸盐稳定性比次卤酸高，次卤酸盐也有相似的两种分解方式：

$$2XO^- \xlongequal{} 2X^- + O_2(g)$$

$$3XO^- \xlongequal{} 2X^- + XO_3^-$$

室温下，NaClO、$Ca(ClO)_2$ 在干燥的密闭容器中尚能稳定存在。次溴酸盐在 0℃以下稳定，高于此温度分解。次碘酸盐更不稳定，室温下迅速歧化为 I^- 和 IO_3^-。未能制备纯的次卤酸盐，因为 XO^- 自发歧化为 X^- 和 XO_3^-。

由标准电极电势(表 13.10)可知：次卤酸具有强氧化性，其盐也有氧化性，但弱于酸，因此向次卤酸盐加酸可增强其氧化性。HClO 可将 HCl 氧化，这是酸性介质中自发进行的逆歧化反应(图 13.4)：

$$HClO(aq) + HCl(aq) \xlongequal{} Cl_2(g) + H_2O(l)$$

HClO 还可以将 S 氧化为 H_2SO_4，将毒性极强的氰化物(CN^-)氧化为毒性较小的氧氰化物(OCN^-)。

次氯酸钠固体是一种白色粉末，其水溶液呈微黄色。制备次氯酸钠的方法是电解冷的氯化钠稀溶液，搅拌电解液，使生成的氯气与氢氧化钠反应，生成次氯酸钠、氯化钠及水：

$$Cl_2(g) + 2NaOH(aq) \xlongequal{} NaClO(aq) + NaCl(aq) + H_2O(l)$$

若氯气溶于热的浓氢氧化钠溶液，则生成氯化钠、氯酸钠及水：

$$3Cl_2(g) + 6NaOH(aq,浓) \xlongequal{加热} NaClO_3(aq) + 5NaCl(aq) + 3H_2O(l)$$

次氯酸钠具有强氧化性(表 13.10 和图 13.4)，与有机物或还原剂混合可发生爆炸性反应。次氯酸钠水溶液呈碱性，缓慢分解为 NaCl、$NaClO_3$ 和 O_2，表明前述次卤酸盐的两种分解反应都发生，光照或受热加速分解。利用次氯酸钠的氧化性制成漂白剂和消毒剂，用于纺织物和纸浆的漂白、水处理、制药、精细化工和卫生消毒。市售次氯酸钠漂白剂和消毒剂溶液的次氯酸钠浓度多为 5%～6%。次氯酸钠溶液与盐酸混合，发生逆歧化反应，生成对人体有害的氯气：

$$ClO^-(aq) + 2H^+(aq) + Cl^-(aq) \xlongequal{} Cl_2(g) + H_2O(l)$$

因此，用作消毒剂的次氯酸钠溶液不应与含盐酸的“洁厕精”类清洁剂混合使用。

把氯气通入石灰乳中，制得漂白粉，它是一种混合物：

$$2Cl_2(g) + 3Ca(OH)_2(s) = Ca(ClO)_2(s) + CaCl_2 \cdot Ca(OH)_2 \cdot H_2O(s) + H_2O(l)$$

漂白粉的漂白、杀菌作用源于它含有的 $Ca(ClO)_2$ 分解，光照、加热、增加浓度和加酸，都可提高其分解速率。由于次氯酸的酸性($K_a^\ominus = 2.9 \times 10^{-8}$)比碳酸弱，潮湿空气中的 CO_2 可促进漂白粉的漂白作用：

$$Ca(ClO)_2(s) + CO_2(g) + H_2O(l) = CaCO_3(s) + 2HCl(aq) + O_2(g)$$

以上反应也说明，在保存期间，潮湿空气中的 CO_2 可使漂白粉失效。次氯酸钠与 CO_2 有类似的反应。

2)亚卤酸及其盐

亚氯酸存在于水溶液中，酸性比次氯酸强(表 13.8)。亚溴酸、亚碘酸更不稳定，只能在溶液中瞬间存在。由卤素的 $\Delta_r G_m^\ominus / F\text{-}Z$ 图(图 13.4)可知，亚氯酸会自发歧化分解，包括两种分解方式：

$$5HClO_2(aq) = 4ClO_2(g) + Cl^-(aq) + H^+(aq) + 2H_2O(l)$$

$$3HClO_2(aq) = 2ClO_3^-(aq) + Cl^-(aq) + 3H^+(aq)$$

碱性介质中的下列歧化反应也是自发进行的：

$$3ClO_2^-(aq) = 2ClO_3^-(aq) + Cl^-(aq)$$

亚卤酸盐稳定性高于相应酸。$NaClO_2$ 有强氧化性，可用于漂白高级织物。

重金属如 Ag^+、Hg^{2+}、Pb^{2+}、Cu^{2+} 的亚氯酸盐在固态时受热或受撞击会迅速分解，发生爆炸。

用硫酸与 $Ba(ClO_2)_2(s)$ 反应，可制备亚氯酸溶液：

$$H_2SO_4(aq) + Ba(ClO_2)_2(s) = BaSO_4(s) + 2HClO_2(aq)$$

在碱性溶液中用 ClO_2 氧化 Na_2O_2，可制备 $NaClO_2$：

$$2ClO_2(g) + Na_2O_2(aq) = 2NaClO_2(aq) + O_2(g)$$

3)卤酸及其盐

$HClO_3$、$HBrO_3$ 仅存在于水溶液中，为强酸，HIO_3 是白色固体，为中强酸；它们均是强氧化剂。氯酸盐可以用氯与热的碱溶液作用制取，也可以用电解热的氯化物溶液得到。

碘酸盐可以用单质碘与热的碱溶液作用制取：

$$3I_2(s) + 6NaOH(aq) = NaIO_3(aq) + 5NaI(aq) + 3H_2O(l)$$

也可以用氯气在碱性介质中氧化碘化物得到：

$$KI(aq) + 6KOH(aq) + 3Cl_2(g) = KIO_3(aq) + 6KCl(aq) + 3H_2O(l)$$

$KClO_3$ 大量用于制造火柴和烟花，在实验室用于制备氧气：

$$2KClO_3(s) \xrightarrow[MnO_2]{\Delta} 2KCl(s) + 3O_2(g)$$

$KClO_3$ 在无催化剂、加热条件下，发生歧化而分解：

$$4KClO_3(s) \xrightarrow{395℃} 3KClO_4(s) + KCl(s)$$

浓的 $HClO_3$ 分解、歧化，容易发生爆炸：

$$26HClO_3(aq) = 15O_2(g) + 8Cl_2(g) + 10HClO_4(aq) + 8H_2O(l)$$

卤酸及其盐溶液都是强氧化剂，其中以溴酸及其盐的氧化性最强，这反映了第四周期元素的特殊性：

$$E^{\ominus}(ClO_3^- / Cl_2) = 1.458\ V$$

$$E^{\ominus}(BrO_3^- / Br_2) = 1.513\ V$$

$$E^{\ominus}(IO_3^- / I_2) = 1.209\ V$$

4) 高卤酸 HXO_4 及其盐

+7 氧化态的高卤酸有：高氯酸、高溴酸和高碘酸。

高氯酸是最强单一无机酸，$K_a^{\ominus} \approx 10^8$，约为 100% H_2SO_4 的 10 倍。$HClO_4$ 水溶液的氧化能力低于 $HClO_3$，没有明显的氧化性，但浓、热的高氯酸是强氧化剂，与有机物质接触可发生猛烈作用。未酸化的高氯酸盐溶液氧化性很弱，与 SO_2、H_2S、Zn、Al 等都不发生反应。ClO_4^- 配位作用弱，故 $NaClO_4$ 常用于维持溶液的离子强度。

13.6　拟　卤　素*
(Pseudohalogens)

某些化合物在游离态时，性质与卤素相似；其−1 价阴离子表现出与卤素阴离子相似的性质。这些化合物被称为拟卤素。

拟卤素主要有：氰 $(CN)_2$、硫氰 $(SCN)_2$、氧氰 $(OCN)_2$。

相应的拟卤素阴离子是：氰离子 CN^-、硫氰离子 SCN^-、氧氰离子 OCN^-。

13.6.1　与卤素的相似性

拟卤素与卤素在物理性质和化学性质方面的相似性表现在：

(1) 游离状态均有挥发性。

(2) 与氢形成酸，除氢氰酸外大多酸性较强。

(3) 与金属化合成盐；与卤素相似，它们的银(Ⅰ)、汞(Ⅰ)、铅(Ⅱ)盐均难溶于水。

(4) 与水或碱的作用也与卤素相似。例如

$$Cl_2(g) + H_2O(l) = HCl(aq) + HClO(aq)$$

$$(CN)_2(g) + H_2O(l) = HCN(aq) + HOCN(aq)$$

$$(SCN)_2(g) + H_2O(l) = HSCN(aq) + HOSCN(aq)$$

$$Cl_2(g) + 2OH^-(aq) = Cl^-(aq) + ClO^-(aq) + H_2O(l)$$

$$(CN)_2(g) + 2OH^-(aq) = CN^-(aq) + OCN^-(aq) + H_2O(l)$$

(5) 与某些金属离子作用生成难溶化合物。例如

$$Ag^+(aq) + I^-(aq) = AgI(s)$$

$$Ag^+(aq) + CN^-(aq) = AgCN(s)$$

(6) 配位作用。例如

$$Fe^{3+}(aq) + 6F^-(aq) = [FeF_6]^{3-}(aq)$$

$$Fe^{3+}(aq) + 6SCN^-(aq) = [Fe(NCS)_x]^{3-x}(aq) \quad (x = 1 \sim 6，定性检验\ Fe^{3+})$$

$$Fe^{3+}(aq) + 6CN^-(aq) = [Fe(CN)_6]^{3-}(aq)$$

$$Fe^{2+}(aq) + 6CN^-(aq) \Longrightarrow [Fe(CN)_6]^{4-}(aq)$$

$[Fe(CN)_6]^{3-}$迅速解离，毒性大；而$[Fe(CN)_6]^{4-}$解离速率小，毒性小，故可用Fe^{2+}除去CN^-。

(7)还原性。例如

$$2I^-(aq) + Cl_2(g) \Longrightarrow I_2(s) + 2Cl^-(aq)$$

$$2CN^-(aq) + 5Cl_2(g) + 12OH^-(aq) \Longrightarrow 2CO_3^{2-}(aq) + N_2(g) + 10Cl^-(aq) + 6H_2O(l)$$

$$CN^-(aq) + O_3(g) \Longrightarrow OCN^-(aq) + O_2(g)$$

$$2OCN^-(aq) + 3O_3(g) + 2OH^-(aq) \Longrightarrow 2CO_3^{2-}(aq) + N_2(g) + 3O_2(g) + H_2O(l)$$

因此，可以用Cl_2、O_3、H_2O_2、漂白粉等除去工业废水中的CN^-。臭氧氧化法的主要优点是反应迅速，流程简单，没有二次污染问题，但臭氧发生器的电耗较高。

即使是Cu^{2+}也可以将I^-和CN^-氧化，这可归因于反应耦联：

$$2Cu^{2+}(aq) + 4I^-(aq) \Longrightarrow 2CuI(s) + I_2(s)$$

$$2Cu^{2+}(aq) + 10CN^-(aq) \Longrightarrow 2[Cu(CN)_4]^{3-}(aq) + (CN)_2(g)$$

拟卤离子和卤离子按还原性由弱到强可以共同组成一个序列：$F^- < OCN^- < Cl^- < Br^- < SCN^- < I^- < CN^-$。这可从它们的标准电极电势理解。例如

$$(CN)_2(g) + 2e^- \Longrightarrow 2CN^-(aq) \qquad E^\ominus = 0.27\ V$$

$$I_2(s) + 2e^- \Longrightarrow 2I^-(aq) \qquad E^\ominus = 0.534\ V$$

$$(SCN)_2(g) + 2e^- \Longrightarrow 2SCN^-(aq) \qquad E^\ominus = 0.77\ V$$

$$Br_2(l) + 2e^- \Longrightarrow 2Br^-(aq) \qquad E^\ominus = 1.077\ V$$

一些拟卤素可以用卤素氧化拟卤离子的方法制备。例如

$$Pb(SCN)_2(s) + Br_2(l) \Longrightarrow PbBr_2(s) + (SCN)_2(g)$$

13.6.2　氰与氰化物

氰是一种无色气体，有苦杏仁味，剧毒，易燃，与氧气反应放热，可超过 4000℃。氰分子式为$(CN)_2$，路易斯结构式为 $:N\equiv C—C\equiv N:$，而按照杂化轨道理论并借用分子轨道法的离域 π 键概念，$(CN)_2$ 分子中两个 C 原子均作 sp 杂化，各与一个 N 原子形成 σ 键，同时形成两个 Π_4^4 键：$:N—C—C—N:$。

氰化氢 HCN 是一种无色气体，剧毒，其水溶液是极弱酸，称为氢氰酸，$K_a^\ominus = 6.3 \times 10^{-10}$。氰化氢结构式为 $H—C\equiv N$。氰化氢可用于制备丙烯酸树脂、聚丙烯腈等高分子树脂和农用杀虫剂。

氰化物(MCN)都有剧毒，CN^-结构式为$[:C\equiv N:]^-$，它与N_2互为等电子体。氰化钾和氰化钠可用于冶炼金和银、电镀和制备农药，相应的工业废液必须经过严格的化学处理才可排放。

13.6.3　硫氰、硫氰化物和异硫氰化物

硫氰是淡黄色晶体，熔点−3℃，不稳定。硫氰分子式为$(SCN)_2$，路易斯结构式为 $:N\equiv C—\ddot{S}—\ddot{S}—C\equiv N:$。硫氰的氧化性强于碘而弱于溴。硫氰与氧氰$(OCN)_2$是广义的等电子体，两者分子结构相似。

硫氰化氢(HSCN)水溶液称为硫氰酸，略有毒性，它实际上是硫氰酸($H—S—C\equiv N$)和异硫氰酸($H—N=C=S$)的混合物，是一种较强的酸，$K_a^\ominus = 7.9 \times 10$。硫氰酸与烯烃反应生成酯，可用于制备药物和农用杀虫剂。

硫氰阴离子SCN^-与氧氰阴离子OCN^-和CO_2互为等电子体，直线形结构，SCN^-中 C 原子作 sp 杂化，与 N 原子和 S 原子形成σ键，同时形成两个 Π_3^4 键：$[:S—C—N:]^-$。由结构式可知：SCN^-的 S 原子和 N 原子上均有孤对电子，它既可以用 S 原子也可以用 N 原子与金属离子配位，前者称为硫氰化物，如$[Hg(SCN)_4]^{2-}$和$[Ag(SCN)_2]^-$，后者称为异硫氰化物，如$[Fe(NCS)_x]^{3-x}$，这一现象可用“软硬酸碱规则”解释。

习 题

1. 与其他卤素相比，氟元素有什么特殊性？为什么？
2. 简要回答以下问题：
   (1)元素周期表中，哪种元素的第一电子亲和能最大？哪种元素的电负性最大？为什么？
   (2)为什么存在 ClF_3，而不存在 FCl_3？
   (3)为什么键解离能 F—F＜Cl—Cl，而 H—F＞H—Cl？
   (4)氢键键能 HF(l)＞H_2O(l)，为什么沸点 HF(l)＜H_2O(l)？
   (5)为什么铁与盐酸反应得到 $FeCl_2$，而铁与氯气反应却得到 $FeCl_3$？
   (6)工业产品溴常含有少量氯，工业产品碘常含有少量 ICl 和 IBr，如何除去？
3. 室温下 Cl_2、Br_2、I_2 在碱溶液中分别发生歧化反应，主要产物是什么？为什么？
4. 提出除去 Cl_2(g)的三种方法，写出相应化学方程式。
5. 设计关于 HF 和 HCl 水溶液电离的玻恩-哈伯循环，计算氢氟酸和盐酸在 298 K 的酸常数(热力学数据见表 13.5)，并分析为什么盐酸酸性强于氢氟酸。
6. 通过热力学计算，说明 HF(g)或 HCl(g)是否可以刻蚀玻璃。[玻璃中含 SiO_2(s)，设反应生成 SiX_4(g)和 H_2O(l)]
7. NH_4F 水溶液是否可以用玻璃容器保存？为什么？
8. 根据 $\Delta_r G_m^{\ominus} / F\text{-}Z$ 图，简述工业上利用海水中溴化物制备溴的原理，并写出反应的化学方程式。
9. 室温下，Cl_2 在碱溶液中歧化主要生成 Cl^-和 ClO^-，写出反应的化学方程式，并由相关 $\Delta_r G_m^{\ominus} / F\text{-}Z$ 图，求该反应在 298 K 的平衡常数。
10. 通过计算，说明银是否可从氢碘酸中置换出氢气。[已知：$E^{\ominus}(Ag^+/Ag) = 0.7991$ V，$K_{sp}^{\ominus}(AgI) = 8.52 \times 10^{-17}$]
11. 通过计算，说明为什么铜不溶于稀盐酸，但可溶于浓盐酸并析出氢气。[已知：$E^{\ominus}(Cu^+/Cu) = 0.520$ V，$K_{稳}^{\ominus}(CuCl_3^{2-}) = 5.01 \times 10^5$]
12. 欲把 1.00×10^{-4} mol 的 AgBr 固体完全溶解在 10.0 cm^3 的 $Na_2S_2O_3$ 溶液中，则 $Na_2S_2O_3$ 溶液的最低浓度为多少？{已知：$K_{sp}^{\ominus}(AgBr) = 5.35 \times 10^{-13}$，$K_{稳}^{\ominus}[Ag(S_2O_3)_2^{3-}] = 2.88 \times 10^{13}$}
13. OF_2、OCl_2、ClO_2 的键长、键角如下：

结构参数	OF_2	OCl_2	ClO_2
X—O 键键长/pm	140.9	171	147
键角/(°)	103.2	110	118

   试用杂化轨道理论讨论这 3 种分子的成键情况，并解释其键长和键角。
14. 实验测得$(CN)_2$中 C—C 键键长为 138 pm，直线形分子。试用杂化轨道理论讨论$(CN)_2$分子的形成过程。(参考 C—C 键键长：$H_3C—CH_3$ 154 pm，$H_2C═CH_2$ 134 pm)
15. 应用 VSEPR，指出下列分子或离子的价电子几何构型和分子几何构型；然后对照杂化轨道理论，指出其中心原子的杂化态：$[BrF_2]^+$、BrF_3、BrF_5、IF_7、$[ICl_4]^-$、ClO_4^-、ClO_3^-、ClO_2^-。
16. 写出 BrCl、BrF_3、ICl_3、IF_5、IF_7 分别与水反应的化学方程式。
17. 写出下列反应的化学方程式：
   (1)$CO(g) + I_2O_5(s) \longrightarrow$
   (2)$BF_3 + H_2O \longrightarrow$
   (3)$BF_5 + H_2O \longrightarrow$
   (4)$KI + KIO_3 + H_2SO_4 \longrightarrow$
   (5)$Br_2 + Na_2CO_3(aq) \longrightarrow$

(6) $NaBrO_3 + NaBr + H_2SO_4 \longrightarrow$

(7) $KClO + K_2MnO_4 + H_2O \longrightarrow$

(8) $KClO_3 + FeSO_4 + H_2SO_4 \longrightarrow$

(9) $KClO_3(s)$ (无催化剂) $\xrightarrow{\triangle}$

(10) 用氯水处理含氰工业废液

(11) $HCl(aq) + K_2Cr_2O_7(s) \longrightarrow$

(12) $HCl(aq) + KClO_3(s) \longrightarrow$

(13) $KBr + H_2SO_4$(浓) $\longrightarrow$

(14) $KI + H_2SO_4$(浓) $\longrightarrow$

(15) $(SCN)_2 + H_2O \longrightarrow$

(16) $(SCN)_2 + I^- \longrightarrow$

(17) $(SCN)_2 + H_2S(aq) \longrightarrow$

(18) $(SCN)_2 + Na_2S_2O_3 \longrightarrow$

18. 根据下列实验现象，写出各步反应的化学方程式：①把 NaClO 溶液滴加到 KI-淀粉溶液中，溶液颜色出现蓝色→无色的变化；②以稀硫酸酸化溶液，并加入少量 $Na_2SO_3(s)$，溶液又出现蓝色；③继续加入 $Na_2SO_3(s)$，蓝色褪去；④加入 KIO_3 溶液，蓝色又出现。

19. 3 瓶失落标签的无色固体试剂，分别是 $KClO_4$、$KClO_3$、KClO。试用 3 种简易方法区别它们。

20. 食盐是一种重要的化工原料。试以 NaCl 为初始原料，配合适当的其他原料，制备下列化合物，写出相应的化学方程式：

(1) $KClO_3$

(2) $HClO_4$

(3) NaClO

(4) $Ca(ClO)_2$

（龚孟濂）

第14章 氧族元素
(The Oxygen Group Elements)

本章学习要求

1. 根据元素周期律认识氧族元素原子结构和化学性质的变化规律，了解第二周期氧元素性质的特殊性及原因。
2. 掌握氧的分子结构(MO 法)和氧化性、配位性质。
3. 掌握臭氧的分子结构和强氧化性。
4. 掌握过氧化氢的分子结构、氧化还原性及应用。
5. 了解硫单质的晶体结构、分子结构和化学性质。
6. 掌握硫化物沉淀溶解平衡和多重平衡计算。
7. 掌握硫的含氧酸及其盐的分类、组成、命名、分子结构特点和特征化学性质。
8. 会用 $\Delta_r G_m^\ominus / F\text{-}Z$ 图和元素电势图了解氧、硫元素单质和重要化合物的热力学稳定性和氧化还原性质。
9. 了解硒和碲的用途，了解第四周期元素硒高价态化合物特殊高的氧化性及原因。
10. 了解本族元素在生产、生活中的一些应用。

氧族元素(oxygen group elements)位于元素周期表ⅥA 族(或第 16 族)，包括氧(oxygen)、硫(sulfur)、硒(selenium)、碲(tellurium)、钋(polonium)和近年发现的鉝(livermorium，Lv)六种元素

氧是地壳中分布最广泛的元素，地壳丰度(质量分数)为 46.1%，除了空气(体积分数 21%)和水(质量分数 89%)外，主要以二氧化硅、硅酸盐、其他氧化物和含氧酸盐等形式存在。硫元素地壳丰度为 0.035%，在所有元素中列第 16 位。硫在自然界中以单质硫、硫化物和硫酸盐的形式存在，含硫矿物主要有黄铁矿(FeS_2)、方铅矿(PbS)、朱砂矿(HgS)、闪锌矿(ZnS)、黄铜矿($CuFeS_2$)、石膏($CaSO_4 \cdot 2H_2O$)、重晶石($BaSO_4$)和芒硝($Na_2SO_4 \cdot 10H_2O$)等。硒和碲是稀有分散元素，常与硫化物矿共生，硒元素地壳丰度为 5×10^{-6}%，列第 69 位，碲元素地壳丰度为 1×10^{-7}%，列第 78 位。钋是放射性元素，已知其原子基态价层电子构型是 $6s^2 6p^4$，显金属性，鉝是人工合成元素，原子序数 116，其原子基态价层电子构型是 $7s^2 7p^4$，本书不作进一步介绍。硫、硒、碲元素也统称为“硫族元素”。

14.1 氧族元素基本性质
(General Properties of Oxygen Group Elements)

14.1.1 氧族元素通性

氧族元素的一些基本性质列于表 14.1。

表 14.1　氧族元素原子结构及基本性质

结构及性质	元素			
	O	S	Se	Te
价层电子构型	$2s^22p^4$	$3s^23p^4$	$4s^24p^4$	$5s^25p^4$
主要氧化数	−2，0	−2，0，+4，+6	−2，0，+4，+6	−2，0，+4，+6
原子共价半径/pm	68	102	122	147
X^{2-}有效离子半径/pm	140	184	198	221
熔点/℃	−218.79	115.21(单斜)	220.8(灰)	449.51
沸点/℃	−182.953	444.61	685	988
$I_1/(kJ \cdot mol^{-1})$	1314.3	999.59	941	869.29
$E_{ea1}/(kJ \cdot mol^{-1})$	141.0	200.4	195.0	190.2
χ_P	3.44	2.58	2.55	2.1
单键解离能 $D(X—X)/(kJ \cdot mol^{-1})$	146	226	172	126

由表 14.1 可见，氧族元素原子基态价层电子构型均为 ns^2np^4，离最外层 8 电子稳定构型仅差 2 个电子，故该族元素原子均有一定的接受外来电子的倾向，在同一周期中非金属性仅次于卤素；随着原子半径增大，从氧到碲第一电离能和电负性递减，非金属性逐渐减弱，表明与有效核电荷相比，原子半径对元素性质的影响占主导地位。从硫到碲，第一电子亲和能和单键(X—X)解离能均有规律地减小，但氧元素显特殊性。

14.1.2　第二周期元素——氧的特殊性

与同族其他元素相比，第二周期元素——氧显示一系列特殊性。

1)氧化态

氧元素的氧化态基本为−2，而 S、Se、Te 除了−2 氧化态外，常显正氧化数，最高氧化态可达族数(Ⅵ)。这是因为氧是在氟之后电负性第二大的元素。但也有例外，如在 H_2O_2、O_2F_2、OF_2 中，氧元素的氧化态依次为−1、+1 和+2。

2)第一电子亲和能

第一电子亲和能 E_{ea1} 绝对值 O＜S，而 S、Se、Te 递减，这类似于卤素 F＜Cl，氮族元素 N＜P。

3)键解离能

自身形成单键时，键解离能 O—O(142 $kJ \cdot mol^{-1}$)＜S—S(264 $kJ \cdot mol^{-1}$)＞Se—Se(172 $kJ \cdot mol^{-1}$)；与电负性较大、价电子数目较多的元素的原子成键时，键解离能 O—F(190 $kJ \cdot mol^{-1}$)＜S—F(326 $kJ \cdot mol^{-1}$)，O—Cl(205 $kJ \cdot mol^{-1}$)＜S—Cl(255 $kJ \cdot mol^{-1}$)。

氧的单键解离能和第一电子亲和能偏小。但是，当氧与电负性较小、价电子数目较少的元素原子成键时，氧所形成的单键解离能却大于硫所形成的对应单键，如 O—C(359 $kJ \cdot mol^{-1}$)＞S—C(272 $kJ \cdot mol^{-1}$)，O—H(467 $kJ \cdot mol^{-1}$)＞S—H(374 $kJ \cdot mol^{-1}$)。其原因与氟在卤素中的情况类似。

双键解离能 O═O(493.59 $kJ \cdot mol^{-1}$)＞S═S(427.7 $kJ \cdot mol^{-1}$)，这说明以 2p-2p 原子轨道形成强的 π 键是第二周期元素的特征，因为根据电子云径向分布函数图，2p-2p 原子轨道有效重叠优于 3p-3p，后者离核较近的部分基本不参与互相重叠，如图 14.1 所示。

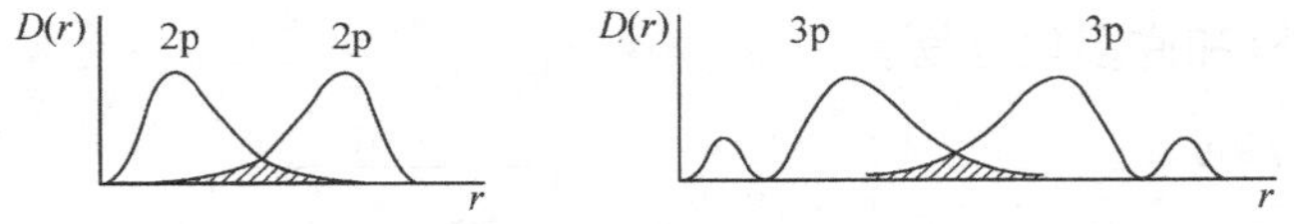

图 14.1　电子云径向分布函数图显示 p-p 原子轨道有效重叠示意图(阴影部分)

4)化学键类型

多数氧化物为离子型，而硫化物、硒化物、碲化物多数为共价型，仅ⅠA、ⅡA 化合物 Na_2S、BaS 等为离子型。这显然与氧元素电负性大有关。

5)配位数

由于氧元素原子只有 4 个价轨道(2s、$2p_x$、$2p_y$、$2p_z$)，故其最大配位数是 4；而第三周期元素 S 最大配位数是 6(如 SF_6)，说明 S 原子有两个 3d 轨道可以被用于形成配位键。第五、六周期元素作为中心原子，可以显示更高的配位数。

14.2　氧 与 臭 氧
(Oxygen and Ozone)

氧(O_2)和臭氧(O_3)是氧元素的两种单质，称为同素异形体。

14.2.1　氧

氧熔点–218.4℃，沸点–183.0℃，在沸点之下凝聚为浅蓝色液体，在熔点之下凝聚为浅蓝色固体，常温下氧气是一种无色、无臭的气体。氧是非极性分子，不易溶于水，室温时 1 体积水只能溶解 0.03 体积的氧气，但这足够供水中生物维持生命。通常认为水中的 O_2 通过氢键与 H_2O 形成水合物 $O_2 \cdot H_2O$。工业上用液态空气分馏法制备氧气，实验室则使用氯酸钾催化分解法。纯氧用于医疗、潜水、航空、钢的冶炼、金属切割和焊接，液氧是火箭高能燃料液氢和煤油的助燃剂(氧化剂)，我国液氧煤油火箭发动机最大推力可达 500 t。

1. 分子结构

价键理论认为 O_2 分子以 O═O 键构成，这与氧气具有顺磁性的事实不符。分子轨道理论可以解释 O_2 分子结构：O_2 的分子轨道式为 KK $(\sigma_{2s})^2(\sigma_{2s}^*)^2(\sigma_{2p_x})^2(\pi_{2p_y})^2(\pi_{2p_z})^2(\pi_{2p_y}^*)^1(\pi_{2p_z}^*)^1$，氧分子中 O—O 的成键为 $1\sigma + 2\Pi_2^3$，在 2 个 π^*轨道上各有 1 个单电子，故 O_2 分子具有顺磁性。$[(\pi_{2p_y})^2(\pi_{2p_y}^*)^1]$和$[(\pi_{2p_z})^2(\pi_{2p_z}^*)^1]$称为“三电子 π 键”，记作 Π_2^3，其中成键轨道上有 2 个电子，反键轨道上只有 1 个电子，对键级贡献仅为 0.5，故 O_2 的键级为 2，这在能量上相当于价键理论的双键。

2. 化学性质

氧的化学性质主要是氧化性和配位性。

由氧元素电势图(图 14.2)可知，标准状态下 O_2 在酸性介质中有较强的氧化性，但是由于 O_2 键解离能较高，故在常温下，氧的化学性质并不活泼，仅与金属和一些强还原性物质(如 NO、$SnCl_2$、KI、H_2SO_3 等)反应；在加热条件下，氧可氧化绝大多数单质(卤素、金和铂等贵金属和稀有气体除外）和许多化合物。

$E_A^{\ominus}$/V

$O_3 \xrightarrow{2.07} H_2O$　　　　$O_2 \xrightarrow{0.68} H_2O_2 \xrightarrow{1.78} H_2O$　（$O_2 \rightarrow H_2O$：1.23）

$E_B^{\ominus}$/V

$O_3 \xrightarrow{1.24} OH^-$　　　　$O_2 \xrightarrow{-0.56} O_2^- \xrightarrow{0.41} HO_2^- \xrightarrow{0.87} OH^-$　（$O_2 \rightarrow HO_2^-$：−0.08）

图 14.2　氧元素电势图

氧分子存在孤对电子，在一定条件下可以作为路易斯碱，故 O_2 具有配位性，这在生物体中有重要作用。氧约占人体质量的 61%，是组成人体的最重要元素，人如果缺氧几分钟，就可能危及生命。人血红素[简记为 HmFe（Ⅱ）]具有运载氧的功能，就是因为它是卟啉衍生物与 Fe（Ⅱ）离子形成的配合物，可与 O_2 结合成六配位的配合物氧合血红素，随血液流动到各组织，并释放出氧，这是一个可逆反应：

$$[\mathrm{HmFe(II)}] + O_2 \rightleftharpoons [\mathrm{HmFe(II)} \leftarrow O_2]$$

14.2.2　氧元素在化合物中的成键特点

氧元素可以分别用 O 原子、O_2 分子和 O_3 分子为结构基础，与其他元素成键，形成众多的离子型或共价型化合物，如表 14.2 所示。

表 14.2　氧元素在化合物中的成键特点*

结构基础	成键情况	实例	备注
O	O^{2-} 氧离子	K_2O，BaO	离子型化合物
	—$\ddot{\underset{..}{O}}$— 共价单键	H_2O	共价型化合物
	$\ddot{O}$ ═共价双键	$R_2C{=}O$	共价型化合物
	:O ≡共价三键	:C ≡ O :	三键中含一个 C←O 配位 π 键
	R_2O→氧原子作电子对给予体	H_3O^+，$[M(H_2O)_x]^{n+}$	水合离子
	→O 氧原子作电子对接受体	$R_3N{\rightarrow}O$	共价型化合物
O_2	←O_2 氧分子作电子对给予体	[HmFe（Ⅱ）←O_2]	氧合血红素分子
	O_2^- 超氧离子	KO_2，RbO_2，CsO_2	离子型化合物
	—O—O—共价过氧键	H_2O_2，O_2F_2	共价型化合物
	O_2^{2-} 过氧离子	Na_2O_2，K_2O_2，BaO_2	离子型化合物
	O_2^+ 二氧基阳离子	$[O_2^+(PtF_6)^-]$，$[O_2^+(AsF_6)^-]$，$[O_2^+(SbF_6)^-]$，$[O_2^+(BF_4)^-]$	配合物
O_3	—O—O—O—臭氧链	O_3F_2	共价型化合物
	O_3^- 臭氧离子	KO_3，NH_4O_3	离子型化合物

* 未列出氧元素形成氢键、p-d 反馈 π 键（如在 PO_4^{3-}、SO_4^{2-}、ClO_4^- 等含氧酸根中）和其他离域 π 键的情况。

【例 14.1】　O_2、O_2^-、O_2^{2-}、O_2^+ 中 O—O 键的键长依次为 120 pm、128 pm、149 pm 和 112 pm，试用分子轨道法，计算其中 O—O 键的键级，解释上述键长顺序，并指出它们的磁性。

解　根据分子轨道法，O_2 的分子轨道式为 $KK(\sigma_{2s})^2(\sigma_{2s}^*)^2(\sigma_{2p_x})^2(\pi_{2p_y})^2(\pi_{2p_z})^2(\pi_{2p_y}^*)^1(\pi_{2p_z}^*)^1$，则

$$键级=\frac{占据成键分子轨道的电子总数-占据反键分子轨道的电子总数}{2}=\frac{8-4}{2}=2$$

O_2^- 的分子轨道式为 KK $(\sigma_{2s})^2(\sigma_{2s}^*)^2(\sigma_{2p_x})^2(\pi_{2p_y})^2(\pi_{2p_z})^2(\pi_{2p_y}^*)^2(\pi_{2p_z}^*)^1$，键级 $=\frac{8-5}{2}=1.5$；

O_2^{2-} 的分子轨道式为 KK $(\sigma_{2s})^2(\sigma_{2s}^*)^2(\sigma_{2p_x})^2(\pi_{2p_y})^2(\pi_{2p_z})^2(\pi_{2p_y}^*)^2(\pi_{2p_z}^*)^2$，键级 $=\frac{8-6}{2}=1$；

O_2^+ 的分子轨道式为 KK $(\sigma_{2s})^2(\sigma_{2s}^*)^2(\sigma_{2p_x})^2(\pi_{2p_y})^2(\pi_{2p_z})^2(\pi_{2p_y}^*)^1$，键级 $=\frac{8-3}{2}=2.5$；

O—O 键的键级：$O_2^+ > O_2 > O_2^- > O_2^{2-}$，故 O—O 键长顺序：$O_2^+ < O_2 < O_2^- < O_2^{2-}$。

O_2、O_2^-、O_2^+ 有成单电子，显顺磁性；O_2^{2-} 无成单电子，显逆磁性。

14.2.3　臭氧

臭氧(O_3)是氧的同素异形体，蓝色气体，沸点−112℃，熔点−193℃，因其本身带有特殊的鱼腥臭味而得名，但在稀薄状态下，嗅起来有清新感觉。

1. 臭氧存在、制备及与氧的循环

自然界中的臭氧存在于大气层最上方的平流层(20～40 km)，浓度约为 0.2×10^{-6}。在太阳光中波长小于 242 nm 的紫外光作用下，少部分氧气分子分解为原子，并与其他 O_2 分子结合为臭氧：

$$O_2(g) \xrightarrow{h\nu(<242\ nm)} 2O(g)$$
$$O(g) + O_2(g) = O_3(g)$$

由于 $O_3(g)$密度大于 $O_2(g)$，它会在平流层下层，并在稍长波长紫外光作用下，分解为 $O_2(g)$：

$$2O_3(g) \xrightarrow{h\nu(242\sim330\ nm)} 3O_2(g)$$

这两个反应完成了 $O_3(g)$与 $O_2(g)$之间的循环，消耗了阳光中的部分紫外光，保护了地球上的生物。

在雷电作用下，空气中也有少量臭氧生成。在实验室中，使氧气通过高压放电管可获得少量臭氧，这是一个吸热反应：

$$3O_2(g) \xrightarrow{放电} 2O_3(g) \qquad \Delta_r H_m^\ominus = 285.4\ kJ\cdot mol^{-1}$$

2. 臭氧的分子结构

臭氧分子呈 V 形，中心氧原子作 sp^2 杂化，与两个端基氧原子形成共价单键，同时三个氧原子之间形成 Π_3^4 键。Π_3^4 键对键级的贡献是 1，因此 O—O 之间的键介于单键和双键之间；孤对电子对成键电子对的排斥作用使键角小于 120°，如图 14.3 所示。Π_3^4 键的形成见图 14.4。

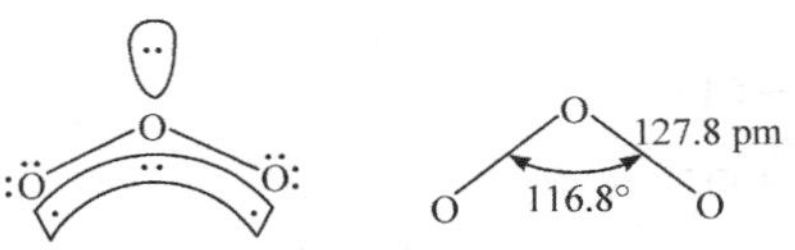

图 14.3　臭氧的分子结构示意图

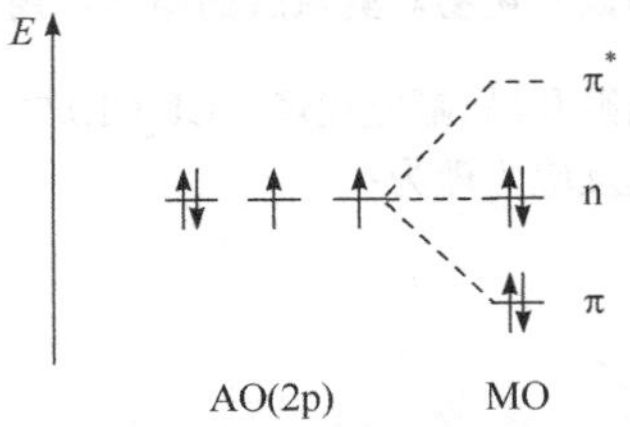

图 14.4　臭氧分子中 Π_3^4 键形成示意图

由于V形结构，臭氧是偶极分子，是唯一有偶极矩的单质，$\mu = 1.93 \times 10^{-30}$ C · m。臭氧分子中没有单电子，呈逆磁性。

3. 臭氧的化学性质、用途及测定

臭氧的化学性质主要是分解和强氧化性。

O_3 的标准吉布斯生成自由能 $\Delta_f G_m^\ominus = 163.2\ kJ \cdot mol^{-1}$，这说明臭氧很不稳定，常温下即可分解成氧气，为放热反应：

$$2O_3(g) = 3O_2(g) \qquad \Delta_r H_m^\ominus = -285.4\ kJ \cdot mol^{-1}$$

由于 O_3 分子中 O—O 键键能小于 O_2 分子中 O—O 键键能，所以臭氧分子中 O—O 键更易断开。由氧元素的 $\Delta_r G_m^\ominus / F$-Z 图（图 14.5），根据斜率等于相应电对的标准电极电势可知，$E^\ominus(O_3/H_2O)(+2.075\ V) > E^\ominus(O_2/H_2O)(+1.229\ V)$，$E^\ominus(O_3/OH^-)(+1.240\ V) > E^\ominus(O_2/OH^-)(+0.401\ V)$。因此，无论在酸性介质还是在碱性介质中，臭氧的氧化性都比氧强，而且臭氧只具有强氧化性，而无还原性。臭氧在碱性介质中发生氧化还原反应时生成 O_2 和 OH^-，在酸性介质中生成 O_2 和 H_2O，因此它是一种“清洁的”强氧化剂。例如

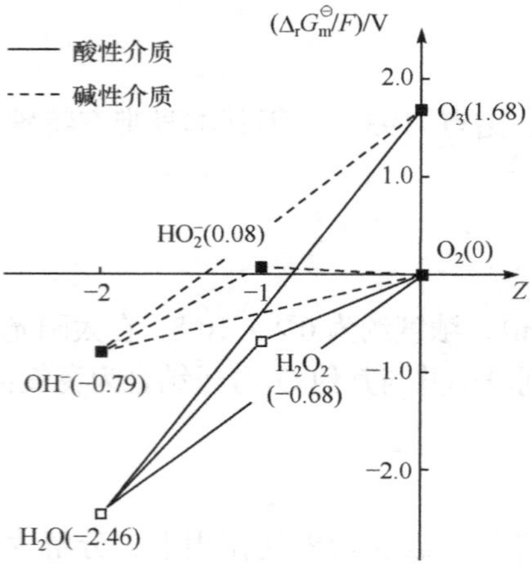

图 14.5　氧元素的 $\Delta_r G_m^\ominus / F$-Z 图

$$PbS(s) + 4O_3(g) = PbSO_4(s) + 4O_2(g)$$

$$2Ag(s) + 2O_3(g) = Ag_2O_2(s) + 2O_2(g)$$

$$O_3(g) + XeO_3(s) + 2H_2O(l) = H_4XeO_6(s) + O_2(g)$$

利用臭氧的强氧化性处理工业废气（如 SO_2、H_2S）或废水（含 CN^-、苯等），既快速又彻底，而且可以减少二次污染。例如

$$O_3(g) + CN^-(aq) = OCN^-(aq) + O_2(g)$$

$$2OCN^-(aq) + 3O_3(g) = CO_3^{2-}(aq) + N_2(g) + 3O_2(g) + CO_2(g)$$

利用臭氧的氧化性，可以用于消毒、杀病菌和病毒、漂白、脱色等。

臭氧可迅速且定量地将 I^- 氧化成 I_2，后者可用 $Na_2S_2O_3$ 溶液滴定，利用此反应可测定 O_3 的含量：

$$O_3(g) + 2KI(aq) + H_2O(l) = I_2(s) + O_2(g) + 2KOH(aq)$$

$$I_2(s) + 2S_2O_3^{2-}(aq) = 2I^-(aq) + S_4O_6^{2-}(aq)$$

氟氯代烃和氮氧化物对臭氧层的破坏作用与保护臭氧层*

制冷剂氟利昂（氟氯代烃，CF_2Cl_2）放出的 Cl 以及氮氧化物都是 O_3 分解的催化剂，对臭氧层有长期的破坏作用，其反应机理为

$$CF_2Cl_2 \xrightarrow{h\nu} CF_2Cl + Cl \cdot$$

$$Cl \cdot + O_3 \longrightarrow ClO \cdot + O_2$$

$$ClO \cdot + O \longrightarrow Cl \cdot + O_2$$

$$NO + O_3 \longrightarrow NO_2 + O_2$$

$$NO_2 + O \longrightarrow NO + O_2$$

净反应均为

$$O_3 + O = 2O_2$$

荷兰的保罗 · 克鲁特恩(Paul J. Crutzen)、美国的马里奥 · 莫利纳(Mario J. Molina)和舍伍德 · 罗兰(F. Sherwood Rowland)因在研究臭氧层形成和破坏方面所取得的杰出成果而被授予 1995 年诺贝尔化学奖。这是诺贝尔化学奖第一次进入环境化学领域。

由于臭氧具有强氧化性，大气层中 SO_2、CO、H_2S 等具有还原性的气体污染物同样会与臭氧反应。已观察到南极上空出现臭氧层空洞(图 14.6)，2015 年 10 月 2 日其面积达 2820 万平方千米，约是南极洲面积的 2 倍。因此，减少工业、交通和日常生活中排放的氟氯代烃、氮氧化物、SO_2、CO、H_2S 等气体污染物对保护臭氧层具有积极意义。联合国已禁止使用氟利昂，并决定从 1995 年开始，每年的 9 月 16 日为“国际保护臭氧层日”。

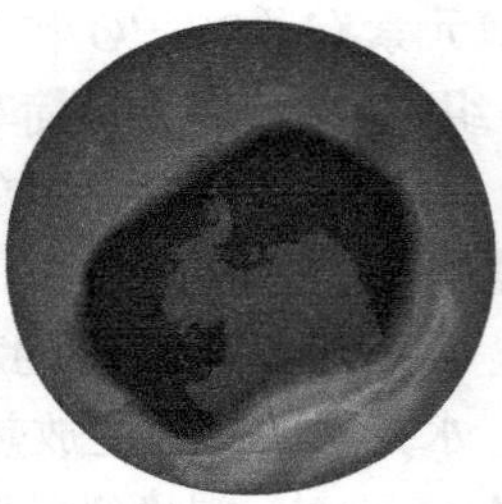

图 14.6 南极上空的臭氧层空洞
(美国 NASA 照片)

14.3 氧化物、水与过氧化氢
(Oxides, Water and Hydrogen Peroxide)

14.3.1 氧化物

由氧元素与另一元素组成的二元化合物称为氧化物。氧元素可以通过直接或间接的方式，与除稀有气体 He、Ne、Ar、Kr 之外的所有元素组成二元化合物。习惯上，仅氧原子以共价键或氧离子 O^{2-}以离子键与另一元素组成的二元化合物被视为普通氧化物，而 KO_2、RbO_2、CsO_2 等称为超氧化物，H_2O_2、Na_2O_2、K_2O_2、BaO_2 等称为过氧化物，KO_3、NH_4O_3 等称为臭氧化物。严格意义上，由于 F 的电负性大于 O，O_2F_2、OF_2、O_3F_2 应视为氟化物，F 的氧化数为−1，O 的氧化数依次是+1、+2 和+2/3(表 14.2)。

普通氧化物中的化学键包括离子键(如 Na_2O、K_2O、CaO、BaO 等)、共价键(如 H_2O、CO、CO_2、NO、NO_2、SO_2、SO_3 等)以及它们之间的一系列过渡状态，即化学键既含有离子键成分，也含有共价键成分(如 BeO、MnO_2、SnO_2 等)。

按照酸碱性，普通氧化物可划分为碱性氧化物、酸性氧化物、两性氧化物和不显酸碱性氧化物。活泼金属的氧化物是碱性氧化物，如 Na_2O、K_2O、CaO、BaO 等，它们溶于水并与之反应生成碱；非金属的氧化物多是酸性氧化物，如 CO_2、NO_2、P_4O_6、P_4O_{10}、SO_2、SO_3 等，它们溶于水并与之反应生成酸；既能与酸反应，也能与碱反应的氧化物称为两性氧化物，如 Al_2O_3、ZnO、Sb_2O_3、As_4O_6 等。CO、NO、N_2O 等氧化物既不与碱反应，也不与酸反应，称为不显酸碱性氧化物。

同一周期，从左到右，元素最高价态氧化物的碱性逐渐减弱，而酸性逐渐增强；同一主族，从上到下，元素最高价态氧化物的碱性逐渐增强，而酸性逐渐减弱；副族元素氧化物酸碱性的变化较不规则。具有可变氧化态的元素，其低价态氧化物的碱性较强，而高价态氧化物的酸性较强，中间可出现酸碱两性氧化物，如 MnO 碱性、Mn_2O_3 碱性、MnO_2 两性、MnO_3 和 Mn_2O_7 酸性；SnO 两性、SnO_2 酸性。

Fe_3O_4、Pb_3O_4 和 Pr_6O_{11} 等实际是混合价态氧化物。

14.3.2　水

水覆盖地球表面约 3/4 的面积，是生命的必需因素。

由于氢元素有氕(^1H)、重氢(氘，^2H 或 D)和极少量的超重氢(氚，^3H 或 T)三种同位素，而氧元素有 ^{16}O、^{17}O 和 ^{18}O 三种同位素，故地球上应该有 9 种不同组成的水。但是，由 ^1H 和 ^{16}O 组成的水 $^1H_2{}^{16}O$(简写为 H_2O)占绝对多数，故普通水的性质就是指 H_2O 的性质。

水分子之间由于存在氢键而缔合，故与氧的同族元素氢化物相比，其熔点、沸点高得多，分别为 0℃和 100℃。

水蒸气含有 3.5%的双分子水$(H_2O)_2$，液态水缔合程度更大。

水分子的缔合是放热过程，温度降低，缔合程度增加，水的密度增加，在 4℃达到最大值 $1.04\ g\cdot cm^{-3}$；温度继续降低，因生成较多的结构疏松的多聚分子$(H_2O)_x$($x\geqslant 3$)，密度反而减小。在 0℃，液态水结合成冰，形成巨大的缔合分子，每个水分子被 4 个水分子包围，通过氢键形成庞大的分子晶体。因结构疏松，其密度下降，故冰浮于水之上。

水分子中，中心氧原子作 sp^3 不等性杂化，与两个氢原子形成共价单键，由于氧原子上孤对电子对成键电子对的排斥作用，键角小于 109°28′，为 104.5°，价电子几何构型为变形四面体，分子几何构型为 V 形，如图 14.7 所示。

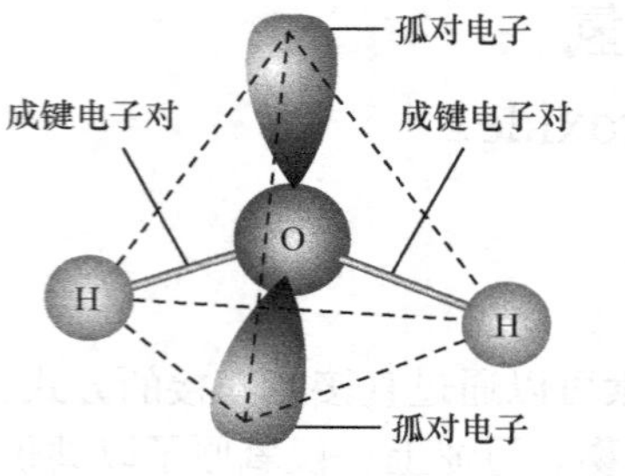

图 14.7　H_2O 的分子结构示意图

V 形分子构型使 H_2O 成为极性分子，$\mu = 6.24\times 10^{-30}\ C\cdot m$。因此，水是一种极性大的溶剂，被广泛使用；晶格能不太大的离子化合物和极性的共价化合物易溶于水中。物质溶解是一种物理化学过程，溶解时，先发生物质的解离(吸热过程)，再发生水合作用(放热过程)。例如，氯化钠晶体的溶解：

$$NaCl(s) = Na^+(g) + Cl^-(g) \qquad \Delta_{r1}H_m^\ominus \approx U > 0\ kJ\cdot mol^{-1}$$

$$Na^+(g) + Cl^-(g) + (x+y)H_2O(l) = [Na(H_2O)_x]^+ + [Cl(H_2O)_y]^- \qquad \Delta_{r2}H_m^\ominus < 0\ kJ\cdot mol^{-1}$$

从能量角度看，整个溶解过程是这两个步骤的互相竞争过程，其总焓变 $\Delta_r H_m^\ominus = \Delta_{r1}H_m^\ominus + \Delta_{r2}H_m^\ominus$，这可以说明不同物质在水中溶解性的差异。

按照酸碱质子理论，水既是质子酸，又是质子碱。阿伦尼乌斯电离理论中盐的水解作用，在酸碱质子理论中被视为酸碱反应处理。

14.3.3　过氧化氢

纯过氧化氢是一种淡蓝色的液体，市售过氧化氢为质量分数 30%的水溶液，医用过氧化氢为质量分数 3%的水溶液。H_2O_2 与 H_2O 可以以任意比例互溶。

1. 分子结构

气态 H_2O_2 分子结构如图 14.8 所示，分子形状如同双折线，置于一本打开的书中，两个 O 原子均作 sp^3 不等性杂化，互相之间成单键，并各与一个 H 原子形成单键。分子中含过氧键(—O—O—)，HO—OH 键键能仅为 $204.2\ kJ\cdot mol^{-1}$，易断键；而 H—OOH 键键能较大，为 $374.9\ kJ\cdot mol^{-1}$。液态和固态过氧化氢

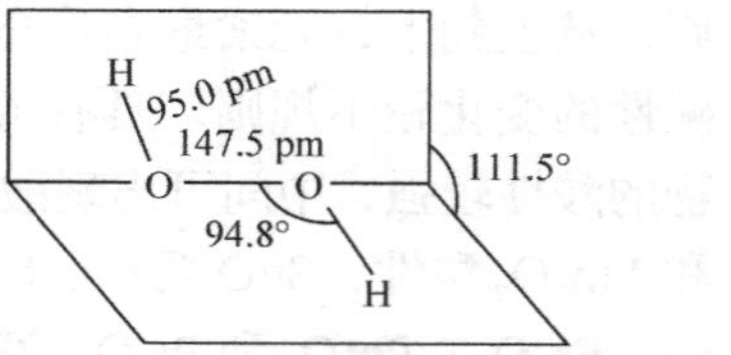

图 14.8　气态过氧化氢的分子结构示意图

由于分子之间氢键的作用，键长和键角有所改变。

H_2O_2 极性比 H_2O 大，$\mu = 7.54 \times 10^{-30}$ C · m，液态纯 H_2O_2 分子之间氢键比 H_2O 强，故沸点比水高，为 152.1℃，但熔点为–0.89℃，与水相近。

2. 化学性质

过氧化氢的化学性质主要是弱酸性、分解和氧化还原性。

1) 弱酸性

H_2O_2 分子中两个 O—H 键均可解离，但由于键能较大，故解离倾向不大，酸性比 H_2O 还弱。

$$H_2O_2 \Longrightarrow HO_2^- + H^+ \qquad K_{a1}^{\ominus} = 2.0 \times 10^{-12}$$

$$HO_2^- \Longrightarrow O_2^{2-} + H^+ \qquad K_{a2}^{\ominus} \approx 10^{-15}$$

2) 分解

由氧元素 $\Delta_r G_m^{\ominus} / F\text{-}Z$ 图（图 14.5）可知，无论是在酸性介质中与 O_2 和 H_2O 比较，还是在碱性介质中与 O_2 和 OH^- 比较，H_2O_2 或 HO_2^- 均处于“峰顶”位置，会自发发生歧化反应：

$$2H_2O_2(aq) \Longrightarrow 2H_2O(l) + O_2(g) \qquad \Delta_r G_m^{\ominus} = -212.3\ \text{kJ} \cdot \text{mol}^{-1}$$

$$2HO_2^-(aq) \Longrightarrow 2OH^-(aq) + O_2(g) \qquad \Delta_r G_m^{\ominus} = -183.4\ \text{kJ} \cdot \text{mol}^{-1}$$

由此可见，热力学认为过氧化氢很不稳定，易歧化、分解。但实际上过氧化氢在室温下稳定，这归因于反应的动力学障碍。研究表明，若溶液中存在微量重金属离子，将成为上述分解反应的催化剂。由于碱性介质中常存在微量重金属离子，因此尽管热力学计算显示酸性介质中分解反应的平衡常数 $K^{\ominus}$ 比碱性介质中的还大，但实际上过氧化氢在碱性介质中分解速率更大。

【例 14.2】 由氧元素的 $\Delta_r G_m^{\ominus} / F\text{-}Z$ 图，求 H_2O_2 在酸性介质中和碱性介质中歧化反应的平衡常数。

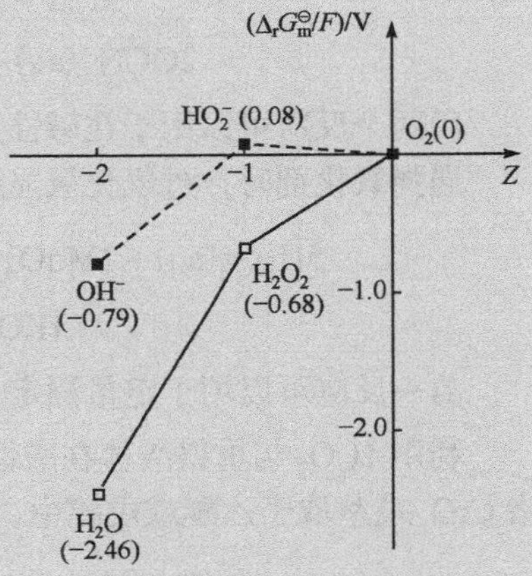

解　与 O_2 和 H_2O 或 O_2 和 OH^- 比较，在酸性介质中 H_2O_2 和碱性介质中 HO_2^- 均处于“峰顶”位置，会自发歧化而分解：

$$2H_2O_2(aq) \Longrightarrow 2H_2O(l) + O_2(g) \qquad ①$$

$$2HO_2^-(aq) \Longrightarrow 2OH^-(aq) + O_2(g) \qquad ②$$

由 $\Delta_r G_m^{\ominus} / F\text{-}Z$ 图中任意两点连线的斜率等于相应电对的标准电极电势，得

$$E_A^{\ominus}(H_2O_2 / H_2O) = \frac{(-0.68\ \text{V}) - (-2.46\ \text{V})}{(-1) - (-2)} = 1.78\ \text{V}$$

$$E_A^{\ominus}(O_2 / H_2O_2) = \frac{0\ \text{V} - (-0.68\ \text{V})}{0 - (-1)} = 0.68\ \text{V}$$

$$E_B^{\ominus}(HO_2^- / OH^-) = \frac{0.08\ \text{V} - (-0.79\ \text{V})}{(-1) - (-2)} = 0.87\ \text{V}$$

$$E_B^{\ominus}(O_2 / HO_2^-) = \frac{0\ \text{V} - (0.08\ \text{V})}{0 - (-1)} = -0.08\ \text{V}$$

对反应①：

$$E^{\ominus}_{池1}=E^{\ominus}_{A}(H_2O_2/H_2O)-E^{\ominus}_{A}(O_2/H_2O_2)=1.78\ V-0.68\ V=1.10\ V$$

$$\lg K_1^{\ominus}=\frac{nE^{\ominus}_{池1}}{0.059\ V}=\frac{2\times1.10\ V}{0.059\ V}=37.29$$

$$K_1^{\ominus}=1.9\times10^{37}$$

对反应②：

$$E^{\ominus}_{池2}=E^{\ominus}_{B}(HO_2^-/OH^-)-E^{\ominus}_{B}(O_2/HO_2^-)=0.87\ V-(-0.08\ V)=0.95\ V$$

$$\lg K_2^{\ominus}=\frac{nE^{\ominus}_{池2}}{0.059\ V}=\frac{2\times0.95\ V}{0.059\ V}=32.20$$

$$K_2^{\ominus}=1.6\times10^{32}$$

3）氧化还原性

H_2O_2 中氧元素处于中间价态−1，故既具有氧化性，也具有还原性；从分子结构看，过氧化氢的氧化还原性与 HO—OH 键键能小、易断键有关。由有关标准电极电势（图 14.2）可知，在酸性介质中过氧化氢是强氧化剂，在碱性介质中也呈较强氧化性，其还原产物分别是 H_2O、OH^-，因此过氧化氢是优良、干净的氧化剂。例如

$$4H_2O_2(aq)+PbS(s)=\!=\!=PbSO_4(s)+4H_2O(l)$$

黑色　　　白色　　　（该反应可用于处理旧油画）

$$H_2O_2(aq)+2I^-(aq)+2H^+(aq)=\!=\!=I_2(s)+2H_2O(l)$$

$$I_2(s)+I^-(aq)=\!=\!=I_3^-(aq)$$

$$3H_2O_2(aq)+CrO_2^-(aq)+2OH^-(aq)=\!=\!=CrO_4^{2-}(aq)+4H_2O(l)$$

$$H_2O_2(aq)+CN^-(aq)=\!=\!=OCN^-(aq)+H_2O(l)$$

$$2OCN^-(aq)+3H_2O_2(aq)=\!=\!=CO_3^{2-}(aq)+CO_2(g)+N_2(g)+3H_2O(l)$$

后两个反应可以用于在碱性介质中处理含 CN^- 的工业废水。

遇强氧化剂时，过氧化氢显还原性。例如

$$5H_2O_2(aq)+2MnO_4^-(aq)+6H^+(aq)=\!=\!=2Mn^{2+}(aq)+5O_2(g)+8H_2O(l)$$

$$H_2O_2(aq)+Cl_2(g)=\!=\!=2H^+(aq)+2Cl^-(aq)+O_2(g)$$

前一反应可以用于定量测定 H_2O_2，后一反应可以用于工业除氯。

利用 H_2O_2 与重铬酸盐在酸性介质中的反应可以定性检测 H_2O_2 或 $Cr_2O_7^{2-}$，生成的过氧化铬 CrO_5 被萃取于乙醚或戊醇中，显蓝色。

$$4H_2O_2(aq)+Cr_2O_7^{2-}(aq)+2H^+(aq)=\!=\!=2CrO_5+5H_2O(l)$$

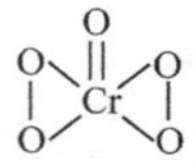

图 14.9　CrO_5 结构

CrO_5 结构见图 14.9，分子中存在两个过氧键（—O—O—），Cr 表观氧化态为+10，而化合价为+6。

由于光照或重金属离子都会促进 H_2O_2 分解，故 H_2O_2 溶液通常储存于避光的塑料容器中，并加入锡酸钠、焦磷酸钠或 8-羟基喹啉等稳定剂。

14.4 硫单质及化合物
(Sulfur and Its Compounds)

14.4.1 硫单质

1. 晶体结构与 S_8 分子结构

硫有多种同素异形体，其中常见的有斜方硫(菱形硫或 α-硫)和单斜硫(β-硫)(图 14.10)，均由环状结构的 S_8 分子组成，但两者在晶格中的排列方式不同；各 S_8 分子之间以分子间力结合，故其熔点低。S_8 分子中 S 原子采取 sp^3 不等性杂化，键长为 206 pm，内键角为 108°，两个面之间的夹角为 98°(图 14.11)。

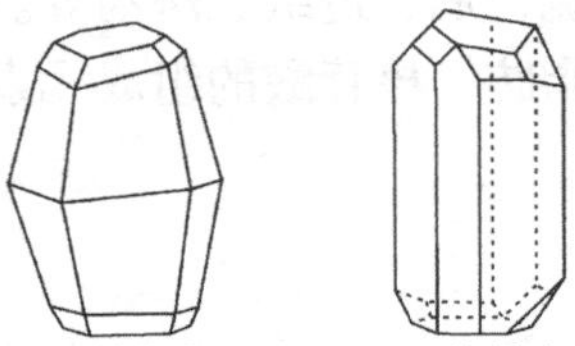
(a) 斜方硫 (b) 单斜硫

图 14.10 硫的晶体结构

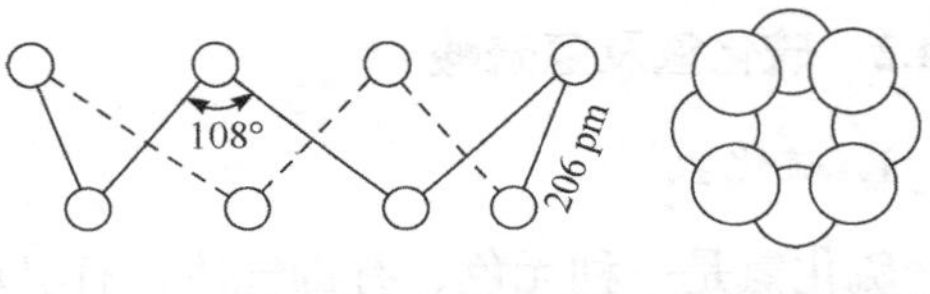

图 14.11 $S_8(g)$ 的分子结构示意图(右图为俯视图)

斜方硫是室温下唯一稳定存在的硫的同素异形体。当斜方硫加热到 369 K 时，不经熔化就可转变成单斜硫，单斜硫在低于 369 K 时又会缓慢转变成斜方硫。当把单质硫加热到 433 K 时，S_8 环状结构被破坏成链状并聚合成长链，此时液态硫的颜色变深，黏度增大；当温度高于 563 K 时，部分 S—S 键断开，长链又会变短，黏度下降。

硫元素的成链特性不但表现在单质中，同时也呈现在一系列多硫化物(见 14.4.3 小节)中。这主要是因为在同族元素中，硫原子半径适中，S—S 单键的键能最大(表 14.1)，而且有剩余的价电子可用于继续互相形成单键。

2. 化学性质、制备和用途

硫是活泼的非金属元素，常见的氧化态为−2、0、+4 和+6，但其活性不如氧。硫可与除金、铂以外所有金属直接加热反应生成金属硫化物，显示氧化性。例如

$$Fe(s) + S(s) \xlongequal{\triangle} FeS(s)$$

$$Cu(s) + S(s) \xlongequal{\triangle} CuS(s)$$

$$Hg(s) + S(s) \xlongequal{} HgS(s)$$

硫可与除稀有气体、碘、氮以外的大多数非金属元素化合，生成共价型化合物。例如

$$S(s) + O_2(g) \xlongequal{} SO_2(g)$$

$$S(s) + 3F_2(g) \xlongequal{} SF_6(g)$$

$$S(s) + Cl_2(g) \xlongequal{} SCl_2(g)$$

$$S(s) + H_2(g) = H_2S(g)$$

$$2S(s) + C(s) \overset{\triangle}{=} CS_2(l)$$

硫与氧化性酸反应，显示还原性，生成硫酸或二氧化硫：

$$S(s) + 2HNO_3(aq,浓) = H_2SO_4(aq) + 2NO(g)$$

$$S(s) + 2H_2SO_4(aq,浓) \overset{\triangle}{=} 3SO_2(g) + 2H_2O(l)$$

硫在浓的氢氧化钠溶液中加热发生歧化：

$$3S(s) + 6NaOH(aq) \overset{\triangle}{=} 2Na_2S(aq) + Na_2SO_3(aq) + 3H_2O(l)$$

硫单质可从石油和天然气提取，也可以从黄铁矿等金属硫化物中提取：

$$3FeS_2(s) + 12C(s) + 8O_2(g) \overset{\triangle}{=} Fe_3O_4(s) + 12CO(g) + 6S(s)$$

硫主要用于生产硫酸，也用于制造炸药、烟花、橡胶硫化剂、造纸、医药等。

硫是人体必需的常量元素，是许多氨基酸、蛋白质、脂肪、核苷酸的组成元素。

14.4.2 硫化氢及氢硫酸

1. 硫化氢

硫化氢是一种无色、有毒气体，有臭鸡蛋气味，在空气中体积分数超过 0.1% 就会引起头疼、晕眩等不适症状，吸入大量硫化氢会导致死亡。

H_2S 分子构型为 V 形，键角为 92°，表明 S 原子基本以 3p 轨道与氢原子 1s 轨道成键。与 H_2O 中的 O—H 键相比，H_2S 分子中 S、H 原子轨道能量相近程度和重叠程度都较差，而且 S 电负性比 O 小，因此 H_2S 的热稳定性远比 H_2O 差，在 400℃ 即分解为 H_2 和 S。由于 S—H 键的极性比 O—H 键小，H_2S 分子的极性也小于 H_2O 的极性，在 H_2S 分子间基本不存在氢键。

硫化氢具有还原性、可燃烧，燃烧产物因氧气量的不同而异：

$$2H_2S(g) + O_2(g,不足) = 2S(s) + 2H_2O(l)$$

$$2H_2S(g) + 3O_2(g,充足) = 2SO_2(g) + 2H_2O(l)$$

硫蒸气与氢气可直接化合生成硫化氢。

在实验室中，用金属硫化物与非氧化性稀酸反应，可制备 H_2S 气体。例如

$$FeS(s) + H_2SO_4(aq,稀) = H_2S(g) + FeSO_4(aq)$$

$$Na_2S(s) + H_2SO_4(aq,稀) = H_2S(g) + Na_2SO_4(aq)$$

2. 氢硫酸

硫化氢的水溶液称为氢硫酸。室温下 1 体积水可溶解 2.6 体积的硫化氢，浓度约为 $0.10 \ mol \cdot dm^{-3}$。氢硫酸暴露在空气中，由于部分 H_2S 被氧气氧化成 S，易变浑浊，因此需用时临时配制。

氢硫酸是二元弱酸：

$$H_2S(aq) = H^+(aq) + HS^-(aq) \qquad K_{a1}^{\ominus} = 1.07 \times 10^{-7}$$

$$HS^-(aq) = H^+(aq) + S^{2-}(aq) \qquad K_{a2}^{\ominus} = 1.26 \times 10^{-13}$$

H_2S 中的硫处于其最低氧化态。

$$S(s) + 2H^+(aq) + 2e^- = H_2S(aq) \qquad E_A^\ominus = 0.144\ V$$

$$S(s) + 2e^- = S^{2-}(aq) \qquad E_B^\ominus = -0.407\ V$$

由标准电极电势可知，H_2S 在酸性和碱性条件下均显强的还原性。例如

$$H_2S(aq) + I_2(aq) = S(s) + 2HI(aq)$$

$$H_2S(aq) + 2Fe^{3+}(aq) = 2Fe^{2+}(aq) + S(s) + 2H^+(aq)$$

当遇到更强氧化剂时，H_2S 被氧化为硫酸：

$$H_2S(aq) + 4Br_2(aq) + 4H_2O(l) = H_2SO_4(aq) + 8HBr(aq)$$

14.4.3　硫化物与多硫化物

1. 硫化物

由于氢硫酸是二元酸，故它与强碱作用生成两种金属硫化物：$M^{(I)}{}_2S$ 和 $M^{(I)}HS$。后者称为硫氢化物，均溶于水；前者除碱金属、碱土金属硫化物和 $(NH_4)_2S$ 溶于水外，其余都不溶解。重金属硫化物多有颜色（表 14.3）。

表 14.3　金属硫化物溶解情况分类

溶于 H_2O	不溶于 H_2O						
	溶于稀盐酸 (0.3 mol · dm^{-3})	不溶于稀盐酸			溶于 NaOH (6 mol · dm^{-3})	溶于 Na_2S	溶于 $(NH_4)_2S_x$
		溶于浓盐酸	不溶于浓盐酸				
			溶于浓硝酸	仅溶于王水			
Na_2S	MnS	SnS	Ag_2S	HgS	SnS_2	HgS	SnS
K_2S	(肉色)	SnS_2	(黑色)	(黑色)	(黄色)		(褐色)
$(NH_4)_2S$	ZnS	PbS	Cu_2S	Hg_2S	Sb_2S_3	SnS_2	SnS_2
MgS	(白色)	(黑色)	(黑色)	(黑色)	(橙色)		
CaS	FeS	Sb_2S_3	CuS		Sb_2S_5	Sb_2S_3	Sb_2S_3
SrS	(黑色)	Sb_2S_5	(黑色)		(橙色)		
BaS	CoS	CdS	Bi_2S_3		As_2S_3	Sb_2S_5	Sb_2S_5
(白色)	(黑色)	(黄色)	(暗棕)		(浅黄)		
	NiS		As_2S_3		As_2S_5	As_2S_3	As_2S_3
	(黑色)		As_2S_5		(浅黄)	As_2S_5	As_2S_5

$K_{sp}^\ominus$ 大 ——————→ 小

1) 酸碱性

按照酸碱性，硫化物可以划分为酸性硫化物、碱性硫化物和两性硫化物，其酸碱性和氧化还原性的变化规律与对应氧化物相似：

NaSH	Na_2S	As_2S_3	As_2S_5
NaOH	Na_2O	As_2O_3	As_2O_5
碱性	碱性	两性，还原性	酸性，氧化性

但是，硫化物碱性和酸性均弱于相应氧化物。例如，Na_2S 碱性弱于 Na_2O；SnS 不溶于 NaOH 和 Na_2S 溶液中，但 SnO 可溶，呈酸碱两性。

按照酸碱质子理论，硫化物溶于水，电离生成的 S^{2-}是一种质子碱，与 H_2O(质子酸)反应，使溶液呈碱性。这类反应在阿伦尼乌斯电离理论中称为盐的水解。

【例 14.3】　求室温下 0.10 mol · dm^{-3} Na_2S 水溶液的 pH。

解　　$S^{2-}(aq) + H_2O(l) \Longrightarrow HS^-(aq) + OH^-(aq)$

设平衡时相对浓度为　　$0.10-x$　　x　　x

$$K_{b1}^{\ominus} = \frac{K_w^{\ominus}}{K_{a2}^{\ominus}(H_2S)} = \frac{1.0 \times 10^{-14}}{1.26 \times 10^{-13}} = 7.9 \times 10^{-2}$$

$$K_{b1}^{\ominus} = \frac{x^2}{0.10 - x} = 7.9 \times 10^{-2}$$

解一元二次方程，得 $x = 5.8 \times 10^{-2}$。

$$pH = 14.00 - pOH = 14.00 - [-\lg(5.8 \times 10^{-2})] = 14.00 - 1.24 = 12.76$$

可见，溶液呈强碱性，58%的 $S^{2-}(aq)$已反应。

在例 14.3 中，只计算了 $S^{2-}(aq)$的第一级碱常数，而未考虑 $S^{2-}(aq)$的第二级碱式电离：

$$HS^-(aq) + H_2O(l) \Longrightarrow H_2S(aq) + OH^-(aq)$$

对应 $S^{2-}(aq)$的第二级碱常数为 $K_{b2}^{\ominus} = \dfrac{K_w^{\ominus}}{K_{a1}^{\ominus}(H_2S)}$。读者可以自行计算 $K_{b2}^{\ominus}$，并与 $K_{b1}^{\ominus}$ 比较，即可理解为什么计算可溶硫化物溶液的 pH 时，不必考虑 $S^{2-}(aq)$的第二级碱式电离，也不能按 $S^{2-}(aq) + 2H_2O(l) \Longrightarrow H_2S(aq) + 2OH^-(aq)$计算。

2)沉淀溶解平衡

大多数金属硫化物难溶于水，一些金属硫化物的溶度积常数列于附录 4。

难溶于水的金属硫化物被非氧化性酸溶解，以 MS 为例，表示为

$$MS(s) + 2H^+(aq) \rightleftharpoons M^{2+}(aq) + H_2S(aq)$$

可改写为

$$MS(s) + 2H^+(aq) + S^{2-}(aq) \rightleftharpoons M^{2+}(aq) + H_2S(aq) + S^{2-}(aq)$$

由多重平衡原理，得

$$K^{\ominus} = \frac{K_{sp}^{\ominus}(MS)}{K_{a1}^{\ominus}(H_2S) \cdot K_{a2}^{\ominus}(H_2S)}$$

由此可见，MS(s)的 $K_{sp}^{\ominus}$ 越大，越容易被酸溶解；$K_{sp}^{\ominus}$ 很小的金属硫化物只能被氧化性酸(如硝酸、王水)溶解；有的金属硫化物因具有酸性而被 NaOH 或 Na_2S 溶液溶解；还有的金属硫化物因具有还原性而被多硫化钠溶液溶解。总之，难溶金属硫化物的沉淀溶解情况，可以在考虑沉淀溶解平衡与酸碱电离、氧化还原或配位平衡共存的多重平衡基础上，依据溶度积原理，作出判断(见 6.2 节及 6.3 节)。以 HgS(s)溶解于王水为例，实际上是以上 4 种化学平衡

共存、竞争而使 HgS(s)溶解，读者可自行计算下列总反应的平衡常数：

$$3HgS(s) + 8H^+(aq) + 2NO_3^-(aq) + 12Cl^-(aq) = 3HgCl_4^{2-}(aq) + 3S(s) + 2NO(g) + 4H_2O(l)$$

由于许多金属元素的化合物都是以其硫化物的溶解度最小，所以通过生成硫化物可以除去相应的金属离子(见例 6.13)；利用不同金属硫化物 $K_{sp}^{\ominus}$ 的差异，通过控制反应溶液的 pH，可以实现不同金属离子的分离(见例 6.12)。一些金属硫化物被水、酸、碱或氧化剂溶解的分类情况汇总于表 14.3，利用金属硫化物溶解性质的这些差异，可以系统地分离不同金属离子①。

3)还原性

硫化物中 S 为−2 氧化态，故具有还原性。Na_2S、$(NH_4)_2S$ 等溶液久置，可被空气中的氧气氧化为硫，使溶液出现浑浊，生成的硫再与 S^{2-}作用，生成多硫化物：

$$S^{2-}(aq) + O_2(g) + 2H_2O(l) = 2S(s) + 4OH^-(aq)$$

$$S^{2-}(aq) + (x-1)S(s) = S_x^{2-}(aq)$$

$x = 2\sim6$，随着 x 值增大，溶液的颜色加深，由浅黄到黄，再到橙、红。

2. 多硫化物

由于硫元素有形成多硫链的特性，存在一系列组成为 $M_2^{(I)}S_x$ 和 $M^{(II)}S_x$ 的多硫化物，S_x^{2-} 中，通常 $x = 2\sim6$，如 $Na_2S_x(x = 2\sim4)$、FeS_2、BaS_3、CaS_4、K_2S_5、Cs_2S_6 等；当 $x = 2$ 时，称为过硫化物，其结构类似于过氧化物。在 H_2S_x 中，$x = 2\sim18$，称为硫烷。

碱金属、碱土金属硫化物和$(NH_4)_2S$ 溶液可以溶解单质硫，生成多硫化物：

$$S^{2-}(aq) + (x-1)S(s) = S_x^{2-}(aq)$$

金属多硫化物的化学性质主要是遇酸分解和氧化性，这是由于多硫链在 H^+或还原剂作用下断开。例如

$$S_x^{2-} + 2H^+(aq) = H_2S(g) + (x-1)S(s)$$

$$SnS(aq) + (NH_4)_2S_2(aq) = (NH_4)_2SnS_3(aq)$$

由于 SnS 显碱性，它不溶于 NaOH 溶液和 Na_2S 溶液中，但因具有还原性，故可被多硫化物氧化而溶解。

Na_2S_2 是制革过程中的脱毛剂，CaS_4 是一种杀虫剂，用于制备硫酸的黄铁矿的主要成分 FeS_2 也是多硫化物。

14.4.4　硫的氧化物、含氧酸及其盐

硫元素有组成为 SO、S_2O_3、SO_2、SO_3 和 SO_4 的氧化物，以 SO_2 和 SO_3 最重要。

硫的含氧酸按照母体组成，可以划分为次硫酸、亚硫酸、硫酸、连硫酸和过硫酸 5 个系列，一些重要的硫的含氧酸的组成、分子结构式和存在形式列于表 14.4，在这些含氧酸分子

---

① 早期无机物的分析化学曾以硫化物系统作为分离和定性分析的依据，具有系统性好、理论严谨的优点，后因 H_2S 毒性大而弃用。

中，S 原子的杂化态均为 sp^3。

表 14.4　一些重要的硫的含氧酸

分类	名称	化学式	硫的表观平均氧化态	分子结构式	存在形式
次硫酸系列	次硫酸	H_2SO_2	+2	HO — S — OH	盐
亚硫酸系列	亚硫酸	H_2SO_3	+4	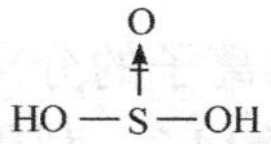	盐
	连二亚硫酸	$H_2S_2O_4$	+3	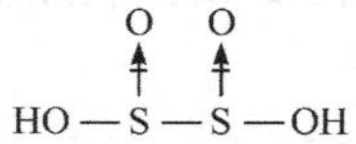	盐
硫酸系列	硫酸	H_2SO_4	+6	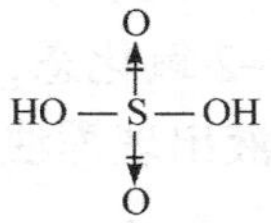	酸、盐
	焦硫酸	$H_2S_2O_7$	+6	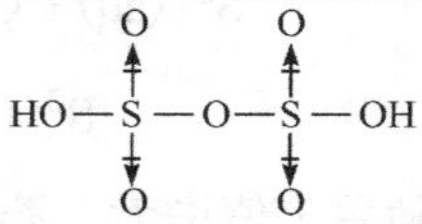	酸、盐
	硫代硫酸	$H_2S_2O_3$	+2	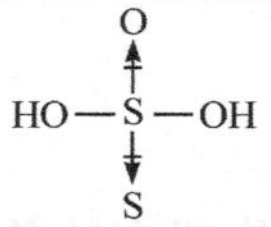	盐
连硫酸系列	连四硫酸	$H_2S_4O_6$	+2.5	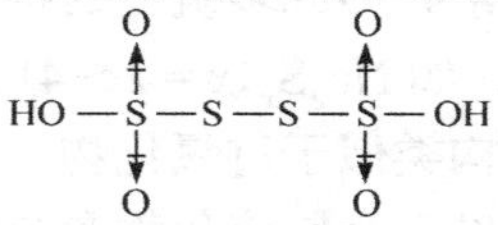	盐
	连多硫酸	$H_2S_xO_6$ $(x = 3\sim6)$		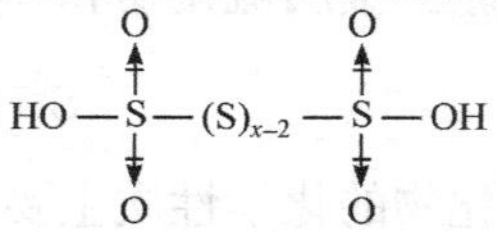	盐
过硫酸系列	过一硫酸	H_2SO_5	+8	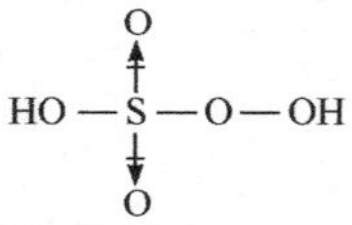	盐
	过二硫酸	$H_2S_2O_8$	+7	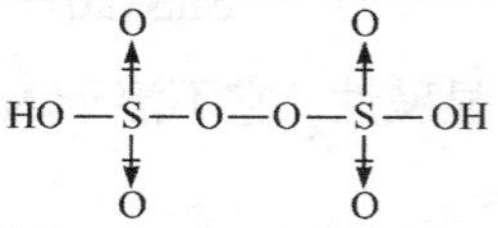	酸、盐

1. 二氧化硫、亚硫酸及其盐

1) 二氧化硫

二氧化硫是一种具有刺激性和恶臭气味的无色气体，熔点−75.5℃，沸点−10.0℃。

SO_2 与 O_3 的原子数目相同，最外层电子总数也相同，互相称为广义的等电子体①。其分子

① 若分子和离子含有的原子数目相同、全部电子总数也相同，则是狭义的等电子体，如 O_3 与 NO_2^-，CO_3^{2-} 与 NO_3^- 和 BF_3；若分子和离子含有的原子数目相同，但是仅最外层电子数目相同，则是广义的等电子体，如 SO_2 与 O_3(或 SO_2 与 NO_2^-)；等电子体具有相似的分子结构，称为等电子原理。利用等电子原理，可以推测一些分子和离子的结构。

结构与 O_3 相似，呈 V 形，中心硫原子作 sp^2 杂化，键角 119.5°，分子中存在 Π_3^4 键，其 S—O 键键长 143.2 pm，比 S—O 键键长 155 pm 短，具有部分双键性质。

SO_2 是极性分子，易溶于水，室温下，1 体积水可溶解 40 体积的二氧化硫，水溶液称为亚硫酸，主要存在形式是 $SO_2 \cdot xH_2O$，未分离出纯 H_2SO_3，饱和溶液浓度约为 10%。

二氧化硫中的硫原子呈中间价态+4，因此二氧化硫既有还原性，又有氧化性，但以还原性为主。例如

$$I_2(s) + SO_2(g) + 2H_2O(l) \xlongequal{\quad} H_2SO_4(aq) + 2HI(aq)$$

$$2SO_2(g) + O_2(g) \xlongequal[450℃]{V_2O_5} 2SO_3(g)$$

在遇到强还原剂时，二氧化硫表现出氧化性。例如

$$SO_2(g) + 2H_2S(g) \xlongequal{\quad} 3S(s) + 2H_2O(l)$$

火山喷发时就有以上反应。$SO_2(g)$ 也可以被 $H_2(g)$ 或 $CO(g)$ 还原为 $S(s)$。

二氧化硫上述氧化还原性质，可以方便地从硫元素的 $\Delta_r G_m^\ominus / F\text{-}Z$ 图(图 14.12)或硫元素电势图(图 14.13)理解。

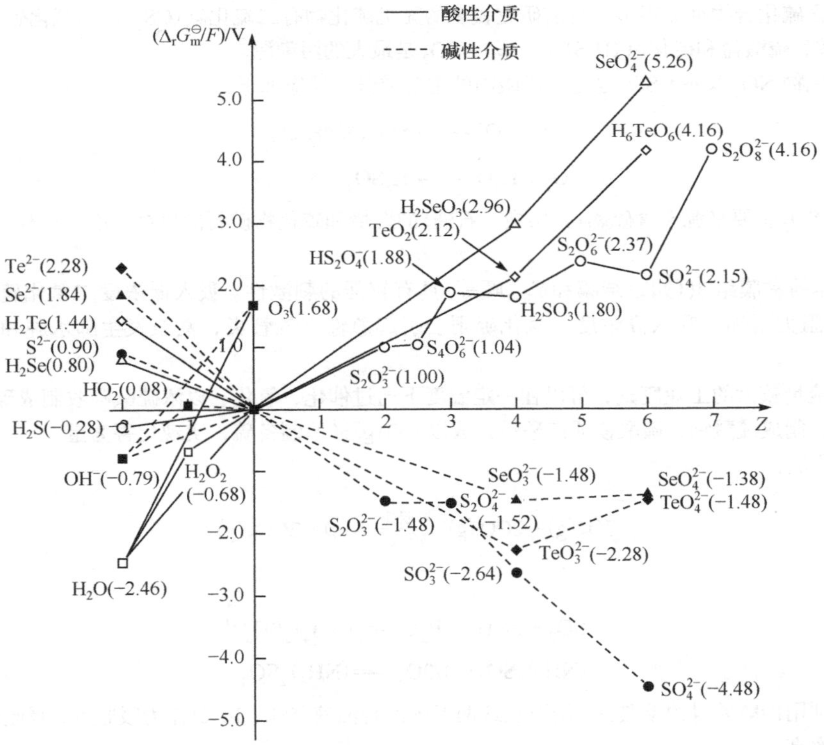

图 14.12　氧族元素的 $\Delta_r G_m^\ominus / F\text{-}Z$ 图

二氧化硫最重要的用途是制备硫酸。二氧化硫分子能与一些有机色素分子结合形成无色的有机物，可用作漂白剂。

工业上主要通过硫黄或金属硫化物矿的燃烧制备二氧化硫：

$$S(s) + O_2(g) \xlongequal{\quad} SO_2(g)$$

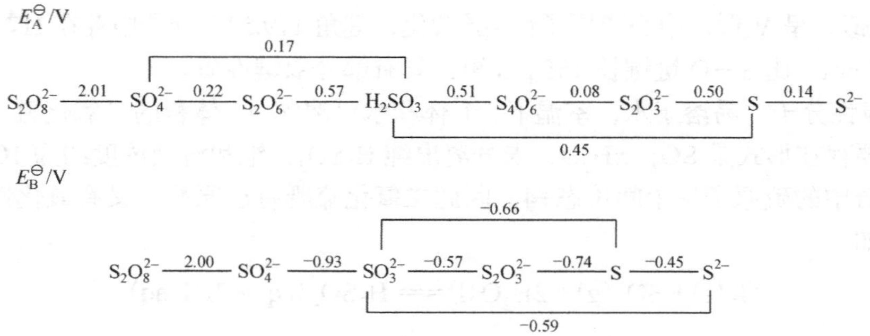

图 14.13　硫元素电势图

$$4FeS_2(s) + 11O_2(g) \xlongequal{\quad} 2Fe_2O_3(s) + 8SO_2(g)$$

实验室可用亚硫酸盐与非氧化性酸反应，制备 SO_2：

$$Na_2SO_3(aq) + H_2SO_4(aq,稀) \xlongequal{\quad} Na_2SO_4(aq) + SO_2(g) + H_2O(l)$$

大气中的含硫化合物*

大气中的含硫化合物种类很多，目前研究较多的无机硫化物有二硫化碳(CS_2)、二氧化硫(SO_2)、三氧化硫(SO_3)、硫酸、硫酸盐和硫化氢(H_2S)等。其中 SO_2 是最大的污染源。

除了氮氧化物 NO_x 以外，SO_2 也是形成酸雨的主要成分，反应如下：

$$SO_2 + [O] \longrightarrow SO_3 \text{(关键反应)}$$

$$SO_3 + H_2O \longrightarrow H_2SO_4$$

大气中的 SO_2 主要来源于含硫燃料(煤炭、石油)的燃烧和硫化物矿石的焙烧、冶炼过程，火山喷发是主要的天然来源。

SO_2 对人体的黏膜组织(如眼结膜和鼻、咽等)具有较强的刺激性。吸入低浓度二氧化硫可使呼吸道轻度收缩，呼吸阻力增加。吸入高浓度二氧化硫则会引起急性支气管炎，甚至发生肺水肿和呼吸道麻痹，危及生命。

含二氧化硫量较大的工业废气，可以在一定温度下通过催化、氧化、以浓硫酸吸收制成硫酸；或以相应的碱溶液吸收，制成硫酸钙、硫酸镁或硫酸铵，或以 CO(g)还原制备硫，实现化害为宝。

CO(g)还原法：

$$SO_2(g) + 2CO(g) \xrightarrow[500℃]{\text{铝矾土}} S(s) + 2CO_2(g)$$

氨法：

$$SO_2 + 2NH_3 + H_2O \xlongequal{\quad} (NH_4)_2SO_3$$

$$(NH_4)_2SO_3 + 1/2O_2 \xlongequal{\quad} (NH_4)_2SO_4$$

目前广泛利用价廉易得的碳酸钙、消石灰或两者的混合浊液(5%～10%)作为吸收剂，吸收烟气中的 SO_2，该工艺脱硫效率高。

$$2CaCO_3(s) + 2SO_2(g) + O_2(g) \xlongequal{\quad} 2CaSO_4(s) + 2CO_2(g)$$

$$Ca(OH)_2 + SO_2 \xlongequal{\quad} CaSO_3 \cdot H_2O$$

$$2CaSO_3 \cdot H_2O + O_2 + 2H_2O \xlongequal{\quad} 2CaSO_4 \cdot 2H_2O$$

大气中的 H_2S 主要来源于天然排放，如火山爆发、动植物机体的腐烂等天然过程。各种工业废气(燃料加工、人造丝、橡胶、硫化染料等行业)，废水处理厂的活性污泥池、气提塔、氧化塔等在运转时都可能成为 H_2S 气体的发生源，但人为排放量不大，全球工业排放的 H_2S 仅为 SO_2 排放量的 2%左右。

H_2S 的主要去除机制是氧化，主要氧化剂有 $\cdot OH$、O_2、O_3。大气中的 H_2S 很容易被氧化成 SO_2，反应过程为

$$H_2S \xrightarrow{HO\cdot} HS \xrightarrow{O_2} SO \xrightarrow[\text{或}NO_2]{O_2} SO_2$$

非水溶剂*

二氧化硫易液化，在液态中存在以下平衡：

$$SO_2 + SO_2 = SO^{2+} + SO_3^{2-}$$

因此，液态二氧化硫是一种非水溶剂，也是良好的非质子性极性溶剂，一些无机和有机化合物可以溶解于液态二氧化硫并发生电离。例如

$$SOCl_2 \rightleftharpoons SO^{2+} + 2Cl^-$$

类似于水溶液中　$HCl(aq) = H^+(aq) + Cl^-(aq)$

而　$Cs_2SO_3 \rightleftharpoons 2Cs^+ + SO_3^{2-}$

类似于水溶液中　$NaOH(aq) = Na^+(aq) + OH^-(aq)$

因此，$SOCl_2$ 与 Cs_2SO_3 可以在液态二氧化硫中发生反应：

$$Cs_2SO_3 + SOCl_2 = 2CsCl + 2SO_2$$

相当于　碱 + 酸 == 盐 + 溶剂

常见的非水溶剂还有液态 NH_3、$COCl_2$、N_2O_4 等。

2) 亚硫酸及其盐

二氧化硫是亚硫酸(H_2SO_3)的酸酐。亚硫酸不稳定，只能存在于水溶液中，但其盐晶体相对稳定。

亚硫酸是二元弱酸，$K_{a1}^{\ominus} = 1.29 \times 10^{-2}$，$K_{a2}^{\ominus} = 6.24 \times 10^{-8}$，可形成酸式盐和正盐。碱金属及铵的亚硫酸盐易溶于水，其他亚硫酸盐难溶或微溶于水，但溶于强酸。亚硫酸氢盐的溶解度大于相应的正盐。

亚硫酸及其盐以还原性为主，遇强还原剂才显氧化性。例如

$$H_2SO_3(aq) + I_2(s) + H_2O(l) = H_2SO_4(aq) + 2HI(aq)$$

$$2Na_2SO_3(aq) + O_2(g) = 2Na_2SO_4(aq)$$

$$H_2SO_3(aq) + 2H_2S(aq) = 3S(s) + 3H_2O(l)$$

由硫元素的 $\Delta_r G_m^{\ominus} / F\text{-}Z$ 图(图 14.12)可以看出，酸性介质中 H_2SO_3 位于 H_2SO_4—H_2SO_3—S 连线“峰顶”位置，碱性介质中 SO_3^{2-} 位于 $H_2SO_4^{2-}$—SO_3^{2-}—S^{2-} 连线“峰顶”位置，故亚硫酸及其盐均可自发发生以下歧化反应：

$$3H_2SO_3(aq) \xlongequal{\triangle} 2H_2SO_4(aq) + S(s) + H_2O(l)$$

$$4Na_2SO_3(s) \xlongequal{\triangle} 3Na_2SO_4(s) + Na_2S(s)$$

亚硫酸盐遇酸分解放出 SO_2，用于在实验室制备少量 SO_2。

2. 三氧化硫、硫酸及其盐

1) 三氧化硫

二氧化硫在 V_2O_5 或 Pt 作催化剂，450℃时可被氧气氧化成三氧化硫。

纯的三氧化硫是无色易挥发的固体，熔点 16.7℃，沸点 44.7℃。气态的 SO_3 分子与 CO_3^{2-}、NO_3^- 和 BF_3 是广义的等电子体，分子呈平面正三角形，中心硫原子作 sp^2 杂化，存在 3 个 σ 单键和 1 个 Π_4^6 键，键角 120°，键长 142 pm（图 14.14，实线表示 σ 单键，虚线表示离域 Π_4^6 键），显示部分双键性质（S—O 单键键长为 155 pm）。

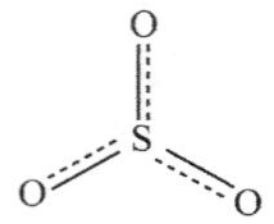

图 14.14　$SO_3(g)$ 的分子结构示意图

三氧化硫具有强氧化性，在高温下能将磷、溴化物、碘化物和铁、锌等金属氧化：

$$5SO_3(g) + 2P(s) = 5SO_2(g) + P_2O_5(s)$$

$$SO_3(g) + 2HBr(g) = SO_2(g) + Br_2(g) + H_2O(g)$$

$$SO_3(g) + 2KI(s) = K_2SO_3(s) + I_2(s)$$

三氧化硫是硫酸的酸酐，极易与水反应生成硫酸，并放出大量的热。工业上通常把三氧化硫溶于硫酸中形成发烟硫酸（分为含 SO_3 20%～30%和 50%～53%两种）。

2）硫酸及其盐

纯的硫酸是无色油状液体，凝固点为 10℃，沸点为 338℃。市售硫酸浓度为 98.3%，约 18 mol · dm^{-3}。

硫酸分子中的硫原子作 sp^3 杂化，与 4 个氧原子形成 σ 单键，两个非羟基氧原子还通过 2p 轨道与硫原子的 3d 轨道形成 π 键（图 13.12）。硫酸分子之间形成氢键，所以硫酸是一种黏稠的高沸点酸。SO_4^{2-} 除了 4 个 σ 单键外，4 个氧原子的 $2p_y$、$2p_z$ 轨道分别与硫原子的 $3d_{x^2-y^2}$、$3d_{z^2}$ 轨道，共形成两个 Π_5^8 键，故 S—O 键具有部分双键性质。H_2SO_4 分子、H_2SO_4 分子间氢键和 SO_4^{2-} 结构示于图 14.15（右图虚线表示离域 Π_5^8 键）。图 14.16 为 SO_4^{2-} 中两个 Π_5^8 键形成示意图。

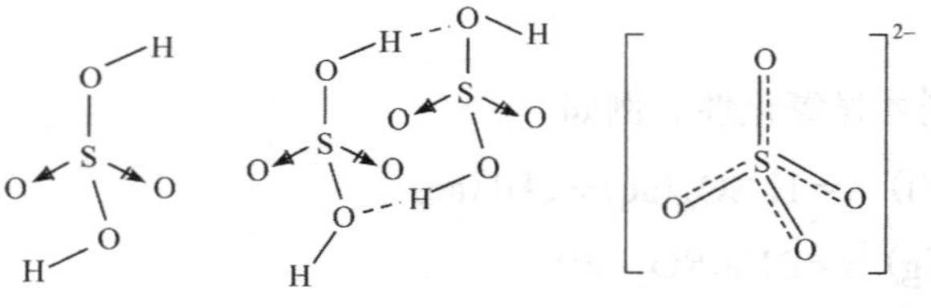

图 14.15　H_2SO_4 分子、H_2SO_4 分子间氢键和 SO_4^{2-} 的结构示意图

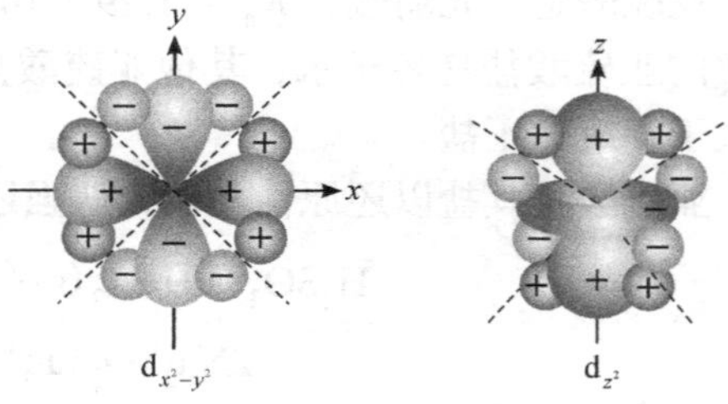

图 14.16　SO_4^{2-} 中两个 Π_5^8 键的形成示意图

硫酸是二元强酸，稀溶液中其第一步解离是完全的，第二步解离程度较低。

$$HSO_4^-(aq) = H^+(aq) + SO_4^{2-}(aq) \qquad K_{a2}^{\ominus} = 1.02 \times 10^{-2}$$

稀硫酸的氧化性源于氢离子。例如

$$Zn(s) + 2H^+(aq) = Zn^{2+}(aq) + H_2(g)$$

浓硫酸具有强的吸水性和脱水性，可使有机物（如碳水化合物、纸张、纺织物等）脱水碳化。例如，与蔗糖的反应：

$$C_{12}H_{22}O_{11}(s) \xrightarrow{\text{浓硫酸}} 12C(s) + 11H_2O(l)$$

浓硫酸可用作干燥剂，用于干燥氯气、二氧化碳和氢气等气体，但不可用于干燥具有强还原性的气体，如 H_2S 等。

浓硫酸具有强的氧化性，源于+6 价态的硫，加热时浓硫酸的氧化性更强，其还原产物一般为二氧化硫：

$$C(s) + 2H_2SO_4(aq,浓) = CO_2(g) + 2SO_2(g) + 2H_2O(l)$$

$$Cu(s) + 2H_2SO_4(aq,浓) = CuSO_4(aq) + SO_2(g) + 2H_2O(l)$$

金和铂在加热时也不与浓硫酸反应。

冷的浓硫酸与铁、铝等金属作用会在金属表面生成一层致密的保护膜，而使金属不继续与酸反应，这种现象称为钝化。因此，可用铁、铝容器(或陶瓷容器)盛放浓硫酸。

硫酸的水合热很大，因此在稀释浓硫酸时，只能在搅拌下将硫酸缓缓倾入水中。若不慎将硫酸洒在皮肤上，应立即用大量水冲洗，用稀氨水浸润伤处后，再用水冲洗。

硫酸是高沸点酸，可利用这一性质制备挥发性酸：

$$NaCl(s) + H_2SO_4(aq,浓) = NaHSO_4(s) + HCl(g)$$

硫酸是重要的化工原料，用于生产化肥和许多化工产品。

目前工业上主要采用接触法生产硫酸。

作为二元酸，硫酸可生成正盐和酸式盐。硫酸的酸式盐只有碱金属能形成固态盐。酸式盐易溶于水，因 HSO_4^- 的电离而呈酸性。硫酸的正盐除硫酸锶、硫酸钡、硫酸铅难溶，硫酸钙和硫酸银微溶外，一般易溶于水。硫酸盐多带有结晶水，如蓝矾 $CuSO_4 \cdot 5H_2O$、绿矾 $FeSO_4 \cdot 7H_2O$、皓矾 $ZnSO_4 \cdot 7H_2O$ 等。硫酸盐有形成复盐的趋势，如著名的莫尔盐 $(NH_4)_2SO_4 \cdot FeSO_4 \cdot 6H_2O$、明矾 $K_2SO_4 \cdot Al_2(SO_4)_3 \cdot 24H_2O$ 等。硫酸盐用途广泛，如明矾曾用作净水剂，后因高浓度 Al^{3+} 可能致脑病而弃用；蓝矾是消毒剂；绿矾是农药成分等。

硫酸盐多为离子晶体。硫酸盐受热分解，一般生成金属氧化物和三氧化硫。例如

$$MgSO_4(s) \xlongequal{\triangle} MgO(s) + SO_3(g)$$

硫酸盐的热稳定性、热分解产物与其金属离子的离子势 ϕ 和外层电子构型有关。若把 MSO_4 分离为 M^{2+} 和 SO_4^{2-} 称为极化，则 M^{2+} 吸引 SO_4^{2-} 中 S—O 成键电子对而与 S 原子争夺氧原子的作用，称为反极化，如图 14.17 所示。

(1) 对于同一外层电子构型的金属离子，金属离子的离子势 ϕ 越大，M^{2+} 对 SO_4^{2-} 的反极化作用就越强，S—O 键越容易断开，硫酸盐的热分解温度就越低。例如，$MgSO_4$、$CaSO_4$、$SrSO_4$ 的金属离子同为 8 电子外层电子构型，金属离子的离子势顺序为 $Mg^{2+} > Ca^{2+} > Sr^{2+}$，则硫酸盐的热稳定性顺序为 $MgSO_4 < CaSO_4 < SrSO_4$，三者热分解温度顺次为 895℃、1149℃、1374℃，见表 14.5。

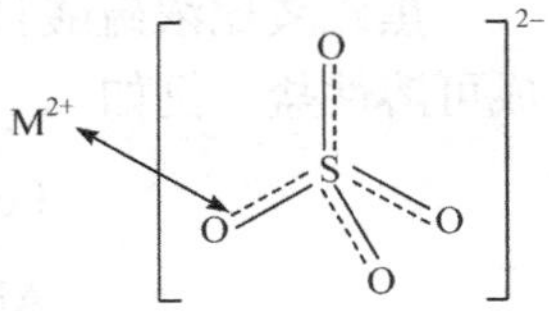

图 14.17　M^{2+} 对 SO_4^{2-} 的反极化作用示意图

表 14.5　碱土硫酸盐金属离子的离子势 ϕ 与热分解温度

硫酸盐	$MgSO_4$	$CaSO_4$	$SrSO_4$
$Z(M^{2+})$	+2	+2	+2
$r(M^{2+})$/pm	65	99	113
$\phi(M^{2+})$/pm^{-1}	0.031	0.020	0.018
热分解温度/℃	895	1149	1347

(2) 在金属离子半径相近的情况下，外层电子构型为 8 电子的金属离子因极化力小，对 SO_4^{2-} 的反极化作用弱，故相应硫酸盐的热稳定性高、热分解温度高；而外层电子构型为 18 电子、(18+2) 电子或 (9～17) 电子的金属离子因极化力大①，对 SO_4^{2-} 的反极化作用强，故相应硫酸盐的热稳定性小、热分解温度低。例如，Ca^{2+}(99 pm) 与 Cd^{2+}(97 pm) 半径相近，Ca^{2+}为 8 电子构型，而 Cd^{2+}为 18 电子构型，对 SO_4^{2-} 的反极化作用更强，故 $CdSO_4$ 热稳定性比 $CaSO_4$ 低，热分解温度仅为 816℃。

(3) 对于同一类型外层电子构型、同一元素、不同价态的金属离子，较高价态金属离子的离子势 ϕ 更大，相应硫酸盐的热稳定性就更低。例如，$Mn_2(SO_4)_3$ 热分解温度仅为 300℃，明显低于 $MnSO_4$ 热分解温度 (755℃)。不难预测，热分解温度 $Fe_2(SO_4)_3 < FeSO_4$。

(4) 当硫酸盐热分解温度高于 MO 分解温度时，其热分解产物可能有 M、SO_2、O_2。例如

$$4Ag_2SO_4(s) \xlongequal{\triangle} 8Ag(s) + 2SO_3(g) + 2SO_2(g) + 3O_2(g)$$

(5) 当金属离子具有还原性时，可将硫酸盐热分解产物 $SO_3(g)$ 部分还原为 $SO_2(g)$。例如

$$2FeSO_4(s) \xlongequal{\triangle} Fe_2O_3(s) + SO_3(g) + SO_2(g)$$

以上硫酸盐热分解规律，原则上也适用于其他含氧酸盐，如硝酸盐、磷酸盐、碳酸盐等。

3) 焦硫酸及其盐

两个硫酸分子之间脱水得到焦硫酸，硫原子在此过程中氧化态不变：

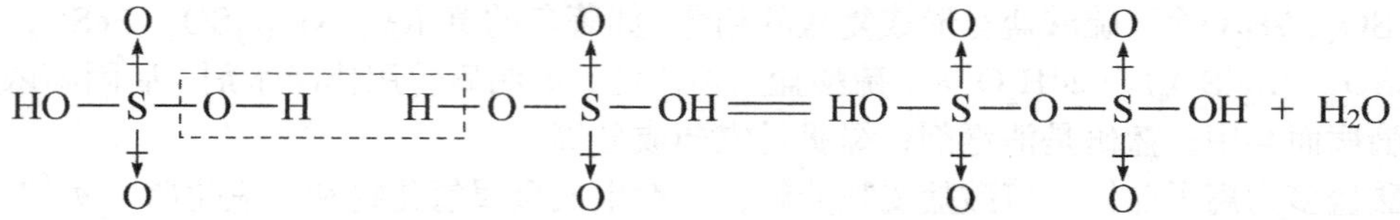

氧桥键 (—S—O—S—) 存在是焦硫酸分子结构的特点。

硫酸氢盐受热、脱水，也可以得到焦硫酸盐：

$$2NaHSO_4(s) \xlongequal{\triangle} Na_2S_2O_7(s) + H_2O(l)$$

焦硫酸比浓硫酸具有更强的氧化性、吸水性和腐蚀性，主要用来作熔矿剂，将矿物转变成可溶性盐。例如

$$Fe_2O_3(s) + 3K_2S_2O_7(s) \xlongequal{\triangle} Fe_2(SO_4)_3(s) + 3K_2SO_4(s)$$

$$Al_2O_3(s) + 3K_2S_2O_7(s) \xlongequal{\triangle} Al_2(SO_4)_3(s) + 3K_2SO_4(s)$$

4) 硫代硫酸及其盐

硫代硫酸 $H_2S_2O_3$ 可看成是硫酸分子中一个氧原子被硫原子取代的产物。硫代硫酸不稳定，易分解成单质硫和亚硫酸，未得到纯酸，只能以盐的形式存在。$S_2O_3^{2-}$ 的几何构型和 SO_4^{2-} 相似，均为四面体。

硫代硫酸钠 ($Na_2S_2O_3 \cdot 5H_2O$) 俗称海波或大苏打，无色透明晶体，易溶于水，可通过亚硫酸钠与硫反应，再浓缩溶液、结晶制得：

$$Na_2SO_3(aq) + S(s) \xlongequal{\triangle} Na_2S_2O_3(aq)$$

① 对于含有 d 电子的金属离子，用有效离子势衡量其对阴离子的极化能力更准确，因为有效离子势考虑了内层电子的屏蔽效应，更能表达金属离子对阴离子的极化能力。

或者将 SO_2 通入 Na_2S 和 Na_2CO_3 的混合液中，也可制得硫代硫酸钠：

$$2S^{2-}(aq) + CO_3^{2-}(aq) + 4SO_2(g) = 3S_2O_3^{2-}(aq) + CO_2(g)$$

硫代硫酸钠在中性或碱性条件下稳定，在酸性条件下易分解出单质硫和 SO_2 气体：

$$S_2O_3^{2-}(aq) + 2H^+(aq) = S(s) + SO_2(g) + H_2O(l)$$

硫代硫酸钠具有还原性，分析化学中的"碘量法"就是利用硫代硫酸钠与单质碘定量反应生成连四硫酸钠：

$$2S_2O_3^{2-}(aq) + I_2(s) = S_4O_6^{2-}(aq) + 2I^-(aq)$$

强的氧化剂可将硫代硫酸钠氧化成硫酸钠，纺织印染业利用以下反应除氯：

$$Na_2S_2O_3(aq) + 4Cl_2(g) + 5H_2O(l) = Na_2SO_4(aq) + H_2SO_4(aq) + 8HCl(aq)$$

硫代硫酸根具有良好的配位性能，可与一些金属离子形成稳定的配离子，如难溶的 AgBr 可溶于 $Na_2S_2O_3$ 溶液中，定影液就利用了这一反应。

$$AgBr(s) + 2Na_2S_2O_3(aq) = Na_3[Ag(S_2O_3)_2](aq) + NaBr(aq)$$

5）过硫酸及其盐

含有过氧键的含氧酸通常称为"过某酸"。过硫酸可看成是过氧化氢 H—O—O—H 分子中的氢原子被磺酸基[—SO_2(OH)]取代的产物，一个氢原子被磺酸基取代的产物称为过一硫酸，两个氢原子都被磺酸基取代的产物称为过二硫酸。由于过氧键（—O—O—）键能不大，容易断开，故过硫酸及其盐都显示强的氧化性和不稳定性。由标准电极电势 $E_A^{\ominus}(S_2O_8^{2-}/SO_4^{2-}) = 2.01$ V 可知，过二硫酸盐能将 Mn^{2+} 氧化成 MnO_4^-（Ag^+ 催化）：

$$2Mn^{2+}(aq) + 5S_2O_8^{2-}(aq) + 8H_2O(l) \xrightarrow[Ag^+]{\triangle} 2MnO_4^-(aq) + 10SO_4^{2-}(aq) + 16H^+(aq)$$

过二硫酸盐不稳定，受热分解成硫酸盐、三氧化硫和氧气：

$$2K_2S_2O_8(s) \xrightarrow{\triangle} 2K_2SO_4(s) + 2SO_3(g) + O_2(g)$$

6）连硫酸及其盐

含氧酸分子中如果有超过 1 个成酸原子直接相连，就称为"连某酸"。根据相连的成酸原子数目，称为"连几某酸"。连硫酸的通式是 $H_2S_xO_6$（$x = 2 \sim 6$）。常见的连硫酸有连二硫酸、连三硫酸、连四硫酸等，硫链（—S—S—）存在是这类酸分子结构的特点。连二亚硫酸 $H_2S_2O_4$ 的结构为

$$
\begin{array}{ccc}
O & & O \\
\uparrow & & \uparrow \\
HO-S & - & S-OH
\end{array}
$$

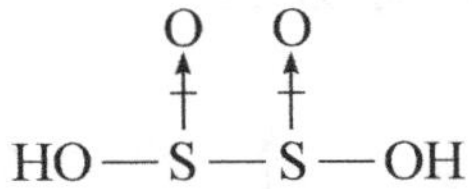

其中硫原子的氧化数为+3。$H_2S_2O_4$ 是二元弱酸。$H_2S_2O_4$ 不稳定，遇水分解：

$$2H_2S_2O_4(l) + H_2O(l) = H_2S_2O_3(aq) + 2H_2SO_3(aq)$$

连二亚硫酸盐较稳定。$Na_2S_2O_4 \cdot 2H_2O$ 俗称"保险粉"，是常用的还原剂，在碱性条件下，$Na_2S_2O_4$ 可将 MnO_4^-、IO_3^-、I_2、H_2O_2、O_2 等还原，还能将 Cu^+、Ag^+、Pb^{2+}、Bi^{3+}、Sb^{3+} 等还原为金属。$Na_2S_2O_4$ 能吸收空气中的氧，故常用作脱氧剂，除去混合气体中的氧：

$$2Na_2S_2O_4(s) + O_2(g) + 2H_2O(l) = 4NaHSO_3(s)$$

$$Na_2S_2O_4(s) + O_2(g) + H_2O(l) = NaHSO_3(s) + NaHSO_4(s)$$

由硫元素的 $\Delta_r G_m^\ominus / F\text{-}Z$ 图（图 14.12）可见，无论在酸性或碱性溶液中，$S_2O_4^{2-}$ 在热力学上是不稳定的，因此在固态和水溶液中都易歧化分解：

$$2Na_2S_2O_4(s) \xlongequal{\triangle} Na_2S_2O_3(s) + Na_2SO_3(s) + SO_2(g)$$

$$2S_2O_4^{2-}(aq) + H_2O(l) = S_2O_3^{2-}(aq) + 2HSO_3^-(aq)$$

“保险粉”可通过锌粉还原亚硫酸氢钠制备：

$$2NaHSO_3(aq) + Zn(s) = Na_2S_2O_4(aq) + Zn(OH)_2(s)$$

14.4.5 硫的卤化物和卤氧化物*

1. 硫的卤化物

硫可以与氟、氯、溴直接化合，生成卤化硫，以 S 与 F_2 的反应最激烈：

$$2S + X_2 = S_2X_2 \ (X = F、Cl、Br)$$

$$S + X_2 = SX_2 \ (X = F、Cl)$$

$$S + 2X_2 = SX_4 \ (X = F、Cl)$$

$$S(s) + 3F_2(g) = SF_6(g)$$

二氯化二硫 S_2Cl_2 的分子结构类似于 H_2O_2，存在 S—S 键和两个 S—Cl 键。

许多卤化物容易水解，而且水解彻底。例如

$$SCl_4 + 3H_2O = H_2SO_3 + 4H^+ + 4Cl^-$$

六氟化硫是无色、无臭的气体。SF_6 的中心 S 原子作 sp^3d^2 杂化，是正八面体形分子。六氟化硫的性质特点是具有很高的化学惰性，与水、酸、碱均不反应。六氟化硫水解反应的标准吉布斯自由能变很负，热力学自发反应倾向大：

$$SF_6(g) + 3H_2O(g) = SO_3(g) + 6HF(g) \quad \Delta_r G_m^\ominus = -208\ kJ \cdot mol^{-1}$$

但实际上并未观察到水解，这可以归因于反应的动力学障碍，即活化能大，其结构原因可能是 SF_6 的 S—F 键能大、S 原子的配位数已达到饱和状态和高度对称的分子结构。利用六氟化硫的化学惰性，把它用作高压电器设备中的绝缘气体。

2. 硫的卤氧化物

硫的卤氧化物可以看作是硫酸或亚硫酸分子中的羟基（—OH）被卤素原子（X）部分或全部取代的产物（图 14.18），这些化合物分子中的 S 原子均作 sp^3 杂化。

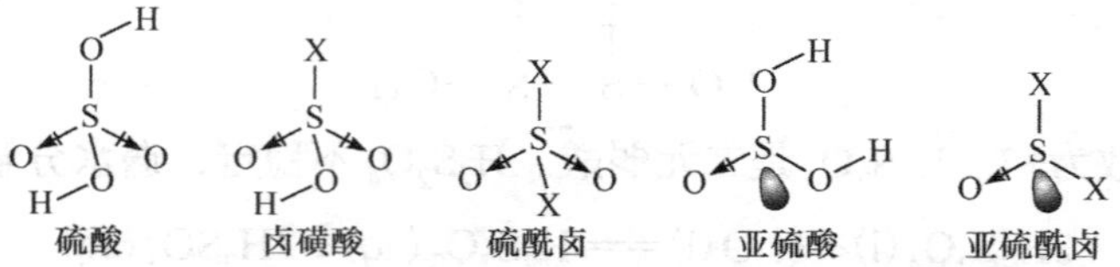

图 14.18 硫酸、亚硫酸与硫的卤氧化物分子结构的比较

氟磺酸（HSO_3F）中，由于 F 电负性大，使 S 原子具有更大的电正性，从而增加了 S—O 键的极性，使马德隆能对键能的贡献增大，增强了 S—O 键，而削弱了 O—H 键，使其酸性比硫酸更强。

将 SbF_5 溶解于氟磺酸中，生成一种配位酸，俗称“魔酸”：

$$SbF_5 + HSO_3F = H[SbF_5(OSO_2F)]$$

其酸根$[SbF_5(OSO_2F)]^-$可以视为路易斯酸SbF_5与路易斯碱$(OSO_2F)^-$的加合物。该酸是一种超强酸，可以直接向烷烃提供质子，生成碳正离子，这在有机合成上有重要应用：

$$R_3CH + H_2OSO_2F^+ \equiv HSO_3F + R_3CH_2^+$$

$$R_3CH_2^+ \equiv H_2 + R_3C^+$$

14.5 硒、碲及其化合物 (Selenium, Tellurium and Their Compounds)

硒和碲都是稀有、分散元素，硒、碲常与铜的硫化物矿共生，而碲是可以与金化合的少数几种元素之一，可与金生成碲化金，是一些含金矿物的主要成分。硒和碲常从电解铜的阳极泥、制备硫酸的烟道灰中提取，碲可作为提取金过程的副产品得到。

14.5.1 硒、碲单质

硒有晶态硒(灰硒)和无定形硒(红硒)两类同素异形体。灰硒是半导体，在光照下导电性提高千倍以上，可作为光电材料，用来制造整流器、光电池、遥控器、光开关、复印机中的硒鼓①等。

碲有银白色晶体和无定形碲两类同素异形体，前者也是半导体。Te 与 Pb、Zn、Al 组成合金，可以改善其机械性能和抗腐蚀性能。

Se 和 Te 的化学性质与 S 相似，但不如 S 活泼。

14.5.2 硒、碲的化合物

1. 氢化物

硒与氢气可在 400℃直接化合生成硒化氢，但 H_2Se 和 H_2Te 主要通过金属硒化物或碲化物与水或酸的反应制备：

$$Al_2Se_3(s) + 6H_2O(l) \equiv 2Al(OH)_3(s) + 3H_2Se(g)$$

$$Al_2Te_3(s) + 6H^+(aq) \equiv 2Al^{3+}(aq) + 3H_2Te(g)$$

硒化氢和碲化氢都是无色、有恶臭的气体，毒性比硫化氢大。H_2S、H_2Se 和 H_2Te 分子中，键角依次为 92°、91°、89.5°，说明中心原子 S、Se、Te 基本以纯 p 轨道与 H 原子的 1s 轨道重叠成键；由于成键两原子轨道的能量差逐渐增大，而轨道重叠程度逐渐减小，H—S、H—Se、H—Te 键能渐小；氢化物水溶液称氢硫酸、氢硒酸、氢碲酸，室温下饱和溶液浓度依次约为 0.10 mol · dm^{-3}、0.084 mol · dm^{-3}、0.09 mol · dm^{-3}，酸性依次增强(类似于ⅦA 族氢化物)，但都属于弱酸：

H_2S $K_{a1}^{\ominus} = 1.07 \times 10^{-7}$，$K_{a2}^{\ominus} = 1.26 \times 10^{-13}$

H_2Se $K_{a1}^{\ominus} = 1.29 \times 10^{-4}$，$K_{a2}^{\ominus} = 1.00 \times 10^{-11}$

① 复印机工作时，硒鼓里的硒板充电，带静电荷，并正对着原始文件页；强光透过原始文件页照射到硒板上，使它受光照部分的静电荷被去除，而与原始文件深色文字或图案相应的硒板上的静电荷则保留下来，然后与带相反符号静电荷、含有碳粉的着色剂黏合，再受热并粘在复印纸上，得到原始文件的复制品。

$$H_2Te \qquad K_{a1}^{\ominus} = 2.3 \times 10^{-3}, \quad K_{a2}^{\ominus} = 1.6 \times 10^{-11}$$

H_2Se 和 H_2Te 的还原性也比 H_2S 强。

2. 含氧化合物

硒和碲及其氢化物在空气中燃烧的产物为二氧化硒 SeO_2 和二氧化碲 TeO_2，均为固体。SeO_2 溶于水得到亚硒酸 H_2SeO_3。TeO_2 难溶于水，用间接反应方法，可制备白色、片状的亚碲酸：

$$TeO_2(s) + 2NaOH(aq) = Na_2TeO_3(aq) + H_2O(l)$$

$$Na_2TeO_3(aq) + 2HNO_3(aq) = 2NaNO_3(aq) + H_2TeO_3(s)$$

SeO_2、TeO_2 以氧化性为主，SeO_2 可氧化硫化氢、碘离子等，SeO_2、TeO_2 在加热条件下可被氢气还原为单质。只有遇强氧化剂，SeO_2、TeO_2 才显还原性：

$$5SeO_2(s) + 2MnO_4^-(aq) + 2H_2O(l) = 5SeO_4^{2-}(aq) + 2Mn^{2+} + 4H^+$$

$$TeO_2(s) + H_2O_2(aq) + 2H_2O(l) = H_6TeO_6(aq)$$

亚硒酸与亚碲酸均为二元弱酸，酸性不如亚硫酸：

$$H_2SO_3 \qquad K_{a1}^{\ominus} = 1.29 \times 10^{-2}, \quad K_{a2}^{\ominus} = 6.24 \times 10^{-8}$$

$$H_2SeO_3 \qquad K_{a1}^{\ominus} = 2.40 \times 10^{-3}, \quad K_{a2}^{\ominus} = 5.01 \times 10^{-9}$$

$$H_2TeO_3 \qquad K_{a1}^{\ominus} = 5.4 \times 10^{-7}, \quad K_{a2}^{\ominus} = 3.0 \times 10^{-9}$$

由氧族元素的 $\Delta_r G_m^{\ominus} / F\text{-}Z$ 图（图 14.12）两物质连线斜率等于标准电极电势可知，在酸性介质中，氧化性顺序为 $H_2SeO_3 > H_2TeO_3 > H_2SO_3$，$H_2SeO_3$ 能氧化硫化氢、碘离子等；而在碱性介质中，还原性顺序为 $SeO_3^{2-} < TeO_3^{2-} < SO_3^{2-}$。

硒酸 H_2SeO_4 与硫酸相似，是强酸，而原碲酸 H_6TeO_6 是弱酸：

$$H_2SeO_4 \qquad K_{a2}^{\ominus} = 2.19 \times 10^{-2}$$

$$H_6TeO_6 \qquad K_{a1}^{\ominus} = 2.24 \times 10^{-8}, \quad K_{a2}^{\ominus} = 1.00 \times 10^{-11}$$

原碲酸 H_6TeO_6 可以写成 $Te(OH)_6$，是正八面体分子。

由 $\Delta_r G_m^{\ominus} / F\text{-}Z$ 图（图 14.12）可知：硒酸和原碲酸均具有强氧化性，氧化性顺序为 $H_2SeO_4 > H_6TeO_6 > H_2SO_4$，$H_2SeO_4$、$H_6TeO_6$ 能氧化硫化氢、碘离子等；而在碱性介质中，还原性顺序为 $SeO_4^{2-} < H_4TeO_6^{2-} < SO_4^{2-}$。

标准状态下，H_2SO_4 的氧化性不强，H_2SeO_4 和 H_6TeO_6 则显中等氧化性：

$$E^{\ominus}(SO_4^{2-} / H_2SO_3) = 0.175\ V$$

$$E^{\ominus}(SeO_4^{2-} / H_2SeO_3) = 1.15\ V$$

$$E^{\ominus}(H_6TeO_6 / TeO_2) = 1.02\ V$$

中等浓度的 H_2SeO_4 和 H_6TeO_6 溶液可将盐酸氧化为氯气，而同浓度的 H_2SO_4 则不能：

$$H_2SeO_4(aq) + 2HCl(aq) = H_2SeO_3(aq) + Cl_2(g) + H_2O(l)$$

$$H_6TeO_6(aq) + 2HCl(aq) = TeO_2(s) + Cl_2(aq) + 4H_2O(l)$$

H_2SeO_4的氧化性比H_6TeO_6更强，热的无水硒酸可溶解金，生成$Au_2(SeO_4)_3$。

氧化性顺序$H_2SeO_4>H_6TeO_6>H_2SO_4$表明，第四周期元素 Se 的高价态化合物表现出特别高的氧化性，称为次周期性，这是因为与同族的第三、第五周期元素相比，第四周期元素 Se 在其高价态化合物中显示出最大的有效离子势，因而“回收”电子的能力最强。

3. *硒和碲化合物的生物学作用*

硒的化合物毒性较大，与砒霜相似。但是，硒是人体必需的微量元素，缺硒会导致克山病、大骨节病，补硒有明显治疗作用；艾滋病患者血液中硒水平显著偏低；摄入微量有机硒可有利于人体吸收维生素 E 并激活某些有用的酶，有抗衰老作用；硒可抑制 Hg、Cd 等重金属的毒性。但摄入过多量的硒会导致胃肠障碍、腹水、贫血等。生物无机化学领域对硒的研究十分活跃。

碲的化合物也有毒，进入人体会引起恶心、呕吐，损害中枢神经系统，但毒性弱于硒的化合物，而且会从人体中逐渐排出。

习　题

1. 比较氧元素和硫元素的成键特点，简要说明原因。
2. 比较氧、臭氧和过氧化氢的分子结构和氧化还原性质。
3. 写出下列物质的化学式和结构式：
   (1) 硫酸二聚体；(2) 海波；(3) 焦硫酸钾；(4) 过二硫酸钾；(5) 保险粉；(6) 亚硫酸钠
4. 空气通过“负离子发生器”时，产生可以使空气清新的负离子。试分析这些负离子的组成、结构以及杀菌、使空气清新的机理。
5. 试提出处理含CN^-工业废液的 3 种方法，说明原理，并写出有关反应的化学方程式。
6. 简要回答以下问题：
   (1) 氧元素可形成过氧键(—O—O—)，硫元素却可形成多硫链[—S—$(S)_x$—S—，$x=0\sim16$]，为什么？
   (2) 如何除去混入氢气中的少量SO_2和H_2S气体？
   (3) 如何除去混入空气中的少量氯气？
   (4) 如何除去混入氮气中的少量氧气？
   (5) 可否用浓硫酸干燥H_2S气体？
   (6) 室温下，可用铁、铝容器盛放浓硫酸，却不可盛放稀硫酸，为什么？
7. 试用最简便的方法区别下列 5 种固体盐：Na_2S、Na_2S_2、$Na_2S_2O_3$、Na_2SO_3和Na_2SO_4。
8. 向含Co^{2+}和Pb^{2+}各为 0.10 $mol\cdot dm^{-3}$的混合液中通入$H_2S(g)$至饱和，哪种离子先沉淀？若要完全分离它们，溶液酸度应控制在什么范围？[已知$K_{sp}^{\ominus}(CoS)=9.7\times10^{-21}$，$K_{sp}^{\ominus}(PbS)=8.0\times10^{-28}$]
9. 通过计算反应的平衡常数，说明 HgS(s)是否可以溶解在盐酸或氢碘酸中。
10. 通过计算下列反应的平衡常数，说明 HgS(s)是否可以溶解在“王水”中。

$$3HgS(s)+8H^+(aq)+2NO_3^-(aq)+12Cl^-(aq)=\!=\!=3HgCl_4^{2-}(aq)+3S(s)+2NO(g)+4H_2O(l)$$

[$K_{sp}^{\ominus}(HgS)=1.0\times10^{-47}$，$K_{稳}^{\ominus}(HgCl_4^{2-})=1.17\times10^{15}$，$K_{a1}^{\ominus}(H_2S)\cdot K_{a2}^{\ominus}(H_2S)=6.8\times10^{-23}$，$E^{\ominus}(NO_3^-/NO)=0.957$ V，$E^{\ominus}(S/H_2S)=0.144$ V]

11. 硫代硫酸钠遇酸，歧化分解为 S(s)和$SO_2(g)$，写出有关反应的化学方程式，并由相关$\Delta_rG_m^{\ominus}/F$-Z图，求该歧化反应的平衡常数。
12. 根据硫元素电势图

$E_A^{\ominus}/V$　　$HSO_3^- \xrightarrow{-0.08} S_2O_4^{2-} \xrightarrow{+0.88} S_2O_3^{2-}$

通过计算反应平衡常数，说明连二亚硫酸盐在酸性溶液中是否自发发生歧化分解。

$$2S_2O_4^{2-}(aq) + H_2O(l) = S_2O_3^{2-}(aq) + 2HSO_3^-(aq)$$

13. 简要解释下列问题。

(1) 焦硫酸钾用作熔矿剂；

(2) 油画久置后局部变黑，用过氧化氢溶液处理后，可恢复；

(3) 不可用硝酸与 FeS(s) 反应制备 $H_2S(g)$；

(4) $CaSO_4$ 可溶于稀硫酸，而 $BaSO_4$ 连浓硫酸都不能溶解。

14. SF_4 和 TeF_6 均发生水解，而 SF_6 虽然水解的热力学倾向很大，但实际上不水解。试从结构角度分析原因。

15. 回答下列关于硫酸盐热分解的问题。

(1) 指出 $CaSO_4$、$CdSO_4$、$MgSO_4$、$SrSO_4$ 热分解温度顺序，简要说明之；

(2) $FeSO_4$ 热分解的产物是什么？为什么？

16. 完成并配平下列反应方程式：

(1) $MnSO_4(aq) + K_2S_2O_8(aq) + H_2O(l) \longrightarrow$

(2) $H_2S(g) + H_2SO_4$(浓) $\longrightarrow$

(3) $S(s) + H_2SO_4$(浓) $\longrightarrow$

(4) $Na_2S_2O_4(aq) + Cl_2(g) \longrightarrow$

(5) $Na_2SO_3(aq) + KMnO_4(aq) + H_2SO_4(aq) \longrightarrow$

(6) $Na_2S_2O_3(aq) + Cl_2(g) \longrightarrow$

(7) $Na_2S_2O_3(aq) + I_2(s) \longrightarrow$

(8) $Al_2S_3(s) + H_2O(l) \longrightarrow$

(9) $H_2O_2(aq) + KI(aq) + H_2SO_4(aq) \longrightarrow$

(10) $H_2O_2(aq) + KMnO_4(aq) + H_2SO_4(aq) \longrightarrow$

(11) $H_2O_2(aq) + CN^-(aq) \longrightarrow$

(12) $H_2O_2(aq) + Cl_2(g) \longrightarrow$

(13) $O_3(g) + CN^-(aq) \longrightarrow$

(14) $O_3(g) + KI(aq) + H_2O(l) \longrightarrow$

(15) $SO_2(g) + H_2SeO_4(aq) \longrightarrow$

17. 根据 H_2SO_4 与 H_2SeO_4 的氧化性强弱顺序，推测 $HClO_4$ 与 $HBrO_4$、H_3PO_4 与 H_3AsO_4 的氧化性强弱，简述原因。查阅相关标准电极电势，核对之。

18. 有一无色晶体 A，溶解在水中，加入浓盐酸，产生无色刺激性气体 B，并生成浅黄色沉淀 C。将气体 B 通入 H_2S 溶液中，又得到沉淀 C。将氯气通入 A 溶液中，得到溶液 D，D 与 $BaCl_2$ 溶液作用，生成不溶于强酸的白色沉淀 E。写出 A～E 的化学式及有关反应的化学方程式。

19. 根据 VSEPR 模型，推测下列分子和离子的几何构型。

(1) SCl_2；(2) $SOCl_2$；(3) SO_2Cl_2；(4) SF_4；(5) SF_6；(6) TeF_6

20. 写出下列分子的结构式，推测其中 S—O 键的强弱顺序，并简述理由。

(1) SOF_2；(2) $SOCl_2$；(3) $SOBr_2$

（龚孟濂）

第15章 氮 族 元 素
(The Nitrogen Group Elements)

本章学习要求

1. 掌握氮族元素的通性。
2. 掌握氮族元素单质的制备方法。
3. 理解氮、磷单质的结构及其化学性质，了解砷、锑、铋(砷分族)单质的基本性质。
4. 掌握氨的化学性质，了解氨的衍生物及磷、砷、锑、铋氢化物的基本性质。
5. 理解氮族元素氧化物、含氧酸及其盐的性质递变规律。
6. 了解氮族元素硫化物基本性质。
7. 掌握氮族元素卤化物结构及水解机理，了解氮族元素卤化物基本性质。

氮族元素位于元素周期表第ⅤA族(或第15族)，包括氮(nitrogen)、磷(phosphorous)、砷(arsenic)、锑(antimony)、铋(bismuth)、镆(moscovium，Mc)六种元素。

氮在地壳中丰度为 $1.9 \times 10^{-3}\%$，在所有元素中列第34位，在自然界主要以单质形式存在于大气中，约占大气体积的78.1%，总质量约达 3.9×10^{15} t。土壤、矿物体中含有硝酸盐(如 KNO_3、$NaNO_3$)，自然界中最大的硝酸盐矿是智利硝石($NaNO_3$)。氮还广泛地存在于动植物体内，是组成蛋白质和核酸的重要元素。

磷在地壳中丰度为0.105%，在所有元素中列第11位。磷主要存在形式是磷酸盐，如磷灰石 $Ca_5(PO_4)_3F$、羟基磷灰石 $Ca_5(PO_4)_3(OH)$、氯磷灰石 $CaCl_2 \cdot Ca_3(PO_4)_2$ 等矿石。另外，磷是生物体中不可缺少的元素，在植物体的种子中，在动物体的脑、血、神经组织、蛋白质、骨骼中，都含有丰富的磷。

砷、锑、铋在地壳中丰度分别为 $1.8 \times 10^{-4}\%$、$2 \times 10^{-5}\%$、$8.5 \times 10^{-7}\%$，分列第54、65、71位。砷、锑、铋有时以单质形式存在，但主要以硫化物或氧化物形式存在，如雄黄(As_4S_4)、雌黄(As_2S_3)、砷黄铁矿(FeAsS)、辉锑矿(Sb_2S_3)、辉铋矿(Bi_2S_3)、黄锑矿($Sb_2O_3 \cdot Sb_2O_5 \cdot 2H_2O$)、铋华($Bi_2O_3$)等。我国锑的蕴藏量占世界第一位。砷是人体细胞增殖和组织生长必需的微量元素，砷的生物毒性与其形态相关，砷单质毒性很小，但 As_2O_3(俗称砒霜)致死量为200～300 mg。锑及其化合物对人体均有害，会损害人体组织和功能。

镆是人工合成元素，原子序数115，原子基态价层电子构型是 $7s^27p^3$，本书不作进一步介绍。

15.1 氮族元素基本性质
(General Properties of the Nitrogen Group Elements)

氮族元素原子结构及基本性质列于表15.1。氮族元素原子基态价电子构型为 ns^2np^3，主要氧化数为−3、0、+3和+5。氮族元素原子结合3个电子即可达到最外层8电子稳定构型，故本族前两个元素N和P原子有接受外来电子的倾向。但随着原子半径的增大，随后三个元素

As、Sb和Bi原子接受外来电子倾向逐渐减弱，并出现失去最外层电子的趋势。从氮到铋第一电离能和电负性随原子半径增大而递减，非金属性逐渐减弱，金属性逐渐增强，表明与有效核电荷相比，原子半径对元素性质的影响占主导地位。因此，氮族元素化学性质显示出从典型非金属(氮、磷)到准金属(砷)，再到典型金属(锑、铋)的完整过渡。

表 15.1　氮族元素原子结构及基本性质

结构及性质	元素				
	N	P	As	Sb	Bi
价层电子构型	$2s^22p^3$	$3s^23p^3$	$4s^24p^3$	$5s^25p^3$	$6s^26p^3$
主要氧化数	−3、0、+3、+4、+5	−3、0、+3、+5	−3、0、+3、+5	0、+3、+5	0、+3、+5
单质熔点/℃	−210.01	白磷 44.15 红磷 597	817	630.7	271.5
单质沸点/℃	−195.79	白磷 280.3 红磷 416(升华)	615(升华)	1587	1564
共价半径(单键)/pm	70	110	121	141	
金属半径/pm		108	124.8	145	154.7
M^{3-}有效离子半径/pm	146*	212	222	245	213
M^{3+}有效离子半径/pm	16	44	58	76	103
M^{5+}有效离子半径/pm	13	38	46	60	76
$I_1/(kJ \cdot mol^{-1})$	1402	1012	944	831	703
$I_2/(kJ \cdot mol^{-1})$	2856	1908	1794	1605	1612
$I_3/(kJ \cdot mol^{-1})$	4578	2914	2735	2441	2466
$E_{ea1}/(kJ \cdot mol^{-1})$	不稳定	72.03	78.5	100.9	90.9
χ_P	3.04	2.19	2.18	2.05	1.9

* N^{3-}有效离子半径是在配位数为4的条件下测量的结果，其余有效离子半径均为配位数为6的条件下测量的结果。

氮族元素单质的熔点，从氮、磷到砷升高，而且砷熔点升高得十分显著。这说明发生了晶体类型的转变，氮、磷固体是分子晶体，从砷开始是金属晶体。金属键随原子半径增大而减弱，故砷、锑、铋熔点又逐渐降低，铋是低熔点金属。利用它们低熔点的特性可制成合金。重要的合金有伍德合金：30% Bi、25% Pb、12.5% Sn和12.5% Cd，熔点65～70℃，低于水的沸点；保险丝：41% Bi、22% Pb、18% In、8% Cd和1% Sn，熔点只有47℃。

15.2　氮族元素单质
(Elements of the Nitrogen Group)

15.2.1　氮

常温常压下，单质氮为无色无臭气体，密度1.25 $g \cdot dm^{-3}$，在水中溶解度很小，1体积水中大约只溶解0.02体积的氮气。标准大气压下沸点−195.79℃，凝固点−210.01℃。

根据分子轨道理论，N_2的分子轨道表达式为$KK(\sigma_{2s})^2(\sigma_{2s}^*)^2(\pi_{2p_y})^2(\pi_{2p_z})^2(\sigma_{2p_x})^2$。在氮分

子中由 $(\sigma_{2s})^2(\pi_{2p_y})^2(\pi_{2p_z})^2$ 组成了三重键，键级为 3，分解需要吸收 945 kJ · mol^{-1} 能量，故氮气分子稳定性极高，在 3000℃解离率仅为 0.1%，是已知双原子分子中较稳定的分子，可用作保护性气体。氮的化学活性主要在高温下表现出来。

氮气化学性质主要体现在与非金属、金属反应以及作为配体形成金属配合物。

1) 与非金属反应

在高温、高压并有催化剂存在的条件下，氮气可与氢气反应生成氨气；在放电条件下，氮气可与氧气化合生成一氧化氮。

$$N_2(g) + 3H_2(g) \xrightarrow[\text{催化剂}]{\text{高温高压}} 2NH_3(g)$$

$$N_2(g) + O_2(g) \xlongequal{\text{放电}} 2NO(g)$$

2) 与金属反应

氮气能与碱金属 Li 和碱土金属 Mg、Ba 及 Al、Ti 反应生成离子型氮化物：

$$6Li(s) + N_2(g) \xlongequal{\triangle} 2Li_3N(s)$$

$$3Ca(s) + N_2(g) \xlongequal{\triangle} Ca_3N_2(s)$$

氮化物*

氮化物分为盐型氮化物、共价氮化物和填隙式氮化物。盐型氮化物如 Li_3N、Ca_3N_2 等，可认为是含 N^{3-} 的化合物，由于 N^{3-}电荷数较高，极化力较强，所以化学键中具有一定的共价性。共价氮化物中 E—N 是共价键，如 BN、$(CN)_2$、P_3N_5；填隙式氮化物一般由 N 与 d 区元素形成，以 N 原子填充在金属晶格的空位，它们显示出硬度高、有金属光泽和导电性及化学惰性。此外，N^{3-}负电荷高，可作为 σ 给予体和 π 给予体与 d 区过渡金属进行配位形成配合物，键通常表示为 M≡N，键长较短，如 $[Os(N)O_3]^-$、$[Mo(N)Cl_4]^-$。

3) 作为配体形成金属配合物

N_2 上有孤对电子，可与过渡金属离子配位，同时利用 N_2 自身的空轨道 $(\pi^*_{2p_y}\pi^*_{2p_z})$ 接受过渡金属离子反馈回来的 d 电子对，形成 d-p 反馈 π 键。d-p 反馈 π 键一方面降低了中心离子的电荷密度，加强了 M—N 之间的配位键；另一方面削弱了 N≡N 间的化学键，使 N_2 的键级下降，氮分子被活化，更易参与化学反应。这使空气中的氮有可能较容易地转化为可利用的氮化合物。例如，制备钼和钌等过渡金属的 N_2 配合物，这个过程称为"仿生固氮"。第一个 N_2 配合物 $([Ru(NH_3)_5(N_2)]^{2+})$ 于 1965 年制得。此类配合物中的 N_2 既可以是单齿配体，只与一个金属中心配位，也可以是桥连配体，与两个(或多个)金属中心配位。

氮气的工业制备采用空气分馏法。工业氮气都用黑色钢瓶装。

空气分馏法制备氮气*

空气分馏法主要有深冷空气分馏法、分子筛空气分馏法。深冷空气分馏法是将过滤后的空气加压降温，使之液化，再进入精馏塔精馏，利用 N_2、O_2 沸点差异将二者分开，此时获得的氮气中含有少量的水和氧气，可通过烧红的铜网和五氧化二磷分别除去，而产出纯度可达 99.999%的氮气。分子筛空气分馏法基本原理是由于 N_2、O_2 在分子筛吸附剂微孔内因色散力的差别而造成扩散速率不同，当空气经过分子筛时，直径较小的氧气以较快的速度向微孔内扩散，并优先被分子筛所吸附，剩下直径较大的氮分子。

实验室中采用加热分解亚硝酸铵来制取少量氮气。由氮族元素的 $\Delta_r G_m^\ominus / F\text{-}Z$ 图(图 15.1)

可见，N_2 位于 NH_4^+ 和 NO_2^- 连线的谷底，逆歧化反应自发进行。由于反应一旦发生就非常激烈，很难控制，因此常用饱和的亚硝酸钠和氯化铵溶液加热制取氮气：

$$NH_4Cl(aq) + NaNO_2(aq) \xlongequal{\triangle} NaCl(aq) + 2H_2O(l) + N_2(g)$$

这样制取的氮气中含有少量的氮氧化物。

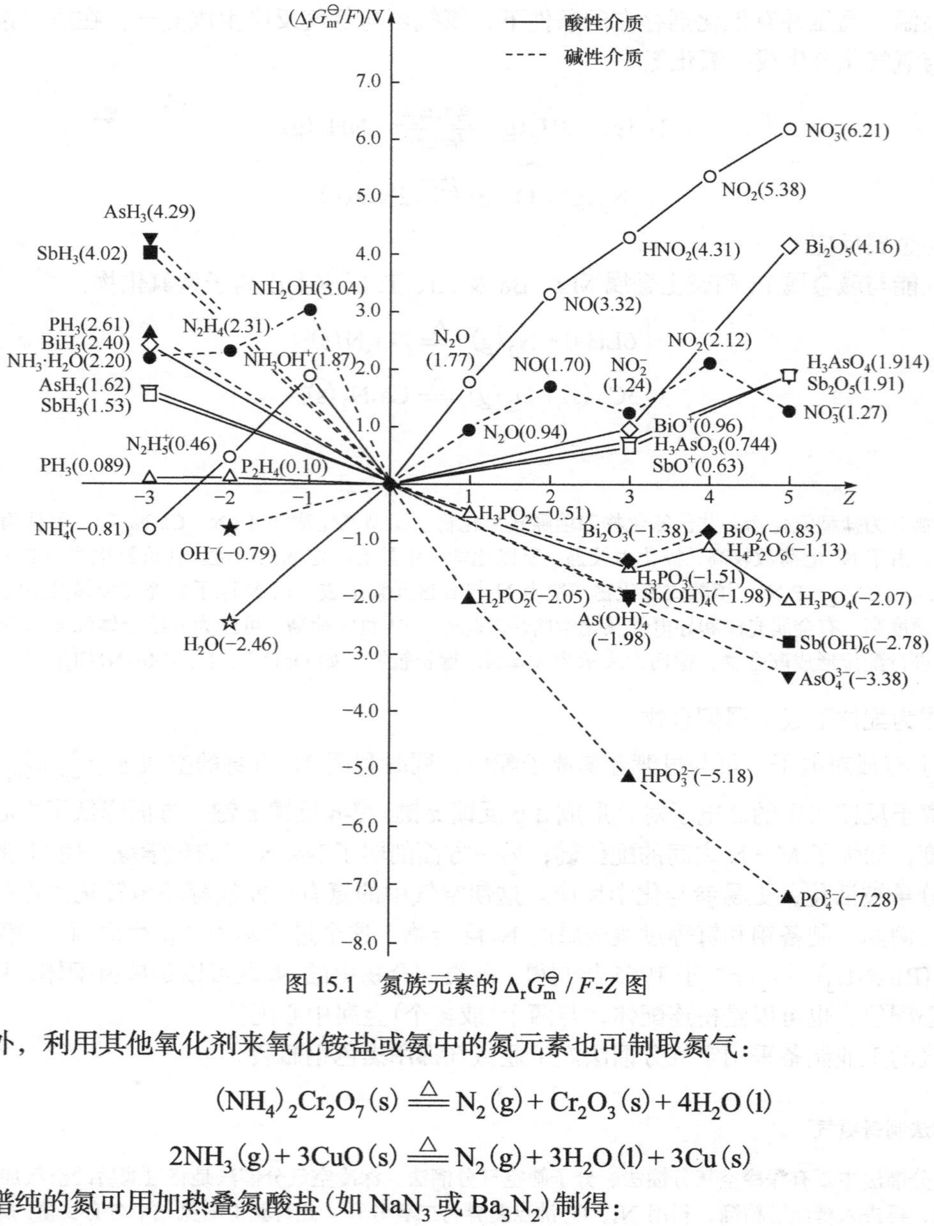

图 15.1　氮族元素的 $\Delta_r G_m^\ominus / F$-Z 图

此外，利用其他氧化剂来氧化铵盐或氨中的氮元素也可制取氮气：

$$(NH_4)_2Cr_2O_7(s) \xlongequal{\triangle} N_2(g) + Cr_2O_3(s) + 4H_2O(l)$$

$$2NH_3(g) + 3CuO(s) \xlongequal{\triangle} N_2(g) + 3H_2O(l) + 3Cu(s)$$

光谱纯的氮可用加热叠氮酸盐（如 NaN_3 或 Ba_3N_2）制得：

$$2NaN_3(s) \xlongequal{\triangle} 2Na(s) + 3N_2(g)$$

氮气的用途*

氮气广泛存在于自然界，与人类社会、国民经济关系十分密切。由于在常温下的化学惰性，在科学实验和工业生产上氮气常被用作保护气体，以防止易氧化的物质在空气中被氧化。由于蛀虫、细菌在氮气中无法生存，因此可用充满氮气的容器保存贵重而罕见的书卷、画卷，甚至用氮气保护粮食。在医学上，氮气被压缩到肺结核患者的胸腔里，医治肺结核病(称为人工气胸术)。液氮可以提供 77 K 的温度，常作制冷剂。医学上一些皮肤病可采用液氮喷雾法治疗，尤其对治疗雀斑病更为有效。在化工领域氮气主要用于合成氨，以氨为原料可以制造硝酸、化肥和炸药等。

15.2.2　磷

磷在自然界有多种同素异形体，其中最重要的是白磷、红磷和黑磷，其结构如图 15.2 所示。

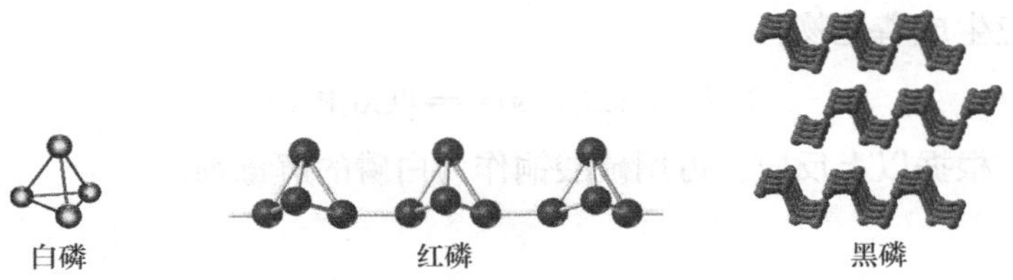

图 15.2　白磷、红磷、黑磷的结构示意图

纯白磷是无色而透明的晶体，因表面易氧化成黄色的氧化物或因混有少量红磷而呈黄色，所以也称为黄磷。晶体状白磷是由单个 P_4 分子通过分子间力堆积而成的分子晶体，属于立方晶系，故熔点、沸点较低。在非极性溶剂(如二硫化碳、苯、乙醚等)中溶解。P_4 分子是四面体构型，P—P 键键长是 220 pm，键角∠PPP 是 60°。理论研究认为，P—P 键是 98% 3p 轨道形成的键(3s 和 3d 仅占很少成分)，纯 p 轨道间的夹角应为 90°，而实际仅为 60°，因此 P_4 分子中 P—P 键是受了很大应力而弯曲的键。其键能比正常无应力时的 P—P 键要弱，易于断裂，所以白磷在常温下就有很高的化学活性，易转化为更稳定的红磷，在空气中易自燃。

红磷的结构可以看成是白磷的四面体结构 P_4 分子断裂开一个键与相邻的分子连接起来形成的长链状聚合分子。白磷暴露在阳光下或在 250℃下密闭加热数小时，转化为红磷，转化过程中有热量放出。红磷较稳定，室温下不与氧气反应。新鲜制备的红磷具有高反应性，可在约 300℃时点燃。

黑磷为有金属光泽的黑色晶体，具有类似石墨的片状结构，这类晶体的本质特征是兼有共价键、离域键和分子间作用力(范德华力)。黑磷具有导电性。在约 12000 atm(1 atm = 101325 Pa)高压和较高温度下加热白磷或以汞作催化剂并加入少量黑磷作晶种，在 220～370℃下长时间加热白磷可得到黑磷。黑磷是磷的同素异形体中反应活性最弱的，在 550℃以下呈热力学稳定形式。

白磷化学性质较活泼，它在空气中易被氧化：

$$P_4(s) + 3O_2(g) = P_4O_6(s)$$

$$P_4(s) + 5O_2(g) = P_4O_{10}(s)$$

白磷的蒸气与空气中的氧气反应发出可见光的现象称为磷光现象。

白磷与卤素单质能剧烈反应，生成三卤化物或五卤化物。例如

$$P_4(s) + 6Cl_2(g) = 4PCl_3(l)$$

$$P_4(s) + 10Cl_2(g) = 4PCl_5(s)$$

由 $\Delta_r G_m^{\ominus} / F\text{-}Z$ 图(图 15.1)可以看出，白磷单质不稳定，遇水自发歧化分解，但此反应进

行得很缓慢，因此可在水中保存白磷。

$$P_4(s) + 6H_2O(l) === PH_3(g) + 3H_3PO_2(aq)$$

在热碱性条件下，白磷的歧化反应更易进行：

$$P_4(s) + 3NaOH(aq) + 3H_2O(l) === 3NaH_2PO_2(aq) + PH_3(g)$$

白磷具有强的还原性[$E^{\ominus}(H_3PO_4 / P) = -0.41\ V$]，能与具有氧化性的金属离子反应，将其还原为单质：

$$P_4(s) + 10CuSO_4(aq) + 16H_2O(l) === 10Cu(s) + 4H_3PO_4(aq) + 10H_2SO_4(aq)$$

还可继续与铜反应生成磷化物：

$$P_4(s) + 12Cu(s) === 4Cu_3P(s)$$

白磷有剧毒，根据以上反应，可用硫酸铜作为白磷的解毒剂。

磷化物*

在惰性气氛下，红磷与单质直接化合生成金属磷化物 M_nP_m。磷化物组成多样，化学式在 M_4P 到 MP_{15} 之间变化。分为富金属磷化物、一磷化物和富磷磷化物，分别对应于 M∶P 大于 1、等于 1 和小于 1 的磷化物。富金属磷化物通常不活泼、硬而脆、耐高温，与原来的金属类似，具有较高的导电性和导热性；一磷化物结构主要取决于二者半径相对大小，AlP 为闪锌矿结构、SnP 为岩盐结构、VP 为 NiAs 结构；富磷磷化物熔点较低，一般为半导体。

工业上广泛采用电炉还原法制磷。原理是将磷矿粉(主要成分是磷酸钙)和碳粉(多用焦炭或无烟煤)以及石英砂(主要成分是二氧化硅)按一定比例混匀后在电炉中升温至 1200～1500℃，利用碳在高温下的还原性使磷酸钙还原为白磷单质，高温下白磷以蒸气形式逸出，同时生成一氧化碳和硅酸钙类物质；再经过静电除尘，将白磷蒸气通入冷水使白磷在水下析出并收集。电炉还原法中白磷的产率约为 92%，制得的白磷纯度较高。反应方程式为

$$2Ca_3(PO_4)_2(s) + 6SiO_2(s) + 10C(s) === 6CaSiO_3(s) + P_4(s) + 10CO(g)$$

15.2.3 砷、锑、铋

砷主要有灰砷、黄砷和黑砷三种同素异形体，灰砷最为常见。灰砷具有层状结构，各层之间作用力较弱，所以灰砷脆，莫氏硬度为 3.5。晶体灰砷是一种半金属，具有金属光泽，传热导电，易被捣成粉末；密度 5.727 $g \cdot cm^{-3}$，熔点 817℃(28 × 10^5 Pa)，加热到 613℃，不经液态，直接升华，砷蒸气具有一股难闻的大蒜臭味。黄砷是由独立的正四面体形的 As_4 分子通过范德华力构成的分子晶体，不稳定，光照下转化为灰砷。黄砷易挥发，密度小，毒性大。固体黄砷通过快速冷却砷蒸气获得。黑砷在结构上与黑磷相似，呈玻璃状，易碎。通过 100～220℃冷却砷蒸气或在汞蒸气存在条件下，由无定形砷晶化得到黑砷。

单质砷化学性质相当活泼，在空气中加热至约 200℃时，有荧光出现，于 400℃时，以一种带蓝色的火焰燃烧，并形成白色的氧化砷烟。砷易与氟和氮化合，在加热时也与大多数金属和非金属发生反应。砷不溶于水，溶于硝酸和王水，也溶解于强碱，生成砷酸盐。砷单质由雄黄(As_4S_4)和雌黄(As_2S_3)被 Zn、C 等在加热条件下还原得到。中国是砷生产第一大国，其次是智利、摩洛哥。

锑有两种同素异形体：黄锑和灰锑。黄锑是由独立的正四面体形的 Sb_4 分子通过范德华力

构成的分子晶体，仅在零下 90℃以下稳定；灰锑是锑的稳定形式，银白色有光泽硬而脆的金属，密度 6.68 g · cm^{-3}，熔点 630℃，沸点 1635℃。灰锑化学性质不是很活泼，它在室温下不会被空气氧化，在潮湿空气中逐渐失去光泽，强热则燃烧，生成白色的 Sb_2O_3；能与氟、氯、溴化合，加热时与碘和其他非金属物质化合。锑在赤热时与水反应放出氢气；易溶于热硝酸，形成水合的氧化锑；能与热硫酸反应，生成硫酸锑；溶于浓硫酸和王水。锑在地壳中主要以硫化物辉锑矿形式存在。通常先将辉锑矿焙烧后，转化成氧化物，再用碳还原，获得金属锑：

$$2Sb_2S_3(s) + 9O_2(g) = 2Sb_2O_3(s) + 6SO_2(g)$$

$$Sb_2O_3(s) + 3C(s) = 2Sb(s) + 3CO(g)$$

或者用铁还原：

$$Sb_2S_3(s) + 3Fe(s) = 2Sb(s) + 3FeS(s)$$

铋为银白色或微红色金属，有金属光泽，质脆易粉碎；导电导热性差；具有强逆磁性，由液态转变为固态后体积增大；熔点 271.3℃，沸点 1560℃。铋可用来制备低熔点合金，用于自动关闭器或活字合金中。室温下，铋不与氧气或水反应，在空气中稳定，加热到熔点以上才可燃烧，发出淡蓝色的火焰，生成 Bi_2O_3。铋在红热时也可与硫、卤素化合。铋不溶于水，不溶于非氧化性的酸(如盐酸)；即使浓硫酸和浓盐酸，也只是在共热时才稍有反应，但能溶于王水和浓硝酸。以前铋被认为是质量最大的稳定元素，但在 2003 年，研究者发现铋呈微弱的放射性，^{209}Bi 可经α-衰变变为 ^{205}Tl。^{209}Bi 半衰期为 1.9×10^{19} 年左右，达到宇宙寿命的 10 亿倍。自此以后，铅被认为是质量最大的稳定元素。

砷化物、锑化物、铋化物*

可由金属与砷、锑、铋化合而成。重要的化合物有 Ga 和 In 的砷化物、锑化物，它们呈现半导体性质，称为Ⅲ-Ⅴ族半导体，在集成电路、发光二极管、激光二极管中有重要的应用。GaAs 能带间隙类似硅，但电子迁移率更高，GaAs 集成电路通常用于移动电话、卫星通信等。

15.3　氮族元素氢化物
(Hydrides of the Nitrogen Group Elements)

氮族元素的主要氢化物有 NH_3(氨)、PH_3(膦，磷化氢)、AsH_3(胂，砷化氢，arsine)、SbH_3(䏲，锑化氢，stibine)、BiH_3(铋、铋化氢，bismuthine)，其结构如表 15.2 所示。根据键角判断中心原子 N 是 sp^3 杂化，而 P、As、Sb 接近纯 p 轨道成键。中心原子上都有一对孤对电子，是路易斯碱，碱性 $NH_3 > PH_3 > AsH_3 > SbH_3$。从 $\Delta_r G_m^{\ominus} / F$-$Z$ 图(图 15.1)可以看出，NH_3、PH_3、AsH_3、SbH_3 的还原性越来越显著。

表 15.2　氮族元素的主要氢化物结构与性质

结构与性质	氢化物				
	NH_3	PH_3	AsH_3	SbH_3	BiH_3
结构	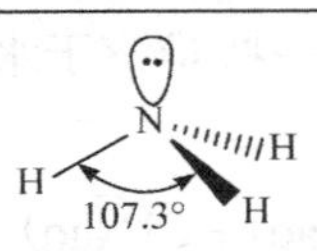	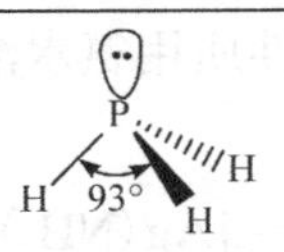	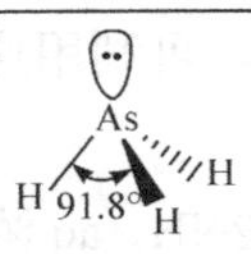	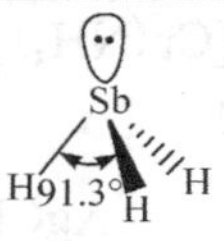	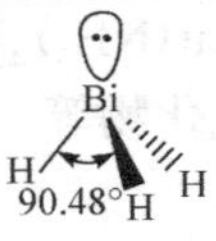

续表

结构与性质	氢化物				
	NH_3	PH_3	AsH_3	SbH_3	BiH_3
H—M—H 键角/(°)	107.3	93	91.8	91.3	90.48
M—H 键键长/pm	101.5	142	152	171	
常温、常压下状态	气态	气态	气态	气态	气态
熔点/℃	−77.74	−133.8	−116.9	−88	
沸点/℃	−33.42	−89.72	−62.9	−18.4	
路易斯碱性	$NH_3 > PH_3 > AsH_3 > SbH_3$				

15.3.1　氨及其衍生物

1. 氨

氨(ammonia)的分子结构特点和分子中 N 的氧化数决定了它的许多性质。氨分子中，氮原子作 sp^3 不等性杂化，孤对电子占用 s 成分较大的杂化轨道，因此氨分子有相当大的极性，分子电偶极矩为 4.90×10^{-30} C · m，也使得 NH_3 具有较强的配位能力。

氨在常温、常压下是具有刺激性气味的无色气体。由于分子间形成氢键，NH_3 的熔点、沸点都反常地高于本族元素的其他氢化物。氨极易溶于水，是在水中的溶解度最大的气体之一，在 0℃时 1 体积水能溶解 1176 体积氨，20℃时 1 体积水能溶解 775 体积氨。氨溶于水形成氨水。

氨易液化形成液氨，液氨虽与水类似，发生自偶电离，但−33℃电离平衡常数仅为 10^{-30}，所以液氨是电的不良导体：

$$2NH_3(l) \rightleftharpoons NH_4^+(l) + NH_2^-(l) \qquad K^\ominus = 10^{-30}(-33℃)$$

由于氨分子极性比水小，形成氢键的能力比水差，液氨作为有机物的溶剂比水好。液氨是一种很好的非水极性溶剂，能溶解许多无机盐。液氨能溶解碱金属：其导电能力极强，类似于金属；碱金属液氨溶液都呈深蓝色，与碱金属种类无关，一般认为是由于生成了氨合电子。例如，钠的液氨溶液：

$$Na = Na^+ + e^-$$

$$e^- + nNH_3(l) = [e \cdot nNH_3(l)]^-$$

很浓的碱金属液氨溶液是强还原剂，可与溶于液氨的某些物质发生氧化还原反应。例如，将碱金属的液氨溶液蒸干，就得到原来的碱金属；将溶液放置会缓慢分解，放出氢气，同时蓝色慢慢褪去。

氨在一般情况下化学性质较稳定，能发生的化学反应类型主要有配位反应、氧化反应、取代反应和氨解反应。

氨分子中的孤对电子易与其他分子或离子形成配位键，得到配合物，如$[Ag(NH_3)_2]^+$、$[Cu(NH_3)_4]^{2+}$、$[Cr(NH_3)_6]^{3+}$等。可利用这一性质用氨水溶解一些难溶于水的过渡金属盐或氢氧化物等。例如

$$AgCl(s) + 2NH_3(aq,浓) = [Ag(NH_3)_2]^+(aq) + Cl^-(aq)$$

$$Cu(OH)_2(s) + 4NH_3(aq,浓) = [Cu(NH_3)_4]^{2+}(aq) + 2OH^-(aq)$$

氨是路易斯碱，与有空轨道的化合物(路易斯酸)，形成酸碱合物。例如，氨与三氟化硼反应：

$$NH_3(g) + BF_3(g) = H_3N \cdot BF_3(s)$$

氨分子或铵根离子中氮原子氧化数为−3，故氨具有还原性，可与氧化剂发生氧化反应，转化为 N_2、NO 等。例如，氨气可在氧气中燃烧；氯和溴也可在气态或液态时将氨氧化；高温下，氨的还原性更强，可与氧化铜反应；在铂作催化剂的条件下，氨可被氧气氧化成一氧化氮。

$$4NH_3(g) + 3O_2(g) = 2N_2(g) + 6H_2O(l)$$

$$2NH_3(g) + 3Cl_2(g) = N_2(g) + 6HCl(g)$$

$$2NH_3(g) + 3Br_2(l) = N_2(g) + 6HBr(g)$$

$$2NH_3(g) + 3CuO(s) \xlongequal{\triangle} 4N_2(g) + 3Cu(s) + 3H_2O(g)$$

$$4NH_3(g) + 5O_2(g) \xlongequal{Pt} 4NO(g) + 6H_2O(l)$$

氨分子中的氢原子可被依次取代，生成相应的取代产物，称为氨的取代反应。如前面介绍的金属钠在液氨中缓慢放出氢气的反应即可看成是钠取代了氨分子中的一个氢原子生成了氨基钠。两个氢原子被取代的产物称为亚氨基化物，三个氢原子被取代的产物则为氮化物：

$$3Mg(s) + 2NH_3(g) = Mg_3N_2(s) + 3H_2(g)$$

氨有与水解类似的反应，称为氨解。氨解反应的实质是氨解离出的 NH_4^+ 与某化合物中带负电的基团结合，而 NH_2^- 与带正电的基团结合。例如

$$4NH_3 + COCl_2 = 2NH_4Cl + CO(NH_2)_2$$

$$4NH_3 + SOCl_2 = 2NH_4Cl + SO(NH_2)_2$$

$$2NH_3 + HgCl_2 = Hg(NH_2)Cl(s) + NH_4Cl$$

工业上在 450℃和 100 atm、铁为催化剂的条件下使氢气与氮气化合制备氨气：

$$N_2(g) + 3H_2(g) \xlongequal[催化剂]{高温高压} 2NH_3(g)$$

在实验室中则利用非氧化性酸的铵盐与强碱的反应来制备氨气：

$$NH_4Cl(aq) + NaOH(aq) \xlongequal{\triangle} NaCl(aq) + NH_3(g) + H_2O(l)$$

氨是极其重要的化工原料，也是重要的化肥。由氨制成的 $(NH_4)_2SO_4$(工业中简称硫铵)、NH_4HCO_3(工业中简称碳铵)、NH_4Cl 及尿素都是常用的化肥。工业用氨一般是使用高压液化钢瓶储存。

2. 铵盐

氨与酸反应能生成对应的铵盐。

NH_4^+ 与 K^+ 电荷相同、半径相近，往往与钾盐同晶，且有相似的颜色和晶型，都是离子型化合物、易溶于水，是强电解质。在化合物的分类中，常将铵盐和碱金属盐列在一起。

铵盐的热稳定性较差，加热会分解成相应的酸和氨气，如果酸根具有氧化性，还会发生

氧化还原反应：

$$NH_4HCO_3(s) \xlongequal{\triangle} NH_3(g) + CO_2(g) + H_2O(g)$$

$$2NH_4NO_3(s) \xlongequal{\triangle} 2N_2(g) + O_2(g) + 4H_2O(l)$$

3. 氨的衍生物

1）联氨

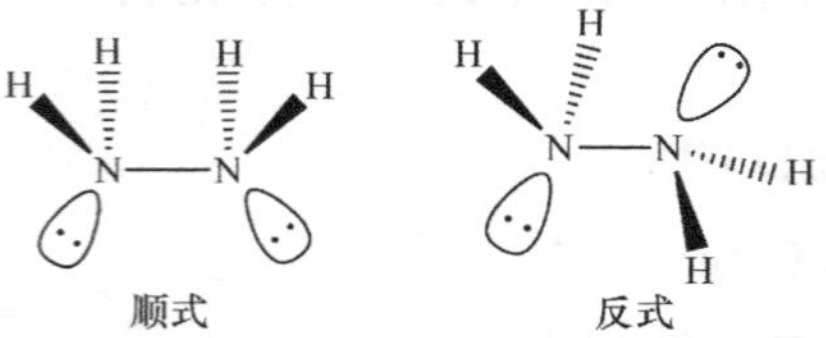

图 15.3　联氨分子异构体的示意图

联氨（hydrazine，N_2H_4），又称为“肼”，可看成是氨分子中的一个氢原子被氨基（—NH_2）取代的产物，有顺式、反式两种异构体，分子结构如图 15.3 所示。

联氨为无色液体，熔点为 1.4℃，沸点为 114℃。联氨是极性分子，可与水以任意比例互溶。在水溶液中，联氨是二元弱碱，其碱性比氨弱：

$$N_2H_4(aq) + H_2O(l) \rightleftharpoons N_2H_5^+(aq) + OH^-(aq) \qquad K_{b1}^{\ominus} = 8.5 \times 10^{-7}$$

$$N_2H_5^+(aq) + H_2O(l) \rightleftharpoons N_2H_6^+(aq) + OH^-(aq) \qquad K_{b2}^{\ominus} = 8.9 \times 10^{-15}$$

由 $\Delta_r G_m^{\ominus} / F\text{-}Z$ 图（图 15.1）可知，联氨分子热力学上不稳定，易分解成氮气和氢气，在催化剂存在的条件下分解更为迅速。若用镍作催化剂，分解产物则变为氮气和氨气。

联氨分子中的氮为不等性 sp^3 杂化，每个氮上有一对孤对电子，具有较弱的配位能力，能与过渡金属形成配合物，如$[Pt(NH_3)_2(N_2H_4)_2]Cl_2$、$[Co(N_2H_4)_6]Cl_3$ 等。在配位时，联氨分子既可以用一个氮原子配位作为单齿配体，也可以用两个氮原子分别与两个或两个以上的金属离子配位作为桥连配体。

根据 $\Delta_r G_m^{\ominus} / F\text{-}Z$ 图（图 15.1），联氨在酸性溶液中具有一定的氧化性，在碱性溶液中具有较强的还原性；但联氨作为氧化剂的反应速率都很小，因此联氨通常用作还原剂：

$$N_2H_4(l) + 2I_2(s) = 4HI(aq) + N_2(g)$$

$$N_2H_4(l) + 4AgBr(s) = 4Ag(s) + N_2(g) + 4HBr(aq)$$

联氨与氧气或过氧化氢反应能放出大量的热，是高能燃料，可用作火箭的推进剂：

$$N_2H_4(l) + O_2(g) = N_2(g) + 2H_2O(g)$$

$$N_2H_4(l) + 2H_2O_2(l) = N_2(g) + 4H_2O(g)$$

2）羟胺

羟胺（hydroxy amine，NH_2OH），又称为“胲”，白色固体，不稳定，熔点为 32℃、沸点为 58℃。

以 Pt/C 为催化剂，在硫酸溶液中氢化一氧化氮分子可得到羟胺的硫酸盐：

$$2NO(g) + 3H_2(g) + H_2SO_4(aq) = (NH_2OH)_2 \cdot H_2SO_4(s)$$

羟胺分子可看作是氨分子中的一个氢原子被羟基取代的产物，分子结构如图 15.4 所示。其中氮原子为 sp^3 不等性杂化，具有一对孤对电子，氧化数为−1，但配位能力和碱性均比联氨弱。

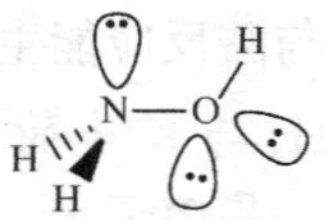

图 15.4　羟胺的分子结构示意图

羟胺是比 NH_3 还弱的一元弱碱：

$$NH_2OH(aq) + H_2O(l) \xlongequal{\quad} NH_3OH^+(aq) + OH^-(aq) \qquad K_b^{\ominus} = 5.6 \times 10^{-9}$$

根据 $\Delta_r G_m^{\ominus} / F\text{-}Z$ 图(图 15.1)，羟胺不稳定，易分解。其水溶液和盐相对较稳定。

羟胺的标准电极电势表明，无论在酸性或碱性溶液中，它既有氧化性又有还原性。但由于其氧化反应速率小，因此更常用作还原剂，在碱性溶液中还原性很强。例如

$$2AgBr(s) + 2NH_2OH(aq) \xlongequal{\quad} 2Ag(s) + 2HBr(aq) + 2H_2O(l) + N_2(g)$$

$$HNO_2(aq) + NH_2OH(aq) \xlongequal{\quad} N_2O(g) + 2H_2O(l)$$

羟胺和联氨还原能力强且产物易脱离体系，不给反应体系引入杂质，是一类优良的还原剂，但价格较贵。

3) 叠氮酸

叠氮酸(hydrazoic acid，HN_3)是一种无色液体，有剧毒且易爆炸，熔点为−80℃、沸点为 36℃，易溶于水。

用亚硝酸氧化联氨，得到叠氮酸：

$$N_2H_4(l) + HNO_2(aq) \xlongequal{\quad} HN_3(l) + 2H_2O(l)$$

在高温下将硝酸钠与熔融的氨基钠反应制得叠氮化钠，酸化后得到叠氮酸：

$$NaNO_3(s) + 3NaNH_2(s) \xlongequal{\quad} NaN_3(s) + 3NaOH(s) + NH_3(g)$$

$$NaN_3(s) + H_2SO_4(aq,浓) \xlongequal{\quad} NaHSO_4(aq) + HN_3(l)$$

叠氮酸根离子的结构见图 15.5。叠氮酸根离子(N_3^-)与 CO_2 互为等电子体，中心氮原子作 sp 杂化，三个氮原子处于同一直线上，存在两个 Π_3^4 键。

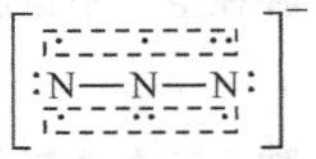

图 15.5　叠氮酸根离子的结构示意图

叠氮酸在水溶液中微弱电离，酸性与乙酸类似：

$$HN_3(aq) \rightleftharpoons H^+(aq) + N_3^-(aq) \qquad K_a^{\ominus} = 2.5 \times 10^{-5}$$

叠氮酸本身不稳定，受热爆炸分解：

$$2HN_3(l) \xlongequal{\quad} H_2(g) + 3N_2(g)$$

碱金属的叠氮酸盐相对较稳定，而重金属的叠氮酸盐受热或撞击都会发生爆炸，可用作引爆剂。

$$Pb(N_3)_2(s) \xlongequal{\quad} Pb(s) + 3N_2(g)$$

$$2AgN_3(s) \xlongequal{\quad} 2Ag(s) + 3N_2(g)$$

15.3.2　磷化氢和联磷

磷能形成系列氢化物，其中最重要的是磷化氢(phosphine) PH_3 和联磷 P_2H_4。

磷化氢是无色、有大蒜气味的剧毒气体，可少量溶于水，1 体积水可溶解 0.26 体积的磷化氢。PH_3 极性比 NH_3 弱得多，在水中的碱性极弱，解离常数约为 10^{-28}。

标准电极电势表明，磷化氢具有较强的还原性，可将某些金属从其盐中还原出来，如磷化氢与硫酸铜的反应：

$$PH_3(g) + 8CuSO_4(aq) + 4H_2O(l) \xlongequal{\quad} H_3PO_4(aq) + 4H_2SO_4(aq) + 4Cu_2SO_4(aq)$$

磷化氢过量时还可继续还原铜离子为更低价态的产物：

$$PH_3(g) + 4CuSO_4(aq) + 4H_2O(l) \xlongequal{\quad} H_3PO_4(aq) + 4H_2SO_4(aq) + 4Cu(s)$$

$$11PH_3(g) + 24CuSO_4(aq) + 12H_2O(l) = 24H_2SO_4(aq) + 8Cu_3P(s) + 3H_3PO_4(aq)$$

磷化氢可在空气中燃烧：

$$PH_3(g) + 2O_2(g) = H_3PO_4(l)$$

PH_3 或 PR_3(R 为烃基)不仅是电子对的给予体，P 原子空 d 轨道还可以接受过渡金属反馈的电子，形成 d-d π 配键，所以 PH_3 或 PR_3 配位能力比 NH_3 强得多，形成的配合物也更稳定，如 $Cu(PH_3)_2Cl$、$AlCl_3(PH_3)_2$ 等。另一方面，由于 H^+ 没有电子反馈给 P 原子空 d 轨道，且 P 原子半径大，所以 PH_3 与 H^+ 结合能力比 NH_3 弱。只在与强酸作用时形成 PH_4X。PH_4I 在水溶液中不稳定，立即分解成磷化氢和氢碘酸。

联磷 P_2H_4 的还原性要强于磷化氢，在空气中可自燃。

磷化氢可通过白磷与氢气直接化合制备：

$$P_4(s) + 6H_2(g) = 4PH_3(g)$$

利用磷化物的水解反应也可制备磷化氢：

$$Ca_3P_2(s) + 6H_2O(l) = 3Ca(OH)_2(aq) + 2PH_3(g)$$

15.3.3 砷化氢、锑化氢和铋化氢*

砷化氢 AsH_3(胂)、锑化氢 SbH_3(䏲)、铋化氢 BiH_3(铋)都是无色有恶臭的有毒气体，它们的重要性质是还原性和热不稳定性。

由于胂、䏲有还原性，一些氧化剂如 $KMnO_4$、$K_2Cr_2O_7$、H_2SO_4 及氧化性不强的 H_2SO_3 都能与胂、䏲反应。胂在空气中自燃，被氧气氧化为 As_2O_3：

$$2AsH_3(g) + 3O_2(g) = As_2O_3(s) + 3H_2O(l)$$

胂、䏲在缺氧条件下受热分解：

$$2AsH_3(g) \xlongequal{\triangle} 2As(s) + 3H_2(g)$$

$$2SbH_3(g) \xlongequal{\triangle} 2Sb(s) + 3H_2(g)$$

法医常用马氏试砷法来证明是否为砒霜(As_2O_3)中毒，检出限为 1×10^{-4} mg。其原理是用锌等活泼金属在酸性溶液(盐酸、硫酸)还原 As_2O_3 为 AsH_3，生成的 AsH_3 气体通过热玻璃管，如果试样中有砷的化合物存在，由于 AsH_3 的热不稳定性，分解出来的 As 在玻璃管上聚集形成亮黑色的砷镜。锑化氢也能形成亮黑色的“锑镜”，但是砷镜可以溶于 NaClO 溶液中，“锑镜”不溶。有关反应为

$$As_2O_3(s) + 6Zn(s) + 6H_2SO_4(aq) = 2AsH_3(g) + 6ZnSO_4(aq) + 3H_2O(l)$$

$$5NaClO(aq) + 2As(s) + 3H_2O(l) = 2H_3AsO_4(aq) + 5NaCl(aq)$$

除用活泼金属还原砷的化合物制备 AsH_3 外，由砷化物水解也可以制备胂：

$$Na_3As(s) + 3H_2O(l) = AsH_3(g) + 3NaOH(aq)$$

15.4 氮族元素的氧化物、含氧酸及其盐 (Oxides, Oxyacids and Oxysalts of the Nitrogen Group Elements)

15.4.1 氮的氧化物

常见氮的氧化物的分子结构和性质列于表 15.3。

表 15.3　常见氮的氧化物的结构和性质

结构和性质	化学式		
	N_2O	NO	N_2O_3
分子结构	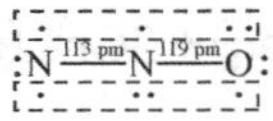	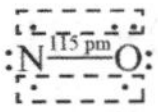	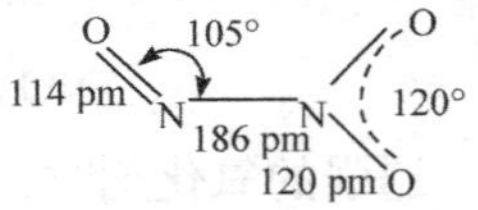
离域 π 键	2 个 Π_3^4	Π_2^3	Π_3^4
熔点/℃	−90.81	−163.64	−100.7
沸点/℃	−88.46	−151.76	2
氮的氧化数	+1	+2	+3
常温常压下的状态	无色气体	无色气体	蓝色固(液)体
结构和性质	**化学式**		
	NO_2	N_2O_4	N_2O_5
分子结构	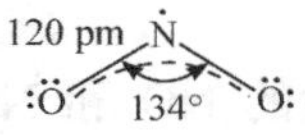	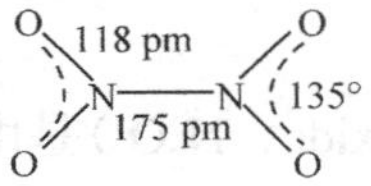	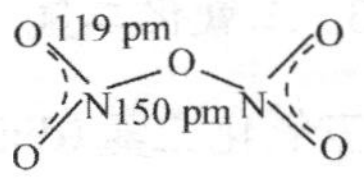
离域 π 键	Π_3^4	2 个 Π_3^4	2 个 Π_3^4
熔点/℃	11.2	−9.3	30(分解)
沸点/℃		21.15(分解)	47
氮的氧化数	+4	+4	+5
常温常压下的状态	黄棕色气体	无色气体	无色固体

1. 一氧化二氮

一氧化二氮(nitrous oxide，N_2O)微有好闻的气味，有毒，人吸入 N_2O 气体后，面部受麻醉而呈现笑状，故一氧化二氮也称为笑气，曾作为牙科的麻醉剂使用。

N_2O 与叠氮阴离子 N_3^- 是等电子体，分子结构相同，为直线形。

N_2O 为极性分子，可溶于水，1 dm^3 水溶解 0.5 dm^3 的气体。

加热分解硝酸铵可制备一氧化二氮气体：

$$NH_4NO_3(s) \xlongequal{\triangle} N_2O(g) + 2H_2O(l)$$

由 N_2O 的 $\Delta_f G_m^\ominus > 0\ J \cdot mol^{-1}$ 可知其不稳定，是 N_2 分子的氧化物，由于 N_2 是非常好的离去基团，因此 N_2O 的大部分反应都会放出 N_2。N_2O 热分解放出氮气和氧气，因此可助燃。

2. 一氧化氮

一氧化氮(nitric oxide，NO)为中性氧化物，在水中溶解度很小。NO 分子轨道电子排布式为 $(1\sigma)^2(2\sigma)^2(3\sigma)^2(4\sigma)^2(1\pi)^4(5\sigma)^2(2\pi)^1$，键级为 2.5，因为有单电子，故分子具有顺磁性，低温下可双聚成 N_2O_2 分子。

一氧化氮中氮原子上有孤对电子，与金属离子生成配合物。例如

$$Fe^{2+}(aq) + NO(g) \xlongequal{\quad} [Fe(NO)]^{2+}(aq)$$

根据$\Delta_r G_m^{\ominus} / F\text{-}Z$图（图 15.1）判断，一氧化氮既具有氧化性，又具有还原性。遇强的还原剂时，NO 被还原。例如

$$2NO(g) + SO_2(g) + H_2O(l) = SO_4^{2-}(aq) + N_2O(g) + 2H^+(aq)$$

$$NO(g) + 3Cr^{2+}(aq) + 3H^+(aq) = NH_2OH(aq) + 3Cr^{3+}(aq)$$

遇强的氧化剂时，NO 被氧化。例如

$$2NO(g) + O_2(g) = 2NO_2(g)$$

$$2NO(g) + Cl_2(g) = 2NOCl(g)$$

$$3MnO_4^-(aq) + 5NO(g) + 4H^+(aq) = 3Mn^{2+}(aq) + 5NO_3^-(aq) + 2H_2O(l)$$

在高压放电的条件下，氮气与氧气可直接反应生成一氧化氮气体。工业上则用氨的催化氧化反应来制备一氧化氮。在实验室中，可通过稀硝酸与铜的反应制备一氧化氮：

$$3Cu(s) + 8HNO_3(aq,稀) = 3Cu(NO_3)_2(aq) + 2NO(g) + 4H_2O(l)$$

3. 三氧化二氮

三氧化二氮（dinitrogen trioxide，N_2O_3）是由等物质的量的 NO 和 NO_2 低温下反应生成。N_2O_3 不稳定，温度稍高即发生分解。

$$NO(g) + NO_2(g) = N_2O_3(g)$$

4. 二氧化氮和四氧化二氮

二氧化氮（nitrogen dioxide，NO_2）是红棕色气体，有毒。在 NO_2 分子中氮原子为 sp^2 杂化，存在Π_3^4键，氮原子上还有一个单电子，反应活性很高。两个二氧化氮分子上的氮原子共用两个单电子后，聚合成无色的四氧化二氮（dinitrogen tetroxide，N_2O_4）气体，该反应是可逆反应，降低温度，平衡将向右移动：

$$2NO_2(g) \rightleftharpoons N_2O_4(g) \qquad \Delta_r H_m^{\ominus} = -57\ kJ \cdot mol^{-1}$$

一氧化氮与氧气反应生成二氧化氮，加热分解某些硝酸盐也可得到二氧化氮：

$$2NO(g) + O_2(g) = 2NO_2(g)$$

$$2Pb(NO_3)_2(s) \xlongequal{\triangle} 2PbO(s) + 4NO_2(g) + O_2(g)$$

根据$\Delta_r G_m^{\ominus} / F\text{-}Z$图（图 15.1）判断，$NO_2$ 在酸性条件下的氧化性较为显著，当遇强氧化剂时显还原性。例如

$$4NO_2(g) + H_2S(g) = 4NO(g) + SO_3(g) + H_2O(l)$$

$$2MnO_4^-(aq) + 10NO_2(g) + 2H_2O(l) = 2Mn^{2+}(aq) + 10NO_3^-(aq) + 4H^+(aq)$$

NO_2 处于峰点位置，在酸性或碱性条件下都会发生歧化反应：

$$2NO_2(g) + H_2O(l) = HNO_3(aq) + HNO_2(aq)$$

$$2NO_2(g) + 2NaOH(aq) = NaNO_3(aq) + NaNO_2(aq) + H_2O(l)$$

5. 五氧化二氮

五氧化二氮（dinitrogen pentoxide，N_2O_5）在气态时分子中存在两个Π_3^4键，作为桥的氧不

参与大 π 键的形成。固态时，N_2O_5 为离子型晶体 $NO_2^+NO_3^-$。

将硝酸脱水或者用强氧化剂将二氧化氮氧化都可制备五氧化二氮：

$$6HNO_3(aq)+P_2O_5(s) = 3N_2O_5(g)+2H_3PO_4(aq)$$

$$2NO_2(g)+O_3(g) = N_2O_5(g)+O_2(g)$$

氮的氧化物 NO_x 与酸雨*

氮的氧化物 NO_x 是一种大气污染物。氮氧化物中的 NO_2 主要是由 NO 经大气化学氧化而成，它是一种吸光物质，易发生光化学反应，是形成光化学烟雾的元凶。所谓光化学烟雾是由于大气受氧化氮及碳氢化合物污染，在光照条件下，发生光化学反应及其他复杂的热化学反应产生了二次污染物 NO_2、氧化剂及有机气溶胶等。历史上震惊世界的八大公害事件之一的 1944 年美国洛杉矶光化学烟雾事件持续了 4 天，造成 4000 余人死亡。NO_x 会引起酸雨(pH 小于 5.6 的雨)。

酸雨的形成涉及一系列复杂的物理、化学过程，包括污染物的远程输送过程、成云成雨过程以及在这些过程中发生的气相、液相和固相等均相或非均相化学反应等。大气中的 NO_x、SO_2 在气相、液相或气液界面经过氧化转化为溶于水的 HNO_2、HNO_3、H_2SO_4，从而形成酸雨。在转化过程中，O_3、H_2O、HO_2、HO 等是重要的氧化剂，Fe、Mn、Cu、V 等金属离子是重要的催化剂。除此以外，大气中 NH_3、Ca^{2+}、Mg^{2+}等会使降水的 pH 有升高的趋势，因此多数情况下，降水的酸碱性取决于该地区大气中酸碱物质的比例关系。

酸雨对自然、人体健康有巨大的危害，主要包括以下几方面：①危害植物生长，严重时导致植物的死亡；抑制植物抵御虫害的能力和光合作用。②钙、铁等重要的营养元素从土壤中被溶出而迅速流失，降低土壤的营养状况。同时原本被固定在土壤颗粒中的有害重金属被淋溶出来，污染环境水源。③湖泊等地表水水体酸化，威胁水生生物的生存。④腐蚀金属、建筑物、古文物、油漆、橡胶等，造成巨大经济损失。⑤危害人体健康。水质酸化、重金属溶出，水源及地下水中的铅、铜、锌等浓度增大，对饮用者产生危害。含酸的空气使多种呼吸道疾病增加，酸雨特别是在形成硫酸雾的情况下，其微粒侵入人体肺部，可引起肺水肿和肺硬化等疾病。

因此，防止氮氧化物对环境的破坏是化学工作者的当务之急。通常，工业尾气的氮氧化物的治理方法主要有催化还原法，其原理是在催化剂存在条件下，以一些还原性气体使氧化氮还原成无毒的氮气，还原性气体通常有 CH_4、CO、H_2 和 NH_3。其次还可应用碱吸收法，吸收剂有 30% NaOH、10%～15% Na_2CO_3 及氨水等。

15.4.2　氮的含氧酸及其盐

1. 亚硝酸及其盐

三氧化二氮(N_2O_3)是亚硝酸(nitrous acid，HNO_2)的酸酐。亚硝酸有顺式和反式两种结构(图 15.6)，反式比顺式稳定。

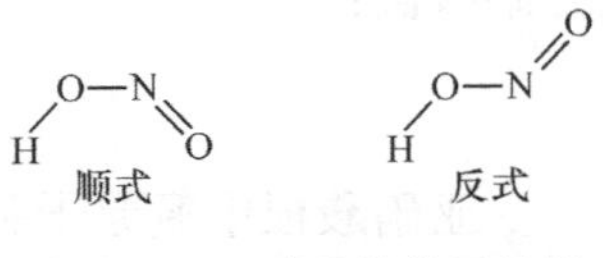

图 15.6　亚硝酸的分子结构

将等物质的量的一氧化氮和二氧化氮的混合物通入冰水中，可制得亚硝酸的水溶液：

$$NO_2(g)+NO(g)+H_2O(l) = 2HNO_2(aq)$$

在实验室中可通过亚硝酸盐与强酸的反应制备亚硝酸：

$$NaNO_2(aq)+H_2SO_4(aq) = HNO_2(aq)+NaHSO_4(aq)$$

亚硝酸不稳定，温度高于 0℃即发生分解，所以仅存在于水中：

$$3HNO_2(aq) = HNO_3(aq)+2NO(g)+H_2O(l)$$

亚硝酸是弱酸，酸性比乙酸稍强，$K_a^\ominus = 7.24\times10^{-4}$。在强酸性溶液中，亚硝酸还可按如下方式电离：

$$HNO_2(aq) + H^+(aq) = NO^+(aq) + H_2O(l) \qquad K^\ominus = 2 \times 10^{-7}$$

目前尚未制得纯亚硝酸，但亚硝酸盐具有较高的稳定性，尤其以碱金属和碱土金属的亚硝酸盐最为稳定。具有强极化能力阳离子的亚硝酸盐不稳定，易分解。例如

$$AgNO_2(s) \xlongequal{\triangle} Ag(s) + NO_2(g)$$

亚硝酸根 NO_2^- 与臭氧 O_3 互为等电子体，结构类似，分子中存在 Π_3^4 键。亚硝酸盐通常易溶于水，只有浅黄色的 $AgNO_2$ 微溶。亚硝酸盐有毒，是致癌物。

加热活泼金属的硝酸盐可以制备亚硝酸盐：

$$2NaNO_3(s) \xlongequal{\triangle} 2NaNO_2(s) + O_2(g)$$

根据标准电极电势，亚硝酸及其盐既有氧化性，又有还原性。

$E_A^\ominus$　　$E^\ominus(HNO_2 / N_2O) = 1.297\ V$，$E^\ominus(HNO_2 / NO) = 0.996\ V$

$E^\ominus(N_2O_4 / HNO_2) = 1.07\ V$，$E^\ominus(NO_3^- / HNO_2) = 0.94\ V$

$E_B^\ominus$　　$E^\ominus(NO_2^- / N_2O) = 1.15\ V$，$E^\ominus(NO_2^- / NO) = -0.46\ V$

$E^\ominus(NO_2^- / NO_3^-) = 0.03\ V$

在酸性条件下，HNO_2 的氧化性显著，可将 I^- 氧化成碘单质：

$$2HNO_2(aq) + 2H^+(aq) + 2I^-(aq) = 2NO(g) + I_2(s) + 2H_2O(l)$$

HNO_3 不能氧化 I^-，HNO_2 能氧化 I^- 的原因在于酸性溶液中存在 NO^+，容易得到一个电子形成还原产物一氧化氮，又带有一个正电荷易于和 I^- 接近，在动力学上十分有利。相同浓度的亚硝酸和硝酸相比，亚硝酸的氧化能力强于硝酸。这是 NO_2^- 和 NO_3^- 的重要区别之一。

HNO_2 作为氧化剂时，还原产物以 NO 常见，但所用还原剂不同，产物可以是 NO、N_2O、N_2、NH_2OH 或 NH_3。

在酸性条件下，HNO_2 的还原性不突出，只有遇到很强的氧化剂（如 $KMnO_4$、Cl_2）时才起还原作用：

$$5HNO_2(aq) + 2MnO_4^-(aq) + H^+(aq) = 5NO_3^-(aq) + 2Mn^{2+}(aq) + 3H_2O(l)$$

以上反应可用于定量分析亚硝酸盐的含量。

在碱性条件下，NO_2^- 氧化能力降低，以还原性为主，空气中的氧就可以将亚硝酸盐氧化为硝酸盐：

$$2NO_2^-(aq) + O_2(g) = 2NO_3^-(aq)$$

亚硝酸根中氮原子和氧原子上都有孤对电子，因而可作为路易斯碱与大多数过渡金属离子形成配离子，如与 Co^{3+} 生成低自旋的 $[Co(NO_2)_6]^{3-}$。当 N 作配位原子时称为硝基配体，O 为配位原子时称为亚硝酸根配体。

2. 硝酸及其盐

硝酸（nitric acid，HNO_3）是工业上重要的无机酸之一，有试剂硝酸、纯硝酸、白色发烟硝酸和红色发烟硝酸。市售试剂硝酸的浓度约为 15 $mol \cdot dm^{-3}$，质量分数为 68%，密度为 1.4 $g \cdot cm^{-3}$，为恒沸溶液，沸点为 120.5℃。白色发烟硝酸的质量分数为 93%，密度为 1.5 $g \cdot cm^{-3}$，

相当于 22 mol · dm^{-3}。将 NO_2 溶于 100%的硝酸中，可得一种红色的发烟硝酸，它比纯硝酸具有更强的氧化性。

纯硝酸为无色透明油状液体，与水互溶，熔点为−42℃，沸点为 83℃，达到沸点后按下式分解：

$$4HNO_3(aq) \xrightarrow{\triangle} 4NO_2(g) + 2H_2O(l) + O_2(g)$$

常温下进行光照射，硝酸也会按上式分解，所以纯硝酸放置后会慢慢变黄。

工业上采用氨氧化法制备硝酸：

$$4NH_3(g) + 5O_2(g) = 4NO(g) + 6H_2O(l)$$

$$2NO(g) + O_2(g) = 2NO_2(g)$$

$$3NO_2(g) + H_2O(l) = 2HNO_3(aq) + NO(g)$$

硝酸是挥发性酸，在实验室中可通过硝酸钠与浓硫酸的反应制备：

$$NaNO_3(s) + H_2SO_4(浓) = NaHSO_4(aq) + HNO_3(aq)$$

硝酸 HNO_3 及硝酸根 NO_3^- 的结构见图 15.7。在 HNO_3 分子中，氮原子为 sp^2 杂化，含有一个 Π_3^4 键。而在 NO_3^- 中，含有一个 Π_4^6 键。

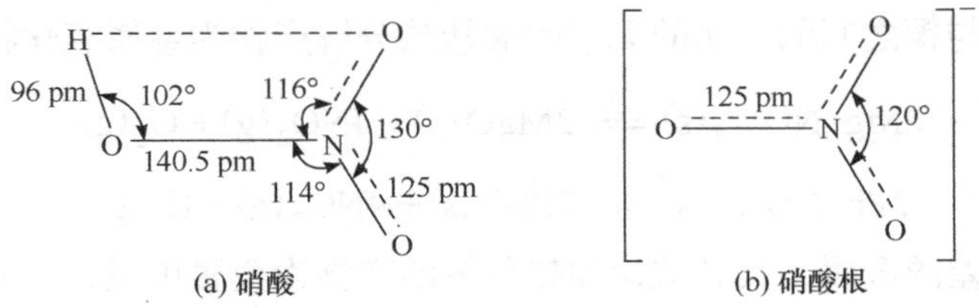

图 15.7　硝酸及硝酸根的结构

硝酸是强酸，在水溶液中完全电离。

浓硝酸具有强的氧化性，能被还原成二氧化氮、一氧化氮、铵离子等。有关硝酸及其盐在酸性介质的标准电极电势如下：

$E_A^\ominus$　　$E_A^\ominus(NO_3^- / NO_2) = 0.803\ V$，$E_A^\ominus(NO_3^- / NO) = 0.983\ V$，$E_A^\ominus(NO_3^- / NH_4^+) = 0.87\ V$

但其还原反应受动力学影响不可忽视，所以不能仅凭电极电势来预测其还原产物。

浓硝酸与金属反应还原产物多为二氧化氮，而与非金属反应还原产物多为一氧化氮：

$$Cu(s) + 4HNO_3(aq,浓) = Cu(NO_3)_2(aq) + 2NO_2(g) + 2H_2O(l)$$

$$3P(s) + 5HNO_3(aq,浓) + 2H_2O(l) = 3H_3PO_4(aq) + 5NO(g)$$

$$S(s) + 2HNO_3(aq,浓) = H_2SO_4(aq) + 2NO(g)$$

Fe、Cr、Al 等与冷的浓硝酸作用会在金属表面生成一层致密的氧化物，阻止进一步反应，即钝化。

虽然浓硝酸具有强的氧化性，但金、铂等贵金属不与浓硝酸反应，但可溶于王水。王水是 1 体积浓硝酸和 3 体积浓盐酸的混合物。王水中存在的氯离子具有较好的配位能力，与金属离子配位，能降低金属离子的电极电势，增强其还原能力，而浓硝酸又具有强的氧化性，故可溶解金、铂：

$$Au(s) + HNO_3(aq) + 4HCl(aq) = HAuCl_4(aq) + NO(g) + 2H_2O(l)$$

$$3Pt(s) + 4HNO_3(aq) + 18HCl(aq) = 3H_2PtCl_6(aq) + 4NO(g) + 8H_2O(l)$$

实验室常用的含硝酸的混合酸，除了王水还有 HNO_3-HF 混合液、HNO_3-浓 H_2SO_4 混合液。HNO_3-HF 混合液也兼有氧化性及配位性，一些与 F^- 配合较好的金属（如 Nb、Ta 等）在王水中不溶，而在 HNO_3-HF 混合液中可溶。HNO_3-浓 H_2SO_4 混合液在芳烃硝化中作硝化剂。

稀硝酸的氧化作用弱于浓硝酸，还原产物多为一氧化氮。硝酸的浓度越小，金属越活泼，还原产物中氮的氧化数越低，极稀的硝酸遇活泼金属甚至可被还原成铵离子：

$$3Cu(s) + 8HNO_3(aq,稀) = 3Cu(NO_3)_2(aq) + 2NO(g) + 4H_2O(l)$$

$$2Zn(s) + 6HNO_3(aq,稀) = 2Zn(NO_3)_2(aq) + N_2O(g) + 3H_2O(l)$$

$$8Al(s) + 30HNO_3(aq,稀) = 8Al(NO_3)_3(aq) + 3NH_4NO_3(aq) + 9H_2O(l)$$

硝酸能与常见的绝大多数金属成盐。硝酸根电荷低，对称性高且不易发生变形，大部分硝酸盐易溶于水。硝酸盐不稳定，加热易分解，分解产物与阳离子的极化能力有关，极化能力越强，硝酸盐越不稳定。硝酸盐热分解方式主要有以下几种：

（1）活泼的碱金属和碱土金属的硝酸盐热分解产物多为亚硝酸盐和氧气，因此硝酸盐可助燃：

$$2NaNO_3(s) \xlongequal{\triangle} 2NaNO_2(s) + O_2(g)$$

（2）活泼性在镁与铜之间的金属的无水硝酸盐热分解产物为金属氧化物、二氧化氮和氧气：

$$2Mg(NO_3)_2(s) \xlongequal{\triangle} 2MgO(s) + 4NO_2(g) + O_2(g)$$

$$2Pb(NO_3)_2(s) \xlongequal{\triangle} 2PbO(s) + 4NO_2(g) + O_2(g)$$

（3）活泼性比铜差的金属，其硝酸盐加热分解的产物为金属单质、二氧化氮和氧气：

$$2AgNO_3(s) \xlongequal{\triangle} 2Ag(s) + 2NO_2(g) + O_2(g)$$

（4）阳离子具有还原性的硝酸盐热分解反应伴随着氧化还原反应：

$$NH_4NO_3(s) \xlongequal{\triangle} N_2O(g) + 2H_2O(l)$$

（5）含结晶水的硝酸盐热分解时伴随水解反应，产物为碱式硝酸盐或金属氧化物：

$$Cu(NO_3)_2 \cdot 2H_2O(s) \xlongequal{\triangle} Cu(OH)NO_3(s) + HNO_3(aq) + H_2O(l)$$

$$4Cu(OH)NO_3(s) \xlongequal{\triangle} 4CuO(s) + 4NO_2(g) + 2H_2O(g) + O_2(g)$$

15.4.3 磷的氧化物、含氧酸及其盐

1. 三氧化二磷

磷在空气中不充分燃烧的产物为三氧化二磷（phosphorus trioxide，P_4O_6）。三氧化二磷是白色蜡状固体，有滑腻感，易吸潮，有毒，熔点为 24℃、沸点为 173℃。

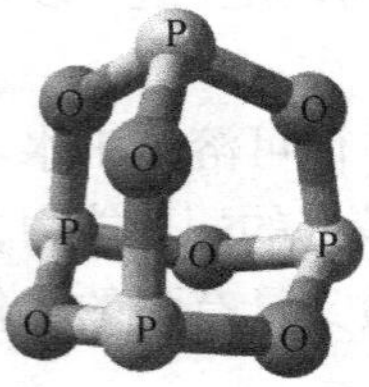

图 15.8　P_4O_6 的分子结构示意图

三氧化二磷分子接近球形，可看作是在 P_4 四面体的基础上形成的。P_4 中 P—P 键由于张力而易于断裂，氧气分子进攻 P—P 键，会在每两个磷原子间加入一个氧原子，形成 P_4O_6 分子（图 15.8）。

三氧化二磷分子极性小，易溶于有机溶剂，与水反应，在冷水中缓慢生成亚磷酸：

$$P_4O_6(s) + 6H_2O(冷\ l) = 4H_3PO_3(aq)$$

三氧化二磷与热水反应时会发生歧化，生成磷酸、单质磷或磷化氢：

$$P_4O_6(s) + 6H_2O(热，l) = PH_3(g) + 3H_3PO_4(aq)$$

$$5P_4O_6(s) + 18H_2O(热，l) = 8P(s) + 12H_3PO_4(aq)$$

2. 五氧化二磷

磷在空气中充分燃烧生成的是五氧化二磷(phosphorus pentoxide，P_4O_{10})。五氧化二磷是白色粉末状固体，熔点为 173℃，易升华。五氧化二磷具有强的吸水性，是效果最好的干燥剂之一。

P_4O_{10} 可看作是在 P_4O_6 分子的基础上形成的。在形成球形的 P_4O_6 分子后，每个磷原子上还有一对孤对电子，可以向氧原子空的 p 轨道配位，形成 σ 配键。在氧气充足时，四个磷原子与四个端基氧原子形成四个配键，再加上原来作桥的六个氧原子，形成 P_4O_{10} 分子。需要指出的是，在磷原子与氧原子之间除了磷原子向氧原子提供孤对电子形成 σ 配键外，氧原子上 p 轨道中的电子还能向磷原子空的 d 轨道配位，形成 d-p π 键，因此磷与端基氧之间是双键(图 15.9)。

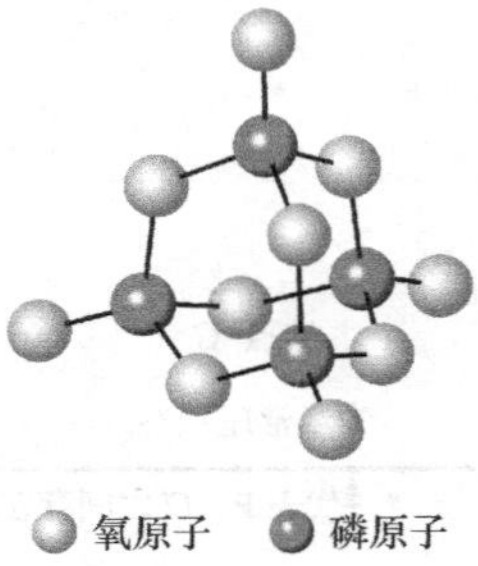

图 15.9　P_4O_{10} 的分子结构示意图

五氧化二磷是磷酸的酸酐，与水反应的产物随着水量和催化剂不同而不同。五氧化二磷与少量水作用生成的是偏磷酸；当水略多时，生成焦磷酸：

$$P_4O_{10}(s) + 2H_2O(l) = 4HPO_3(aq)$$

$$4HPO_3(aq) + 2H_2O(l) = 2H_4P_2O_7(aq)$$

在有硝酸作催化剂且水量充足时，生成磷酸：

$$P_4O_{10}(s) + 6H_2O(l) = 4H_3PO_4(aq)$$

五氧化二磷除了作为干燥剂外，还是强的脱水剂，可使硫酸脱水：

$$P_4O_{10}(s) + 6H_2SO_4(aq) = 6SO_3(s) + 4H_3PO_4(aq)$$

3. 磷的含氧酸及其盐

常见磷的含氧酸的分子结构和性质列于表 15.4。

表 15.4　常见磷的含氧酸的分子结构和性质

结构和性质	物质			
	次磷酸	亚磷酸	正磷酸	焦磷酸
分子式	H_3PO_2	H_3PO_3	H_3PO_4	$H_4P_2O_7$
磷的氧化数	+1	+3	+5	+5
分子结构式*	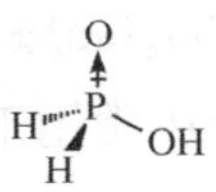	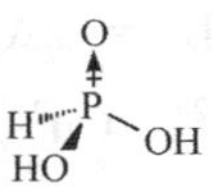	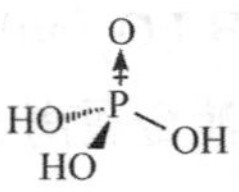	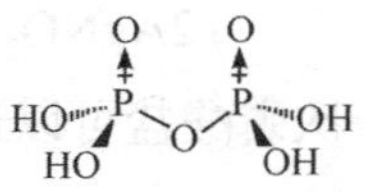

续表

结构和性质	物质			
	次磷酸	亚磷酸	正磷酸	焦磷酸
P 的杂化态	sp^3	sp^3	sp^3	sp^3
$K_{a1}^{\ominus}$	5.89×10^{-2}	3.72×10^{-2}	7.11×10^{-3}	1.23×10^{-1}
$K_{a2}^{\ominus}$		2.09×10^{-7}	6.34×10^{-8}	7.94×10^{-3}
$K_{a3}^{\ominus}$			1.26×10^{-12}	1.99×10^{-7}
$K_{a4}^{\ominus}$				4.47×10^{-10}
氧化还原性	还原性	还原性	无	无
$E^{\ominus}$	$E^{\ominus}(H_3PO_4/H_3PO_2) = -0.39\ V$ $E^{\ominus}(PO_4^{3-}/H_2PO_2^-) = -1.31\ V$	$E^{\ominus}(H_3PO_4/H_3PO_3) = -0.28\ V$ $E^{\ominus}(PO_4^{3-}/H_2PO_3^-) = -1.05\ V$		
熔点/℃	26.5	74.4	42	
常温常压状态	无色晶状固体	无色固体	无色固体	白色晶体

* ↑代表 P、O 之间存在 d-p 反馈 π 键

1）次磷酸、亚磷酸及其盐

次磷酸（hypophosphorous acid，H_3PO_2）有毒，易吸潮。H_3PO_2 中有 2 个 H 直接与 P 相连，不能解离，所以次磷酸是一元中强酸。

亚磷酸（phosphorous acid，H_3PO_3），分子中有 1 个 H 与 P 相连，不能解离，所以 H_3PO_3 为二元中强酸。H_3PO_3 易溶于水，可以形成 $H_2PO_3^-$ 和 HPO_3^{2-} 两种盐。

次磷酸盐可通过单质磷与热的浓碱液作用歧化制得：

$$P_4(s) + 3NaOH(aq) + 3H_2O(l) \xlongequal{} 3NaH_2PO_2(aq) + PH_3(g)$$

三氧化二磷缓慢与水反应或三卤化磷水解均生成亚磷酸：

$$P_4O_6(s) + 6H_2O(l) \xlongequal{} 4H_3PO_3(aq)$$

$$PCl_3(s) + 3H_2O(l) \xlongequal{} H_3PO_3(aq) + 3HCl(aq)$$

在热力学上，H_3PO_3 处于 H_3PO_4-PH_3 连线峰点位置，所以亚磷酸受热会发生歧化：

$$4H_3PO_3(aq) \xlongequal{\triangle} 3H_3PO_4(aq) + PH_3(g)$$

由 $\Delta_r G_m^{\ominus}/F$-Z 图（图 15.1）和标准电极电势可知，次磷酸和亚磷酸及其盐都是强的还原剂。

$$H_3PO_2(aq) + I_2(s) + H_2O(l) \xlongequal{} H_3PO_3(aq) + 2HI(aq)$$

$$H_3PO_3(aq) + I_2(s) + H_2O(l) \xlongequal{} H_3PO_4(aq) + 2HI(aq)$$

$$4AgNO_3(aq) + H_3PO_2(aq) + 2H_2O(l) \xlongequal{} 4Ag(s) + H_3PO_4(aq) + 4HNO_3(aq)$$

$$2AgNO_3(aq) + H_3PO_3(aq) + H_2O(l) \xlongequal{} 2Ag(s) + H_3PO_4(aq) + 2HNO_3(aq)$$

次磷酸盐可以还原过渡金属离子（如 Ni^{2+}、Cu^{2+}）等，工业中常用于“化学镀”镍或铜：

$$Cu^{2+}(aq) + H_2PO_2^-(aq) + H_2O(l) \xlongequal{} Cu(s) + HPO_3^{2-}(aq) + 3H^+(aq)$$

2)磷酸及其盐

磷酸 H_3PO_4，又称为正磷酸(orthophosphoric acid)，加热磷酸会逐渐脱水，磷酸能与水以任意比例互溶。

五氧化二磷是磷酸的酸酐，但其与水反应得到的是偏磷酸、焦磷酸和磷酸的混合物，只有在硝酸为催化剂的条件下才能形成单一产物磷酸。

工业上采用磷酸钙与硫酸反应制备磷酸：

$$Ca_3(PO_4)_2(s) + 3H_2SO_4(aq) = 3CaSO_4(aq) + 2H_3PO_4(aq)$$

正磷酸可形成三种盐，分别为磷酸盐、磷酸一氢盐和磷酸二氢盐。钠、钾和铵的这三种盐都易溶于水。锂和多数二价金属的磷酸盐一般难溶于水，而磷酸二氢盐一般易溶于水。二价或高价金属盐的溶解度顺序为：磷酸二氢盐＞磷酸一氢盐＞磷酸盐。

磷酸盐类在水中水解。Na_3PO_4 溶液呈碱性 pH＞12.0，Na_2HPO_4 溶液呈弱碱性 pH = 9.0～10.0，NaH_2PO_4 溶液呈酸性 pH = 4.0～5.0。

可溶性的正磷酸根与饱和的钼酸铵溶液反应生成黄色的磷钼酸铵沉淀，是鉴定磷酸根的重要反应。

$$PO_4^{3-}(aq) + 3NH_4^+(aq) + 12MoO_4^{2-}(aq) + 24H^+(aq) = (NH_4)_3PO_4 \cdot 12MoO_3 \cdot 12H_2O(s)$$

磷酸在 200～300℃脱水生成焦磷酸(pyrophosphoric acid)。聚合可以生成链状多磷酸 $H_{n+2}P_nO_{3n+1}$ 和环状偏磷酸 $(HPO_3)_n$ 等。三磷酸和三聚偏磷酸的结构示意图如图 15.10 所示。

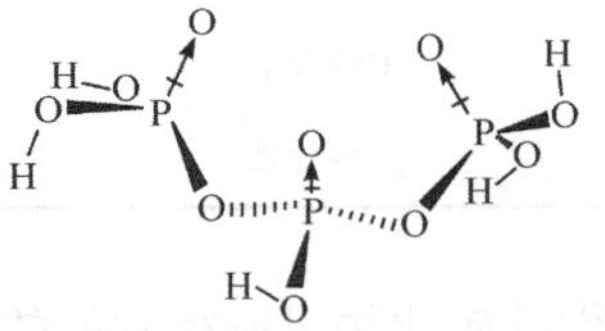

(a) 三磷酸

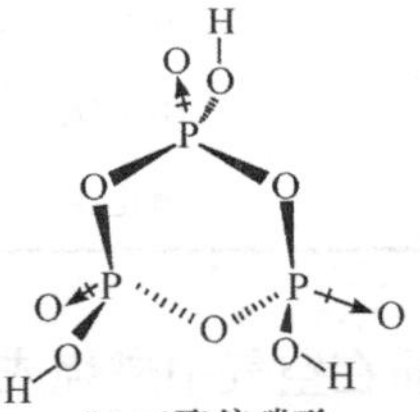

(b) 三聚偏磷酸

图 15.10 三磷酸和三聚偏磷酸的结构示意图

焦磷酸盐、多磷酸盐和偏磷酸盐可通过固体酸式磷酸盐高温缩合得到：

$$2NaH_2PO_4(s) = Na_2H_2P_2O_7(s) + H_2O(g)$$

$$nNa_2H_2P_2O_7(s) \xlongequal{625℃} (NaPO_3)_{2n}(s)\ (\text{聚偏磷酸钠}) + nH_2O(l)$$

$$2Na_2HPO_4(s) = Na_4P_2O_7(s)\ (\text{焦磷酸钠}) + H_2O(l)$$

$$NaH_2PO_4(s) + 2Na_2HPO_4(s) = Na_5P_3O_{10}(s)\ (\text{三聚磷酸钠}) + 2H_2O(l)$$

可用硝酸银鉴别各种磷酸根离子。磷酸钠、磷酸一氢钠和磷酸二氢钠与硝酸银反应均生成黄色的磷酸银沉淀。偏磷酸根与焦磷酸根与硝酸银反应则生成白色沉淀。这两种白色沉淀中能使乙酸酸化的蛋清凝聚的是偏磷酸根。

15.4.4 砷、锑、铋的氧化物、含氧酸及其盐

砷、锑、铋有+3 和+5 两种氧化态的氧化物：As_2O_3、Sb_2O_3、Bi_2O_3 及 As_2O_5、Sb_2O_5，Bi_2O_5 是否存在尚无定论。砷、锑的+3 氧化态的氧化物也存在与 P_4O_6 类似的结构。As_4O_6 存在于气态和 800℃以下的液态中，800℃以上分解为 As_2O_3。Sb_4O_6 存在于 1560℃以上气态中。表 15.5

列出了砷、锑、铋氧化物的基本性质。

表 15.5　砷、锑、铋氧化物的基本性质

性质	As_2O_3	Sb_2O_3	Bi_2O_3
熔点/℃	312.2	656	817
沸点/℃	465	1425	1890
酸碱性	两性偏酸性	两性偏碱性	碱性
酸液中存在形式	As^{3+}	SbO^+或 Sb^{3+}	BiO^+(Bi^{3+})
碱液中存在形式	$[AsO(OH)_2]^-$、$[AsO_2(OH)_2]^-$、AsO_3^{3-}		
水合物	H_3AsO_3	$Sb(OH)_3$	$Bi(OH)_3$
氧化还原性	还原性	还原性	极弱还原性
性质	As_2O_5	Sb_2O_5	"Bi_2O_5"
熔点/℃	315(分解)	380(分解)	
沸点/℃			
酸碱性	酸性	两性偏酸性	
酸液中存在形式			
碱液中存在形式	AsO_4^{3-}	$[Sb(OH)_6]^-$	BiO_3^-
水合物	H_4AsO_4	$HSb(OH)_6$	
氧化还原性	氧化性	氧化性	强氧化性

　　砷、锑、铋的单质在空气中燃烧或焙烧它们的硫化物可制得它们的+3 氧化态氧化物。+5 氧化态氧化物不能用这种方法制备，用硝酸氧化砷或锑得到其+5 氧化态氧化物的水合物，小心加热脱水，得到 M_2O_5。

　　As_2O_3 常温下为白色粉末，有剧毒，又称砒霜。易升华，微溶于水，在热水中溶解度稍大，溶解后形成亚砷酸 H_3AsO_3 溶液。Sb_2O_3 是无色晶体或白色粉末，见光变桃红色或褐色，有毒性，不溶于水，但既可溶于酸也可溶于强碱溶液。Bi_2O_3 为黄色晶体，加热变为红棕色。极难溶于水，溶于酸形成相应的铋盐，Bi_2O_3 是碱性氧化物，不溶于碱。As_2O_3、Sb_2O_3、Bi_2O_3，酸性逐渐减弱，碱性逐渐增强。

　　Sb_2O_5 为白色或黄色粉末，微溶于水。As_2O_5 为白色无定形固体，极易溶于水、乙醇，易潮解。

　　随 As、Sb、Bi 金属性增强，H_3AsO_3、$Sb(OH)_3$、$Bi(OH)_3$ 酸性依次减弱，碱性逐渐增强。酸性介质中还原性较差，在碱性介质中体现还原性，且依次减弱。AsO_3^{3-} 在 pH≤9.0 的条件下，能将 I_2 这种弱氧化剂还原，$Sb(OH)_3$ 即使在强碱溶液中还原性也较差，$Bi(OH)_3$ 只能在强碱介质中被很强的氧化剂氧化。

$$AsO_3^{3-}(aq) + I_2(s) + 2OH^-(aq) = AsO_4^{3-}(aq) + 2I^-(aq) + H_2O(l)$$

$$Bi(OH)_3(aq) + Cl_2(g) + 3NaOH(aq) = NaBiO_3(aq) + 2NaCl(aq) + 3H_2O(l)$$

砷酸盐、锑酸盐、铋酸盐都具有氧化性，且氧化性依次增强。前两者只有在强酸性溶液中才表现明显的氧化性，铋酸盐在酸性溶液中则是很强的氧化剂。H_4AsO_4 在强酸性溶液中具有氧化性，如 pH＜0.78，可以将 I^- 氧化为 I_2，同时生成 H_3AsO_3；而在碱性溶液中，其逆反应自发进行，H_3AsO_3 还原 I_2。铋酸盐的强氧化性表现在可将 Mn^{2+} 氧化成 MnO_4^-：

$$2Mn^{2+}(aq) + 5NaBiO_3(s) + 14H^+(aq) = 2MnO_4^-(aq) + 5Bi^{3+}(aq) + 5Na^+(aq) + 7H_2O(l)$$

P(V)不具备氧化性，As(V)的氧化性和 Bi(V)的更强氧化性归因于“次周期性”和“$6s^2$ 惰性电子对效应”，具体解释见 16.6 节。

15.5 氮族元素的硫化物 (Sulfides of the Nitrogen Group Elements)

氮族元素重要的硫化物有硫化磷、E_2S_3 及 E_2S_5(E=As、Sb、Bi)。

磷有多种硫化物，如 P_4S_3、P_4S_5、P_4S_7、P_4S_{10}，它们均为浅黄色固体。这些硫化物的结构都可以看作是以 P_4 四面体为基础，分别在 P—P 键上插入 S 原子，以及在端点上与 P 原子相连，如图 15.11 所示。硫化磷水解产物较复杂，如 P_4S_3 水解可以生成 PH_3、H_2、H_3PO_3、H_2S。

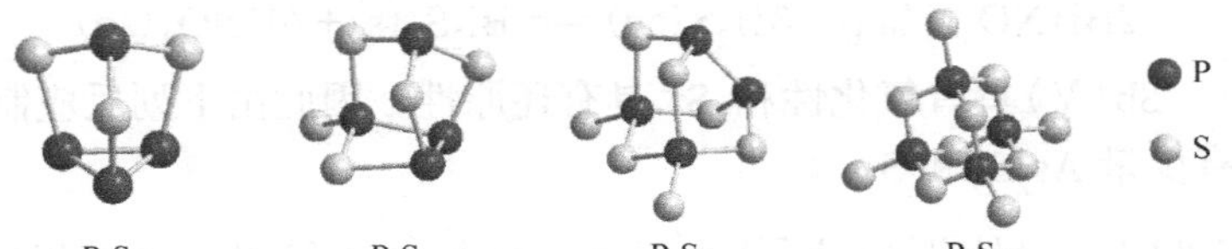

图 15.11 磷硫化物的分子结构示意图

As、Sb、Bi 在性质上都是亲硫元素，在自然界中常以硫化物形式存在，而且往往共生在一起。As、Sb、Bi 的硫化物都具有颜色，As_2S_3 为黄色，As_2S_5 为淡黄色，Sb_2S_3 为橙色，Sb_2S_5 为橙黄色，Bi_2S_3 为黑色。这些硫化物都不溶于水。As、Sb、Bi 的硫化物的性质与相应氧化物的性质相似，主要表现在与酸、碱的反应(表 15.6)。As_2S_3、As_2S_5 偏酸性，Sb_2S_3、Sb_2S_5 呈两性，Bi_2S_3 显碱性。As_2S_3、As_2S_5 不溶于非氧化性的酸(如盐酸)，但可以溶于碱并与碱作用生成相应的含氧酸盐和硫代酸盐；Bi_2S_3 可溶于浓 HCl，但不溶于碱。As_2S_3、Sb_2S_3 与具有氧化性的多硫化物作用时，表现出还原性，生成+5 氧化态的硫代酸盐。Bi_2S_3 还原性极弱，不发生这类反应。例如

$$Sb_2S_3(s) + 12HCl(aq) = 2H_3SbCl_6(aq) + 3H_2S(g)$$

$$Sb_2S_5(s) + 12HCl(aq) = 2H_3SbCl_6(aq) + 3H_2S(g) + 2S(s)$$

$$Bi_2S_3(s) + 6HCl(aq) = 2BiCl_3(aq) + 3H_2S(g)$$

$$E_2S_3(s) + 6NaOH(aq) = Na_3EO_3(aq) + Na_3ES_3(aq) + 3H_2O(l) \quad (E = As、Sb)$$

$$4E_2S_5(s) + 24NaOH(aq) = 3Na_3EO_4(aq) + 5Na_3ES_4(aq) + 12H_2O(l) \quad (E = As、Sb)$$

$$E_2S_3(s) + 3Na_2S(aq) = 2Na_3ES_3(aq) \quad (E = As、Sb)$$

$$E_2S_5(s) + 3Na_2S(aq) = 2Na_3ES_4(aq) \quad (E = As、Sb)$$

表 15.6　As、Sb、Bi 硫化物的基本性质

性质	As_2S_3	Sb_2S_3	Bi_2S_3	As_2S_5	Sb_2S_5
颜色	黄色	灰黑色	棕黑色	黄色	橙黄色
酸碱性	酸性	两性	碱性	酸性	两性
浓 HCl 中	不溶	形成配离子$[SbCl_6]^{3-}$	溶解，$BiCl_3$	不溶	热 HCl 中形成配离子$[SbCl_6]^{3-}$
Na_2S 中	AsS_3^{3-}, AsS_2^-	SbS_3^{3-}	不溶	AsS_4^{3-}	SbS_4^{3-}
Na_2S_x 中	AsS_4^{3-}	SbS_4^{3-}	不溶	AsS_4^{3-}	SbS_4^{3-}
NaOH 中	AsS_3^{3-}, AsO_3^{3-}	SbS_3^{3-}, SbO_3^{3-}	不溶	AsS_4^{3-}, AsO_4^{3-}	SbS_4^{3-}, SbO_4^{3-}
$NH_3 \cdot H_2O$ 中	溶	不溶	不溶	溶	溶
$(NH_4)_2CO_3$ 中	溶	不溶	不溶	溶	不溶

As_2S_3、Sb_2S_3、Bi_2S_3 的制备，可以在它们的 M^{3+}盐溶液中或者它们的强酸性的含氧酸盐 MO_3^{3-}、MO_4^{3-}溶液中通入 H_2S，得到相应的硫化物沉淀：

$$2Na_3AsO_3(aq) + 6HCl(aq) + 3H_2S(aq) = As_2S_3(s) + 6NaCl(aq) + 6H_2O(l)$$

$$2Bi(NO_3)_3(aq) + 3H_2S(aq) = Bi_2S_3(s) + 6HNO_3(aq)$$

由于 As(Ⅴ)、Sb(Ⅴ)具有氧化性和 S^{2-}具有还原性，因此由下列反应制备 As_2S_5、Sb_2S_5 时，产物总会含有少量 As_2S_3 和 S：

$$2Na_3AsO_4(s) + 6HCl(aq) + 5H_2S(g) = As_2S_5(s) + 6NaCl(aq) + 8H_2O(l)$$

$$2Na_3AsO_4(s) + 6HCl(aq) + 5H_2S(g) = As_2S_3(s) + 2S(s) + 6NaCl(aq) + 8H_2O(l)$$

15.6　氮族元素的卤化物
(Halides of the Nitrogen Group Elements)

氮族元素的卤化物主要有 EX_3 和 EX_5 两大类。

15.6.1　氮的卤化物

N 的卤化物只有 NX_3，已经分离和鉴定过的只有 NF_3 和 NCl_3，NBr_3 极不稳定，NI_3 尚未制得。NF_3 是无色惰性气体，沸点−119℃，化学性质较稳定，在水和碱溶液中均不水解。由于 F 的强吸电子能力，NF_3 几乎不具有路易斯碱性。NCl_3 可由 NH_3 和过量 Cl_2 反应制得，是高活性黄色油状液体，沸点 61℃，日光照射或受振动即发生爆炸性分解。NCl_3 不溶于水，但在水和碱溶液中水解，NCl_3 水解过程中只能作为路易斯碱，H_2O 分子中 H 进攻 N，再脱去 HOCl，水解产物为 NH_3 和 HOCl。

15.6.2　磷的卤化物

磷的卤化物(phosphorous halides)有两种类型：PX_5 和 PX_3（PI_5 不易生成）。卤素单质与磷

反应主要生成三卤化物 PX_3 和五卤化物 PX_5。它们的性质列于表 15.7。

$$2P + 3X_2(\text{少量}) = 2PX_3 \quad (X = Cl、Br、I)$$

$$2P + 5X_2(\text{过量}) = 2PX_5 \quad (X = F、Cl、Br)$$

表 15.7 磷的卤化物的一些性质

性质	PF_3	PCl_3	PBr_3	PI_3	PF_5	PCl_5	PBr_5
P 的杂化态	sp^3	sp^3	sp^3	sp^3	sp^3d	sp^3d	$[PBr_4]^+$：sp^3；$[PBr_6]^-$：sp^3d^2
键角/(°)	96.3	100	101.5	102	90，120	90，120	
熔点/℃	−151.30	−93.6	−41.5		−93.8	100(升华)	$[PBr_4]^+$：106(分解)
沸点/℃	−101.38	76.1	173.2		−84.6	166(分解)	

除了 PI_3 是红色固体外，其余三卤化磷都是无色气体或无色挥发性液体。

三氯化磷(phosphorous trichloride，PCl_3)是无色液体，主要化学反应有配位反应、氧化反应和水解反应。PCl_3 中 P 原子上有一孤对电子，与膦相似，可以与金属离子形成配合物，如 $Ni(PCl_3)_4$。PCl_3 中 P 是+3 氧化态，具有还原性，如与氧或硫反应，加合生成三氯氧(硫)磷。

$$PCl_3(l) + S(s) = PSCl_3(s)$$

PCl_3 极易水解生成亚磷酸和氯化氢，PCl_3 中 P 上既有一孤对电子又有 3d 空轨道，既是路易斯酸又是路易斯碱，H_2O 分子中 H 和 O 同时进攻 P，再脱去 HCl，水解产物是 H_3PO_3 和 HCl。

$$PCl_3(l) + 3H_2O(l) = H_3PO_3(aq) + 3HCl(aq)$$

五卤化磷受热可分解成三卤化磷和卤素单质：

$$PX_5 \xlongequal{\triangle} PX_3 + X_2 \quad (X = F、Cl、Br)$$

热稳定性次序为 $PF_5 > PCl_5 > PBr_5$。

五氯化磷(phosphorous pentachloride，PCl_5)在蒸气状态时以单体存在，具有三角双锥结构，在固体时则具有离子型结构，晶格中的正、负离子分别是$[PCl_4]^+$和$[PCl_6]^-$，它们分别是四面体单元和八面体单元。

PCl_5 是白色固体，加热时升华(433 K)并可逆地分解为 PCl_3 和 Cl_2。PCl_5 极易水解，水量不足时，部分水解生成三氯氧磷(phosphoryl chloride)和氯化氢，过量水中则完全水解：

$$PCl_5(s) + H_2O(l)(\text{少量}) = POCl_3(aq) + 2HCl(aq)$$

$$PCl_5(s) + 4H_2O(l) = H_3PO_4(aq) + 5HCl(aq)$$

15.6.3 砷、锑、铋的卤化物*

砷、锑、铋的卤化物的基本性质见表 15.8。As、Bi 的五卤化物不稳定，具有强氧化性。砷、锑、铋的三卤化物水解与 N、P 的水解不同，反应是可逆的，加入浓 HCl，反应会逆向进行，生成$[AsCl_4]^+$、$[SbCl_6]^{3-}$、$[BiCl_4]^+$。

$$AsCl_3(l)+3H_2O(l) \rightleftharpoons As(OH)_2Cl(aq)+2HCl(aq)$$

$$SbCl_3(s)+2H_2O(l) \rightleftharpoons Sb(OH)_2Cl(aq)+2HCl(aq)$$

$$Sb(OH)_2Cl(aq) = SbOCl(s)+H_2O(l)$$

$$BiCl_3(s)+2H_2O(l) \rightleftharpoons Bi(OH)_2Cl(aq)+2HCl(aq)$$

$$Bi(OH)_2Cl(aq) = BiOCl(s)+H_2O(l)$$

$$2SbCl_5(l)+(5+x)H_2O(l) \rightleftharpoons Sb_2O_5 \cdot xH_2O(s)+10HCl(aq)$$

表 15.8 砷、锑、铋的卤化物的基本性质

物质	性质		
	E = As	E = Sb	E = Bi
EF_3	无色液体，熔点−5.95℃，沸点 62.8℃	无色晶体，熔点 290℃，沸点 345℃	浅灰色粉末，熔点 720～730℃，
ECl_3	无色液体，熔点−16.2℃，沸点 103.2℃	白色潮解晶体，熔点 73.4℃，沸点 223℃	白色潮解晶体，熔点 233.5℃，沸点 441℃
EBr_3	浅黄色晶体，熔点 31.2℃，沸点 221℃	白色潮解晶体，熔点 96.6℃，沸点 288℃	金黄色潮解晶体，熔点 219℃，沸点 462℃
EI_3	红色晶体，熔点 140.4℃，沸点 371℃	红色晶体，熔点 170.5℃，沸点 401℃	绿黑色晶体，熔点 408.64℃，沸点 542℃
EF_5	熔点−79.8℃，沸点−52.8℃	熔点−8.3℃，沸点 141℃	熔点 154.4℃，沸点 230℃
ECl_5	−50℃以上分解，不稳定	熔点−4℃，沸点 140℃分解	

习 题

1. 下面为部分氮元素不同存在形态物质之间的转化图，请写出具体的反应方程式。

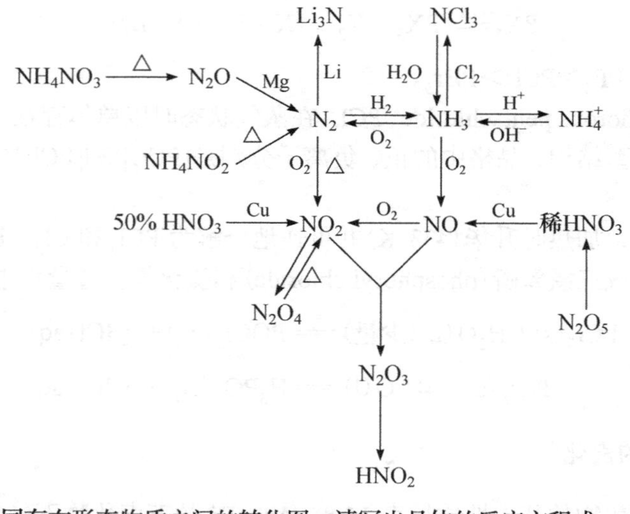

2. 下面为部分磷元素不同存在形态物质之间的转化图，请写出具体的反应方程式。

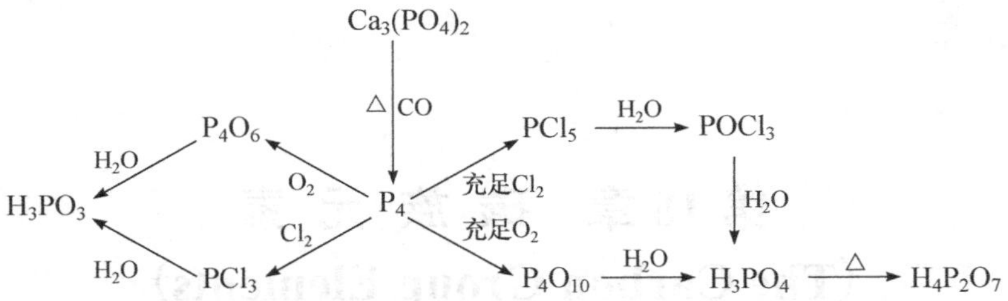

3. 解释为什么 NH_3 的沸点是−33℃，而 NF_3 的沸点是−129℃。
4. 利用热力学数据解释下列事实。
 (1) NCl_3 不稳定、易爆炸，NF_3 却很稳定；
 (2) NCl_3 不稳定、易爆炸，PCl_3 却不具备这样的性质；
 (3) NCl_3 和 PCl_3 水解产物有什么不同？
5. 解释硝酸工业中，为什么 NO 与 O_2 的反应是在高压低温的条件下进行的。
6. 根据分子轨道理论预测 NO、NO^+键能、键长、稳定性大小顺序及磁性。
7. 根据价键理论预测 NO_2、NO_2^+、NO_2^- 中心原子杂化轨道类型、分子构型及共价键类型。
8. 根据价键理论描述氮的氧化物的分子构型。
9. 比较下列化合物的氧化还原性。
 (1) NO_2^- 和 NO_3^- 的氧化性；
 (2) NO_2、NO 和 N_2O 在空气中被氧化的难易程度；
 (3) N_2H_4 和 NH_2OH 的还原性。
10. 解释浓 H_3PO_4 溶液导电能力不强，逐渐稀释时溶液导电率随之增强，再稀释，导电率又减弱。
11. 画出次磷酸 H_3PO_2、亚磷酸 H_3PO_3、连二磷酸 $H_4P_2O_6$、正磷酸 H_3PO_4 分子结构式，指出它们各是几元酸。
12. 当膦 PH_3 溶解在液氨中，PH_3 与 NH_3 的路易斯酸性、碱性有什么变化？
13. 一红色物质 A，隔绝空气加热得到淡黄色蜡状物质 B。A 在空气中稳定存在而 B 在空气中可自燃得到白色固体 C，C 与水反应得到三元酸 D，同时放出大量的热；B 与不充足的 Cl_2 反应得到无色液体 E，E 继续与 Cl_2 反应得到白色固体 F。F 与水反应得到 D 与盐酸的混合酸。E 与水反应得到二元酸 G 和盐酸的混合酸。写出 A～G 的化学式及相关反应方程式。
14. 选择题。
 (1) 给电子能力最小的是：PH_3、AsH_3、SbH_3、BiH_3；
 (2) 最不稳定的物质是：$AsCl_5$、$SbCl_5$、PCl_5、PCl_3；
 (3) 能溶于 $(NH_4)_2S$ 溶液的是：SnS、As_2S_3、PbS、Bi_2S_3。
15. 在恒压条件下测量 NH_4NO_3 溶解热，$NH_4NO_3(s) = NH_4^+(aq) + NO_3^-(aq)$，溶解前后温度从 22.0℃降至 16.9℃。反应体系热容为 4.18 $J \cdot g^{-1} \cdot ℃^{-1}$。
 (1) 求 NH_4NO_3 溶解过程的标准摩尔焓变；
 (2) 已知 $\Delta_f H_m^\ominus[NH_4^+(aq)] = -132.5\ kJ \cdot mol^{-1}$，$\Delta_f H_m^\ominus[NO_3^-(aq)] = -205.0\ kJ \cdot mol^{-1}$，求 $NH_4NO_3(s)$ 的 $\Delta_f H_m^\ominus$。
16. NaN_3 受热易分解，$2NaN_3(s) = 2Na(s) + 3N_2(g)$，迅速生成大量气体，因此用于汽车保护气囊。在弹热式热量器（恒容）中测量该反应的反应热，10.0 g NaN_3 完全分解，温度由 25.78℃升至 27.20℃，热量器热容为 2750 $J \cdot K^{-1}$，计算该反应的ΔU。
17. 为什么 $NaNO_2$ 会加快铜和硝酸的反应速率？
18. 为什么磷和 KOH 溶液反应生成的 PH_3 气体遇空气冒白烟？
19. 为什么向 NaH_2PO_4 或 Na_2HPO_4 溶液中加入 $AgNO_3$ 溶液会析出黄色 Ag_3PO_4 沉淀？

（乔正平）

第16章 碳族元素
(The Carbon Group Elements)

本章学习要求

1. 掌握碳族元素的通性。
2. 掌握碳族元素单质的制备方法。
3. 理解碳、硅单质的结构及其化学性质，了解锗、锡、铅单质的基本性质。
4. 掌握碳的重要化合物的化学性质，掌握埃林厄姆图应用。
5. 了解硅的化合物的化学性质及硅酸盐结构特点。
6. 了解锗分族化合物的基本性质，掌握Sn(Ⅱ)和Pb(Ⅳ)的化学性质。

碳族元素位于元素周期表第ⅣA族(或第14族)，包括碳(carbon)、硅(silicon)、锗(germanium)、锡(tin)、铅(lead)和𫓧(flerovium，Fl)六种元素。碳是非金属元素，硅、锗为准(半)金属元素，锡、铅为金属元素，𫓧是近年发现的人造元素，原子序数114，本书不作进一步介绍。

碳族元素在分布上差异很大，碳和硅在地壳中分布广泛；锡、铅也较为常见，锗的含量则十分稀少，属于稀散型稀有金属。

碳在地壳中丰度为 $2.0\times10^{-2}\%$，在所有元素中列第17位。游离态的碳有石墨和金刚石。化合态的碳存在于石油、煤炭、天然气、动植物以及石灰石、白云石、二氧化碳中。碳是构成生命的基础元素，是糖、蛋白质、脂肪、核酸的基本组分。

硅的含量仅次于氧，列第2位，在地壳中丰度为28.2%。硅在自然界中主要以二氧化硅、硅酸盐、铝硅酸盐等形式存在，主要矿石有石英(SiO_2)、长石[$M(AlSi_3O_8)$]等。硅是人体必需的微量元素，参与氨基多糖的合成，维持骨骼、软骨和结缔组织正常生长，参与一些重要的代谢过程。长期、大量吸入游离的粉尘(含SiO_2)会导致硅肺。

锗在地壳中丰度为 $1.5\times10^{-4}\%$，列第55位。锗是一种分散元素，在自然界中没有独立的矿石，只与一些硫化矿如闪锌矿(ZnS)、硫银锗矿($4Ag_2S\cdot GeS_2$)、硫银锗锡矿[$Ag_8(Sn,Ge)S_6$]共生。锗是对人体有益的微量元素，人体内锗总量约20 mg。人参、灵芝、枸杞含锗丰富。一些有机锗能抗病毒，有抗癌活性，可增强免疫力，但摄入过量会有毒副作用。

锡在地壳中丰度为 $2.3\times10^{-4}\%$，列第51位。锡主要以锡石(SnO_2)和黄锡矿(Cu_2FeSnS_4)形式存在于自然界中，我国云南个旧市又称“锡都”。锡是人体必需的微量元素，能诱导一些酶的活性，维护蛋白质、核酸的三维空间结构。成人每天需摄入锡3～4 mg，但过量摄入会损害血液系统和中枢神经系统。

铅在地壳中丰度为 $1.4\times10^{-3}\%$，列第36位。铅矿石主要是方铅矿(PbS)。环境中的铅是重金属污染物，进入人体后会迅速进入血液循环，影响骨髓造血系统和神经系统功能，降低人体免疫力，影响儿童生长发育。

16.1 碳族元素基本性质 (General Properties of the Carbon Group Elements)

碳族元素原子价层电子构型为 ns^2np^2，在元素周期表中位于 p 区，第ⅣA 族(或第 14 族)。主要氧化数为 0、+2、+4。碳族元素原子结构及基本性质列于表 16.1。

表 16.1 碳族元素原子结构及基本性质

结构及性质	元素				
	C	Si	Ge	Sn	Pb
价层电子构型	$2s^22p^2$	$3s^23p^2$	$4s^24p^2$	$5s^25p^2$	$6s^26p^2$
主要氧化态	−4、0、+2、+4	0、+2、+4	0、+2、+4	0、+2、+4	0、+2、+4
原子共价半径/pm	68	120	117	146	154
M^{4+}有效离子半径/pm	16	40	53	69	78
单质熔点/℃	金刚石 4440(12.4 GPa) 石墨 4489(三相点，10.3 MPa)	1414	938.25	白锡 231.928	327.462
单质沸点/℃	石墨 3825(升华)	3265	2833	2586	1749
$I_1/(kJ \cdot mol^{-1})$	1086	787	762	709	716
$I_2/(kJ \cdot mol^{-1})$	2353	1577	1538	1412	1450
$I_3/(kJ \cdot mol^{-1})$	4621	3232	3302	2943	3082
$I_4/(kJ \cdot mol^{-1})$	6214	4356	4410	3930	4083
$E_{ea1}/(kJ \cdot mol^{-1})$	121.8	134.1	118.9	107.3	35.1
χ_P	2.55	1.90	2.01	1.96	1.8

碳族元素性质表现出一定的周期性，从上到下金属性增强，非金属性减弱，最高价氧化物对应水化物的酸性减弱，氢化物的稳定性减弱；+4 氧化态稳定性降低，+2 氧化态稳定性提高。铅是第六周期元素，由于“$6s^2$ 惰性电子对”效应，主要表现为+2 氧化态。在某些化合物中，如 CaC_2、CH_4、Mg_2Si 等，碳、硅表现为负氧化态。上述关于碳族元素各氧化态存在形式及氧化还原性质，可以从图 16.1 碳族元素的 $\Delta_rG_m^{\ominus} / F\text{-}Z$ 图中了解。

碳和硅同是ⅣA 族非金属元素，在形成化合物时以共价键为特征，且形成共价键时都可以用 sp^3 杂化轨道成键。然而，碳和硅形成共价键的情况也有差异。碳的有机化合物有千万种以上，硅在自然界中易于形成系列硅氧四面体为基础的化合物。这是由于碳是第二周期元素，除以 sp^3 杂化轨道成键外，p-p π键也是其主要成键特征，因此常见的碳的化合物在很多情况下还可以通过 sp、sp^2 杂化轨道成键；同时碳原子最外层轨道数与电子数相同，价电子间排斥力较小，C—C 键或 C—H 键键能都较大(分别是 345.6 $kJ \cdot mol^{-1}$ 和 411 $kJ \cdot mol^{-1}$)，因此碳的成链特征十分明显。而硅是第三周期元素，形成 p-p π键不是其特征，相应 Si—Si 键及 Si—H 键键能又比较小(分别是 222 $kJ \cdot mol^{-1}$ 和 295 $kJ \cdot mol^{-1}$)，这就决定了硅氢化合物中的硅链不可能太长；但是，由于 Si—O 键键能较 C—O 键键能大(分别是 432 $kJ \cdot mol^{-1}$ 和 350 $kJ \cdot mol^{-1}$)，而且 Si—O 键中 Si 原子空的 3d 轨道可以与 O 原子的 2p 轨道上孤对电子形成离域 p-d π 键，从而使 Si 易于形成系列硅氧四面体为基础的化合物。

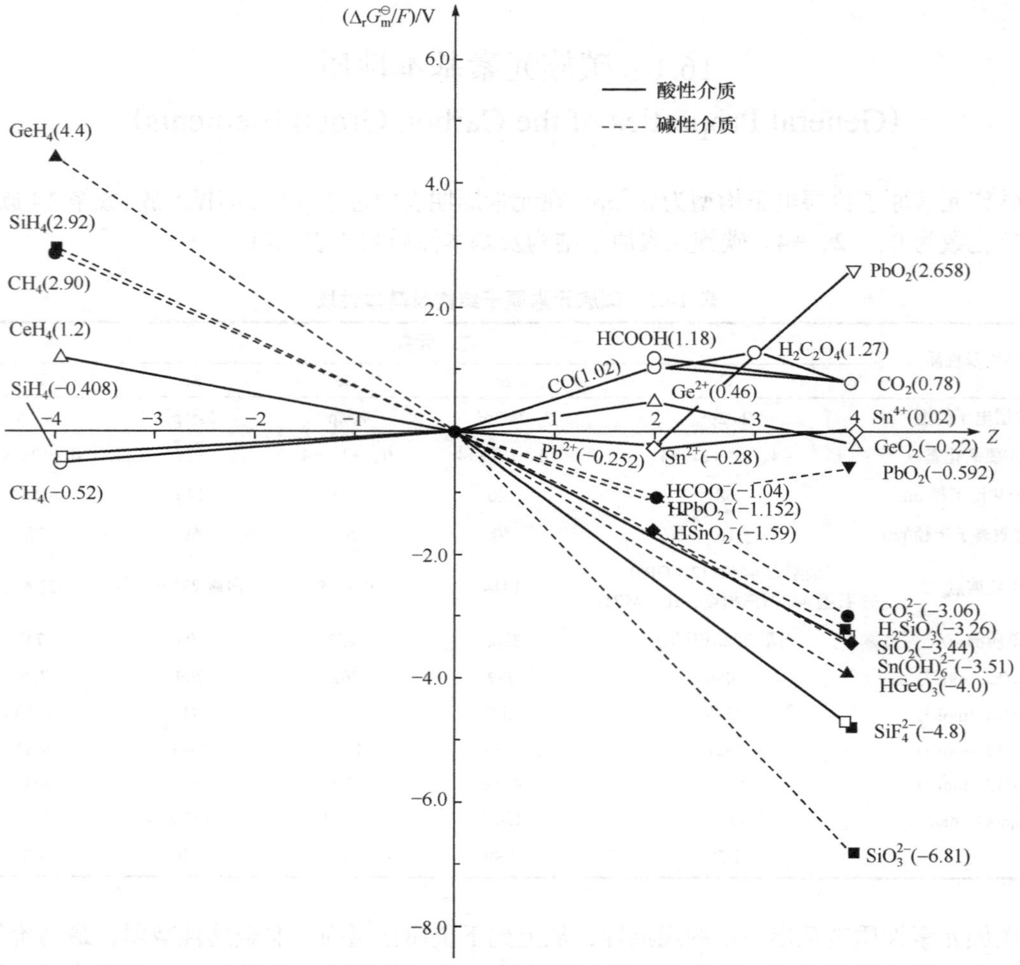

图 16.1　碳族元素的 $\Delta_r G_m^{\ominus}/F$-Z 图

碳和硅作为中心原子的最大的配位数也不同。碳是第二周期元素，价轨道数为 4，原子半径小，最大配位数为 4；硅是第三周期元素，有 3d 轨道可以利用，最大配位数可达 6，如 $[SiF_6]^{2-}$。

由 Ge^{2+}/Ge、Sn^{2+}/Sn、Pb^{2+}/Pb 的标准电极电势值（$E^{\ominus}$ 依次为 0.247 V、−0.136 V、−0.125 V）可以推断，锗的金属性稍弱，而锡、铅属于中等活泼金属。

16.2　碳族元素单质
（Elements of the Carbon Group）

16.2.1　碳

1. 碳的同素异形体

碳有多种同素异形体：金刚石、石墨、石墨烯、碳纳米管以及碳原子簇，结构示意图见图 16.2。金刚石、石墨的性质见表 16.2。

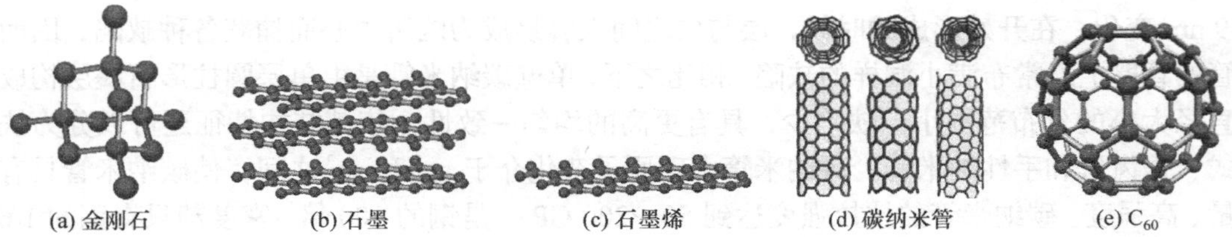

图 16.2　金刚石、石墨、石墨烯、碳纳米管、C_{60} 的结构示意图

表 16.2　金刚石、石墨的性质

性质	金刚石	石墨
外观	无色、透明	黑色、不透明、层状晶体
晶体类型	原子晶体	过渡型晶体
密度/($g\cdot cm^{-3}$)	3.515	2.267
熔点/℃	4440(12.4 GPa)	4489(三相点，10.3 MPa)
沸点/℃	—	3825(升华)
莫氏硬度	10	1
导电性	不导电	导电
燃烧热/($kJ\cdot mol^{-1}$)	395.4	393.5
化学性质	稳定	较稳定

1) 金刚石

金刚石俗称钻石，是原子晶体[图 16.2(a)]。硬度为 10，是高硬度物质之一。金刚石的熔点为 4440℃(12.4 GPa)。在金刚石中每个 C 原子都采取 sp^3 杂化，C—C 键键长为 155 pm。除用作装饰品外，金刚石主要用于钻头、精密轴承等。

2) 石墨、碳纳米管和石墨烯

石墨是具有片层结构的过渡型晶体，层内 C 原子以共价键相连，层与层之间通过范德华力相连[图 16.2(b)]。硬度为 1，是最软的晶体之一。相邻层与层之间距离为 340 pm，层内 C—C 键键长为 142 pm，每个 C 原子都采取 sp^2 杂化，余下的未参与杂化的 p 电子由于轨道相互重叠，形成离域 π 键，参与形成 π 键的电子在层间流动，因此石墨具有导电、导热性。在石墨的层与层之间仅存在分子间作用力，容易滑动，所以石墨具有解理性，质软，有滑腻感，可用作润滑剂。铅笔的笔芯是用石墨和黏土按一定比例混合制成的。无定形碳如木炭、焦炭、骨炭等，实际上都是石墨的结构，只是晶粒较小，而且碳原子所构成的平面层为凌乱不规则的堆积。无定形碳具有大的比表面积，因而具有一定的吸附能力，是常用的吸附剂、脱色剂、除臭剂等。

在隔绝空气的条件下，将金刚石加热到 1000℃，可以使金刚石转变为石墨。该反应放热且反应后体积增加，其逆反应，即由石墨制备金刚石，是在高温(1200～2700℃)、高压(1.52×10^6 kPa)，在 Fe、Cr 或 Pt 催化剂作用下进行的。

碳纳米管[图 16.2(d)]在 1991 年由日本饭岛澄男(Sumio Iijima，1939.5—)发现。碳纳米管管身由六边形碳环微结构单元组成，端帽部分是由含五边形的碳环组成的多边形结构。按照管壁石墨烯片的层数分为单壁碳纳米管和多壁碳纳米管。多壁碳纳米管层间距从 0.34 nm 到

0.39 nm 变化，在开始形成的时候，层与层之间很容易成为陷阱中心而捕获各种缺陷，因而多壁管的管壁上通常布满小洞样的缺陷。相比之下，单壁碳纳米管是由单层圆柱形石墨层构成，其直径大小的分布范围小，缺陷少，具有更高的均匀一致性。依其结构特征还可以分为扶手椅式、锯齿形和手性纳米管。碳纳米管中碳原子杂化介于 sp^2 和 sp^3 之间，使碳纳米管具有高模量、高强度。碳纳米管的抗拉强度达到 50～200 GPa，是钢的 100 倍，密度却只有钢的 1/6；碳纳米管的硬度与金刚石相当，却拥有良好的柔韧性，可以拉伸。此外，碳纳米管还有特殊的电学性质、良好的传热性能等。

石墨烯（graphene）由安德烈 · 康斯坦丁诺维奇 · 杰姆(Andre Konstantinovich Geim，1958—)和康斯坦丁 · 索兹耶维奇 · 诺沃肖洛夫（Konstantin Sergeevich Novoselov，1974—）在 2004 年首次制备。它是一种二维纳米材料，由碳原子以 sp^2 杂化轨道成键，形成平面薄膜[图 16.2（c）]。石墨烯目前是世上最薄（仅一个碳原子厚度）而又最坚硬的纳米材料，透光、导热、导电性能优越。对光透过率为 97.7%；导热系数 5300 $W \cdot m^{-1} \cdot K^{-1}$，高于碳纳米管和金刚石；室温下电子迁移率大于 15000 $cm^2 \cdot V^{-1} \cdot s^{-1}$，比碳纳米管或硅晶体都高；电阻率仅为 10^{-9} $\Omega \cdot m$，比铜或银更低，是目前已知的电阻率最小的材料。鉴于它优异的导电性能和光学透明性，可望用来制造更薄、导电速度更快的新一代电子组件或晶体管、透明触控屏幕、太阳能电池板。杰姆和诺沃肖洛夫因为对石墨烯研究的开创性成果而获得了 2010 年诺贝尔物理学奖。

3）碳原子簇

以 C_{60} 为代表的碳原子簇（C_n，n 为 28、32、50、60、70、240、540 等）是 20 世纪末期发现的碳的第三种同素异形体。C_{60} 的形状与足球类似，又称为足球烯或富勒烯（Fullerene）。C_{60} 分子是由 60 个碳原子构成的 32 面体，由 12 个正五边形和 20 个六边形组成，相当于截角的正二十面体[图 16.2（e）]。价键理论解释成键方式：每个 C 原子都采用 sp^2 杂化，未参与杂化的 p 轨道在 C_{60} 球面形成大 π 键。但是 C_{60} 是球形分子，不是平面结构，精确地讲，C 的杂化方式更为复杂，介于 sp^2 和 sp^3 之间，目前的测量结果表明是 $sp^{2.28}$ 杂化。此外，经典的价键理论认为形成离域键要求轨道平行，C_{60} 球面大 π 键的存在证明轨道可以不完全平行，因此在理论方面碳原子簇的结构对现有“化学键理论”形成强大冲击。

2. 碳的化学性质与埃林厄姆图

单质碳在常温下化学性质不活泼，它的反应性大多在高温下表现出来，主要是还原性。碳在空气中燃烧可生成 CO 或 CO_2，碳在较高温度下与其他非金属单质化合，并被氧化性的酸氧化。例如

$$C(s) + 2F_2(g) \xlongequal{\triangle} CF_4(g)$$

$$C(s) + 2S(s) \xlongequal{电炉} CS_2(l)$$

$$2H_2SO_4(浓，aq) + C(s) \xlongequal{\triangle} CO_2(g) + 2SO_2(g) + 2H_2O(l)$$

$$4HNO_3(浓，aq) + C(s) \xlongequal{\triangle} CO_2(g) + 4NO_2(g) + 2H_2O(l)$$

碳在高温下可以把一些金属氧化物还原为相应金属单质，这使碳成为冶金工业中重要的还原剂。例如

$$PbO(s) + C(s) \xlongequal{\triangle} Pb(s) + CO(g)$$

碳与氧的作用涉及三个反应，如表 16.3 所示。

表 16.3　碳与氧的三个反应及其热力学数据

序号	反应	$\Delta_r H_m^{\ominus}$ / (kJ · mol^{-1})	$\Delta_r S_m^{\ominus}$ / (J · mol^{-1} · K^{-1})	$\Delta_r G_m^{\ominus}$ / (kJ · mol^{-1})
①	$C(s) + O_2(g) \longrightarrow CO_2(g)$	−393.5	2.89	−394.39
②	$2C(s) + O_2(g) \longrightarrow 2CO(g)$	−221.0	178.69	−274.32
③	$2CO(g) + O_2(g) \longrightarrow 2CO_2(g)$	−566	−172.9	−514.46

碳(石墨)的熔点是 3652℃，熔点以下没有相变，$\Delta_r H_m^{\ominus}$、$\Delta_r S_m^{\ominus}$ 变化不大，近似为固定值。对于表 16.3 中碳与氧的三个反应，根据 $\Delta_r G_m^{\ominus} = \Delta_r H_m^{\ominus} - T\Delta_r S_m^{\ominus}$，以 $\Delta_r G_m^{\ominus}$ 对 T 作图，得到三条直线，斜率是 $-\Delta_r S_m^{\ominus}$，在纵轴上的截距为 $\Delta_r H_m^{\ominus}$，如图 16.3 所示。这种图形称为标准吉布斯自由能变-温度图($\Delta_r G_m^{\ominus}$-T 图)，也称为埃林厄姆图(Ellingham diagram)。反应①埃林厄姆图的斜率几乎为零，反应②的斜率为负，反应③的斜率为正。当温度升高时，反应②的 $\Delta_r G_m^{\ominus}$ 越来越负，表明生成 CO 的热力学倾向越来越大；相反，生成 CO_2 的反应③的 $\Delta_r G_m^{\ominus}$ 却越来越大。因此低温时，碳与氧化合在氧气充足时生成 CO_2、氧气不足时生成 CO，高温时则主要生成 CO，而非 CO_2。

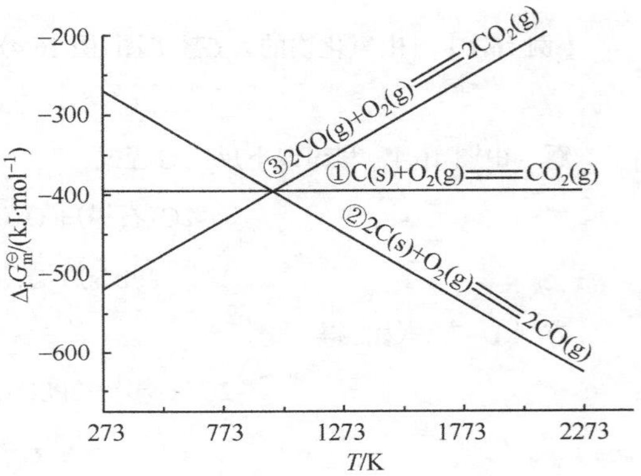

图 16.3　C、CO 的 $\Delta_r G_m^{\ominus}$-T 图

同理，以某金属消耗 1 mol $O_2(g)$ 生成其氧化物的反应的 $\Delta_r G_m^{\ominus}$ 对 T 作图，得到该氧化物的埃林厄姆图。在冶金工业中，常涉及硫化物、氯化物、氟化物等，因此以某金属消耗 1 mol S(s)或 $Cl_2(g)$、$F_2(g)$ 等生成相应硫化物、氯化物、氟化物反应的 $\Delta_r G_m^{\ominus}$ 对 T 作图，分别得到硫化物、氯化物、氟化物的埃林厄姆图。图 16.4 为部分氧化物、氯化物的埃林厄姆图。

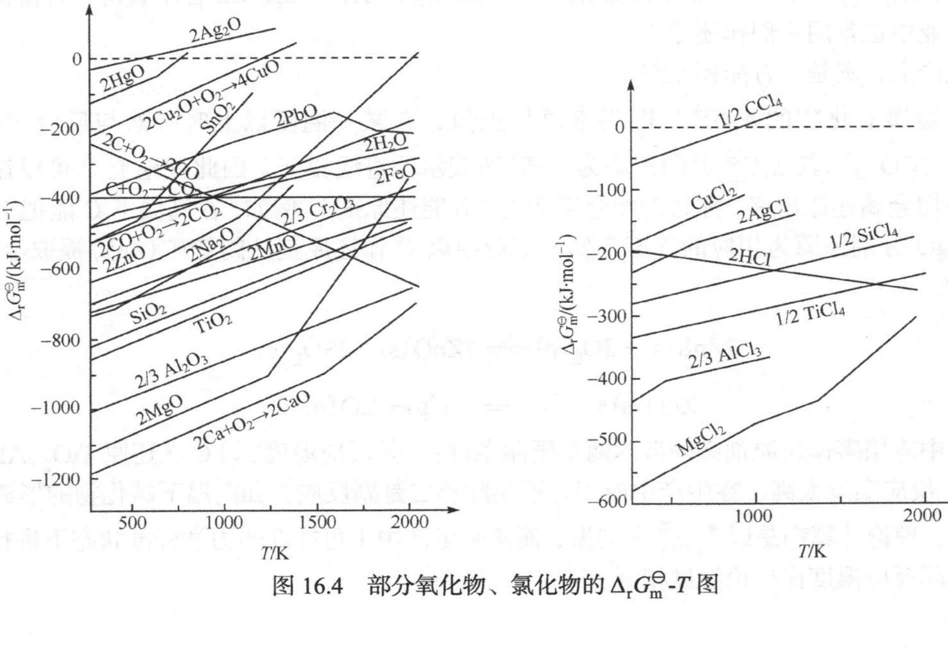

图 16.4　部分氧化物、氯化物的 $\Delta_r G_m^{\ominus}$-T 图

当无相变时，$\Delta_r H_m^\ominus$、$\Delta_r S_m^\ominus$ 变化不大，近似为固定值，图形为直线；有相变时，$\Delta_r H_m^\ominus$、$\Delta_r S_m^\ominus$ 在相变温度处变化，反映在图上出现一个折点。

埃林厄姆图直观地表示一个反应的 $\Delta_r G_m^\ominus$ 随温度变化的趋势，有以下应用：

1)判断氧化还原反应自发的方向

在一定温度范围内，位于埃林厄姆图下方线的还原剂可以自发地把上方线的氧化物(硫化物、氯化物、氟化物等)还原为相应单质。

相同温度下，位于图下方的金属氧化物热力学稳定性大于位于图上方的金属氧化物热力学稳定性，使反应的 $\Delta_r G_m^\ominus < 0\ \mathrm{kJ \cdot mol^{-1}}$，因此位于图下方的金属可以置换位于图上方的金属。

【例 16.1】 由氧化物的 $\Delta_r G_m^\ominus$-T 图(图 16.4)，说明热力学标准状态下，下列反应是否可以自发进行：

$$\mathrm{C(石墨) + PbO(s) = Pb(s) + CO(g)}$$

解 由图 16.4，写出以下反应方程式：

$$\mathrm{2C(石墨) + O_2(g) = 2CO(g)} \qquad \Delta_{r1} G_m^\ominus \qquad ①$$

$$\mathrm{2Pb(s) + O_2(g) = 2PbO(s)} \qquad \Delta_{r2} G_m^\ominus \qquad ②$$

方程①−方程②，得

$$\mathrm{2C(石墨) + 2PbO(s) = 2Pb(s) + 2CO(g)} \qquad \Delta_{r3} G_m^\ominus \qquad ③$$

$$\Delta_{r3} G_m^\ominus = \Delta_{r1} G_m^\ominus - \Delta_{r2} G_m^\ominus$$

由图 16.4 可见：当 $T > 700\ \mathrm{K}$ 时，反应①[$\mathrm{2C(石墨) + O_2(g) = 2CO(g)}$]图均在反应②[$\mathrm{2Pb(s) + O_2(g) = 2PbO(s)}$]图的下方，表明 $\Delta_{r1} G_m^\ominus < \Delta_{r2} G_m^\ominus$，所以 $\Delta_{r3} G_m^\ominus = \Delta_{r1} G_m^\ominus - \Delta_{r2} G_m^\ominus < 0\ \mathrm{kJ \cdot mol^{-1}}$，说明热力学标准状态下，反应③可以自发进行。

2)选择合适的还原剂

位于埃林厄姆图下方线的还原剂，可以自发地把上方线的化合物还原为相应单质。

SiO_2、Al_2O_3、MgO、CaO 在图的偏下方，而且 Si、Al、Mg、Ca 容易获得，价格低，因此冶金工业中也常用它们作还原剂。

3)理论上，碳是"万能还原剂"

由于金属氧化物的 $\Delta_r G_m^\ominus$-T 图斜率总是正值，在某一温度以上时必然与反应 $\mathrm{2C(s) + O_2(g) = 2CO(g)}$(其 $\Delta_r G_m^\ominus$-T 图斜率为负值)所表示的直线相交，因此理论上 C 可以作为还原剂将一切金属还原出来，称之为冶金工业的"万能还原剂"。例如，在高温下 C 能把 ZnO、CdO、MgO 分别还原为相应的气态金属。工业中以 C 作还原剂从闪锌矿(ZnS)提取金属 Zn 的反应为

$$\mathrm{2ZnS(s) + 3O_2(g) \xlongequal{\triangle} 2ZnO(s) + 2SO_2(g)}$$

$$\mathrm{ZnO(s) + C(s) \xlongequal{\triangle} Zn(g) + CO(g)}$$

工业中应用碳作还原剂必须考虑两个限制条件：一是反应温度，如 C 在还原 TiO_2、Al_2O_3、MgO 时，反应温度太高，在生产中应用并不实际；二是副反应，如高温下碳化物的形成。

最后，理论计算都是以 $\Delta_r G_m^\ominus$ 为判据，而实际生产中不可能在热力学标准状态下进行。事实上，实际反应温度比理论温度稍低。

16.2.2 硅

硅有晶形和无定形两种同素异形体。

晶体硅的结构类似于金刚石，利用 sp^3 杂化轨道成键。晶体硅呈银灰色，有金属光泽的晶体，硬度和熔点(1414℃)、沸点(3265℃)均高，具有良好的导热性。硅的液体密度比固体还大。硅是一种本征半导体，靠受热后产生电子和空穴，因此随温度升高其电导率增加，导电性提高。纯硅的导电性差，掺杂可提高其导电性。在高纯硅中掺入百万分之一的 P 原子，成键后有多余的电子，形成 n 型(negative)半导体；掺入 B 原子，成键后有空轨道，形成 p 型(positive)半导体。硅是制造太阳能电池的基本原料。

晶体硅单质的化学性质较惰性，不如碳活泼。无定形硅较晶体硅活泼。

硅与非金属单质反应温度高低的顺序可通过比较有关反应物和产物键能的相对大小来认识。如表 16.4 所示，Si—F 键键能大，F—F 键键能小，硅与氟常温下化合；而硅与氯需要 400℃以上化合；Si—O 键键能大，因此硅具有强的亲氧性。但由于硅的表面有一层 SiO_2 保护膜，阻止了氧气与硅的进一步反应，只有达到 1000℃以上时才能反应。硅与氮、硅与硫、硅与碳反应则需要更高温度。

$$Si(s) + 2F_2(g) \xlongequal{\quad} SiF_4(g)$$

$$Si(s) + 2Cl_2(g) \xlongequal{400℃} SiCl_4(g)$$

$$Si(s) + O_2(g) \xlongequal{\triangle} SiO_2(s)$$

$$3Si(s) + 2N_2(g) \xlongequal{1300℃} Si_3N_4(l)$$

$$Si(s) + C(s) \xlongequal{2000℃} SiC(s)$$

表 16.4 几种键能对比

键	键能/$(kJ \cdot mol^{-1})$	键	键能/$(kJ \cdot mol^{-1})$
Si—F	576	F—F	159
Si—Cl	417	Cl—Cl	243
Si—O	800	O═O	495
Si—N	437	N≡N	945

常温下硅可与强碱溶液反应放出氢气：

$$Si(s) + 4NaOH(aq) \xlongequal{\quad} Na_4SiO_4(aq) + 2H_2(g)$$

硅不与水和酸作用。在加热或有氧化剂(如 $KMnO_4$、HNO_3、CrO_3、H_2O_2、$FeCl_3$)存在的条件下，单质硅可以与氢氟酸反应：

$$3Si(s) + 18HF(aq) + 4HNO_3(aq) \xlongequal{\quad} 3H_2SiF_6(aq) + 4NO(g) + 8H_2O(l)$$

硅只与某些金属如 Mg、Fe 反应才表现其氧化性：

$$2Mg(s) + Si(s) \xlongequal{\triangle} Mg_2Si(s)$$

硅半导体材料*

硅半导体材料是信息时代的主导材料。在单晶硅片上构建的金属-氧化物-硅场效应晶体管(MOSFET)是第一个真正的紧凑型晶体管。以硅基芯片为基础制成集成电路(IC)，广泛应用于计算机、通信设备和互联网。

硅基芯片和集成电路的制造需要经过单晶硅生长、提拉、切片、光刻和化学处理(如表面钝化、热氧化、平面扩散和结隔离)、封装、测试等数千道工序。在此过程中，在单晶硅片(俗称“晶圆”)上面逐渐形成集成电路。在集成电路中，单晶硅晶片是电路的机械支撑和半导体二极管的核心材料。由于即使有微小的晶界、杂质和晶体缺陷，都会严重影响材料的局部电子性能，进而干扰半导体器件的正常运行，影响其性能和可靠性，因此半导体纯度的硅被要求具有 99.9999999%～99.999999999%纯度(9～12 个 9，即 9N～12N)，是几乎没有缺陷的单晶，生产成本很高。

16.2.3 锗、锡、铅

1. 锗、锡、铅的物理性质

单质锗是金刚石型的原子晶体，但熔点仅为 938.25℃，说明了晶体中共价键强度显著低于 C—C 键。它是银白色脆金属。高纯度的锗是半导体材料，从高纯度的氧化锗还原，再经熔炼提取而得。掺有微量特定杂质的锗单晶，可用于制作各种晶体管、整流器等。锗的化合物用于制造荧光板及各种高折射率的玻璃。

某些锗化合物对人体的影响主要是可以帮助克服疲劳、防止贫血、改善新陈代谢等。一些有机锗化合物具有明显的抗肿瘤活性，且毒性低，尤其是没有骨髓毒性这一优点，在防治肿瘤和辅助放化疗等方面很有潜力。

锡有三种同素异形体，即灰锡、白锡和脆锡，它们之间可以相互转化：

$$\underset{(\alpha\text{型})}{\text{灰锡}}\overset{13.2℃}{\rightleftharpoons}\underset{(\beta\text{型})}{\text{白锡}}\overset{161℃}{\rightleftharpoons}\underset{(\gamma\text{型})}{\text{脆锡}}\overset{231.9℃}{\rightleftharpoons}\text{液体锡}$$

在常温下稳定的形态是白锡，它是银白色的金属，较软，用小刀就能切开。它的熔点很低，只有 232℃，只要用酒精灯或蜡烛火焰就能使它熔化成像水银一样的流动性液体。它的展性很好，能展成极薄的锡箔，厚度可达到 0.04 mm 以下。不过，它的延性比较差，一拉就断，不能拉成细丝。

锡是“五金”之一*

锡是大名鼎鼎的“五金”——金、银、铜、铁、锡之一。炼锡比炼铜、炼铁、炼铝都容易，只要把锡石(SnO_2)与木炭放在一起烧，木炭便会把锡从锡石中还原出来。正因为这样，锡很早就被人们发现了。金属锡富有光泽、无毒，不易氧化变色，具有很好的杀菌、净化、保鲜效用。古时候，人们常在井底放上锡块，净化水质。在日本宫廷中，精心酿制的御酒都用锡器盛装。锡主要用于制造合金，锡和铜的合金就是青铜(锡和铜的比例为 3∶7)，它的熔点比纯铜低，铸造性能比纯铜好，硬度也比纯铜大。焊锡一般含锡 61%，有的是铅锡各半，也有的是由 90%铅、6%锡和 4%锑组成。由于锡怕冷，因此在冬天要特别注意别使锡器受冻。同理，用锡焊接的铁器也不能受冻。

白锡制品长期处于低温下会自行毁坏，是由于白锡转化为灰锡。灰锡具有与白锡不同的晶体结构，白锡转变为灰锡后会碎成碎片。这个转变有一个有趣的现象：从一点开始，逐渐蔓延，最后毁灭。灰锡有“传染性”，白锡只要一碰上灰锡，哪怕是碰上一点，白锡也会立即向灰锡转变，直到把整块白锡全部转变为灰锡。这种现象称为锡疫。

锡主要用于制造合金。硫化锡的颜色与金相似，常用作金色颜料。二氧化锡是不溶于水的白色粉末，可用于制造搪瓷、白釉与乳白玻璃。锡单质无毒，但一些有机锡化合物毒性大。

铅是银白色的金属(与锡比较，铅略带一点浅蓝色)，十分柔软。

金属铅的重要用途是制造蓄电池，负极是金属铅，正极上的红棕色粉末是二氧化铅。金属铅可以很好地阻挡 X 射线和放射性射线，常用来制造防辐射的铅玻璃。铅因为具有较好的导电性，被制成粗大的电缆，输送强大的电流。铅用于制作各种合金，如铅字印刷中的活字合金一般含有 5%～30%的锡和 10%～20%的锑，其余则是铅。保险丝也是用铅合金做的，焊锡中也含有铅。铅的许多化合物常用作颜料，如 $PbCrO_4$(黄色)、PbI_2(金色)、$PbCO_3$(白色)。有机铅化合物中的四乙基铅，曾经被用作汽油的防爆剂，但近年来出于环境保护的原因，已减少了使用。

2. 锗、锡、铅的化学性质

由 Ge^{2+}/Ge、Sn^{2+}/Sn、Pb^{2+}/Pb 的标准电极电势 $E^{\ominus}$ 值 0.247 V、−0.136 V 和−0.125 V 可以推断，锗的金属性稍弱，而锡、铅属于中等活泼金属。

锗、锡在常温下不与空气中的氧作用，也不与水作用。铅在空气中迅速被氧化，形成氧化膜保护层，在空气存在下，铅能与水缓慢作用：

$$2Pb(s) + O_2(g) + 2H_2O(l) \xlongequal{} 2Pb(OH)_2(s)$$

锗、锡、铅都能与卤素和硫生成卤化物和硫化物。

锗、锡、铅与常见酸的反应归纳于表 16.5 中。锡、铅可从盐酸和稀硫酸中置换出氢，而锗与盐酸和稀硫酸均不反应，但可被氧化性酸氧化为 Ge(Ⅳ)化合物。

表 16.5 锗、锡、铅和某些酸的作用

名称	稀 HCl	浓 HCl
Ge	不反应	不反应
Sn	反应慢	生成 $SnCl_2$ $Sn(s) + 2HCl(aq,浓) \xlongequal{\triangle} SnCl_2(aq) + H_2(g)$
Pb	生成微溶 $PbCl_2$，覆盖于表面，反应中止 $Pb(s) + 2HCl(aq) \xlongequal{} PbCl_2(s) + H_2(g)$	生成$[PbCl_4]^{2-}$ $Pb(s) + 3HCl(aq,浓) \xlongequal{\triangle} HPbCl_3(aq) + H_2(g)$
名称	稀 H_2SO_4	浓 H_2SO_4
Ge	不反应	$Ge(s) + 4H_2SO_4(aq,浓) \xlongequal{90℃} Ge(SO_4)_2(aq) + 2SO_2(g) + 4H_2O(l)$ $Ge(SO_4)_2$ 水解得 GeO_2
Sn	产物中 Sn 氧化态为+2 $Sn(s) + H_2SO_4(aq) \xlongequal{} SnSO_4(aq) + H_2(g)$	产物中 Sn 氧化态为+4 $Sn(s) + 4H_2SO_4(aq,浓) \xlongequal{\triangle} Sn(SO_4)_2(aq) + 2SO_2(g) + 4H_2O(l)$
Pb	$Pb(s) + H_2SO_4(aq) \xlongequal{} PbSO_4(s) + H_2(g)$	$Pb(s) + 3H_2SO_4(aq,浓) \xlongequal{\triangle} Pb(HSO_4)_2(aq) + SO_2(g) + 2H_2O(l)$
名称	稀 HNO_3	浓 HNO_3
Ge		$Ge(s) + 4HNO_3(aq,浓) \xlongequal{} GeO_2 \cdot H_2O(s) + 4NO_2(g) + H_2O(l)$
Sn	$3Sn(s) + 8HNO_3(aq) \xlongequal{} 3Sn(NO_3)_2(aq) + 2NO(g) + 4H_2O(l)$	$xSn(s) + 4HNO_3(aq,浓) + (y-2)H_2O(l) \xlongequal{} xSnO_2 \cdot yH_2O(s) + 4NO_2(g)$
Pb	$3Pb(s) + 8HNO_3(aq) \xlongequal{} 3Pb(NO_3)_2(aq) + 2NO(g) + 4H_2O(l)$	

锡和铅能溶于 NaOH 等强碱性溶液中并放出 H_2，相应地生成 $NaSn(OH)_3$ 和 Na_2PbO_2：

$$Sn(s) + NaOH(aq) + 2H_2O(l) \xlongequal{} NaSn(OH)_3(aq) + H_2(g)$$

$$Pb(s) + 2NaOH(aq) \xlongequal{} Na_2PbO_2(aq) + H_2(g)$$

锗不溶于 NaOH 溶液，除非有 H_2O_2 等氧化剂存在：

$$Ge(s) + 2NaOH(aq) + 2H_2O_2(aq) \longrightarrow Na_2GeO_3(aq) + 3H_2O(l)$$

总的来说，本族从 C 到 Sn，元素非金属性逐渐减弱，而金属性逐渐增强；Sn 与 Pb 金属性相近，这可归因于原子半径与有效核电荷两因素对元素性质影响的竞争结果。

16.3　碳的化合物

（Compounds of Carbon）

16.3.1　氧化物

碳的氧化物主要有一氧化碳和二氧化碳两种。

1. 一氧化碳

一氧化碳分子 CO 与 N_2 互为等电子体，但是 N_2 的配位能力远小于 CO。价键理论和分子轨道理论分别对此作了解释。

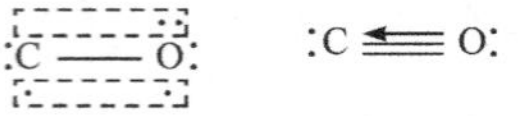

图 16.5　CO 的成键情况

根据价键理论，一氧化碳（carbon monoxide）分子中 C—O 原子之间为三键：一个 p-p σ 键，一个 p-p π 键，以及一个由氧原子单方面提供电子对的 π 配键（图 16.5）。

π 配键的形成导致 CO 偶极矩很小，仅为 4.1×10^{-31} C · m（对比 H_2O 分子的偶极矩 6.2×10^{-30} C · m）；其次，C 原子上的电子密度增加①，C 上的孤对电子易给出去，即 CO 作路易斯碱配体，与金属形成羰基配合物。同时 C 上孤对电子的偏移使 C—O 键减弱，体现在红外光谱中 C—O 键的伸缩振动频率减小。

分子轨道理论对金属羰基配合物的形成解释得更为具体，CO 的分子轨道能级如图 16.6 所示。CO 分子的最高占有轨道是 5σ 轨道，作配体时提供 σ 轨道上的电子给金属原子或金属离子，进入其空 d 轨道，而金属原子或金属离子的 d 电子进入 CO 的 π^*反键轨道形成反馈 π 键，这种反馈 π 键减少了由于生成 σ 配键而引起的金属原子或离子上过多的负电荷积累，加强 σ 配键，同时 σ 配键也促进了反馈 π 键的形成。这种作用称为"σ-π 协同成键作用"，增强了羰基配合物的稳定性（参阅 20.4.3 小节和图 20.15）；另一方面，反馈 π 键的形成削弱了 C—O 键，体现在红外光谱中 C—O 键的伸缩振动频率减小。

CO 是无色、无臭、有毒气体，是碳在氧气不充足的条件下燃烧的产物。

在实验室中制备一氧化碳气体可采用甲酸滴加到热浓 H_2SO_4 中，或将草酸晶体与浓 H_2SO_4 共热制备，将生成的 CO_2 和 H_2O 用固体 NaOH 吸收，得 CO。在这两个反应中，热的浓硫酸起脱水作用。

$$HCOOH(aq) \xrightarrow[\triangle]{\text{浓}H_2SO_4} CO(g) + H_2O(l)$$

$$H_2C_2O_4 \cdot 2H_2O(s) \xrightarrow[\triangle]{\text{浓}H_2SO_4} CO_2(g) + CO(g) + 3H_2O(g)$$

① 有学者认为，CO 分子的偶极矩为 $^{\delta-}$C—O$^{\delta+}$。

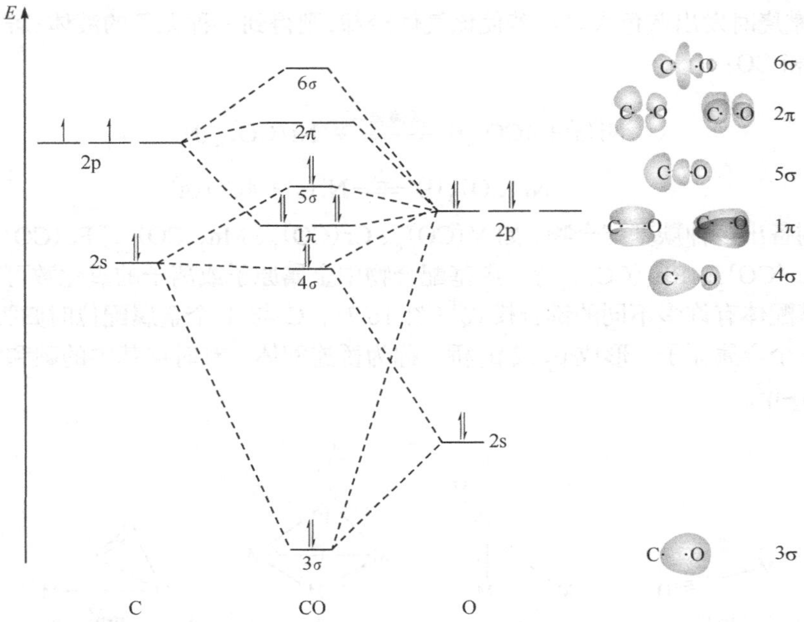

图 16.6 CO 分子轨道的形成(左)及分子轨道角度分布示意图(右)(省略内层 1σ 和 2σ 轨道)

分解羰基配合物可制备纯的 CO：

$$Ni(CO)_4(l) \xrightarrow{\triangle} Ni(s) + 4CO(g)$$

在工业上用发生炉煤气或水煤气法，将空气和水蒸气交替通过红热的炭层。碳与空气中的氧气反应是放热反应，而与水蒸气反应则是吸热反应，二者交替进行，维持系统的持续运转。通入空气时发生的反应是

$$2C(s) + O_2(g) = 2CO(g) \qquad \Delta_r H_m^\ominus = -221\ kJ \cdot mol^{-1}$$

得到的混合气体组成(体积分数)为 25% CO、4% CO_2、70% N_2，这种混合气体称为发生炉煤气。

通入水蒸气时发生另一个反应：

$$C(s) + H_2O(g) = CO(g) + H_2(g) \qquad \Delta_r H_m^\ominus = 131\ kJ \cdot mol^{-1}$$

得到的混合气体组成(体积分数)为 40% CO、5% CO_2、50% H_2，这种混合气体称为水煤气。

发生炉煤气和水煤气都是工业上的燃料气。

由碳族元素的 $\Delta_r G_m^\ominus / F\text{-}Z$ 图(图 16.1)可见，一氧化碳具有还原性。在冶金过程中一氧化碳是重要的还原剂，可将金属氧化物还原成金属单质。例如，CO 气体可以还原溶液中的二氯化钯，使溶液变黑，可以用该反应来检验 CO：

$$CO(g) + PdCl_2(aq) + H_2O(l) = CO_2(g) + 2HCl(aq) + Pd(s)$$

CO 与 CuCl 酸性溶液的配位反应进行得很完全，可以用来吸收 CO：

$$CO(g) + CuCl(aq) + 2H_2O(l) = Cu(CO)Cl \cdot 2H_2O(aq)$$

一氧化碳的另一重要化学性质是配位性。在高温下，一氧化碳能与许多过渡金属单质反应生成金属羰基配合物。最早发现的羰基化合物是 $Ni(CO)_4$，它是 1890 年由路德维希 · 蒙德(Ludwig Mond，1839—1909)发现的。将 CO 通过镍丝，然后再燃烧，就发出绿色的光亮火焰

（纯净的 CO 燃烧时发出蓝色火焰），若使该气体冷却，则得到一种无色的液体；若加热该气体，则分解出 Ni 和 CO：

$$Ni(s) + 4CO(g) \xrightarrow{\text{常温常压}} Ni(CO)_4(l)$$

$$Ni(CO)_4(l) \xrightarrow{\triangle} Ni(s) + 4CO(g)$$

目前已制备出多种羰基配合物，如 $V(CO)_6$、$Cr(CO)_6$、$Mn_2(CO)_{10}$、$Fe(CO)_5$、$Ni(CO)_4$、$Mo(CO)_6$、$Ru(CO)_5$、$Rh_6(CO)_{16}$等。羰基配合物中金属原子或离子的氧化数可以是正值、负值和零。羰基配体有许多不同的键合模式①（图 16.7），C 与 1 个金属配位时归类为端接配体，连接 2 个或 3 个金属原子，形成 μ_2 或 μ_3 桥，称为桥连配体。有时羰基中的碳和氧原子都会参与键合，如 μ_3-η^2。

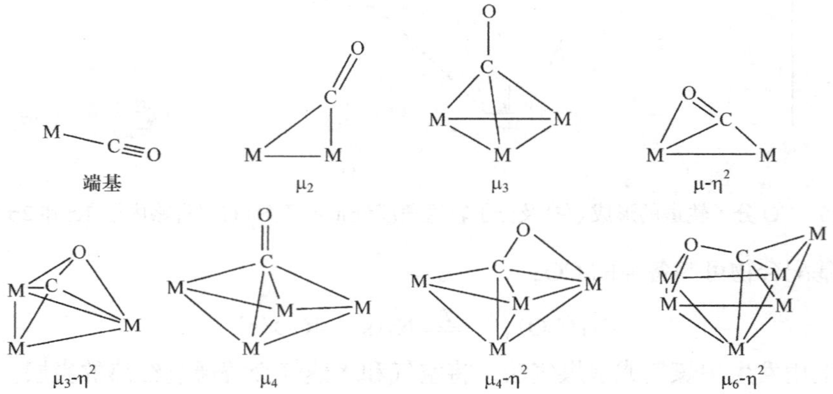

图 16.7 羰基配合物中羰基配体的键合模式

羰基配合物的用途主要是用来制备高纯金属、催化剂和汽油抗震剂等。羰基配合物一般是有剧毒的，如 $Fe(CO)_5$。CO 对血红素中的铁 HmFe(Ⅱ)配位能力为 O_2 的 230～270 倍。当有大量 CO 时，HmFe(Ⅱ)优先与 CO 结合成配合物，导致血液失去输送氧的作用，从而使人发生煤气中毒。当发生煤气中毒时，应将患者移至空气清新处并迅速送往有高压氧治疗条件的医院进行吸纯氧等治疗。

$$HmFe(\text{Ⅱ})\leftarrow O_2 + CO(g) = HmFe(\text{Ⅱ})\leftarrow CO + O_2(g)$$

CO 在生命体系中是一种重要的气体信使分子。此外，CO 能溶于汽油中，并且很容易蒸发到气化器中，其燃烧产物的毒性小，并不像铅一样储于人体中。

2. 二氧化碳

二氧化碳(carbon dioxide)是非极性、直线形分子，VB 法认为在 C 和 O 之间是双键。这无法解释 CO_2 中的碳氧键长(116 pm)介于碳氧双键 C═O(124 pm)和三键 C≡O(112.8 pm)之间。杂化轨道理论认为：C 采用 sp 杂化，每个杂化轨道上有 1 个单电子，分别与两端 O 2p 轨道

① 书写化学式时，η^n-用以标识有机配体，其中 n 表示配体的配位原子数。若 $n=1$，n 可以省略不写；若配体分子中所有碳原子均与金属原子相键合，也可以省略 n。这里η^2表示 C、O 同时参与配位。另外，采用μ_n-标识桥连的配体，n 表示桥连配体配位的原子数，其中，μ_2-也可简写为μ-，如 $Fe_3(CO)_{10}(\mu\text{-}CO)_2$。

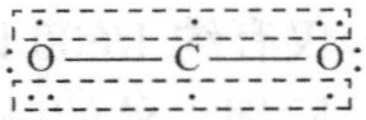

图 16.8　CO_2 的成键情况

上提供的单电子形成两个 σ 单键(O—C—O)。C 的两个 2p 轨道上还有 2 个单电子，分别与两端 O 剩余 2p 轨道的电子形成两个互相垂直的 Π_3^4 键，如图 16.8 所示。由于离域的 Π_3^4 键强度低于定域键，因此键长介于双键和三键之间。这个多重碳氧键使碳氧结合力强，使 CO_2 具有高的热稳定性。CO_2 与 N_3^-、N_2O、NO_2^+、OCN^-、SCN^- 互为等电子。

二氧化碳 CO_2 是碳单质充分燃烧的产物。常温、常压下二氧化碳是无色气体，降温加压 CO_2 较易液化或固化。固态二氧化碳(干冰)易升华，常用作制冷剂。

工业上用煅烧石灰石的方法生产 CO_2：

$$CaCO_3(s) \xlongequal{\triangle} CaO(s) + CO_2(g)$$

在实验室中则用碳酸盐和稀酸的反应来制备 CO_2：

$$CaCO_3(s) + 2HCl(aq) = CaCl_2(aq) + H_2O(l) + CO_2(g)$$

若将 CO_2 气体通入澄清的石灰水中，首先会产生浑浊沉淀；当 CO_2 气体过量时沉淀又会消失，发生了如下反应：

$$CO_2(g) + Ca(OH)_2(aq) = CaCO_3(s) + H_2O(l)$$

$$CaCO_3(s) + CO_2(g) + H_2O(l) = Ca(HCO_3)_2(aq)$$

这一反应可以用来检验 CO_2 气体。

化石燃料燃烧产生大量 CO_2 而带来全球变暖等环境问题，使得 CO_2 催化还原成为解决该问题的手段之一。原理就是将 CO_2 在光能或者电能及催化剂的作用下，还原为高能量密度的 CO、CH_4、C_2H_4、C_2H_2 等燃料或 CH_3OH、HCOOH 等精细化工产品。

16.3.2　碳酸及其盐

在碳酸(carbonic acid，H_2CO_3)分子中，中心碳原子采用 sp^2 杂化。碳酸根离子中，中心碳原子仍采用 sp^2 等性杂化，形成平面三角形构型。另外，在垂直于碳酸根离子所在平面的方向上，中心碳原子未参与杂化的 p_z 轨道和 3 个氧原子的 p_z 轨道上各有一个电子，形成 Π_4^6 键。

二氧化碳溶于水，以两种形式存在，水合物 $CO_2 \cdot xH_2O$ 和 H_2CO_3，在 25℃时，$[CO_2 \cdot xH_2O]/[H_2CO_3] = 600$。虽然习惯上把 CO_2 水溶液称为碳酸，但实际上 H_2CO_3 含量极少。

0℃时 100 g 水可溶解 0.385 g CO_2，体积比约为 1∶1，饱和 CO_2 溶液的浓度为 0.03～0.04 $mol \cdot dm^{-3}$，溶液呈酸性，pH 约为 4.0。

$$CO_2(aq) + H_2O(l) \rightleftharpoons H^+(aq) + HCO_3^-(aq) \qquad K_{a1}^{\ominus} = 4.45 \times 10^{-7}$$

$$HCO_3^-(aq) \rightleftharpoons H^+(aq) + CO_3^{2-}(aq) \qquad K_{a2}^{\ominus} = 4.69 \times 10^{-11}$$

因此，碳酸被误认为是二元弱酸。当考虑 CO_2 水合作用时，上述第一个反应实际上是以下两个反应的总反应：

$$CO_2(aq) + H_2O(l) \rightleftharpoons H_2CO_3(aq) \qquad K_1^{\ominus} = 1.67 \times 10^{-3}$$

$$H_2CO_3(aq) \rightleftharpoons H^+(aq) + HCO_3^-(aq) \qquad K_2^{\ominus} = 2.66 \times 10^{-4}$$

$$K_{a1}^{\ominus} = K_1^{\ominus} K_2^{\ominus} = 4.45 \times 10^{-7}$$

H_2CO_3 自身第一电离平衡常数为 2.66×10^{-4}，因此 H_2CO_3 属于中强酸，只是溶解于水的

CO_2仅有约 1/600 以 H_2CO_3 形式存在，使 CO_2 水溶液只呈现弱酸性。

除锂以外的碱金属碳酸盐、碳酸铵易溶于水，其他金属的碳酸盐难溶于水。对于难溶的碳酸盐，其对应的碳酸氢盐的溶解度通常要高一些，如 $CaCO_3$ 难溶于水，而 $Ca(HCO_3)_2$ 可溶于水。而对于易溶的碳酸盐如碳酸钠或碳酸铵，其对应的碳酸氢盐的溶解度反而较小。

碳酸根在水中会发生如下水解反应：

$$CO_3^{2-}(aq) + H_2O(l) \rightleftharpoons HCO_3^-(aq) + OH^-(aq)$$

所以碳酸根在水溶液中与其他金属离子相遇时可能产生碳酸盐、碱式碳酸盐或氢氧化物不同类型的沉淀物；最终生成何种化合物，取决于具体元素的碳酸盐、碱式碳酸盐或氢氧化物的溶度积常数($K_{sp}^{\ominus}$)的大小及其与相应离子积(Q_i)的比较。

(1) Ca^{2+}、Sr^{2+}、Ba^{2+}等强碱阳离子，其碳酸盐的溶度积远小于氢氧化物的溶度积，因此与碳酸根相遇时生成碳酸盐沉淀。例如

$$Ba^{2+}(aq) + CO_3^{2-}(aq) = BaCO_3(s)$$

(2) Al^{3+}、Fe^{3+}、Cr^{3+}等，其氢氧化物的溶度积远小于其碳酸盐的溶度积，与碳酸根相遇时生成氢氧化物沉淀。例如

$$2Al^{3+}(aq) + 3CO_3^{2-}(aq) + 3H_2O(l) = 2Al(OH)_3(s) + 3CO_2(g)$$

(3) Mg^{2+}、Co^{2+}、Ni^{2+}、Cu^{2+}等，其碳酸盐的溶度积与氢氧化物的溶度积接近，与碳酸根相遇时将生成碱式碳酸盐沉淀。例如

$$2Ni^{2+}(aq) + 2CO_3^{2-}(aq) + H_2O(l) = Ni_2(OH)_2CO_3(s) + CO_2(g)$$

对于这些生成碱式碳酸盐的金属离子若要得到正盐，可用碳酸氢钠溶液代替碳酸钠溶液作沉淀剂即可。例如

$$Mg^{2+}(aq) + HCO_3^-(aq) = MgCO_3(s) + H^+(aq)$$

碳酸盐的热稳定性不高，低于相应的硫酸盐和硅酸盐。从热力学角度看，碳酸盐的热分解反应是吸热、熵驱动的反应，提高温度有利于正反应的进行。表 16.6 列出了某些碳酸盐的热分解温度。

$$MCO_3(s) \stackrel{\triangle}{=} MO(s) + CO_2(g) \qquad \Delta_r H_m^{\ominus} > 0\ J \cdot mol^{-1},\ \Delta_r S_m^{\ominus} > 0\ J \cdot mol^{-1} \cdot K^{-1}$$

表 16.6　某些碳酸盐的热分解温度

化合物	$BeCO_3$	$MgCO_3$	$CaCO_3$	$SrCO_3$	$BaCO_3$	$MnCO_3$	$CdCO_3$	$PbCO_3$
分解温度/℃	<100	540	900	1290	1360	400	350	340

碳酸氢盐的热稳定性低于对应的碳酸正盐，加热会分解成碳酸盐和二氧化碳：

$$2NaHCO_3(s) \stackrel{\triangle}{=} Na_2CO_3(s) + H_2O(g) + CO_2(g)$$

16.3.3　碳的卤化物

碳可与卤素形成多种卤化物。四氟化碳为无色气体，可由碳与氟气直接化合：

$$C(s) + 2F_2(g) = CF_4(g)$$

四氯化碳为无色液体，通过甲烷或二硫化碳的取代反应制备：

$$CH_4(g) + 4Cl_2(g) == CCl_4(l) + 4HCl(g)$$

$$CS_2(l) + 3Cl_2(g) == CCl_4(l) + S_2Cl_2(l)$$

四氯化碳是有机反应中常用的溶剂，也用于阻燃剂等。四溴化碳为无色固体；四碘化碳为暗红色固体。

16.3.4 二硫化碳

将硫蒸气通过红热的木炭可制备二硫化碳(carbon disulfide)：

$$C(s) + 2S(g) \xlongequal{\triangle} CS_2(l)$$

二硫化碳是无色、有毒、挥发性液体，熔点−112℃、沸点 46℃。二硫化碳是重要的非质子性溶剂，不稳定，蒸气易着火：

$$CS_2(l) + 3O_2(g) \xlongequal{点燃} CO_2(g) + 2SO_2(g)$$

CS_2 具有还原性，能使紫色的高锰酸钾溶液褪色：

$$5CS_2(l) + 4KMnO_4(aq) + 6H_2SO_4(aq) == 5CO_2(g) + 10S(s) + 4MnSO_4(aq) + 2K_2SO_4(aq) + 6H_2O(l)$$

16.3.5 碳化物

碳能与不同的金属或非金属单质形成二元碳化物(carbides)，分别属于离子型碳化物、金属型碳化物、共价型碳化物。

1. 离子型碳化物

碳与ⅠA、ⅡA 和ⅢA 金属元素形成离子型碳化物，其中，晶体中含有 C_2^{2-} 的碳化物，如 CaC_2、Na_2C_2，水解时产生乙炔，又称为形成乙炔的碳化物；晶体中含有 C^{4-} 的碳化物，如 Be_2C、Al_4C_3，水解时产生甲烷，又称为形成甲烷的碳化物。

$$CaC_2(s) + 2H_2O(l) == Ca(OH)_2(aq) + C_2H_2(g)$$

$$Be_2C(s) + 4H_2O(l) == 2Be(OH)_2(aq) + CH_4(g)$$

2. 金属型碳化物

金属型碳化物是填充型碳化物，其特点是体积较小的 C 原子嵌入金属晶格中，因而形成非整比化合物。这类碳化物仍保持金属光泽，硬度与熔点要高于原来的金属，且能导电，广泛用于加工工业和火箭工业。从价键观点看，金属型碳化物实质上是 C 的价电子进入金属原子的空的 d 轨道，金属原子的空 d 轨道越多，该金属与 C 之间的结合力越强，碳化物越稳定。例如，Ti、V 能形成稳定的 TiC、VC。碳原子的进入，在金属键的基础上，增加了共价键的成分。

3. 共价型碳化物

碳与一些电负性相近的非金属元素化合时，生成共价型碳化物。它们多属于熔点高、硬度大的原子晶体。单质如硼、硅等形成共价型高硬度的碳化物，如 SiC 的莫氏硬度为 9～9.5，B_4C 硬度更高，为 9.5～9.75。

16.4 硅的化合物
（Silicon Compounds）

16.4.1 硅的氢化物

碳形成的众多的碳氢化物属于有机化学范畴。硅、锗的氢化物（hydrides）通式为 Si_nH_{2n+2} 和 Ge_nH_{2n+2}，锡和铅的氢化物也存在，但性质不稳定。

硅的氢化物称为硅烷（silane），化学式可写成 Si_nH_{2n+2}。Si—Si 键和 C—C 键的键能分别是 222 kJ · mol⁻¹ 和 345.6 kJ · mol⁻¹，可见 Si—Si 键较 C—C 键弱得多；Si—H 键和 C—H 键的键能分别是 295 kJ · mol⁻¹ 和 411 kJ · mol⁻¹，可见 Si—H 键较 C—H 键也弱得多；故硅烷的种类比碳氢所形成的有机化合物少得多，硅烷链一般不超过 15 个 Si。而且硅烷的化学性质比相似的烃更活泼。

甲硅烷（methylsilane，SiH_4）是最具代表性的硅烷，为无色、无臭气体，结构与甲烷类似。由镁单质与二氧化硅在高温下反应制备硅化镁，后者与盐酸反应得到甲硅烷，但产物中会混有乙硅烷、丙硅烷等。

$$SiO_2(s) + 4Mg(s) \xlongequal{\triangle} Mg_2Si(s) + 2MgO(s)$$

$$Mg_2Si(s) + 4HCl(aq) \xlongequal{\triangle} SiH_4(g) + 2MgCl_2(aq)$$

还可用强还原剂四氢铝锂在乙醚中还原四氯化硅制备高纯度甲硅烷：

$$SiCl_4 + LiAlH_4 = SiH_4 + LiCl + AlCl_3$$

硅烷的性质与烷烃有相似之处，也有差别，更接近于硼烷。

硅烷热稳定性差，甲烷的热分解温度可达 1500℃，而甲硅烷只需 500℃即可分解：

$$SiH_4(g) \xlongequal{500℃} Si(s) + 2H_2(g)$$

甲硅烷的还原性比甲烷强。SiH_4 在空气中可自燃，有几种硼烷在空气中也可自燃，但甲烷相对稳定：

$$SiH_4(g) + 2O_2(g) = SiO_2(s) + 2H_2O(l)$$

甲硅烷可使紫色的高锰酸钾溶液褪色，而甲烷不能使紫色的高锰酸钾溶液褪色。

$$SiH_4(g) + 2KMnO_4(aq) = 2MnO_2(s) + K_2SiO_3(aq) + H_2O(l) + H_2(g)$$

甲硅烷易水解，甲烷不发生水解：

$$SiH_4(g) + (n+2)H_2O(l) = SiO_2 \cdot nH_2O(s) + 4H_2(g)$$

16.4.2 二氧化硅

二氧化硅（silicon dioxide）属于原子晶体，硬度高，熔点高，在自然界中广泛存在，如石英等。

二氧化硅及其他硅的含氧化合物，都以硅氧四面体作为基本结构单元，每个 Si—O 四面体共用顶角的氧原子按一定规律连接，就得到 SiO_2。石英的各种晶型的转化，就是内部硅氧四面体排列方式的变化结果。

二氧化硅是硅酸的酸酐，不溶于水，常温下也不与盐酸、硫酸及碱反应，但可与氢氟酸反应生成四氟化硅或六氟硅酸，原因是 Si—F 键键能很大($565\ kJ \cdot mol^{-1}$)以及 F^-的配位能力，因此不能用玻璃瓶储存氢氟酸：

$$SiO_2(s) + 4HF(aq) == SiF_4(aq) + 2H_2O(l)$$

$$SiO_2(s) + 6HF(aq) == H_2SiF_6(aq) + 2H_2O(l)$$

二氧化硅可溶于热的强碱溶液或熔融的碳酸钠，生成可溶性的硅酸盐：

$$2NaOH(aq) + SiO_2(aq) == Na_2SiO_3(aq) + H_2O(l)$$

$$Na_2CO_3(aq) + SiO_2(aq) == Na_2SiO_3(aq) + CO_2(g)$$

16.4.3 硅酸、硅胶和硅酸盐

将可溶性的硅酸盐(silicate)酸化可得到硅酸(silicic acid)：

$$Na_2SiO_3(aq) + 2HCl(aq) + H_2O(l) == H_4SiO_4(s) + 2NaCl(aq)$$

硅酸是二元弱酸，酸性比碳酸弱。硅酸可以看成是 SiO_2 的水合物，表示为 $xSiO_2 \cdot yH_2O$ 的形式，常见的有偏硅酸 $H_2SiO_3(SiO_2 \cdot H_2O)$、二偏硅酸 $H_2Si_2O_5(2SiO_2 \cdot H_2O)$、正硅酸 $H_4SiO_4(SiO_2 \cdot 2H_2O)$、焦硅酸 $H_6Si_2O_7(2SiO_2 \cdot 3H_2O)$等。

将偏硅酸钠溶液酸化至 pH 7.0～8.0 时，可得胶体。胶体静置老化 24 h，可得凝胶。用热水洗去凝胶中的钠盐，60～70℃烘干，300℃活化，即可得到多孔硅胶，其组成为 SiO_2。多孔硅胶具有强的吸附小分子的能力，可用作干燥剂、吸附剂或催化剂的载体。为了指示凝胶的吸水量，可将凝胶浸泡在 $CoCl_2$ 溶液中，再烘干，则得到变色硅胶。

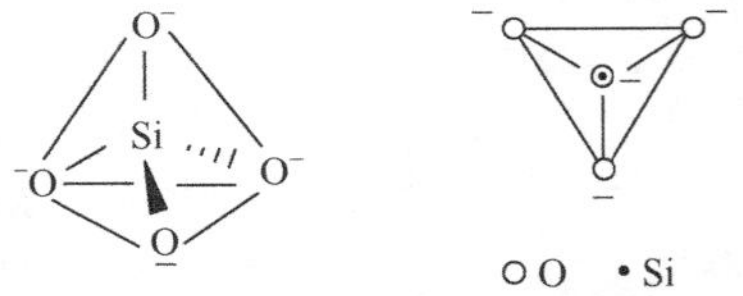

图 16.9 SiO_4^{4-} 四面体(硅酸盐的图示法：从 O—Si 连线投影，得到硅氧四面体的平面图形，中心是 Si 和一个 O 的重叠)

地壳中 95%以上的岩石是硅酸盐，硅酸盐矿物的结构多种多样。最简单的硅酸根离子是 SiO_4^{4-}，为四面体构型(图 16.9)，仅存在于镁橄榄石[$(Mg, Fe)_2SiO_4$]等少量种类的矿石中。在其他矿石中，这些硅氧四面体通过共用氧原子形成链状$[Si_nO_{3n}]^{2n-}$、片层状$[Si_nO_{2.5n}]^{n-}$或网状$(SiO_2)_n$结构，见表 16.7。

表 16.7 天然硅酸盐

Si—O	矿石	结构基本单元
SiO_4^{4-}	镁橄榄石$(Mg, Fe)_2SiO_4$	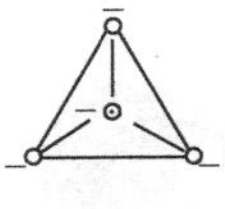
$Si_2O_7^{6-}$	锆石 $ZrSiO_4$ 硅铅矿 $Pb_3Si_2O_7$	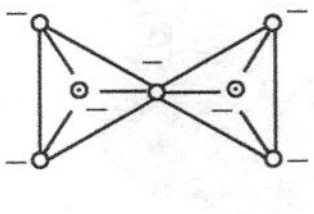
$Si_3O_9^{3-}$ (环状)	硅灰石 $Ca_3(Si_3O_9)$	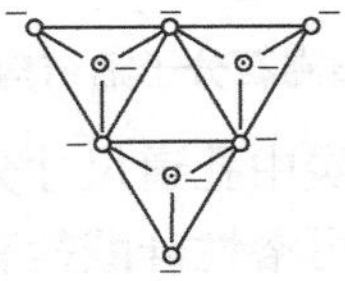

续表

Si—O	矿石	结构基本单元
$Si_6O_{18}^{12-}$（环状）	绿宝石 $Be_3Al_3(Si_6O_{18})$	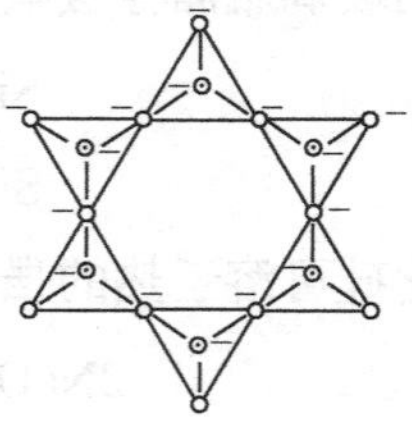
$(SiO_3)_n^{2n-}$（单链状）	$6CaMg_3(SiO_3)_4$	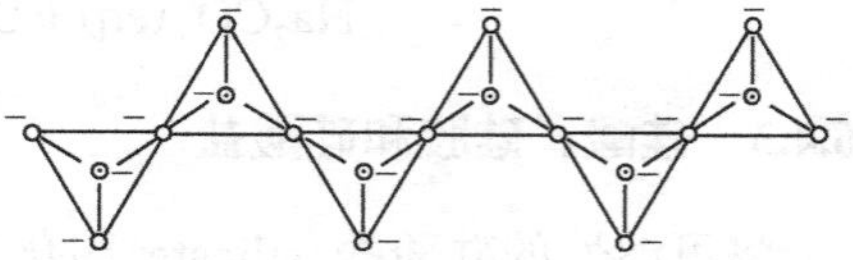
$(Si_4O_{11})_n^{6n-}$（双链状）	透辉矿 $CaMg(SiO_3)_2$ 透闪石 $Ca_2Mg_5(Si_4O_{11})_2(OH)$	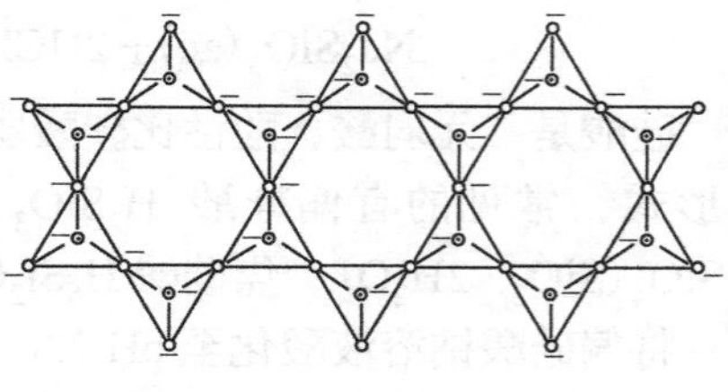
$(Si_2O_5)_n^{2n-}$（层状）	白云母 $KAl_2(AlSi_3O_{10})(OH)_2$ 滑石 $Mg_3[Si_4O_{10}](OH)_2$ 正长石 $K[AlSi_3O_8]$ 钙长石 $Ca[Al_2Si_2O_8]$ 钠沸石 $Na_2[Al_2Si_3O_{10}(H_2O)_2]$	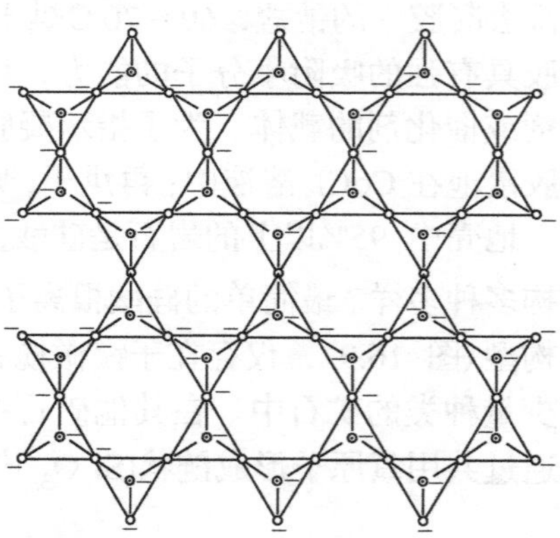

网状的硅酸盐，又称为沸石。沸石有笼、有微孔，可用于吸附小分子或作为催化剂载体。

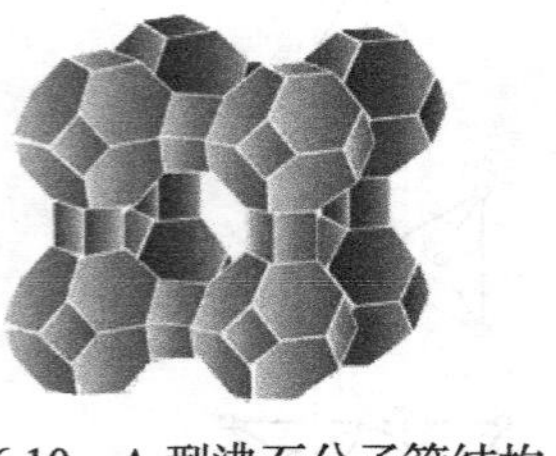

图 16.10　A 型沸石分子筛结构

与硅胶不同，沸石是晶体，孔道有规则、规格均一。且可利用大小不同的孔径筛选分子，也称为沸石型分子筛。为了满足需要，合成了多种具有微孔结构的分子筛，如图 16.10 所示的 A 型分子筛。A 型分子筛是具有笼形结构的铝硅酸盐，与天然的沸石十分相似。在它们的三维网络状结构中有一些 Al^{3+}，因此骨架带有负电荷。阳离子存在于孔道中和笼中，以保持电中性。由于沸石分子的孔道尺寸一致，对吸附分子的选择性强。相比之下，活性炭中孔道尺寸分布广泛，对吸附气体的选择性要差得多。

常见的可溶性硅酸盐有 Na_2SiO_3 和 K_2SiO_3。Na_2SiO_3 的水溶液俗称水玻璃，工业上称为泡花碱，是黏合剂和防腐剂。可溶性的硅酸盐在水中强烈水解，呈碱性：

$$Na_2SiO_3(s) + 2H_2O(l) = NaH_3SiO_4(aq) + NaOH(aq)$$

翡翠就是一种钠铝硅酸盐，其主要成分为 $NaAl[Si_2O_6]$，密度为 3.25～3.4 $g \cdot cm^{-3}$，折射率为 1.66～1.68，硬度为 6.5～7。因掺杂了少量其他金属离子，翡翠可呈现绿、红、紫、蓝、黄、灰、黑等多种颜色。

16.4.4 硅的卤化物

硅的卤化物(silicon halides) SiX_4 与 CX_4 是广义的等电子体，具有相同的四面体构型。但它们的性质有较大的差别，见表 16.8。

表 16.8 四卤化碳和四卤化硅的一些性质

性质	CF_4	CCl_4	CBr_4	CI_4
熔点/℃	−183.6	−22.9	90.1	171
沸点/℃	−127.8	76.7	190	
$\Delta_f H_m^\ominus$ /(kJ · mol^{-1})	−933.6 (g)	−128.2 (lq)	83.9 (c)	474.0 (g)
键能 $E_{(E-X)}$/(kJ · mol^{-1})	536	397	280	209
键长/pm	137.9	176.7	193.8	213.9
性质	SiF_4	$SiCl_4$	$SiBr_4$	SiI_4
熔点/℃	−90.3	−68.8	5.2	120.5
沸点/℃	−86	57.6	154	287.3
$\Delta_f H_m^\ominus$ /(kJ · mol^{-1})	−1615.0 (g)	−686.93 (lq)	−457.3 (lq)	−189.5 (c)
键能 $E_{(E-X)}$/(kJ · mol^{-1})	540	456	343	339
键长/pm	156	201.9	216	234

四氟化硅 SiF_4 是有刺激性臭味的气体，可由二氧化硅与氢氟酸反应制得：

$$SiO_2(s) + 4HF(aq) = SiF_4(g) + 2H_2O(l)$$

四氯化硅 $SiCl_4$ 是无色易挥发液体，可通过硅与氯的直接化合制备：

$$Si(s) + 2Cl_2(g) \xlongequal{\triangle} SiCl_4(l)$$

将焦炭加到二氧化硅和氯气中加热，也可得到 $SiCl_4$：

$$SiO_2(s) + 2C(s) + 2Cl_2(g) \xlongequal{\triangle} SiCl_4(l) + 2CO(g)$$

SiF_4、$SiCl_4$ 易水解。SiF_4 水解是可逆的；$SiCl_4$ 水解是完全的，遇到潮湿空气发生强烈水解。而 CF_4、CCl_4 水解热力学倾向大，但常温下不水解。这是因为 Si 有空的 d 轨道，而 C 无 d 轨道。SiF_4 水解与 BF_3 的水解相似。

$$SiF_4(g) + 4H_2O(l) = H_4SiO_4(s) + 4HF(aq) \qquad \Delta_r G_m^\ominus = -278\ kJ \cdot mol^{-1}$$

$$SiCl_4(g) + 4H_2O(l) = H_4SiO_4(s) + 4HCl(g) \qquad \Delta_r G_m^\ominus = -270.5\ kJ \cdot mol^{-1}$$

生成的 HF 进一步与 SiF_4 反应生成氟硅酸，它是一种与 H_2SO_4 酸性相近的二元酸。

$$SiF_4(g) + 2HF(aq) = 2H^+(aq) + SiF_6^{2-}(aq)$$

四溴化硅为无色液体，四碘化硅为无色固体。

16.5 锗、锡、铅的化合物
(Compounds of Germanium, Tin and Lead)

16.5.1 氧化物

锗、锡、铅的二氧化物的基本性质见表 16.9。

表 16.9 锗、锡、铅的二氧化物基本性质

性质	GeO_2	SnO_2	PbO_2
熔点/℃	1115	1630	290℃分解为 Pb_3O_4
沸点/℃	1200		595℃分解为 PbO
颜色和晶体结构	白色、金红石晶体	白色、金红石晶体	棕黑色、金红石晶体
酸碱性	两性	两性	两性
氧化性			酸性条件下强氧化剂
$\Delta_f H_m^\ominus$ / (kJ · mol^{-1})	−589.94	−580.74	−276.65

GeO_2 由锗在空气中燃烧或用浓硝酸氧化制备。GeO_2 是两性物质，与碱共熔，生成可溶性锗酸盐：

$$Ge(s) + 4HNO_3(aq) = GeO_2(s) + 4NO_2(g) + 2H_2O(l)$$

$$GeO_2 + 2NaOH \xlongequal{熔融} Na_2GeO_3 + H_2O(g)$$

SnO_2 由金属锡在空气中燃烧或用浓硝酸氧化制备。SnO_2 是两性物质，与碱共熔，生成可溶性锡酸盐：

$$Sn(s) + 4HNO_3(aq) = SnO_2(s) + 4NO_2(g) + 2H_2O(l)$$

$$SnO_2 + 2NaOH + 2H_2O(g) \xlongequal{熔融} Na_2[Sn(OH)_6]$$

锡的含氧酸有α-锡酸和β-锡酸，都是 SnO_2 的水合物($xSnO_2 \cdot yH_2O$)，二者在性质上差异很大。α-锡酸常称氢氧化锡(Ⅳ)，为白色无定形粉末或凝胶，不溶于水，溶于酸碱，长期放置或加热逐渐转变为β-锡酸。β-锡酸为白色细晶固体，具有 SnO_2 四方晶体结构。不溶于水、酸和碱，加热下溶于浓盐酸和熔融碱，在稀的酸和碱作用下发生胶溶。溶解性差异是由于粒子大小和聚集程度不同。由 Sn 与浓硝酸作用可制得β-锡酸，由 $SnCl_4$ 和碱或氨水作用可制得α-锡酸：

$$Sn(s) + 4HNO_3(aq,浓) = \beta\text{-}H_2SnO_3(s) + 4NO_2(g) + H_2O(l)$$

$$SnCl_4(aq) + 4NH_3 \cdot H_2O(aq) = \alpha\text{-}H_2SnO_3(s) + 4NH_4Cl(aq) + H_2O(l)$$

向 Sn^{2+}溶液中加入过量的碱，将会生成白色 $Sn(OH)_2$ 沉淀，再转化为$[Sn(OH)_3]^-$，$[Sn(OH)_3]^-$不稳定，会发生歧化反应：

$$Sn^{2+}(aq) + 2OH^-(aq) = Sn(OH)_2(s)$$

$$Sn(OH)_2(s) + OH^-(aq) = [Sn(OH)_3]^-(aq)$$

$$2[Sn(OH)_3]^-(aq) = [Sn(OH)_6]^{2-}(aq) + Sn(s)$$

由于"$6s^2$ 惰性电子对效应"，Pb(Ⅳ)具有强氧化性，在酸性介质中可将 Mn^{2+} 氧化为 MnO_4^-、将 HCl 氧化为 $Cl_2(g)$。根据 $\Delta_r G_m^\ominus / F\text{-}Z$ 图（图 16.1）可知，碱性条件下 PbO_2 的氧化性弱于酸性条件下。因此，与制备 GeO_2、SnO_2 不同，制备 PbO_2 需要在碱性条件下，用强氧化剂制备。例如

$$[Pb(OH)_3]^-(aq) + ClO^-(aq) = PbO_2(s) + Cl^-(aq) + OH^-(aq) + H_2O(l)$$

PbO_2 在加热时逐步转化为低氧化态氧化物。Pb_3O_4 俗称红丹或铅丹，根据结构，它是铅(Ⅳ)酸铅(Ⅱ)盐 $Pb_2[PbO_4]$。将 Pb 在纯氧中加热，即可得到 Pb_3O_4。PbO 为黄色，俗称密陀僧。

$$\underset{\text{(棕黑色)}}{PbO_2} \xrightarrow{290\sim320℃} \underset{\text{(黄色)}}{Pb_2O_3} \xrightarrow{390\sim420℃} \underset{\text{(红色)}}{Pb_3O_4} \xrightarrow{530\sim550℃} \underset{\text{(黄色)}}{PbO}$$

PbO_2、Pb_2O_3 和 Pb_3O_4 都有强氧化性。例如

$$5PbO_2(s) + 2Mn^{2+}(aq) + 4H^+(aq) = 5Pb^{2+}(aq) + 2MnO_4^-(aq) + 2H_2O(l)$$

$$PbO_2(s) + 4HCl(aq) = PbCl_2(aq) + Cl_2(g) + 2H_2O(l)$$

16.5.2　硫化物

锡、铅的硫化物的基本性质见表 16.10。

表 16.10　锡、铅的硫化物的基本性质

性质	SnS	SnS_2	PbS
颜色	暗棕色	黄色	黑色
酸碱性	碱性	两性	碱性
在浓 HCl 中	溶解 ($SnCl_4^{2-}$)	溶解 ($SnCl_6^{2-}$)	溶解 ($PbCl_4^{2-}$)
在 Na_2S 或 $(NH_4)_2S$ 中	不溶	溶解 (SnS_3^{2-})	不溶
在 Na_2S_2 或 $(NH_4)_2S_x$ 中	溶解 (SnS_3^{2-})	溶解 (SnS_3^{2-})	不溶
在 NaOH 中	不溶	溶解 ($SnO_3^{2-} + SnS_3^{2-}$)	不溶

由于 Pb(Ⅳ)具有强氧化性，因此不存在 PbS_2。

向 Sn^{2+}、Sn^{4+} 溶液中通入 H_2S 分别得到 SnS、SnS_2，向含有 Pb^{2+} 的溶液中加入 Na_2S 可制得 PbS。

16.5.3　卤化物

锗、锡、铅的卤化物有二卤化物和四卤化物。

1. $GeCl_2$ 和 $GeCl_4$

$GeCl_2$ 是淡黄色固体。

$GeCl_2$ 可由 $GeCl_4$ 与 Ge 共热或者 GeH_3Cl 受热分解制备：

$$GeCl_4(s) + Ge(s) \xlongequal{650℃} 2GeCl_2(s)$$

$$2GeH_3Cl(s) \xlongequal{70℃} GeCl_2(s) + GeH_4(g) + H_2(g)$$

$GeCl_2$水解得到黄色$Ge(OH)_2$，$Ge(OH)_2$受热分解为棕色GeO：

$$GeCl_2(aq) + 2H_2O(l) = Ge(OH)_2(s) + 2HCl(aq)$$

$$Ge(OH)_2(s) \xlongequal{\triangle} GeO(s) + H_2O(g)$$

$GeCl_2$的HCl溶液具有强还原性。

$GeCl_4$是无色液体，可通过在氯气流中加热木炭和GeO_2的混合物制得：

$$GeO_2(s) + 2C(s) + 2Cl_2(g) \xlongequal{\triangle} GeCl_4(g) + 2CO(g)$$

目前的石英系光纤就是以$SiCl_4$和$GeCl_4$为主要原料，经高温化学气相沉积形成玻璃预制棒，然后拉丝而成。$GeCl_4$作为石英系光纤中的掺杂剂，可以提高光纤的折射指数，降低光损耗，进而提高光纤的传输距离，减少中继站。

2. $SnCl_2$和$SnCl_4$

$SnCl_2$是白色固体。无水$SnCl_2$由干燥的HCl气体与Sn制备。Sn与盐酸反应，控制蒸发掉水分后得到$SnCl_2 \cdot 2H_2O$晶体，利用乙酸酐除去2个H_2O：

$$Sn(s) + HCl(aq) = SnCl_2(aq) + H_2(g)$$

$SnCl_2$结构如图16.11所示，气态$SnCl_2$为V形分子，Sn上有一对孤对电子。固体$SnCl_2$通过Cl桥连成链。$SnCl_2 \cdot 2H_2O$结构中一个H_2O是配位到Sn上的。

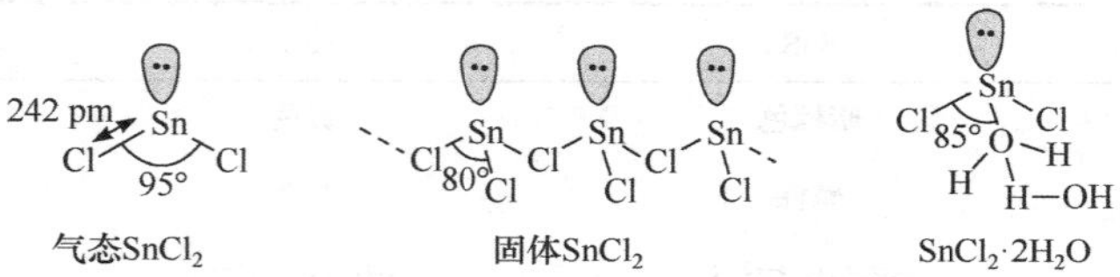

图 16.11　$SnCl_2$、$SnCl_2 \cdot 2H_2O$的结构示意图

1) $SnCl_2$的酸性

$SnCl_2$极易溶于水，可溶于小于本身质量的水。稀溶液容易发生水解而呈酸性：

$$SnCl_2(aq) + H_2O(l) = Sn(OH)Cl(s) + HCl(aq)$$

为阻止Sn^{2+}的水解，配制$SnCl_2$溶液时需要加入HCl；向$SnCl_2$溶液加入NaOH溶液时，首先生成$SnO \cdot H_2O$沉淀，随着NaOH溶液的增加，沉淀溶解形成$NaSn(OH)_3$溶液：

$$SnCl_2(aq) + 2NaOH(aq) = SnO \cdot H_2O(s) + 2NaCl(aq)$$

$$SnO \cdot H_2O(s) + NaOH(aq) = NaSn(OH)_3(aq)$$

2) $SnCl_2$的还原性

$SnCl_2$具有还原性，会被空气中的氧气氧化，所以配制$SnCl_2$溶液通常还加入Sn粒。

$$6SnCl_2(aq) + O_2(g) + 2H_2O(l) = 2SnCl_4(aq) + 4Sn(OH)Cl(s)$$

$SnCl_2$是一种常用的还原剂，如将金、银盐还原为金属Au、Ag，Fe(Ⅲ)还原为Fe(Ⅱ)，Cu(Ⅱ)还原为Cu(Ⅰ)。

$$Sn^{2+}(aq) + 2Ag^+(aq) = Sn^{4+}(aq) + 2Ag(s)$$

$$SnCl_2(aq) + 2FeCl_3(aq) = SnCl_4(aq) + 2FeCl_2(aq)$$

3) $SnCl_2$ 的主要用途

$SnCl_2$ 溶液可提供 Sn^{2+}，制备其他锡(Ⅱ)盐。例如

$$SnCl_2(aq) + Na_2S(aq) = SnS(s) + 2NaCl(aq)$$

电解 $SnCl_2$ 溶液可制备金属锡。在印染工业中，$SnCl_2$ 常作为媒染剂，与染料作用增强颜色亮度，同时还起到增重的作用。$SnCl_2$ 是强还原剂，可用于比色测定银、铅、砷和钼，测定血清中无机磷及碱性磷酸酯酶活力，钼蓝法测定土壤及植株的含磷量，并用作有机反应催化剂。

$SnCl_2$ 可用于检验汞盐：

$$SnCl_2(aq) + 2HgCl_2(aq) = SnCl_4(aq) + Hg_2Cl_2(s, \text{白色})$$

$$Hg_2Cl_2(s) + SnCl_2(aq) = SnCl_4(aq) + 2Hg(l, \text{黑色})$$

$SnCl_4$ 室温下为无色液体，遇空气产生刺激性气味，可由金属锡与氯气化合制备：

$$Sn(s) + 2Cl_2(g) = SnCl_4(l)$$

$SnCl_4$ 与少量水混合得到[*cis*-$SnCl_4(H_2O)_2$]·$3H_2O$。$SnCl_4$ 遇盐酸形成$[SnCl_6]^{2-}$。无水 $SnCl_4$ 是强路易斯酸，与 NH_3、PH_3 形成配合物。有机化学中常用 $SnCl_4$ 作傅-克(Friedel-Crafts)反应的催化剂。$SnCl_4$ 也是制备有机锡的原料，与格氏试剂反应制得四烷基锡。

3. $PbCl_2$ 和 $PbCl_4$

$PbCl_2$ 是微溶于水的白色晶体，难溶于水的常见金属氯化物还有 AgCl、CuCl、Hg_2Cl_2，只有 $PbCl_2$ 的溶解度随温度升高而明显增大，冷却后又析出针状晶体。

铅的可溶盐遇 NaCl、HCl 等 Cl^-源即生成 $PbCl_2$ 沉淀：

$$Pb(NO_3)_2(aq) + 2NaCl(aq) = PbCl_2(s) + 2NaNO_3(aq)$$

$$Pb(CH_3COO)_2(aq) + 2HCl(aq) = PbCl_2(s) + 2CH_3COOH(aq)$$

$$Pb(NO_3)_2(aq) + 2HCl(aq) = PbCl_2(s) + 2HNO_3(aq)$$

PbO_2 与盐酸反应、PbO 与盐酸反应、金属铅与氯气反应都可以生成 $PbCl_2$：

$$PbO_2(s) + 4HCl(aq) = PbCl_2(s) + Cl_2(g) + 2H_2O(l)$$

$$PbO(s) + 2HCl(aq) = PbCl_2(s) + H_2O(l)$$

$$Pb(s) + Cl_2(g) = PbCl_2(s)$$

向 $PbCl_2$ 悬浊液中加入过量的 Cl^-，生成可溶性配离子$[PbCl_3]^-$或$[PbCl_4]^{2-}$：

$$PbCl_2(s) + Cl^-(aq) = [PbCl_3]^-(aq)$$

$$PbCl_2(s) + 2Cl^-(aq) = [PbCl_4]^{2-}(aq)$$

$PbCl_2$ 与熔融的 $NaNO_2$ 反应生成 PbO：

$$PbCl_2(l) + 3NaNO_2(l) \xlongequal{\text{熔融}} PbO(l) + NaNO_3(l) + 2NO(g) + 2NaCl(l)$$

可由 $PbCl_2$ 制备 $PbCl_4$：将 Cl_2 通入饱和 $PbCl_2$ 与 NH_4Cl 混合溶液生成$[NH_4]_2[PbCl_6]$，$[NH_4]_2[PbCl_6]$与冷浓硫酸反应生成 $PbCl_4$。

$PbCl_4$ 是黄色油状发烟液体，极不稳定，室温下就分解为 $PbCl_2$ 和 Cl_2，受高热发生剧烈分解，甚至发生爆炸。$PbCl_4$ 遇水可产生 HCl。

16.5.4 铅的其他化合物

易溶的Pb(Ⅱ)盐有硝酸铅$Pb(NO_3)_2$、乙酸铅$Pb(CH_3COO)_2$；重要的难溶Pb(Ⅱ)盐有硫酸铅$PbSO_4$(白色)、碳酸铅$PbCO_3$(白色)、铬酸铅$PbCrO_4$(黄色)。

$Pb(NO_3)_2$由Pb或PbO与HNO_3作用生成。$Pb(NO_3)_2$易水解和分解：

$$Pb^{2+}(aq)+NO_3^-(aq)+H_2O(l) = Pb(OH)(NO_3)+H^+(aq)$$

$$2Pb(NO_3)_2(s) \xlongequal{\triangle} 2PbO(s)+4NO_2(g)+O_2(g)$$

PbO溶于乙酸可得$Pb(COOCH_3)_2\cdot 3H_2O$。乙酸铅毒性大，是共价化合物，在溶液中以分子形式存在，在溶液中不存在Pb^{2+}和CH_3COO^-。

硫酸铅可溶于浓硫酸中，也可溶于CH_3COONH_4、CH_3COONa溶液中，硫酸铅溶于强碱溶液形成可溶性配离子$[Pb(OH)_3]^-$。

铬酸铅是黄色晶体，有毒，加热分解放出氧气，是一种氧化剂。铬酸铅与硫酸铅一样，溶于过量的碱溶液形成可溶性配离子$[Pb(OH)_3]^-$。铬酸铅还可溶于强酸中，当溶液酸度恰好溶解$PbCrO_4$时，生成$HCrO_4^-$，酸过量时生成重铬酸盐$Cr_2O_7^{2-}$，因为CrO_4^{2-}与$Cr_2O_7^{2-}$随pH不同可相互转化：

$$PbCrO_4(s)+H^+(aq) = Pb^{2+}(aq)+HCrO_4^-(aq)$$

$$2PbCrO_4(s)+2H^+(aq) \underset{OH^-}{\overset{H^+}{\rightleftharpoons}} 2Pb^{2+}(aq)+Cr_2O_7^{2-}(aq)+H_2O(l)$$

16.6 次周期性

(Sub-periodic Properties of Some Elements)

与同族元素比较，第二周期部分元素——氟、氧、氮，第四周期部分元素——溴、硒、砷的高价态化合物，第六周期部分元素——铋、铅、铊的最高价态化合物，均显示出一定的特殊化学性质，这种特殊性涉及较小的元素范围，可称为次周期性，总结如下。

16.6.1 第二周期元素——氟、氧、氮的特殊性

与同族其他元素相比，第二周期元素氟、氧、氮显示一系列特殊性。

1)第一电子亲和能

如图16.12所示，同族元素从上到下，第一电子亲和能总体上呈现递减的趋势，如碱金属。这是由于随原子半径递增，原子核对电子的引力逐渐减小，得电子能力下降。但是对于第二周期N、O、F元素，其中N由于半充满结构、得到电子非常不稳定而测不到数据，O、F的第一电子亲和能都比相应第三周期元素S、Cl的E_{ea1}小，与总趋势有差异。这是因为第二周期元素原子半径太小，接受外来电子使电子密度过大、电子间排斥作用强，导致第一电子亲和能下降。

2)键解离能

如图16.13所示，第二周期N、O、F与电负性较大、价电子数目较多的原子(包括自身)成键后，由于电子密度过大、电子间排斥作用强，导致键能都低于对应的P、S、Cl。

但是，当与电负性较小、价电子数目较少的元素原子成键时(图16.14)，氟、氧或氮所形

成的单键解离能却大于同族第三周期元素所形成的对应单键。这是由于与电负性小、价电子数目少的原子成键后价层电子密度不会过大，而且此时 N、O 或 F 因半径小，所形成的单键中原子轨道更有效的重叠和能量更相近起着主导作用，电负性能对共价键能的贡献更大。

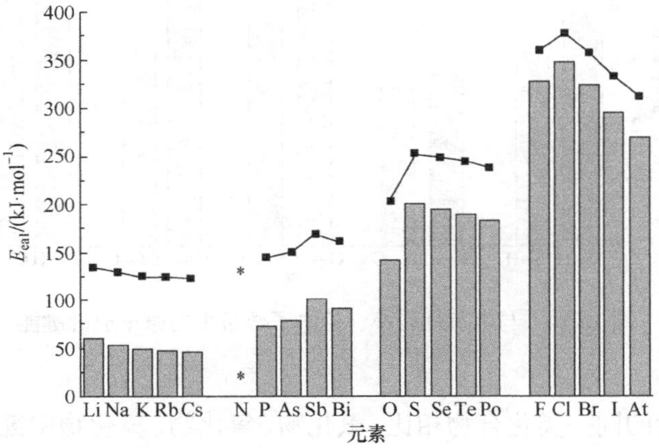

图 16.12　碱金属、氮族、氧族、卤素第一电子亲和能

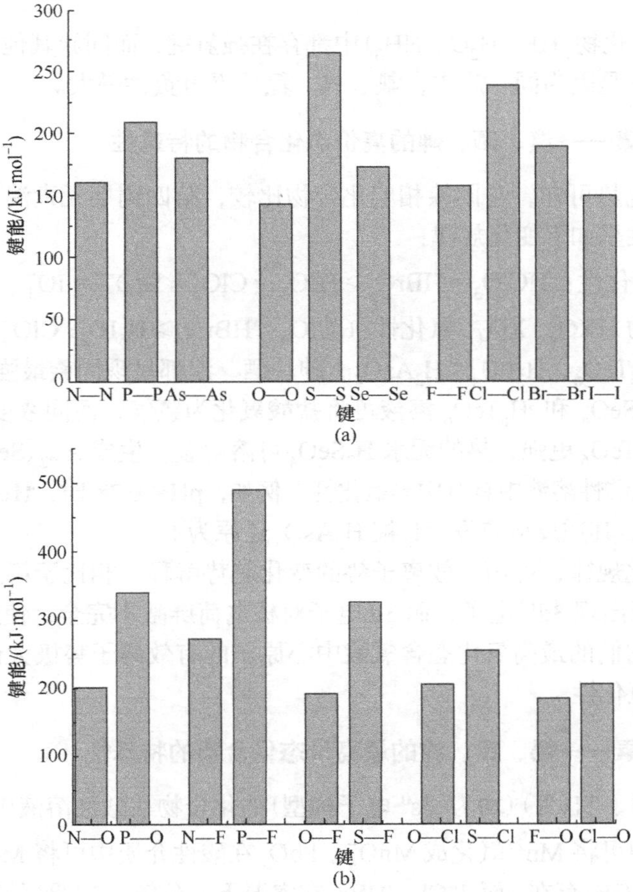

图 16.13　与电负性较大、价电子数多的原子成键键能

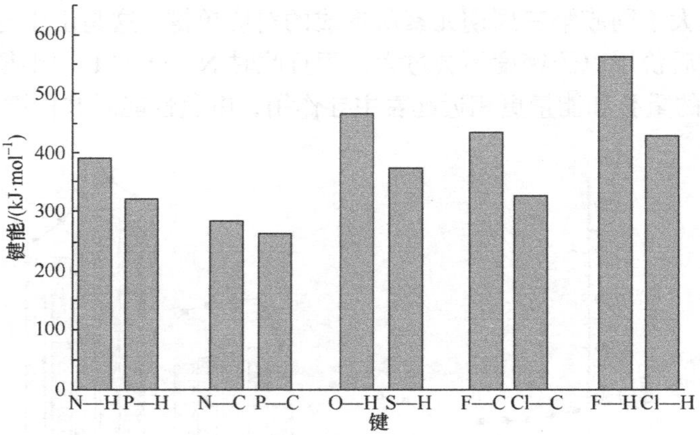

图 16.14　与电负性较小、价电子数目少的原子成键键能

3)化学键类型

与同族其他元素的同一类化合物相比，氟化物、氧化物、氮化物中键的离子性成分最多。这是因为同一族中，氟、氧、氮元素电负性最大，夺取对方电子形成阴离子的趋势大。

4)形成氢键

氟、氧、氮的氢化物(HF、H_2O、NH_3)中都存在强氢键，而同族其他元素的氢化物不形成氢键或氢键很弱。这是因为同一族中，氟、氧、氮元素电负性最大。

16.6.2　第四周期元素——溴、硒、砷的高价态化合物的特殊性

根据标准电极电势可知，与同族相应化合物比较，第四周期元素溴、硒、砷的高价态含氧酸及其盐的氧化性呈如下变化规律：

对于 HXO_3，氧化性：$HClO_3 \approx HBrO_3 > HIO_3$；$ClO_3^- \approx BrO_3^- > IO_3^-$。

对于最高价态的 HXO_4、XO_4^-，氧化性：$HClO_4 < HBrO_4 > H_5IO_6$，$ClO_4^- < BrO_4^- > H_3IO_6^{2-}$，$H_2SO_4 < H_2SeO_4 > H_6TeO_6$，$H_3PO_4 < H_3AsO_4$。砷、硒、溴都呈现同族最强的氧化性。

中等浓度的 H_2SeO_4 和 H_6TeO_6 溶液可将盐酸氧化为氯气，而同浓度的 H_2SO_4 则不能；H_2SeO_4 氧化性比 H_6TeO_6 更强，热的无水 H_2SeO_4 可溶解金，生成 $Au_2(SeO_4)_3$。磷酸盐不具有氧化性，但砷酸盐在酸性溶液中具有中等氧化性。例如，pH<0.78 时，H_3AsO_4 可以将 I^- 氧化为 I_2，而当 pH>9.0 时，其逆反应自发，I_2 被 H_3AsO_3 还原为 I^-。

以上氧化性变化规律，可用有效离子势的变化趋势解释。相比于第三周期元素，第四周期元素溴、硒、砷新出现 $3d^{10}$ 电子，而 3d 电子对核电荷屏蔽不完全，使这些元素原子的有效核电荷显著增加，它们的最高氧化态含氧酸中心原子的有效离子势极大值出现在第四周期，因此显示特别强的氧化性。

16.6.3　第六周期元素——铋、铅、铊的最高价态化合物的特殊性

Bi(Ⅴ)、Pb(Ⅳ)、Tl(Ⅲ)(均为 $6s^0$ 电子构型)的化合物在酸性溶液中显示很强的氧化性。铋酸盐在酸性溶液中可将 Mn^{2+} 氧化成 MnO_4^-。PbO_2 在酸性介质中可将 Mn^{2+} 氧化为 MnO_4^-、将 HCl 氧化为 $Cl_2(g)$。TlF_3 存在，而 $TlCl_3$、$TlBr_3$ 在室温下会分解，Tl(Ⅲ)的碘化物难稳定存在，表明 Tl(Ⅲ)具有强氧化性。

上述性质可从多个角度解释。首先是“$6s^2$ 惰性电子对效应”，即由于 $6s^2$ 电子明显的钻穿

效应，其能量较低，较稳定，不容易失去而导致低价态化合物的稳定性；一旦失去电子后，容易收回，而导致 Bi、Pb、Tl 最高价态化合物的强氧化性。从另一角度看，是由于第六周期元素铊、铅、铋原子新出现 $4f^{14}$ 电子，而 4f 电子对核电荷屏蔽不完全，使 Bi(Ⅴ)、Pb(Ⅳ)、Tl(Ⅲ)原子的有效核电荷显著增加。

16.7　人体的主要元素组成及生物非金属元素的功能*
(Main Elements in Human's Body and Functions of Non-metal Elements)

组成生物体的化学元素分为宏量元素和微量元素。表 16.11 列举了人体的主要元素组成。

表 16.11　一个体重 70 kg 的人身体中元素平均含量

元素	含量/g	元素	含量/g	元素	含量/g	元素	含量/g	元素	含量/g
O	43550	Ca	1700	S	100	Zn	1～2	Cu	<1
C	12590	P	680	Na	70	Mn	<1	Ni	<1
H	6580	K	250	Mg	42	Mo	<1	I	<1
N	1815	Cl	115	Fe	6	Co	<1		

宏量元素指含量占生物体总质量 0.01%以上的元素，如 H、C、O、N、P、S、Cl、Na、K、Ca 和 Mg，这 11 种元素在人体中的含量均在 0.04%～62.8%，共占人体总质量的 99.97%。其中 H、C、O、N、P、S 是生命的基础物质，生物体内的蛋白质、核酸、脂类、糖类、激素等有机物都主要由它们组成。氯离子的主要功能是参与调节体液的渗透压、电解质的平衡和酸碱平衡。

微量元素指占生物体总质量 0.01%以下的元素，如 Fe、Zn、Cu、Mn、Mo、Co、Cr、V、Ni、Sn、F、I、B、Si 和 Se 等。这些微量元素占人体总质量的 0.03%左右。这些微量元素在体内的含量虽小，但在生命活动过程中的作用是十分重要的。硅是骨骼、软骨形成的初期阶段所必需的组分。同时，能使上皮组织和结缔组织保持必需的强度和弹性，保持皮肤良好的化学和机械稳定性以及血管壁的通透性，还能排除机体内铝的毒害作用。硒是谷胱甘肽过氧化物酶的必要构成部分，具有保护血红蛋白免受过氧化氢和过氧化物损害的功能，同时具有抗衰老和抗癌的生理作用。碘参与甲状腺素和三碘甲状腺素的构成。此外，砷是合成血红蛋白的必需成分。

习　题

1. 下面是碳元素部分不同物质之间的转化图，请写出具体的反应方程式。

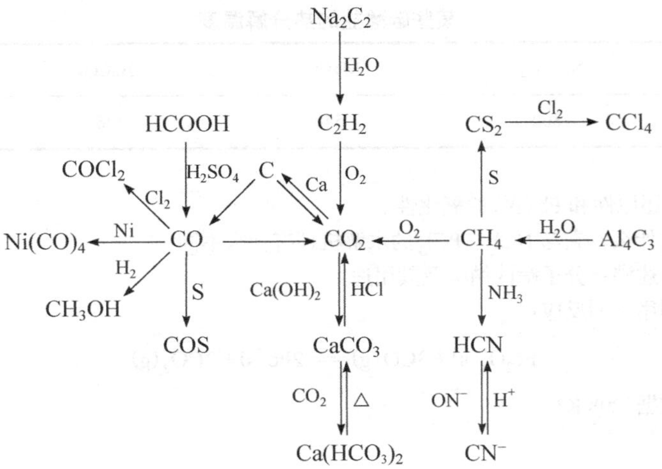

2. 下面是硅元素部分不同物质之间的转化图，请写出具体的反应方程式。

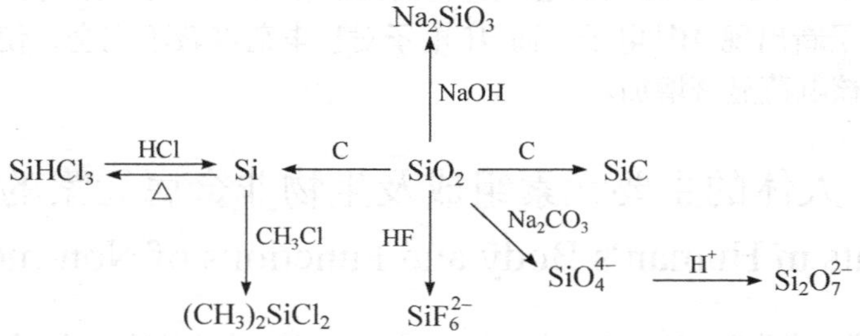

3. 完成下列反应方程式。

(1) 固体 Li_2C_2 与水反应；

(2) SiO_2 与 C 反应；

(3) CuO(s) 与 CO 共热；

(4) $Ca(OH)_2$ 水溶液中通入 CO_2（两个反应）；

(5) 甲烷与熔融的 S 反应；

(6) SiO_2 与熔融的 Na_2CO_3 反应；

(7) PbO_2 与浓 HCl 反应（两个反应）。

4. 通过比较下列化合物间性质的差别，比较 C 和 N 两元素的差别。

(1) CH_4 和 NH_3；(2) C_2H_4 和 N_2H_4

5. 对比 CO_2 和 CS_2，O、S 同属ⅥA 族元素，结构均为直线形。但是 CO_2 的标准摩尔生成焓小于零，而 CS_2 的标准摩尔生成焓却大于零。利用热化学数据，设计玻恩-哈伯循环，分析 CO_2 和 CS_2 标准摩尔生成焓差别如此大的原因。

6. 由于 CH_4 燃烧反应的活化能高于 SiH_4 燃烧反应的活化能，所以 CH_4 燃烧需要点燃，而 SiH_4 遇到空气即燃烧。请从 C 和 Si 原子结构特点出发对这一现象进行解释。

7. 一可燃气体 A，高温下与一黄色单质 B 反应生成 C 和 D，D 具有臭鸡蛋气味。C 与灰绿色气体 E 反应生成化合物 F 和单质 B。A 和 E 反应也生成 F。给出 A～F 的分子式，写出相关反应方程式。

8. 根据热力学数据（$\Delta_r H_m^\ominus$、$S_m^\ominus$）计算标准状态时 Na_2CO_3、$MgCO_3$、$BaCO_3$、$CdCO_3$ 的分解温度。下表为上述碳酸盐实际分解温度，与计算结果相比较，偏差是否很大？实际分解温度和计算分解温度所揭示的碳酸盐分解温度递变规律是否一致？从离子极化的角度（离子半径、电荷、电子构型）解释此规律。

某些碳酸盐的热分解温度

化合物	Na_2CO_3	$MgCO_3$	$BaCO_3$	$CdCO_3$
温度/℃	1800	540	1360	350

9. 举例说明 Sn(Ⅱ) 的还原性和 Pb(Ⅳ) 的氧化性。

10. $SiCl_4$ 的水解机理是什么？它与 NCl_3、PCl_3 的水解机理有什么不同？

11. 查阅相关资料，简述沸石分子筛的结构及其用途。

12. 金属铁的冶炼是利用下列反应：

$$Fe_2O_3(s) + 3CO(g) = 2Fe(s) + 3CO_2(g)$$

已知下列热力学数据（298 K）：

物质	Fe_2O_3 (s)	CO (g)	Fe (s)	CO_2 (g)
$\Delta_f H_m^\ominus$ / (kJ · mol^{-1})	–824.2	–110.5	0	–393.5
$S_m^\ominus$ / (J · mol^{-1} · K^{-1})	87.4	197.6	27.3	213.6

(1) 求 298 K 时该反应的 $\Delta_r H_m^\ominus$、$\Delta_r G_m^\ominus$、$\Delta_r S_m^\ominus$；

(2) 该反应在 298 K 下能自发进行吗？可以在室温下以 CO 为还原剂进行冶炼 Fe 吗？

(3) 高温时该反应会转变为逆向自发进行的反应吗？

13. 根据氯化物的埃林厄姆图(图 16.4)和反应偶联原理，讨论以金红石(TiO_2)、焦炭、Cl_2(g)以及适当的还原剂为原料，制备金属钛的方法，说明原理、步骤，写出相应的化学反应方程式。实际反应还需采取什么条件？

14. 含硫化镍的矿物为原料，经高炉熔炼得到含一定杂质的粗镍。粗镍经过 Mond 过程再转化为纯度高达 99.90%～99.99%的高纯镍，相应的反应为：Ni(s) + 4CO(g) ══ $Ni(CO)_4$(g)。羰基化合物的熔、沸点一般都比常见的相应金属化合物低，容易挥发，受热易分解成金属和 CO。

物质	Ni	CO	$Ni(CO)_4$
$\Delta_f H_m^\ominus$ / (kJ · mol^{-1})	0	–110.525	–602.91
$S_m^\ominus$ / (J · mol^{-1} · K^{-1})	29.87	197.674	410.6

(1) 根据反应方程式，说明该反应是熵增还是熵减的反应，该反应自发进行时环境的熵是增加还是减少。

(2) 在提纯镍的过程中，第一步 50℃时 Ni 与 CO 生成 $Ni(CO)_4$ 达到平衡，计算 50℃该反应的平衡常数。第二步是将气体混合物从反应器中除去，并将其加热至 230℃左右，计算 230℃时反应的平衡常数。两个温度下的平衡常数说明什么？

(3) Mond 过程的成功依赖于 $Ni(CO)_4$ 的挥发性。在 25.0℃，$Ni(CO)_4$ 是液体，315.4℃时沸腾，其气化焓 $\Delta_{vap}H_m^\ominus = 30.09$ kJ · mol^{-1}。计算该化合物的气化熵。

(4) $Ni(CO)_4$ 分子构型是什么？Ni 采取的是什么杂化类型？

(5) $Ni(CO)_4$ 中 C—O 键的红外振动峰要比 CO 的红移，即形成配合物后 C—O 键变弱了，为什么？

15. 20 世纪 40 年代提出了用 $^{14}_{6}C$ 测定古文物的方法。$^{14}_{6}C$ 是由大气中的氮在宇宙射线的作用下形成的，$^{14}_{6}C$ 与大气中的 O_2 形成 $^{14}_{6}CO_2$，$^{14}_{6}CO_2$ 可被植物通过光合作用和食物链摄入体内。生物活体中就有了 $^{14}_{6}C$，并且生物体内 $^{14}_{6}C$ / $^{12}_{6}C$ 之比与空气中的 $^{14}_{6}C$ / $^{12}_{6}C$ 之比相同，所以生物活体的 $^{14}_{6}C$ 几乎保持恒定不变。但生物体死亡后，不再参与自然界的碳交换，$^{14}_{6}C$ 不断衰变导致其含量持续地下降。所以测定古文物样品的 $^{14}_{6}C$ 含量与活着的生物的 $^{14}_{6}C$ 含量之比可以推算古文物的年代。在古墓中发现的一块布匹样本中，经取样分析其 $^{14}_{6}C$ 含量为动植物活体的 85%，已知 $^{14}_{6}C$ 的半衰期为 5568 年，该纺织品的年龄是多少？(提示：$^{14}_{6}C$ 衰变是一级反应动力学)

16. 一原电池，涉及下面两个半反应：

$$Pb^{2+}(aq) + 2e^- ══ Pb(s) \qquad -0.13\ V$$
$$Sn^{2+}(aq) + 2e^- ══ Sn(s) \qquad -0.14\ V$$

(1) 写出电池的正负极发生的半反应和电池总反应方程式；

(2) 计算电池的电动势；

(3) 计算反应的标准自由能变、标准平衡常数；

(4) 计算当离子浓度为 $c(Pb^{2+}) = 1.5$ mol · dm^{-3} 和 $c(Sn^{2+}) = 0.10$ mol · dm^{-3} 时的电动势。

(乔正平)

第17章 硼族元素
(The Boron Group Elements)

本章学习要求

1. 掌握硼族元素的通性。
2. 理解硼族元素单质化学性质，了解其用途。
3. 掌握硼烷成键要素、分析硼烷结构。
4. 理解硼族元素氧化物、氢氧化物的化学性质，掌握硼砂的结构及其性质。
5. 了解硼族元素卤化物的结构及基本性质。

硼族元素位于元素周期表第ⅢA族(或第15族)，包括硼(boron)、铝(aluminum)、镓(gallium)、铟(indium)、铊(thallium)和鉨(nihonium，Nh)。鉨是人工合成元素，原子序数113，本节不作进一步介绍[①]。

硼在地壳中丰度为 $1.0 \times 10^{-3}\%$，在所有元素中列第37位。硼是亲氧元素，因此在地球富氧环境中，不存在单质硼，而以硼酸盐矿为主，已知的硼酸盐矿物有100多种，但工业上制备硼及含硼化合物的90%的矿物来源是硬硼酸钙石($Ca_2B_6O_{11} \cdot 5H_2O$)、斜方硼砂[$Na_2B_4O_6(OH)_2 \cdot 3H_2O$]、钠硼解石[($NaCaB_5O_6(OH)_6 \cdot 5H_2O$]和硼砂矿($Na_2B_4O_7 \cdot nH_2O$)。硼是动物和人类必需的元素，在植物和动物中存在痕量的硼。硼参与人的生命代谢过程。人体每天需摄取1.5～3 mg的硼，但过量摄入会引起中毒。

铝在地壳中丰度为8.23%，在所有元素中列第3位，仅次于氧和硅，是含量最多的金属元素。主要存在形式是铝硅酸盐，如高岭土[$Al_2Si_2O_5(OH)_4$]、长石、沸石及矾土矿($Al_2O_3 \cdot nH_2O$)、刚玉(Al_2O_3)、冰晶石(Na_3AlF_6)。铝对人体是一种微量元素，人血清中含铝1～10 $\mu g \cdot dm^{-3}$。铝的生物化学功能涉及酶、蛋白质、ATP、DNA以及钙、磷代谢。过量摄入铝会损害神经、骨骼和造血系统，引发“老年痴呆症”，长期吸入含铝粉尘会导致“铝尘肺”。

镓、铟、铊是分散元素，只与其他矿石共生，它们都是用光谱分析法发现的元素。

镓在地壳中丰度为 $1.9 \times 10^{-3}\%$，在所有元素中列第35位。镓在地壳中分布分散，硫镓铜矿($CuGaS_2$)是少有的含镓矿石，但储量不大。镓主要分散在闪锌矿、铝土矿中，工业上镓主要由冶炼这两种矿石的副产品中提取。

铟在地壳中丰度为 $2.5 \times 10^{-5}\%$，在所有元素中列第64位。铟很少形成自己的矿物，含量相对高的硫铟铁矿($FeIn_2S_4$)、硫铟铜矿($CuInS_2$)、硫铜锌铟矿[$(Cu, Zn, Fe)_3(In, Sn)S_4$]和羟铟矿[$In(OH)_3$]等含铟矿物非常分散，不能作为直接生产铟的原料。铟多数与其性质类似的锌、铅、铜和锡等共生，一般是从锌、铅、锡等重金属冶炼的副产物中回收生产。

1861年，英国的克鲁克斯(Sir William Crookes)利用光谱分析发现了铊。铊在地壳中丰度

---

① 鉨由俄罗斯和日本科学家于2003年和2004年制备，因日本语nihon读法而得名。日本理化学研究所的科学家利用线型加速器加速Zn原子，连续轰击Bi原子，得到Nh原子。从2004至2012年共合成了3个Nh原子。

为 8.5 × 10^{-5}%，在所有元素中列第 60 位。铊化合物中毒会严重损害人的神经系统。

17.1　硼族元素基本性质
(General Properties of the Boron Group Elements)

硼族元素原子价层电子构型为 ns^2np^1，在元素周期表中位于 p 区，第ⅢA 族(或第 13 族)。硼族元素原子结构及基本性质列于表 17.1。

表 17.1　硼族元素原子结构及基本性质

结构及性质	元素				
	B	Al	Ga	In	Tl
价层电子构型	$2s^22p^1$	$3s^23p^1$	$4s^24p^1$	$5s^25p^1$	$6s^26p^1$
主要氧化态	+3	+3	+1、+3	+1、+3	+1、+3
金属半径/pm	86	143.1	135	167	170
原子共价半径/pm	84	124	123	142	144
M^+有效离子半径/pm	35		120 (Ga^{2+})	140	150
M^{3+}有效离子半径/pm	11	54	62	80	89
单质熔点/℃	2077	660.323	29.7646	156.5985	304
单质沸点/℃	4000	2519	2229	2027	1473
$I_1/(kJ \cdot mol^{-1})$	801	578	579	558	589
$I_2/(kJ \cdot mol^{-1})$	2427	1817	1979	1820	1971
$I_3/(kJ \cdot mol^{-1})$	3660	2745	2965	2704	2878
$E_{ea1}/(kJ \cdot mol^{-1})$	27.0	41.8	41	29	19
χ_P	2.04	1.61	1.81	1.78	1.8

本族元素中，硼为非金属，铝、镓、铟、铊为金属，硼与其余四种元素性质差异较大，硼晶体为原子晶体，而铝、镓、铟、铊均为金属晶体。硼原子有 4 个价轨道($2s$、$2p_x$、$2p_y$、$2p_z$)，却只有 3 个价电子($2s^22p^1$)，价电子数目小于价轨道数目，称为缺电子原子。缺电子原子和缺电子性是对元素形成共价键的情况而言，所以通常只关注 B、Al 形成共价化合物时表现出的缺电子性质。尤其是硼元素，主要以共价键成键，可形成一系列缺电子化合物，如 BX_3(X 为卤素)、$B(OH)_3$ 等，它们都是路易斯酸，可以与路易斯碱发生加合反应，生成酸碱加合物。例如

$$BF_3 + F^- = [BF_4]^-$$

第二周期的 B 只有 4 个价轨道，所以 B 的最大配位数是 4，而 Al、Ga、In、Tl 配位数可等于 6，如$[AlF_6]^{3-}$。从硼族元素的 $\Delta_r G_m^\ominus / F$-Z 图(图 17.1)可见，硼族元素单质表现为还原性，从标准电极电势 $E^\ominus(M^{3+}/M)$看，还原性 Al>B>Ga>In，与其他主族元素变化规律不一致，这是因为在原子半径与有效核电荷对还原性的竞争性影响中，对 B、Al 而言，原子半径影响占优。B 半径小，原子核对电子引力大，不易失去，还原性低于 Al；Al 之后，随着有效核电荷显著增加，其对价层电子的影响更大。从 Al 到 In，原子核对电子引力随有效核电荷增加而增大，电子越来越不易失去，还原性减弱。Tl 特殊，显还原性时主要被氧化至 Tl(Ⅰ)，而 Tl(Ⅲ)盐具有强的氧化性。例如

$$Tl_2(SO_4)_3(aq)+4FeSO_4(aq)=Tl_2SO_4(aq)+2Fe_2(SO_4)_3(aq)$$

$$Tl(NO_3)_3(aq)+SO_2(g)+2H_2O(l)=TlNO_3(aq)+H_2SO_4(aq)+2HNO_3(aq)$$

Tl(Ⅲ)的价层电子构型为 $6s^0$，它的强氧化性可归因于 $6s^2$ 惰性电子对效应——受到镧系收缩的影响，Tl 原子半径(170 pm)仅比 In(167 pm)稍大，而有效核电荷比 In 大得多，故 Tl(Ⅲ)的有效离子势($\phi^* = Z^*/r$)很高，使它具有很强的“回收”电子、重新变回 Tl(Ⅰ)的 $6s^2$ 惰性电子对结构的能力(参阅 16.6.3 小节)。

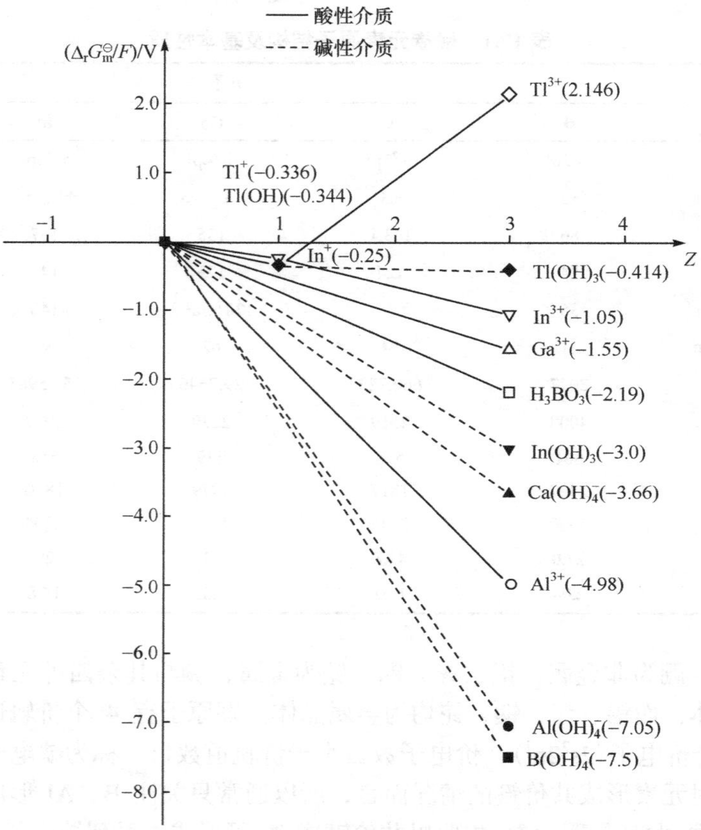

图 17.1　硼族元素的 $\Delta_r G_m^{\ominus} / F$-$Z$ 图

17.2　硼族元素单质
(Elements of the Boron Group)

硼族元素单质的一些基本物理性质列于表 17.2。

表 17.2　硼族元素单质基本性质

性质	硼	铝	镓	铟	铊
熔点/℃	2077	660.323	29.7646	156.5985	304
沸点/℃	4000	2519	2229	2027	1473

续表

性质	硼	铝	镓	铟	铊
熔化热/$(kJ \cdot mol^{-1})$	50.2	10.71	5.59	3.28	4.14
气化热/$(kJ \cdot mol^{-1})$	480	294.0	254	231.8	165
密度/$(g \cdot cm^{-3})$	2.5	2.70	5.904	7.31	11.85

硼族元素单质的化学性质概括而言，B 为非金属或准金属、Al 和 Ga 为两性金属，而 In 和 Tl 为典型的金属。

17.2.1　硼

单质硼有多种同素异形体，有晶体和无定形两类。无定形硼为棕色粉末；晶体硼呈黑灰色，低密度、高硬度、高熔点、较脆。

晶体硼的结构单元为正二十面体，B 原子占据顶点位置，如图 17.2 所示。这种结构单元称为 B_{12}。B_{12} 在空间以不同方式排布就形成不同晶型的晶体硼，其中最普通的一种是 α-菱形硼，如图 17.3 所示。每个 B_{12} 单元与同一层的 6 个 B_{12} 单元成键，这种键联属于三中心二电子键，如图 17.3 中的虚线三角形 1 和 2，通过 B—B 键再将 B_{12} 组成的片层结合起来。

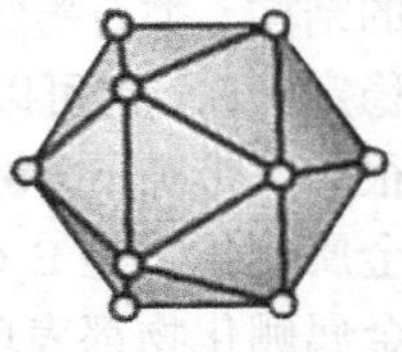

图 17.2　晶体硼的结构单元 B_{12}

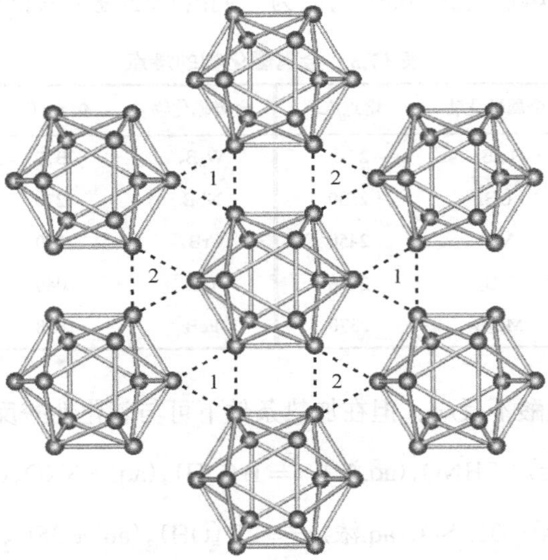

图 17.3　α-菱形硼的结构示意图

B 和 C 在结构上有相似之处。例如，碳单质有 C_{60} 等组成的足球烯家族，硼单质有 B_{40} 等组成的硼球烯家族。碳单质有单层或几层石墨结构的石墨烯，硼单质有硼墨烯。

单质硼的化学性质与硅类似，符合对角线规则。晶体硼惰性，无定形硼稍活泼。硼是准金属，其非金属性大于金属性，弱金属性表现在只能与强的非金属单质反应，如元素周期表右上角的 N、O、S 及卤素。电负性最大的 F 的单质——氟气与硼在室温下就可以反应。其余都是在高温时反应，生成+3 氧化态硼的非金属化合物。例如

$$2B(s) + 3F_2(g) \xlongequal{\quad} 2BF_3(g)$$

$$4B(s) + 3O_2(g) \xlongequal{高温} 2B_2O_3(s)$$

$$2B(s) + N_2(g) \xlongequal{高温} 2BN(s)$$

$$2B(s) + 3Br_2(l) \xlongequal{高温} 2BBr_3(s)$$

$$2B(s) + 3S(s) \xlongequal{高温} B_2S_3(s)$$

B 与 Si、C 一样，是亲氧元素，而且 B—O 键键能更大，热力学稳定，所以高温冶金工业常用 B 除去不需要的氧。此外，由于 B 只能与强氧化性的非金属反应，因此许多非金属硼化物(如 B_4C、BP、BAs、B_2Se_3、BI_3)需由+3 价 B 的化合物转化而得。

这些非金属硼化物中 BN 与 C_2 都有 12 个电子，是等电子体，BN 也可以构建出石墨和金刚石的结构，类石墨结构的 BN 比石墨稳定但更软，可加入化妆品中作润滑剂。立方 BN 硬度高且稳定。BN 也可以卷成纳米管，与碳纳米管结构决定电学性质的现象不同，BN 纳米管电阻都很大，带隙 5～6 eV。此外，BN 具有高的热稳定性，BN 陶瓷可作高温坩埚。另一个重要非金属硼化物是 B_4C，是已知高硬度材料之一，所以碳化硼可用于防弹衣的内板。此外，很多非金属硼化物都表现出优异的半导体电学性质，是材料研究领域的热点。

准金属 B 的非金属性表现在高温下硼能与电负性比它小的金属反应，生成金属硼化物。由于电负性比硼小的金属较多，因此金属硼化物是一大类化合物，都具有高熔点(表 17.3)，一般高于1000℃，HfB_2的熔点高达3650℃，因为它们的化学键中共价键成分高于离子键成分。

表 17.3　金属硼化物的熔点

金属硼化物	熔点/℃	金属硼化物	熔点/℃	金属硼化物	熔点/℃	金属硼化物	熔点/℃
TiB_2	3225	LaB_6	2715	W_2B_5	2370	CoB	1460
HfB_2	3650	UB_4	2530	NbB	2270	Fe_2B	1389
TaB_2	3100	VB_2	2450	CrB_2	2170	Co_2B	1280
ZrB_2	3050	UB_2	2430	TaB	2040	Ni_2B	1125
NbB_2	3050	Mo_2B_5	2370	FeB	1658	NiB	1034

无定形硼与非氧化性酸不反应，但在加热条件下可与氧化性酸反应：

$$B(s) + 3HNO_3(aq,浓) \xlongequal{\triangle} B(OH)_3(aq) + 3NO_2(g)$$

$$2B(s) + 3H_2SO_4(aq,浓) \xlongequal{\triangle} 2B(OH)_3(aq) + 3SO_2(g)$$

在有氧化剂存在的条件下，硼也可与熔融的强碱反应得到偏硼酸盐：

$$2B(s) + 2NaOH(l) + 3KNO_3(l) \xlongequal{熔融} 2NaBO_2(s) + 3KNO_2(s) + H_2O(g)$$

$$2B(s) + 2KOH(l) + 3KNO_3(l) \xlongequal{熔融} 2KBO_2(s) + 3KNO_2(s) + H_2O(g)$$

硼不活泼，所以制备过程比较简单。先将硼矿石溶解酸化为硼酸，加热硼酸分解为三氧化二硼，还原得到单质硼，再精炼至晶体硼。

(1) 硼酸盐矿石溶解酸化：

$$Na_2B_4O_7 \cdot 10H_2O(s) + 2HCl \xlongequal{} 4H_3BO_3 + 2NaCl + 5H_2O$$

(2) 硼酸受热分解：

$$2H_3BO_3(s) \xlongequal{800\ K} B_2O_3(s) + 3H_2O$$

(3) 氧化物被活泼金属还原：

$$B_2O_3(s) + 3Mg(s) \xlongequal{800\ K} 3MgO(s) + 2B(s)$$

(4)无定形硼精炼得晶体硼。

实验室用高温分解卤化硼或硼氢化物的方法制备高纯硼。例如，在灼热(727～1027℃)的钽金属丝上热解 BI_3，可得到纯度 99.95%的α-菱形硼：

$$2BI_3(s) \xlongequal{727\sim1027C} 2B(s) + 3I_2(s)$$

硼的用途相当广泛，硼与塑料或铝合金结合，是有效的中子屏蔽材料；硼纤维用于制造复合材料等。由于硼在高温时特别活泼，因此被用来作冶金除气剂、锻铁的热处理、增加合金钢高温强固性。硼还用于原子反应堆和高温技术中，棒状和条状硼钢在原子反应堆中广泛用作控制棒。由于硼具有低密度、高强度和高熔点的性质，可用来制作导弹的火箭中所用的某些结构材料。含硼添加剂可以改善冶金工业中烧结矿的质量，减小膨胀，提高强度硬度。

17.2.2　铝

铝为银白色轻金属。铝粉具有银白色光泽，而一般金属在粉末状时的颜色多为黑色，所以铝粉常用作涂料，俗称银粉、银漆，以保护铁制品不被腐蚀，而且美观。

铝的密度很小，仅为 2.7 $g \cdot cm^{-3}$，它比较软，需要通过制成各种铝合金提高含铝材料的硬度。这些铝合金广泛应用于飞机、汽车、火车、船舶等制造工业。此外，宇宙火箭、航天飞机、人造卫星也使用大量的铝及铝合金。铝的导电性仅次于银、铜，虽然它的电导率只有铜的 59%，但密度是铜的 1/3，所以输送同量的电，铝线的质量是铜线的一半。铝表面的氧化膜不仅有耐腐蚀的能力，而且有一定的绝缘性，所以铝在电器制造工业、电线电缆工业和无线电工业中有广泛的用途。铝在 1.2 K 下为超导体。铝是热的良导体，它的导热能力比铁大 3 倍，工业上可用铝制造各种热交换器、散热材料和炊具等。铝有较好的延展性(它的延展性仅次于金和银)，在 100～150℃时可制成薄于 0.01 mm 的铝箔。这些铝箔广泛用于包装香烟、糖果等，还可制成铝丝、铝条，并能轧制各种铝制品。铝具有高反射性，光滑的铝膜可反射 92%的可见光和 98%的中、远红外辐射，因此常用来制造高质量的反射镜，如太阳灶反射镜等。铝具有吸音性能，音响效果也较好，因此广播室、现代化大型建筑室内的天花板等也采用铝材料。铝耐低温，在温度低时，其强度反而增加而无脆性，因此它是理想的低温装置材料，如用于冷藏库、冷冻库及雪地车辆。

铝与同族的硼性质上有较大的差异。铝是金属，硼是非金属；硼的氧化物的水合物呈酸性，氢氧化铝呈酸碱两性；硼只能以共价键与电负性更大的元素结合，铝既能生成共价化合物，也能生成离子化合物；硼的最大配位数是 4，铝的最大配位数是 6。

由铝元素的$\Delta_r G_m^\ominus / F\text{-}Z$图(图 17.1)可见，在酸、碱介质中铝都表现出强还原性。铝的化学性质与铍相似，是活泼金属。但铝在空气中由于表面生成致密的氧化铝膜而阻止进一步的反应，不易受到腐蚀，常被用来制造化学反应器、医疗器械、冷冻装置、石油精炼装置、石油和天然气管道等。但食盐可腐蚀铝表面的氧化膜，因此铝制器皿不宜长期存放咸的菜品等。

混汞法也能破坏氧化铝薄层，导致铝的迅速氧化，并有大量热产生。

与硼类似，铝是亲氧元素，在氧气中燃烧能放出大量的热和耀眼的光：

$$4Al(s) + 3O_2(g) = 2Al_2O_3(s) \qquad \Delta_r H_m^\ominus = -3351.4\ kJ \cdot mol^{-1}$$

因此，铝常用于制造爆炸混合物，如铵铝炸药(由硝酸铵、木炭粉、铝粉、烟黑及其他可燃性有机物混合而成)、燃烧混合物(如用铝热剂做的炸弹和炮弹可用来攻击难以着火的目标或坦克、大炮等)和照明混合物(如含硝酸钡 68%、铝粉 28%、虫胶 4%)。

利用该反应放出大量的热，铝可从其他金属氧化物中置换出金属，如著名的铝热反应，可用于焊接铁轨：

$$2Al(s) + Fe_2O_3(s) \xlongequal{\triangle} 2Fe(s) + Al_2O_3(s) \qquad \Delta_r H_m^\ominus = -851.5\ kJ \cdot mol^{-1}$$

铝粉和石墨、二氧化钛(或其他高熔点金属的氧化物)按一定比例均匀混合后，涂在金属上，经高温煅烧而制成耐高温的金属陶瓷，它在火箭及导弹技术上有重要应用。

Al^{3+}/Al 的标准电极电势为−1.66 V，虽然如此，铝却不能从水中将氢置换出来，因为铝的表面生成紧密而很难溶解的氢氧化铝层。混汞后的铝则能很强烈地与水作用而释出氢。

稀盐酸和稀硫酸很容易溶解铝，尤其在加热的条件下。但遇到冷的浓硝酸或浓硫酸时，由于在金属表面生成薄而极其致密的氧化物薄膜，而发生钝化。极纯的铝在浓盐酸中溶解很慢，但可以加少量的氯化汞溶液促进。铝也很容易溶解在碱溶液中释放出氢气并生成偏铝酸盐：

$$2Al(s) + 6HCl(aq) = 2AlCl_3(aq) + 3H_2(g)$$

$$2Al(s) + 2NaOH(aq) + 2H_2O(l) = 2NaAlO_2(aq) + 3H_2(g)$$

在高温下，铝与非金属单质如硫、磷等反应：

$$2Al(s) + 3S(s) \xlongequal{\text{高温}} Al_2S_3(s)$$

工业制备铝采用电解法，主要原料是铝矾土，它是铝的重要矿藏，其主要成分是氧化铝。将粉碎的铝矾土用碱液浸取，转变成可溶的铝酸钠：

$$Al_2O_3(s) + 2NaOH(aq) + 3H_2O(l) = 2Na[Al(OH)_4](aq)$$

过滤后向铝酸钠溶液中通入二氧化碳气体，析出氢氧化铝：

$$2Na[Al(OH)_4](aq) + CO_2(g) = 2Al(OH)_3(s) + Na_2CO_3(aq) + H_2O(l)$$

再分离、煅烧氢氧化铝，得到较纯净的氧化铝：

$$2Al(OH)_3(s) \xlongequal{\text{煅烧}} Al_2O_3(s) + 3H_2O(g)$$

由于铝的强还原性，只能用电解法从其化合物还原。在熔融的冰晶石(Na_3AlF_6)中电解氧化铝，即可得到纯铝：

$$2Al_2O_3(l) \xlongequal[\text{冰晶石}]{\text{电解}} 4Al(l) + 3O_2(g)$$

其中冰晶石是"助熔剂"，起降低电解质熔点的作用。

17.2.3 镓、铟、铊

镓是银白色金属，质软、性脆，宜存放于塑料容器中。其熔点很低(29.7646℃)，沸点很高(2229℃)。利用镓的这个特性来制造高温温度计，可测量反应炉、原子反应堆的温度。工业和通信领域，镓是制取各种镓化合物半导体的原料，半导体发光二极管(light emitting diode，LED)用的芯片就是氮化镓(GaN)。镓也是硅、锗半导体的掺杂剂，核反应堆的热交换介质。镓还是有机合成的催化剂。镓与许多金属，如铋、铅、锡、镉、铟、铊等，生成熔点低于 60℃的易熔合金，如含铟 25%的镓铟合金(熔点 16℃)，含锡 8%的镓锡合金(熔点 20℃)，可以用在电路熔断器和各种保险装置上。镓加入铝中可制得易热处理的合金。镓和金的合金应用在装饰和镶牙方面。玻璃中掺镓，有增加玻璃折射率的效能，可以用来制造特种光学玻璃。因为镓对光的反射能力特别强，同时又能很好地附着在玻璃上，承受较高的温度，所以用它做反光镜最适宜，镓镜可反射 70%以上的光。

铟是银白色并略带淡蓝色的金属，熔点 156.5985℃，沸点 2027℃，铟比铅毒性还强。有延展性，硬度比铅低。铟主要用于制造合金，以降低金属的熔点。铟银合金或铟铅合金的导热能力高于银或铅。铟还常用于制造低熔合金、轴承合金、半导体、电光源等。铟箔在核反应堆中与中子反应后便呈现放射性，可用于测量放射性的速率，监控核反应。

铊是蓝白色重质金属，熔点 304℃，沸点 1473℃，有剧毒，质软，易熔融。室温下，在空气中氧化时表面覆有氧化物的黑色薄膜而保护内部，174℃开始挥发，保存在水中或煤油中较空气中稳定。铊的低熔点合金可用于电子管玻壳的黏接。铊的主要用途是制备铊盐、合金。铊是氢还原硝基苯的催化活化剂。铊激活的碘化钠晶体用于光电倍增管。作为光学玻璃的附加料，可增加其折射率。铊与钒的合金在生产硫酸时作催化剂，含 8.5%铊的液体汞齐的凝固点为−60℃，在低温操作的仪器中为汞的代用品。

镓、铟和铊的 $\Delta_r G_m^{\ominus} / F\text{-}Z$ 图列于图 17.1。与同族的硼和铝相比，镓、铟、铊除了能生成+3 氧化态的化合物外，还能生成+1 氧化态的化合物，且随着所在周期数变大，+3 氧化态化合物的稳定性下降，而+1 氧化态化合物的稳定性增加。

镓的化学性质活泼，但不如铝，表面也能形成致密氧化膜而钝化。镓、铟和铊都能与非氧化性酸反应放出氢气，但反应速率较小，需要加热。

$$2Ga(s) + 6HCl(aq) \xlongequal{\triangle} 2GaCl_3(aq) + 3H_2(g)$$

$$2In(s) + 6HCl(aq) \xlongequal{\triangle} 2InCl_3(aq) + 3H_2(g)$$

$$2Tl(s) + 2HCl(aq) \xlongequal{\triangle} 2TlCl(aq) + H_2(g)$$

镓、铟和铊与氧化性酸反应，镓、铟被氧化为+3 氧化态化合物，而铊只被氧化为+1 氧化态。例如

$$Ga(s) + 6HNO_3(aq) = Ga(NO_3)_3(aq) + 3NO_2(g) + 3H_2O(l)$$

$$In(s) + 6HNO_3(aq) = In(NO_3)_3(aq) + 3NO_2(g) + 3H_2O(l)$$

$$Tl(s) + 2HNO_3(aq) = TlNO_3(aq) + NO_2(g) + H_2O(l)$$

只有镓能与碱反应放出氢气，因此镓是两性金属(类似于铝)，而铟和铊不是两性金属。

$$2Ga(s) + 2NaOH(aq) + 2H_2O(l) = 2NaGaO_2(aq) + 3H_2(g)$$

常温下，镓、铟和铊的单质可与氯和溴化合，但与氧气、硫、磷等非金属单质反应需要高温条件。例如

$$2Ga(s) + 3Br_2(l) = 2GaBr_3(s)$$

$$2Ga(s) + 3S(s) \xlongequal{\triangle} 2Ga_2S_3(s)$$

17.3 硼 烷
(Borane)

硼的氢化物(boron hydride)通式为 B_xH_y,称为硼烷。

17.3.1 硼烷的组成与命名

按照硼、氢个数比,中性硼烷一般可分为两类:① B_nH_{n+4} 类(少氢硼烷),如 B_2H_6、B_5H_9、B_6H_{10} 等;② B_nH_{n+6} 类(多氢硼烷),如 B_3H_9、B_4H_{10}、B_5H_{11} 等。此外,还有大量的硼烷阴离子:① $B_nH_n^{2-}$ 类,如 $B_{12}H_{12}^{2-}$,为完整硼原子多面体闭合结构,成键类似于相应中性硼烷分子;②由中性硼烷通过脱质子或与 H^- 加成形成的阴离子,如 BH_4^-;③由连接的氢化硼单元衍生出的阴离子,如 $B_{18}H_{21}^-$。

中性硼烷的命名类似于有机烷烃,硼原子的数目在十以下时用"甲乙丙丁戊己庚辛壬癸"作词头,命名为某硼烷,硼原子数目在十以上时,直接用汉字数字;为区别两种类型的硼烷,在其后使用圆括号附注氢原子的数量,如 B_5H_9 戊硼烷(9)、B_5H_{11} 戊硼烷(11)等。在命名硼烷阴离子时,应在母体后的括号内注明阴离子的电荷。必要时,可将氢原子数在结构类型前注明,如 $B_5H_8^-$ 八氢合戊硼烷根(1−)。

母体硼烷(没有取代基的硼烷)几种主要结构类型列于表 17.4。

表 17.4 母体硼烷主要结构类型

类型	通式	附注
闭式-/笼式-(closo-)	$B_nH_n^{2-}$	目前尚未发现电中性的 B_nH_{n+2} 硼烷
巢式-(nido-)	B_nH_{n+4}	
网式-(arachno-)	B_nH_{n+6}	

17.3.2 硼烷的分子结构及李普斯昆成键模型

最简单的硼烷是乙硼烷 B_2H_6,单分子的 BH_3 不稳定。在乙硼烷中,硼原子为 sp^3 杂化,六个氢原子分成两类,其中四个作为端基以正常的共价键与硼原子相连,另两个氢原子则作为氢桥双桥连两个硼原子,形成两个三中心二电子键(3c-2e bond),如图 17.4 所示。氢桥键是由每个 B 原子提供一个 sp^3 杂化轨道:ψ_{B1} 和 ψ_{B2},H 原子提供 1s 轨道 ψ_H,互相叠加组合形成 3 个分子轨道:ψ_1(成键轨道)、ψ_2(非键轨道)、ψ_3(反键轨道)。

氢桥键这种三中心二电子键较端位 B—H 键(双电子单键,2c-2e bond)键长要长,前者为 133 pm,后者为 119 pm。这说明三中心二电子键作为一种多中心、缺电子键,成键弱于正常的双电子单键。

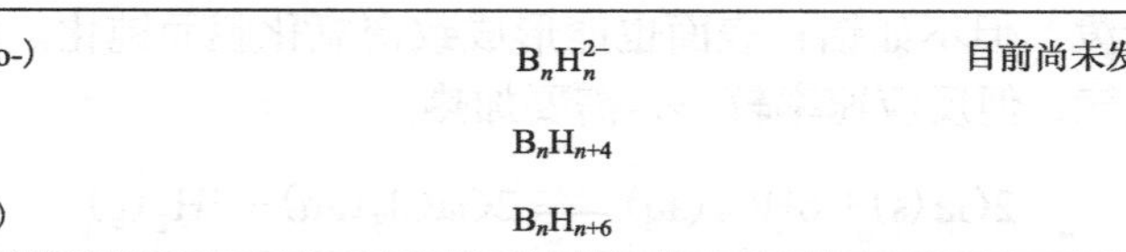

图 17.4 乙硼烷的分子结构示意图(左)及其拓扑图(右)

在硼烷中，除了氢原子作为桥能形成$B\overset{H}{\frown}B$这种三中心二电子化学键外，硼原子作为桥也可形成该类化学键，即开放式$B\overset{B}{\frown}B$硼桥键，还有三个硼原子排列成等边三角形的闭合式硼键，均属于多中心缺电子键。20 世纪 60 年代初，美国李普斯昆(William N. Lipscomb)提出硼烷中的五种成键情况，后续研究表明，开放式硼桥键对成键的贡献可以不考虑，现为四种(表 17.5)。B 的这种三中心二电子的化学键是一种新的化学键，是建立在硼原子的缺电子结构基础上的，对化学键理论的发展做出了重要的贡献，李普斯昆因此获得 1976 年诺贝尔化学奖。

表 17.5　硼烷中的五种成键情况

成键要素	成键情况	成键类型	成键图解	分子轨道表示	键的符号
正常 B—H 键	2c-2e	σ	 1 个 sp^3 + 1 个 s	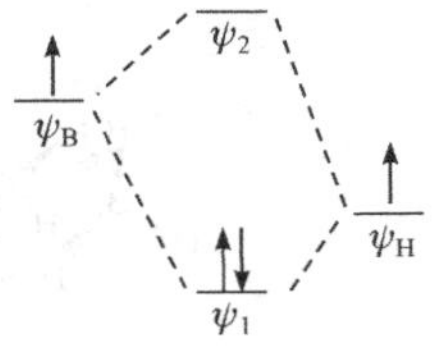	B—H
正常 B—B 键	2c-2e	σ	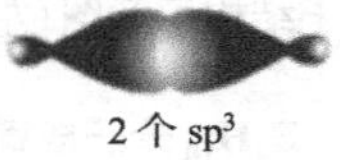 2 个 sp^3	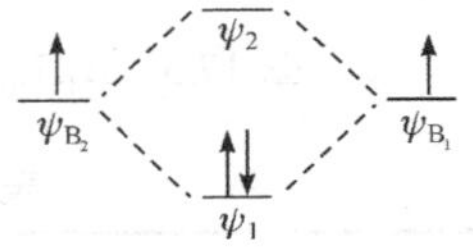	B—B
$B\overset{H}{\frown}B$桥键	3c-2e	σ	 2 个 sp^3 + 1 个 s	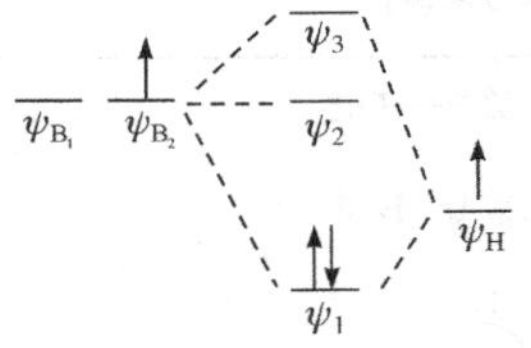	$B\overset{H}{\frown}B$
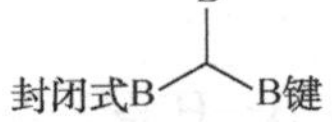	3c-2e	σ	 3 个 sp^3	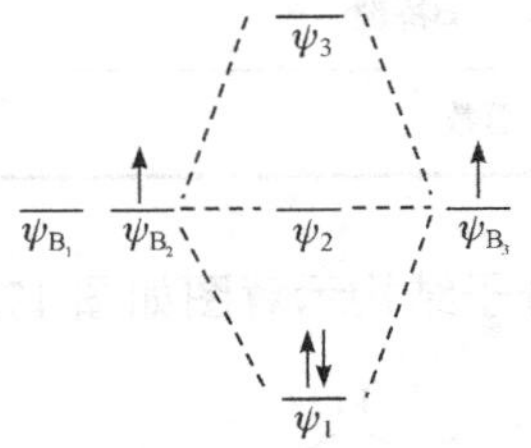	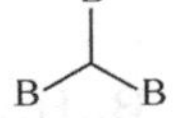

B_2H_6 分子结构示意图见图 17.4，其中右图称为该分子的拓扑图。

B_2H_6 的成键情况分析如下：每个 B 原子有 4 个价轨道、3 个价电子，每个 H 有 1 个价轨道、1 个价电子，合计 14 个价轨道、12 个价电子。在 B_2H_6 分子中，有 4 个正常的 B—H 键、8 个价电子，4 个成键轨道、4 个反键轨道；2 个$B\overset{H}{\frown}B$桥键、4 个价电子，2 个成键轨道、2 个非键轨道、2 个反键轨道，B_2H_6 分子成键情况总结于表 17.6。

表 17.6　B_2H_6 分子成键情况

键型及键数目	使用价电子数	分子轨道类型及数目
4 个正常 B—H 键	8 个价电子	4 个成键轨道、4 个反键轨道
2 个 $B\overset{H}{\frown}B$ 桥键	4 个价电子	2 个成键轨道、2 个非键轨道、2 个反键轨道
总数	12 个价电子	14 个价轨道

B_4H_{10} 的分子结构示意图如图 17.5 所示。成键情况分析方法与 B_2H_6 类似，在 B_4H_{10} 分子中，有 6 个正常 B—H 键，1 个正常 B—B 键，4 个 $B\overset{H}{\frown}B$ 桥键，总结于表 17.7。

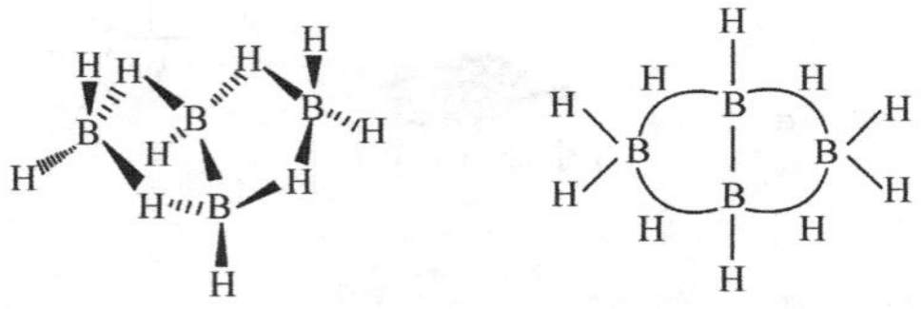

图 17.5　B_4H_{10} 的分子结构示意图(左)及其拓扑图(右)

表 17.7　B_4H_{10} 分子成键情况

键型及键数目	使用价电子数	分子轨道类型及数目
6 个正常 B—H 键	12 个价电子	6 个成键轨道、6 个反键轨道
1 个正常 B—B 键	2 个价电子	1 个成键轨道、1 个反键轨道
4 个 $B\overset{H}{\frown}B$ 桥键	8 个价电子	4 个成键轨道、4 个非键轨道、4 个反键轨道
总数	22 个价电子	26 个价轨道

$B_{10}H_{14}$ 的分子结构示意图如图 17.6 所示，在 $B_{10}H_{14}$ 分子中，有 10 个正常 B—H 键，2 个正常 B—B 键，4 个 $B\overset{H}{\frown}B$ 桥键，6 个封闭式 $B\overset{B}{\diagup\diagdown}B$ 键，总结于表 17.8。

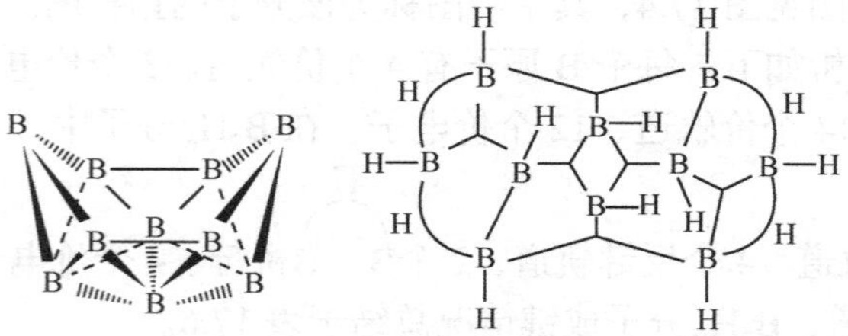

图 17.6　$B_{10}H_{14}$ 的分子结构示意图(左，略去氢原子)及其拓扑图(右)

表 17.8　$B_{10}H_{14}$ 分子成键情况

键型及键数目	使用价电子数	分子轨道类型及数目
10 个正常 B—H 键	20 个价电子	10 个成键轨道、10 个反键轨道
2 个正常 B—B 键	4 个价电子	2 个成键轨道、2 个反键轨道
4 个 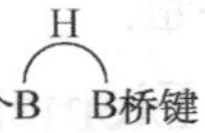 桥键	8 个价电子	4 个成键轨道、4 个非键轨道、4 个反键轨道
6 个封闭式 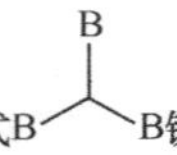 键	12 个价电子	6 个成键轨道、6 个非键轨道、6 个反键轨道
总数	44 个价电子	54 个价轨道

17.3.3　硼烷的化学性质

硼烷的化学性质主要有易燃性、水解性、还原性和加合性。以乙硼烷为例说明。乙硼烷化学性质活泼，具有强的还原性，在空气中燃烧，由于 B—O 键键能 $(561\ kJ \cdot mol^{-1})$ 很大，燃烧放出大量的热，是高能燃料，但因剧毒性用途有限。硼烷燃烧也是其还原性的表现。

$$B_2H_6(g) + 3O_2(g) = B_2O_3(s) + 3H_2O(l) \qquad \Delta_r H_m^{\ominus} = -2020\ kJ \cdot mol^{-1}$$

乙硼烷的还原性也表现为可被氯气氧化成三氯化硼：

$$B_2H_6(g) + 6Cl_2(g) = 2BCl_3(g) + 6HCl(g)$$

乙硼烷极易水解，水解反应与硅烷类似：

$$B_2H_6(g) + 6H_2O(l) = 2B(OH)_3(aq) + 6H_2(g)$$

乙硼烷是缺电子化合物，属于路易斯酸，能与路易斯碱发生加合反应：

$$B_2H_6(g) + 2NH_3(l) \xlongequal{液氨} [BH_2(NH_3)_2]^+ + [BH_4]^-$$

在乙醚中，B_2H_6 与 LiH 或 NaH 反应生成硼氢化物：

$$B_2H_6(g) + 2LiH(s) \xlongequal{乙醚} 2LiBH_4(s)$$

在高温下将乙硼烷与氨气按比例混合，可制备“无机苯”环硼氮六烷 $B_3N_3H_6$，其熔点为 −58℃，沸点为 55℃。无机苯与苯互为等电子体，但无机苯化学活性要高于苯。

$$3B_2H_6(g) + 6NH_3(g) \xlongequal{高温} 2B_3N_3H_6(g) + 12H_2(g)$$

乙硼烷的稳定性不如甲烷与硅烷，超过 100℃时会分解，放出氢气，并聚合成高级硼烷：

$$2B_2H_6(g) \xlongequal{\triangle} B_4H_{10}(g) + H_2(g)$$

$$5B_4H_{10}(g) \xlongequal{\triangle} 4B_5H_{11}(g) + 3H_2(g)$$

乙硼烷是剧毒性气体，在空气中的最高允许浓度比 HCN 气体和光气 $COCl_2$ 还低。

硼烷的标准生成自由能为正值，表明其热力学的不稳定性，因此不能直接由硼和氢反应制得，只能用间接法。与硅烷类似，可用硼化物酸化法。例如

$$2MnB(s) + 6H_3PO_4(aq) = B_2H_6(g) + 2Mn(H_2PO_4)_3(aq)$$

或用还原剂还原硼卤化物制取硼烷：

$$2BCl_3(g) + 6H_2(g) \xrightarrow[\text{乙醚}]{\text{放电}} B_2H_6(g) + 6HCl(g)$$

$$4BCl_3(g) + 3LiAlH_4 \xrightarrow{\text{乙醚}} 2B_2H_6(g) + 3LiCl + 3AlCl_3$$

17.4　硼族元素的氧化物、含氧酸及其盐
（Oxides, Oxyacids and Oxysalts of Boron Group Elements）

17.4.1　硼的含氧化合物

1. 三氧化二硼

三氧化二硼（diboron trioxide，B_2O_3）是白色固体，熔点为 450℃，具有强烈吸水性而易转变为硼酸，故应于干燥环境下密闭保存。其微溶于冷水，易溶于热水。

B_2O_3 一般以无定形的状态存在，很难形成晶体，是已知的难结晶的物质之一，只有在高强度退火后才结晶。玻璃状氧化硼在 325～450℃时软化，其密度随受热情况而有一定变化范围。加热时，玻璃体氧化硼结构中的无序度增加。超过 450℃时会产生有极性的—B═O 基。高于 1000℃时，氧化硼蒸气则全部由 B_2O_3 单体组成，其结构为角形的 O═B—O—B═O，如图 17.7 所示。常压下使液态的氧化硼在 200～250℃范围结晶，可以形成六方晶系 α-B_2O_3。在 2.2×10^9 Pa 和 400℃时，α-B_2O_3 转变为高温高压型的单斜晶体 β-B_2O_3。β-B_2O_3 也可以由液态氧化硼在 4×10^9 Pa 和 600℃时结晶得到。

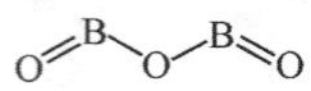

图 17.7　$B_2O_3(g)$ 结构

三氧化二硼易溶于水形成硼酸（boric acid），是硼酸的酸酐：

$$B_2O_3(s) + 3H_2O(l) = 2H_3BO_3(aq)$$

与水蒸气反应生成易挥发的偏硼酸：

$$B_2O_3(s) + H_2O(g) = 2HBO_2(aq)$$

三氧化二硼是酸性氧化物，与碱性金属氧化物在熔融条件下反应，得到有特定颜色的偏硼酸盐：

$$CuO(l) + B_2O_3(l) \xrightarrow{\text{熔融}} Cu(BO_2)_2(l) \quad \text{（蓝色）}$$

$$Cr_2O_3(l) + 3B_2O_3(l) \xrightarrow{\text{熔融}} 2Cr(BO_2)_3(l) \quad \text{（绿色）}$$

$$MnO(l) + B_2O_3(l) \xrightarrow{\text{熔融}} Mn(BO_2)_2(l) \quad \text{（紫色）}$$

可用于鉴定金属氧化物，是分析化学硼珠实验的基础。

B_2O_3 可以被碱金属、铝和镁还原为单质硼，反应后反应混合物用盐酸处理除去金属氧化物，即得到粗硼。B_2O_3 在高温时不能被碳还原，而是形成碳化硼 B_4C。高温下 B_2O_3 与 C 和 Cl_2 反应，可以得到 BCl_3。600℃时，B_2O_3 与 NH_3 反应可以得到氮化硼 BN，与 CaH_2 反应则得到六硼化钙 CaB_6。

虽然硼在空气和氧气中燃烧都可以直接产生三氧化二硼，但三氧化二硼主要是通过硼酸在 200～400℃真空脱水制取的，这样可以得到干燥的三氧化二硼：

$$H_3BO_3(s) \xrightarrow{\triangle} HBO_2(s) + H_2O(g)$$

$$2HBO_2(s) \xlongequal{\triangle} B_2O_3(s) + H_2O(g)$$

B_2O_3 在玻璃和玻纤的制造中扮演着助熔剂和网络形成体的双重角色。例如，在玻纤生产中可降低熔融温度从而有助于拉丝。B_2O_3 还有降低黏度、控制热膨胀、提高化学稳定性、提高抗机械冲击和热冲击能力的作用。

2. *硼酸*

硼酸(boric acid，H_3BO_3)是白色片状物，微溶于水。

硼酸是一元弱酸，其酸性来源不是本身给出质子，由于硼是缺电子原子，能加合水分子的氢氧根离子，而释放出质子。利用这种缺电子性质，加入多羟基化合物(如甘油醇和甘油等)生成稳定配合物，以强化其酸性。其成酸机理如下：

$$B(OH)_3(s) + H_2O(l) \xlongequal{} [B(OH)_4]^-(aq) + H^+(aq) \qquad K_a^\ominus = 5.81 \times 10^{-10}$$

当硼酸遇到比它酸性强的酸时，显碱性：

$$B(OH)_3(aq) + H_3PO_4(aq) \xlongequal{} BPO_3(aq) + 3H_2O(l)$$

硼酸的工业制法主要有以下 4 种。

1)硼砂硫酸中和法

将硼砂溶解后，加硫酸，发生复分解反应制得硼酸：

$$Na_2B_4O_7(aq) + H_2SO_4(aq) + 5H_2O(l) \xlongequal{} 4H_3BO_3(aq) + Na_2SO_4(aq)$$

2)碳氨法

将硼矿粉与碳酸氢铵溶液混合，经加热加压后分解得到含硼酸铵溶液，再经分解反应得到氨和硼酸。副产物氨为气体，易除去：

$$2MgO \cdot B_2O_3(s) + 2NH_4HCO_3(aq) + H_2O(l) \xlongequal{加热加压} 2(NH_4)H_2BO_3(aq) + 2MgCO_3(aq)$$

$$(NH_4)H_2BO_3(aq) \xlongequal{} H_3BO_3(s) + NH_3(g)$$

3)盐酸法

用盐酸酸化 B_2O_3，再经过滤、结晶和干燥，制得硼酸：

$$2MgO(s) + B_2O_3(s) + 4HCl(aq) + H_2O(l) \xlongequal{} 2H_3BO_3(aq) + 2MgCl_2(aq)$$

硼酸主要用于玻璃、搪瓷、医药、化妆品等工业，以及制备硼和硼酸盐，并用作食物防腐剂和消毒剂等。玻璃工业中硼酸用于生产光学玻璃、耐酸玻璃、有机硼玻璃等高级玻璃和玻璃纤维，可改善玻璃的耐热性和透明性，提高机械强度，缩短熔融时间。医药工业中硼酸是外用杀菌剂、消毒剂、收敛剂和防腐剂。对多种细菌、霉菌均有抑制作用，作用原理是它能与细菌蛋白质中的氨基结合而发挥作用。

3. *硼砂*

硼砂(borax，sodium tetraborate，$Na_2[B_4O_5(OH)_4] \cdot 8H_2O$)是重要的硼含氧酸盐。硼砂在空气中易失水风化。加热到 400℃时会失去 8 个结晶水和 2 个羟基水，因此其化学式又可写为 $Na_2B_4O_7 \cdot 10H_2O$。$B_4O_7^{2-}$ 结构如图 17.8(a)所示。

硼砂的酸根离子$[B_4O_5(OH)_4]^{2-}$的结构如图 17.8(b)所示，它是两个 BO_3 原子团和两个 BO_4 原子团共用顶角氧原子连接而成的。利用熔融的硼砂能与多数金属元素的氧化物及盐类形成

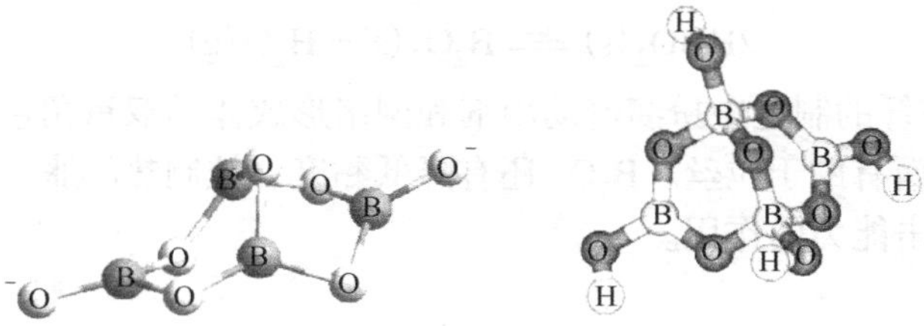

(a)　(b)

图 17.8　$B_4O_7^{2-}$ (a)、$[B_4O_5(OH)_4]^{2-}$(b)的结构示意图

各种不同颜色化合物的特性，硼砂被用在硼砂珠实验中：用铂丝圈蘸取少许硼砂，灼烧熔融，使之生成无色玻璃状小珠，再蘸取少量被测试样的粉末或溶液，继续灼烧，小珠即呈现不同的颜色，借此可以检验某些金属元素的存在。

硼砂是弱酸强碱盐，在水中发生水解：

$$[B_4O_5(OH)_4]^{2-}(aq) + 5H_2O(l) = 2H_3BO_3(aq) + 2[B(OH)_4]^-(aq)$$

产物 H_3BO_3 和$[B(OH)_4]^-$物质的量比为 1∶1，外加少量酸、碱不会引起溶液 pH 显著变化，构成了缓冲体系。稀的硼砂溶液是 pH = 9.24 的缓冲溶液，可作校准 pH 计的标准溶液。

硼砂的工业制法及用途*

硼砂的工业制法主要有：

1）加压碱解法

将预处理的硼镁矿粉（$2MgO \cdot B_2O_3$）与氢氧化钠溶液混合，加热加压分解得偏硼酸钠溶液，再与 CO_2 反应即得硼砂：

$$2MgO \cdot B_2O_3(s) + 2NaOH(aq) + H_2O(l) \xrightarrow{\text{加热加压}} 2NaBO_2(aq) + 2Mg(OH)_2(s)$$

$$4NaBO_2(aq) + CO_2(g) = Na_2B_4O_7(s) + Na_2CO_3(aq)$$

2）碳碱法

将预处理的硼镁矿粉与碳酸钠溶液混合加温，通二氧化碳升压后反应得硼砂：

$$2(2MgO \cdot B_2O_3)(s) + Na_2CO_3(aq) + 2CO_2(g) + xH_2O(l) = Na_2B_4O_7(s) + 4MgO \cdot 3CO_2 \cdot xH_2O(s)$$

3）纯碱碱解法（钠硼解石）

用纯碱和小苏打分解预处理后的钠硼解石，加苛化淀粉沉降，结晶得硼砂：

$$2(Na_2O \cdot 2CaO \cdot 5B_2O_3 \cdot 16H_2O)(s) + Na_2CO_3(s) + 4NaHCO_3(s) = 5Na_2B_4O_7(s) + 4CaCO_3(s) + CO_2(g) + 34H_2O(l)$$

硼砂是硼最重要的化合物。在工业上硼砂也作为固体润滑剂用于金属拉丝等方面。硼砂加热至 400～500℃可脱水成无水四硼酸钠，在 878℃时熔化为玻璃状物，其熔体中含有酸性氧化物 B_2O_3，故能溶解金属氧化物。这种性质使硼砂在冰箱、冰柜、空调等制冷设备的焊接维修中常作为非活性助焊剂，用以清除金属表面上的氧化物净化金属表面；在硼砂中加入一定比例的氯化钠、氟化钠、氯化钾等化合物即可作为活性助焊剂用于制冷设备中铜管和钢管之间的焊接。硼砂在医学上具有抑菌作用、抗惊厥及抗癫痫作用、防腐及保护皮肤黏膜的作用。与此同时，硼砂对人体健康的危害性也很大，连续摄取会在体内蓄积，妨害消化道的酶的作用，其急性中毒症状为呕吐、腹泻、红斑、循环系统障碍、休克、昏迷等，称为硼酸症。人体若摄入过多的硼，会引发多脏器的蓄积性中毒。世界多国禁止使用硼砂为食品添加物。

17.4.2　氧化铝和氢氧化铝

氧化铝（aluminium oxide，Al_2O_3）是一种难溶于水的白色粉状物，俗称矾土。

氧化铝有两种主要晶型，即α型和γ型。在较低温度下使氢氧化铝脱水可得γ型氧化铝。其化学性质活泼，能溶于酸和碱：

$$\gamma\text{-}Al_2O_3(s) + 6HCl(aq) = 2AlCl_3(aq) + 3H_2O(l)$$

$$\gamma\text{-}Al_2O_3(s) + 2NaOH(aq) + 3H_2O(l) = 2Na[Al(OH)_4](aq)$$

铝在空气中燃烧或将γ型氧化铝加强热时可获得α型氧化铝。α型氧化铝不溶于水，也不与酸或碱反应。自然界中的刚玉属于α型氧化铝，是红宝石(含有氧化铬而呈红色)或蓝宝石(含有氧化铁和氧化钛而呈蓝色)的主要成分，硬度较高，但次于金刚石。

在可溶性的铝盐中加入氨水，生成白色的氢氧化铝沉淀，它不溶于过量氨水：

$$Al^{3+}(aq) + 3NH_3(aq) + 3H_2O(l) = Al(OH)_3(s) + 3NH_4^+(aq)$$

氢氧化铝是两性化合物，既可以与酸反应又可以与碱反应：

$$Al(OH)_3(s) + 3HCl(aq) = AlCl_3(aq) + 3H_2O(l)$$

$$Al(OH)_3(s) + NaOH(aq) = Na[Al(OH)_4](aq)$$

$Na[Al(OH)_4]$脱水可生成偏铝酸钠 $NaAlO_2$。向铝酸钠溶液中通入二氧化碳，可得到白色的氢氧化铝沉淀：

$$Na[Al(OH)_4](aq) + CO_2(g) = NaHCO_3(aq) + Al(OH)_3(s)$$

工业制备氧化铝*

铝土矿($Al_2O_3 \cdot H_2O$ 和 $Al_2O_3 \cdot 3H_2O$)是铝在自然界存在的主要矿物。工业制备氧化铝的主要方法是奥地利科学家拜耳(K. J. Bayer)在 1888 年发明的“拜耳法”：将铝土矿粉碎后用高温氢氧化钠溶液浸渍，获得偏铝酸钠溶液；过滤去掉残渣，将滤液降温并加入氢氧化铝晶体，经长时间搅拌，铝酸钠溶液会分解析出氢氧化铝沉淀；将沉淀分离出来洗净，再在 950～1200℃的温度下煅烧，就得到α型氧化铝粉末，母液可循环利用。

17.4.3　氢氧化镓和氢氧化铟

氢氧化镓[gallium(Ⅲ) hydroxide，$Ga(OH)_3$]与氢氧化铝一样，是两性氢氧化物，但其酸性强于氢氧化铝，可溶于氨水中。氢氧化铟[indium(Ⅲ) hydroxide，$In(OH)_3$]与 $Ga(OH)_3$ 相比更易脱水形成氧化物 In_2O_3。由于 Tl(Ⅲ)的氧化性，$Tl(OH)_3$ 不能稳定存在。TlOH 存在，是强碱。

17.5　硼族元素的卤化物
(Halides of Boron Group Elements)

17.5.1　硼的卤化物

卤化硼 BX_3 是共价化合物。它们的一些性质列于表 17.9。

表 17.9　卤化硼 BX_3 的一些性质

性质	BF_3	BCl_3	BBr_3	BI_3
状态(室温)	气态	加压下液态	液态	固态
熔点/℃	−127.1	−107	−46.0	43
沸点/℃	−100.4	12.7	91.3	210
$\Delta_f H_m^\ominus$ / (kJ · mol^{-1})	−1136.0	−403.8	−239.7	

续表

性质	BF_3	BCl_3	BBr_3	BI_3
$E_{(B-X)}/(kJ \cdot mol^{-1})$	766	536	435	384
键长/pm	129	172	187	
分子几何构型	平面三角形	平面三角形	平面三角形	平面三角形

三氟化硼是典型的缺电子体、路易斯酸，易与路易斯碱反应：

$$BF_3(g) + NH_3(g) = H_3N \rightarrow BF_3(s)$$

BX_3 的路易斯酸性，仅从卤素的电负性考虑，卤素电负性越高，BX_3 中 B 的电子密度越低，接受电对能力越强，从 BF_3 到 BBr_3 的路易斯酸性本应减弱；然而，事实是从 BF_3 到 BBr_3 的路易斯酸性逐渐增强。这是由于 BX_3 中存在的 Π_4^6 键，与电负性的影响刚好相反，使 B 的电子密度升高，接受电对能力减弱，从 F 到 Br，Π_4^6 键是由 B 的 2p 与相应卤素原子的 2p、3p 或 4p 重叠而成，由于能量差越来越大，Π_4^6 键越来越弱，从 BF_3 到 BBr_3 缺电子性越来越显著，路易斯酸性逐渐增强。

将三氟化硼通入水中，首先发生水解反应，产物氟化氢与三氟化硼再进一步反应，形成氟硼酸溶液：

$$BF_3(g) + 3H_2O(l) = H_3BO_3(aq) + 3HF(aq)$$
$$BF_3(g) + HF(aq) = HBF_4(aq)$$

其他三卤化硼与水反应生成的是硼酸和卤化氢：

$$BCl_3(aq) + 3H_2O(l) = H_3BO_3(aq) + 3HCl(aq)$$

将三氯化硼或三氟化硼与氨气在 1000℃反应，可得到具有石墨结构的大分子氮化硼：

$$BCl_3(g) + NH_3(g) \xrightarrow{1000℃} BN(s) + 3HCl(g)$$

17.5.2　铝的卤化物

铝可与卤素形成三卤化物，其中三氟化铝是离子型化合物，其余均为共价型化合物。

AlF_3 为离子晶体，在晶体中 Al^{3+} 的配位数是 6，因此 AlF_3 不存在缺电子性质。但三氯化铝、三溴化铝和三碘化铝都是缺电子化合物，呈路易斯酸性。例如，液态和气态 $AlCl_3$ 中以 Al_2Cl_6 形式存在，Al 原子空轨道接受相邻分子 Cl 的孤对电子，形成三中心四电子卤桥键使两个 $AlCl_3$ 分子相连为二聚体。Al 作 sp^3 杂化，每个铝原子分别与两个作为端基的氯原子和两个作为桥基的氯原子相连，形成双核结构，如图 17.9 所示。

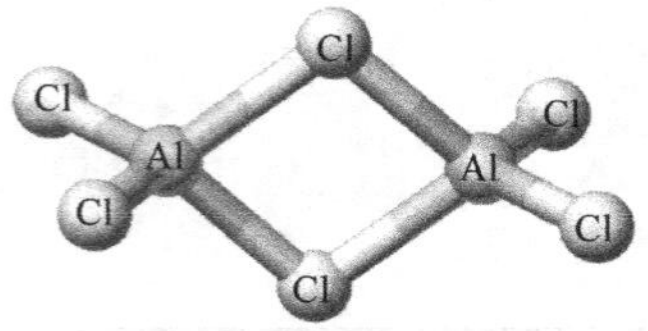

图 17.9　Al_2Cl_6 的结构示意图

三氯化铝（aluminium chloride）是无色透明晶体或白色而微带浅黄色的结晶性粉末，有强烈的氯化氢气味。在潮湿空气中发烟，极易吸湿，溶于水同时发热，甚至爆炸。在常压下于 177.8℃升华而不熔融。

三氯化铝在水中强烈水解：

$$AlCl_3(s) + 3H_2O(l) = Al(OH)_3(s) + 3HCl(aq)$$

实验室用铝和氯化氢气体在常温条件下制备三氯化铝：

$$2Al(s)+6HCl(g) = 2AlCl_3(s)+3H_2(g)$$

在加热条件下可以加速制备。

若用结晶氯化铝制备无水三氯化铝，由于其极易水解，需在氯化氢氛围下加热使其失去结晶水，或用氯化亚砜等脱水剂处理：

$$AlCl_3 \cdot 6H_2O(s) \xrightarrow[HCl(g)]{\triangle} AlCl_3(s)+6H_2O(g)$$

工业上用碳氯化法制取三氯化铝，利用了反应偶联原理：

$$Al_2O_3(s)+3C(s)+3Cl_2(g) \stackrel{\triangle}{=} 2AlCl_3(s)+3CO(g)$$

也可用氧化铝和四氯化碳反应制备：

$$Al_2O_3(s)+3CCl_4(l) \stackrel{\triangle}{=} 2AlCl_3(s)+3COCl_2(g)$$

无水氯化铝在石油工业中及其他某些有机合成反应中用作催化剂，如由于 $AlCl_3$ 是强路易斯酸，无水三氯化铝是傅-克反应的催化剂，并用于处理润滑油和制造蒽醌等。聚氯化铝可用作净水剂，可使水中絮状污染物凝聚为较大颗粒而沉降。

17.5.3　镓、铟、铊的卤化物

镓、铟、铊都可以形成 MX_3(M = Ga、In)及 MX(M = Ga、In、Tl)两类卤化物，除 MF_3 是离子型外，其余主要是共价型卤化物。TlF_3 存在，$TlCl_3$、$TlBr_3$ 在室温下会分解，Tl(Ⅲ)的碘化物不能稳定存在，表明 Tl(Ⅲ)具有强氧化性(参阅 16.6.3 小节)。MX_3(M = Ga、In)在气态时都形成双聚分子 $(MX_3)_2$。无水 $GaCl_3$ 也可用作傅-克反应的催化剂。

镓、铟都能形成实验式是 MCl_2 的化合物，但对它们磁性的测定表明在 MCl_2 中不存在单电子，所谓的 $GaCl_2$ 实际上是 Ga(Ⅰ)[Ga(Ⅲ)Cl_4]。

TlX 为难溶物，见光分解，而 TlF 可溶于水，这些性质都类似于 AgX。

Tl(Ⅰ)化合物都有强的生物毒性。

三氯化镓和三氯化铟的制备*

用氮气稀释的氯气与热的镓作用，即可制备三氯化镓。粗制品在氮气流中蒸馏除去过量的氯，并在减压下升华而进一步纯化。三氯化镓与金属镓反应生成二氯化镓。三氯化镓溶液与氢氧化钠作用后，即有水合三氧化二镓沉淀形成。三氯化镓溶解与过量的氢氧化钠后形成镓酸钠(Na_3GaO_3)，把热、浓的碳酸钠溶液加至稀的三氯化镓溶液中，保持沸腾，三氧化二镓完全以胶体形式沉淀出来。将三氧化二镓胶体沉淀于 425℃加热形成α-氧化镓，若将三氧化二镓胶体沉淀 600℃加热则形成β-氧化镓。

当铟与蔗糖碳混合后在氯气流中加热形成二氯化铟。以干燥二氧化碳稀释过的干燥的氯气流通至 99.98%纯度的金属铟上，加热至略低于铟的熔点，生成三氯化铟。

习　题

1. 下面是硼元素部分不同物质之间的转化图，请写出具体的反应方程式。

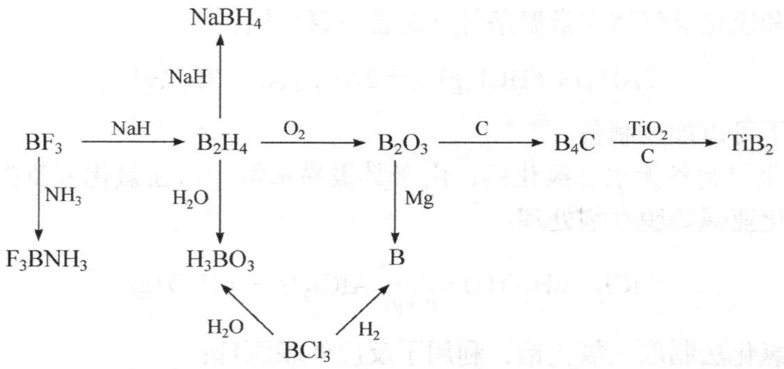

2. 下面是铝元素部分不同物质之间的转化图，请写出具体的反应方程式。

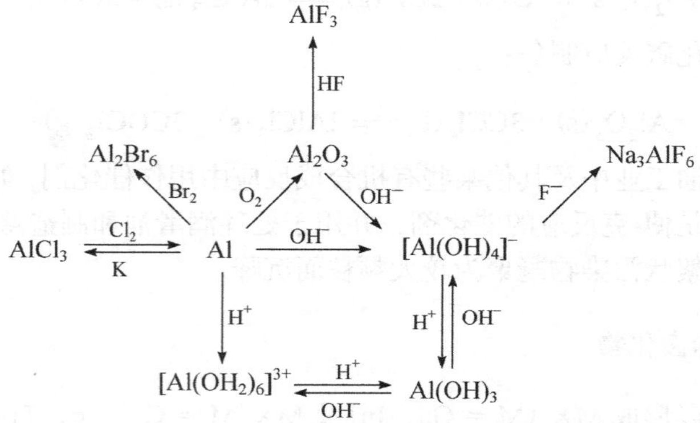

3. 什么是缺电子原子？什么是缺电子分子？缺电子分子为什么可以稳定存在？

4. 硼酸为什么具有酸性？是几元酸？通常怎样增强它的酸性？

5. 什么是“三中心二电子”键，它与通常的共价键有什么不同？

6. 铝在什么情况下生成致密的钝化膜？其应用如何？钝化膜又在什么情况下容易被破坏？

7. 为什么 Ga 的第一电离能比 Al 的第一电离能要高？

8. BH_3 不能稳定存在，而 BF_3 却能稳定存在，为什么？

9. 为什么 AlF_3 的熔点比 $AlCl_3$ 高得多？

10. 为什么 Al(Ⅲ)可以形成 AlF_6^{3-}，而 B 不能形成 BF_6^{3-}？

11. 解释下列有关铊化合物的现象。

　(1)能制得 TlF_3，而 Tl(Ⅲ)的碘化物不能稳定存在。但实验式为 TlI_3 的化合物又确实存在，为什么？

　(2)Tl^+与 K^+半径几乎相等，TlI 与 KI 同晶型，但 TlI 不溶于水，为什么？

12. 在焊接金属时使用硼砂，在这里起了什么作用？

13. 为什么硼砂水溶液具有缓冲作用？

14. 举例说明 Al 和 $Al(OH)_3$ 的两性。

15. 戊硼烷(9)(B_5H_9)的分子结构示意图(左)及其拓扑图(右)如下：

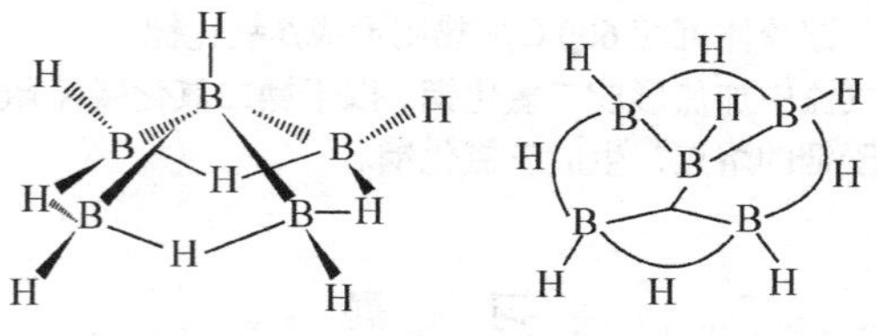

分析 B_5H_9 分子结构中的成键要素，解释为什么氢桥键上 B—H 键键长长于端位 B—H 键键长。

(乔正平)

第 18 章　碱金属和碱土金属
（The Alkali Metals and the Alkaline-earth Metals）

本章学习要求

1. 掌握碱金属、碱土金属元素的基本性质。
2. 掌握碱金属、碱土金属单质的制备方法。
3. 碱金属、碱土金属重要化合物的性质：
(1) 掌握碱金属、碱土金属氧化物的种类、性质；
(2) 掌握碱金属、碱土金属氢氧化物的碱性变化规律及其理论解释；
(3) 了解碱金属、碱土金属氢化物的性质；
(4) 掌握碱金属盐的溶解性特点，了解重要的碱金属盐的性质和应用；
(5) 掌握碱土金属盐的溶解性、热稳定性变化规律。
4. 理解对角线规则，了解锂和镁的相似性。

碱金属（alkali metals）位于元素周期表ⅠA族（或第1族），包括锂（lithium）、钠（sodium）、钾（potassium）、铷（rubidium）、铯（cesium）和钫（francium）。“碱金属”的名称源自它们的氢氧化物大多是易溶于水的强碱。碱土金属（alkaline-earth metals）位于元素周期表第ⅡA族（或第2族），包括铍（beryllium）、镁（magnesium）、钙（calcium）、锶（strontium）、钡（barium）和镭（radium）。“碱土金属”的名称源自钙、锶、钡的氧化物既有碱性，又有土性（难溶于水及难熔融）。

锂在地壳中质量分数为 $2\times10^{-3}\%$，在所有元素中丰度居第 33 位，自然界主要矿石为锂辉石（$LiAlSi_2O_6$）、锂云母[$KLiAl(F, OH)_2Si_4O_{10}$]和透锂长石（$LiAlSi_4O_{10}$）。

钠在地壳中质量分数为 2.36%，居第 6 位，主要矿石有岩盐（NaCl）、天然碱（Na_2CO_3）、硝石（$NaNO_3$）、芒硝（$Na_2SO_4\cdot10H_2O$）、钠长石（$NaAlSi_3O_8$）、硼砂和斜方硼砂（硼酸盐）等；海水中 NaCl 含量约为 1.05%。

钾在地壳中的质量分数为 2.1%，居第 8 位，在海水中，除了氯、钠、镁、硫、钙以外，钾的含量占第 6 位。钾矿有光卤石（$KCl\cdot MgCl_2\cdot6H_2O$）、天然氯化钾、钾长石（$KAlSi_3O_8$）等。

铷和铯是稀有元素，自然界主要存在于与其他碱金属的共生矿物中，如锂云母、光卤石、铯榴石[$(Cs, Na)_4Al_4Si_9O_{26}\cdot H_2O$]，铷和铯主要来源于锂工业的副产品。

钫是放射性元素，含量极低。

铍在地壳中质量分数为 0.001%，丰度居第 32 位，主要矿物有绿柱石[$Be_3Al_2(SiO_3)_6$]、羟硅铍石[$Be_4Si_2O_7(OH)_2$]和金绿宝石（$BeAl_2O_4$）。祖母绿和海蓝宝石是绿柱石的两种晶体。

镁和钙在地壳中分布很广，镁在地壳中质量分数约为 2.1%，居第 8 位，其矿物主要有菱镁矿（$MgCO_3$）、白云石[$CaMg(CO_3)_2$]、光卤石、橄榄石（Mg_2SiO_4）、尖晶石（$MgAl_2O_4$）和蛇纹石[$Mg_6Si_4O_{10}(OH)_8$]，海水中含镁约为 0.13%，主要是氯化镁和硫酸镁，植物中的叶绿素是镁的卟啉配合物。

钙在地壳中质量分数为 3.64%，仅次于氧、铝、硅、铁。钙的矿物主要有石灰石（$CaCO_3$）、方解石($CaCO_3$)、冰洲石($CaCO_3$)、大理石($CaCO_3$)、白云石、萤石(CaF_2)、石膏($CaSO_4 \cdot 2H_2O$)、磷灰石[$(Ca_5PO_4)_3F$]等，在动物骨骼、牙齿、蛋壳、珍珠、珊瑚、海生动物体和土壤中都含有钙，海水中 $CaCl_2$ 含量约为 0.15%。

锶在地壳中的质量分数为 3.84×10^{-4}，丰度列第 15 位。重要的锶矿有天青石($SrSO_4$)和菱锶矿($SrCO_3$)。

钡在地壳中的质量分数为 3.90×10^{-4}，丰度列第 14 位。重要的钡矿有重晶石($BaSO_4$)和毒重石($BaCO_3$)。

镭为放射性元素，与铀共生存在，在地壳中丰度仅为 10^{-12}。对钫和镭，本书不作进一步介绍。

18.1 碱金属、碱土金属元素基本性质
(General Properties of Alkali Metals and Alkaline-earth Metals)

碱金属元素位于元素周期表的最左一列，是每一周期开始的第一个元素。碱金属和碱土金属的价层电子构型分别是 ns^1 和 ns^2，最外层只有 1～2 个 s 电子，因此也统称为 s 区元素。s 区元素的原子实具有稀有气体的稳定电子层结构，最外层的电子建立了一个新的电子层，原子半径大，本区元素的一系列性质都密切地与这些结构相关。s 区元素的一些基本性质列于表 18.1。

表 18.1 s 区元素原子结构及基本性质

性质	Li	Na	K	Rb	Cs	Be	Mg	Ca	Sr	Ba
价层电子构型	$2s^1$	$3s^1$	$4s^1$	$5s^1$	$6s^1$	$2s^2$	$3s^2$	$4s^2$	$5s^2$	$6s^2$
主要氧化态	+1	+1	+1	+1	+1	+2	+2	+2	+2	+2
金属半径/ pm	152	186	232	248	265	111.3	160	197	215	217.3
有效离子半径/pm*	59	102	138	152	167	27	72	100	118	135
熔点/℃	180.50	97.794	63.5	39.30	28.5	1287	650	842	777	727
沸点/℃	1342	882.94	759	688	671	2471	1090	1484	1382	1897
$I_1/(kJ \cdot mol^{-1})$	520	496	419	403	376	900	738	590	549	503
$I_2/(kJ \cdot mol^{-1})$	7298	4562	3052	2633	2234	1751	1451	1145	1064	965
χ_P	0.98	0.93	0.82	0.82	0.79	1.57	1.31	1.00	0.95	0.89
$E^{\ominus}(M^{n+}/M)/V$	−3.04	−2.713	−2.924	−2.924	−2.923	−1.99	−2.356	−2.84	−2.89	−2.92

* 对碱金属为 M^+，对碱土金属为 M^{2+}，在 CN = 6 条件下测量。

表 18.1 中数据显示出 s 区元素都具有比较小的电离能。本区元素原子最外层只有 1～2 个电子，除了 Li 和 Be 原子次外层是 2 电子构型外，其余元素原子次外层为 8 电子稳定构型，对核电荷的屏蔽作用比较强，最外层的 s 电子受到核的束缚比较小，容易失去，因此在同一周期中碱金属元素具有最低的电离势、最大的原子体积、最强的金属性，其次是碱土金属；同族元素从上到下，随着原子半径增大，第一电离能和电负性递减，金属性逐渐增强。

ⅠA、ⅡA 族元素的常见化合物以离子型为主。Li、Be 由于原子半径较小，电离势高于同族元素，形成共价键的倾向比较显著，通常表现出与同族元素不同的性质。此外，从第五周期开始，s 区元素原子出现 $(n-2)$d 轨道电子，第五、六周期元素原子有效核电荷增加，部

分抵消电子层数增加的影响，故 Rb、Cs 与 K 以及 Sr、Ba 与 Ca 原子半径相差较小，使得 K、Rb、Cs 相应化合物性质相近，Ca、Sr、Ba 相应化合物性质相近，而与对应的 Na、Mg 化合物显示较大的差别。

18.2　碱金属、碱土金属元素单质 (Alkali Metals and Alkaline-earth Metals)

18.2.1　物理性质

碱金属和碱土金属单质，除铍呈钢灰色外，都具有银白色的光泽。由于原子半径大，碱金属具有密度小、硬度小、熔点低的特点，是典型的轻金属。碱金属的硬度都小于 1，可以用刀切割。锂是最轻的金属，密度大约是水的一半，钠、钾密度都比水小。碱土金属密度、硬度、熔点都较碱金属高些。

碱金属和碱土金属固体均为金属晶格，碱土金属原子最外层有 2 个电子，原子间距离较小，自由电子活动性较差，因此它们的熔点、沸点和硬度均较碱金属高，而导电性较低。碱土金属物理性质变化规律性不如碱金属，这是由于碱金属晶格类型相同(皆为体心立方晶格)，而碱土金属晶格类型不是完全相同，如铍、镁为六方晶格，钙、锶为面心立方晶格，钡为体心立方晶格。

18.2.2　化学性质

碱金属和碱土金属的 $\Delta_r G_m^{\ominus} / F\text{-}Z$ 图示于图 18.1。由图 18.1 可见，碱金属和碱土金属均为活泼金属，都是强的还原剂，与许多非金属单质可直接反应生成离子型化合物，在绝大多数化合物中，它们以阳离子形式存在。由于碱金属的第二电离能很高，因此碱金属元素在化合物中的氧化态不会高于+1。同一族中，随着原子半径增大，金属的活泼性由上而下逐渐增强；在同一周期中，从左到右金属活泼性逐渐减弱。

1. 碱金属及钙、锶、钡与水反应

锂、钙、锶、钡与水反应时比较平稳。钠与水反应剧烈，反应放出的热可使钠熔化成小球。钾与水的反应更剧烈，大量的热、产生的氢气和液化的金属在水面上可以燃烧。铯、铷与水剧烈反应并发生爆炸。镁在加热条件下可与水反应，而铍是通入水蒸气也不发生反应。

$$2M(s) + 2H_2O(l) = 2MOH(aq) + H_2(g) \qquad (M \text{ 为碱金属})$$
$$M(s) + 2H_2O(l) = M(OH)_2(aq) + H_2(g) \qquad (M = Ca、Sr、Ba)$$

由于碱金属和碱土金属大多与水反应，因此它们不能在水溶液中作还原剂，但可以在无水条件下制备稀有金属和贵金属。例如，在氩气保护、高温下，镁作还原剂，从四氯化钛中置换出钛：

$$TiCl_4 + 2Mg \xrightarrow[Ar]{\triangle} Ti + 2MgCl_2$$

2. 与氧反应

碱金属在室温下会迅速被空气中的氧氧化。在锂的表面上，除生成氧化物外还有氮化物。

钠、钾在空气中微热就燃烧，铷和铯在室温下遇空气立即燃烧。室温下碱土金属表面缓慢生成氧化物膜。

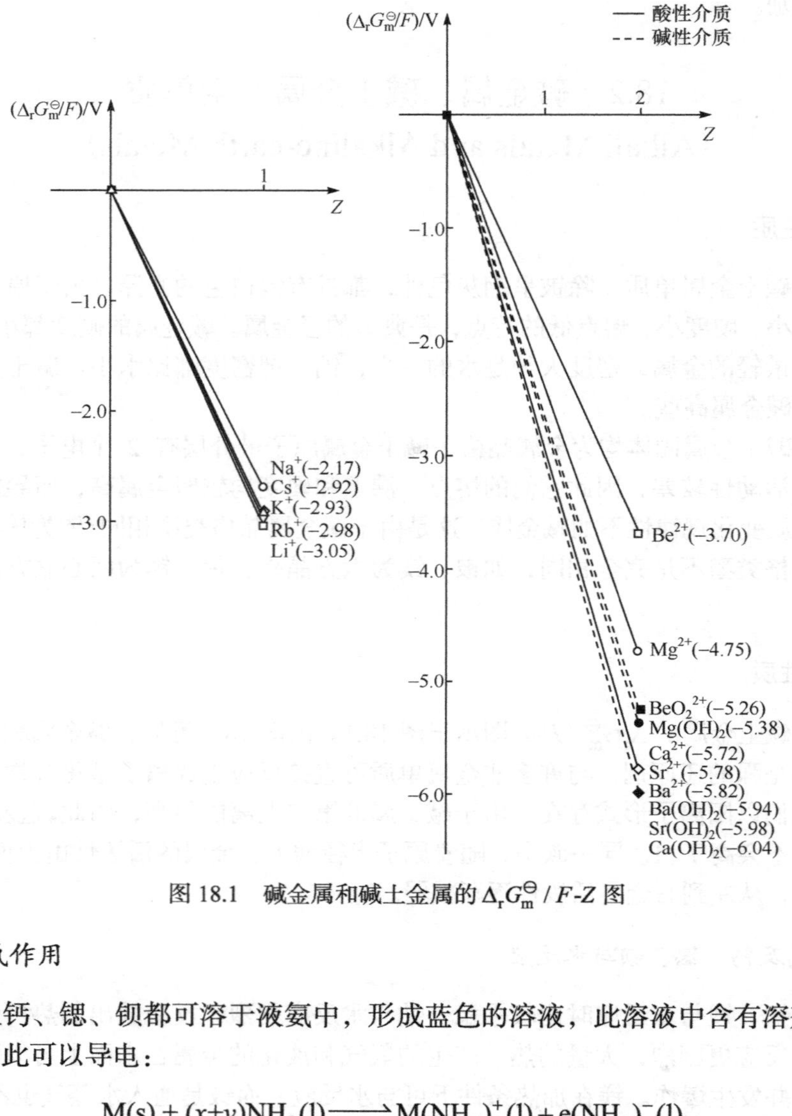

图 18.1　碱金属和碱土金属的 $\Delta_r G_m^\ominus / F$-Z 图

3. 与液氨作用

碱金属及钙、锶、钡都可溶于液氨中，形成蓝色的溶液，此溶液中含有溶剂合电子和金属正离子，因此可以导电：

$$M(s) + (x+y)NH_3(l) \rightleftharpoons M(NH_3)_x^+(l) + e(NH_3)_y^-(l)$$

这种溶剂合电子非常活泼，所以金属的氨溶液是一种可以在低温下使用的强还原剂。

钠的液氨溶液在有催化剂(如过渡金属氧化物)存在时，可发生如下反应：

$$2Na + 2NH_3 \xlongequal{\text{催化剂}} 2NaNH_2 + H_2$$

碱金属的液氨溶液作为通用的还原剂，已得到广泛的应用。例如，可将炔烃还原成反式链烯，而用 Pd/H_2 还原，则得到顺式链烯。

4. 与氢反应

碱金属和钙、锶、钡都能与氢直接化合，形成离子型氢化物。从锂到铯，从钙到钡，氢化物的热稳定性降低，化学活性依次增强，CaH_2 比 LiH 稍差。温和的 CaH_2、LiH 反应可作为移动式的方便氢源，活性高的 RbH 和 CsH 在干燥的空气中就自燃。锂、镁的氢化物向共价型过渡，热稳定性低，标准状态下高于 200℃，MgH_2 就分解。铍不与氢直接作用，可用氢化铝锂还原氯化铍制得，以多聚形式存在，是典型的共价型化合物。

18.2.3　单质的制备

碱金属还原性强，通常用熔融盐电解法和热还原法制备，不能从溶液中制备。

例如，电解法制备金属钠，原料是 NaCl 和 $CaCl_2$ 的混合物，其中 $CaCl_2$ 除了起助溶剂作用，使盐的熔点降低外，还有助于电解产物 Na 的聚集，防止其挥发。电解产物中混杂部分 Ca，可利用 Na 与 Ca 沸点差异提纯(参见表 18.1)。电解方程式为

$$2NaCl(l) \xlongequal{\text{电解}} 2Na(l) + Cl_2(g)$$

工业上制备钾不能采用上述方法，因为钾容易溶在熔融的氯化物中，不易收集。同时，在操作温度下钾迅速气化可能发生危险，甚至形成超氧化钾导致发生爆炸反应。所以工业上利用钾沸点低于钠的特点，采用热还原法用金属钠来还原其氯化物：

$$Na(l) + KCl(l) \xlongequal{850℃} NaCl(l) + K(g)$$

铷和铯的制备方法与钾类似，可以以金属钙为还原剂在 750℃还原氯化铷和氯化铯。

碱土金属都可以通过电解熔融氯化物的方法制备。

18.3　氧　化　物
(Oxides)

碱金属和碱土金属与氧可以形成多种氧化物，铯的氧化物种类最多，可以形成化学计量比范围从 Cs_7O 到 CsO_3 的九种化合物。这些金属在充足的空气中燃烧时，产物取决于金属，可能生成氧化物、过氧化物或超氧化物，汇于表 18.2(参见表 14.2)。

$$4Li(s) + O_2(g) \xlongequal{\text{点燃}} 2Li_2O(s)$$

$$2Na(s) + O_2(g) \xlongequal{\text{点燃}} Na_2O_2(s)$$

$$M(s) + O_2(g) \xlongequal{\text{点燃}} MO_2(s) \quad (M = K、Rb、Cs)$$

表 18.2　碱金属和碱土金属的燃烧产物

金属	产物
锂、铍、镁、钙、锶	普通氧化物
钠、钡	过氧化物
钾、铷、铯	超氧化物

18.3.1　普通氧化物

碱金属氧化物随着原子序数增加颜色逐渐加深，Li_2O 和 Na_2O 呈白色，K_2O 呈淡黄色，Rb_2O 呈亮黄色，Cs_2O 呈橘黄色。除锂以外的碱金属氧化物可以通过还原其过氧化物、硝酸盐或亚硝酸盐制备。例如

$$Na_2O_2 + 2Na \xlongequal{} 2Na_2O$$

$$NaOH + Na \xlongequal{\quad} Na_2O + \frac{1}{2}H_2$$

$$NaNO_2 + 3Na \xlongequal{\quad} 2Na_2O + \frac{1}{2}N_2$$

最后一个反应中，NaN_3 可以取代金属钠。

煅烧碳酸盐是获得碱土金属氧化物的最好方法，也可以令红热的氢氧化物脱水制得相应的氧化物。碱土金属氧化物都呈白色，除 BeO 外都是 NaCl 型晶格的离子型化合物。由于碱土金属比同周期碱金属离子半径小，电荷高，因此碱土金属氧化物晶格能大，熔点高、硬度大。随着原子序数增加，半径逐渐增大，碱土金属氧化物晶格能依次减小，硬度和熔点随之下降。

碱金属、碱土金属氧化物与水、CO_2 反应生成相应的氢氧化物、碳酸盐。氧化物晶格能越大，反应越难进行。碱金属氧化物中，Li_2O 与水或 CO_2 反应很慢，而 Rb_2O 和 Cs_2O 与水反应很剧烈，会燃烧甚至爆炸。同样，BeO 不与水反应，煅烧后的 MgO 不与水作用，是很好的耐火材料；CaO、SrO、BaO 都与水作用放出大量的热：

$$CaO(s) + H_2O(l) \xlongequal{\quad} Ca(OH)_2(s) \qquad \Delta_r H_m^\ominus = -64.5\ kJ \cdot mol^{-1}$$

$$SrO(s) + H_2O(l) \xlongequal{\quad} Sr(OH)_2(s) \qquad \Delta_r H_m^\ominus = -81.0\ kJ \cdot mol^{-1}$$

$$BaO(s) + H_2O(l) \xlongequal{\quad} Ba(OH)_2(s) \qquad \Delta_r H_m^\ominus = -110.9\ kJ \cdot mol^{-1}$$

18.3.2 过氧化物

过氧化物是以过氧离子 O_2^{2-} 为基础形成的离子型化合物。除 Be 外，碱金属和碱土金属都能生成离子型过氧化物，可以看作是过氧化氢的盐，与酸或水反应可定量地释放出 H_2O_2。过氧化钠、过氧化钙和过氧化钡是重要的过氧化物。

Na_2O_2 是浅黄色粉末。工业上将金属钠熔化，通入一定量的干燥氧气(空气)以生成 Na_2O，然后增大空气流量并提高温度至 300～400℃，即可得到纯度较高的 Na_2O_2：

$$4Na(s) + O_2(g) \xlongequal{180\sim200℃} 2Na_2O(s)$$

$$2Na_2O(s) + O_2(g) \xlongequal{300\sim400℃} 2Na_2O_2(s)$$

用这种方法制备钾、铷、铯的过氧化物时往往掺杂有超氧化物，可以在液氨溶液中定量地氧化这些金属。用 $LiOH \cdot H_2O$ 与过氧化氢反应生成 $LiOOH \cdot H_2O$，然后在减压条件下缓慢加热使其脱水得到白色的 Li_2O_2。

由于过氧链的存在，过氧化物都可以作为氧化剂、氧气发生剂和漂白剂。CaO_2 由于价格便宜是一般氧吧的氧气发生剂，防毒面具和潜水艇中一般使用 Na_2O_2，宇航密封舱中往往使用更轻的 Li_2O_2。它们都可以吸收 CO_2 放出氧气：

$$2Na_2O_2(s) + 2CO_2(g) \xlongequal{\quad} 2Na_2CO_3(s) + O_2(g)$$

过氧化物有较强的氧化性。Na_2O_2 常被用作氧化剂和熔矿剂，可以将 Fe 氧化为 Na_2FeO_4，将 Cr_2O_3 转化为易溶的 Na_2CrO_4：

$$3Na_2O_2 + Fe \xlongequal{\triangle} Na_2FeO_4 + 2Na_2O$$

$$3Na_2O_2 + Cr_2O_3 \xlongequal{\triangle} 2Na_2CrO_4 + Na_2O$$

碱金属的过氧化物热稳定性高于碱土金属的过氧化物。同族元素从上到下，其过氧化物稳定性增加。Li_2O_2 在 195℃以上分解，而 Na_2O_2 在无氧化性物质存在时，热分解温度不低于 675℃。

18.3.3　超氧化物和臭氧化物

超氧化物可以看作是氧分子得到一个电子形成的含超氧离子 O_2^- 的离子型化合物。由分子轨道理论可知，O_2^- 含有单电子，具有顺磁性，而过氧离子 O_2^{2-} 呈逆磁性。半径大的阳离子的超氧化物比较稳定，如 KO_2、RbO_2、CsO_2、$Sr(O_2)_2$、$Ba(O_2)_2$，稳定性依然是同族从上到下依次升高。

K、Rb、Cs 在过量氧气中燃烧可得超氧化物，将 O_2 通入 K、Rb、Cs 的液氨溶液中，也能制得相应的超氧化物。而 NaO_2 则必须在 450℃和 15 MPa 条件下，由 Na 与 O_2 反应得到。

超氧化物和过氧化物一样，也是强氧化剂，可与水、CO_2 反应放出 O_2。例如

$$2KO_2(s)+2H_2O(l) = O_2(g)+H_2O_2(aq)+2KOH(aq)$$

$$4KO_2(s)+2CO_2(g) = 2K_2CO_3(s)+3O_2(g)$$

超氧化物在高温下分解：

$$4KO_2(s) \xlongequal{高温} 2K_2O(s)+3O_2(g)$$

干燥的碱金属的氢氧化物与臭氧反应，生成臭氧化物：

$$6KOH(s)+4O_3(g) = 4KO_3(s)+2KOH\cdot H_2O(s)+O_2(g)$$

钙和钡也能形成臭氧化物。

臭氧化物不稳定，缓慢分解放出氧气，遇水则激烈反应：

$$2KO_3(s) = 2KO_2(s)+O_2(g)$$

$$4KO_3(s)+2H_2O(l) = 4KOH(aq)+5O_2(g)$$

18.4　氢 氧 化 物
(Hydroxides)

碱金属和碱土金属的氢氧化物都是白色固体，它们最显著的特征是强碱性。除了 $Be(OH)_2$ 为两性、LiOH 与 $Mg(OH)_2$ 为中强碱之外，其他碱金属和碱土金属的氢氧化物都是强碱。

18.4.1　酸碱性

碱金属和碱土金属氢氧化物酸碱性的变化规律，可以用 R—O—H 模型解释(详见 13.5.2 小节)。碱金属和碱土金属离子势的平方根 $\sqrt{\phi}$ 值见表 18.3。

表 18.3　碱金属和碱土金属的 $\sqrt{\phi}$ 值

元素	$\sqrt{\phi}$ / $pm^{-0.5}$	元素	$\sqrt{\phi}$ / $pm^{-0.5}$
Li	0.13	Be	0.254
Na	0.102	Mg	0.175

续表

元素	$\sqrt{\phi}$ / $pm^{-0.5}$	元素	$\sqrt{\phi}$ / $pm^{-0.5}$
K	0.085	Ca	0.142
Rb	0.081	Sr	0.133
Cs	0.077	Ba	0.121

由 $\sqrt{\phi}$ 值可知，同一族自上至下，碱金属和碱土金属氢氧化物的碱性逐渐增强；同一周期，碱金属氢氧化物的碱性强于碱土金属氢氧化物；$Be(OH)_2$ 是典型的两性氢氧化物，在强碱中生成 $[Be(OH)_4]^{2-}$。

18.4.2 水溶性

碱金属的氢氧化物在空气中易吸潮，除 LiOH 在水中溶解度较小[$13\ g \cdot (100\ g\ H_2O)^{-1}$]外，都易溶于水，并且放出大量的热。碱土金属的氢氧化物在水中溶解度要小得多，同族自上而下溶解度逐渐增大。$Be(OH)_2$ 和 $Mg(OH)_2$ 难溶于水，$Ca(OH)_2$ 微溶，$Ba(OH)_2$ 可溶。

碱金属氢氧化物中最重要的是 NaOH，又称苛性钠、烧碱，是重要的化工原料。工业上采用电解饱和食盐水制备氢氧化钠，具体方法有汞阴极法、隔膜法和离子膜法。

工业电解法制备氢氧化钠*

汞阴极法就是以石墨为阳极，汞为阴极进行电解。电解槽分为电解室和解汞室两部分。Na^+在阴极得电子后生成的钠单质溶于液态汞生成钠汞齐，钠汞齐与水反应很慢，可以安全地流入解汞室。解汞室内热水与钠作用生成 NaOH，汞被释放出去循环使用。这个方法制得的 NaOH 浓度大，纯度高，可直接作为商品出售。但这种工艺存在汞污染环境的问题，现在已经基本不用了。

隔膜法是用石棉隔膜将阴极区和阳极区分开，阳极是石墨，阴极是铁网。阳极上 Cl^-失电子，阴极上 H^+得电子，所以阴极区内溶液为 NaCl 与 NaOH 的混合溶液。将混合溶液排出，蒸发浓缩，NaCl 结晶析出，可得到 NaOH 溶液。这种方法得到的 NaOH 溶液浓度较低，一般作为碱液在工业中使用。

目前广泛采用的生产方法是离子膜法。这种工艺过程投资少，能耗低，环境友好。用高分子材料制成的阳离子膜将阴极室和阳极室分开，阳离子 Na^+可以自由通过阳离子膜，而阴离子很难通过。阳极室加入 NaCl 溶液，阴极室加入水。阳极释放 Cl_2后，Na^+经阳离子膜进入阴极室；阴极释放 H_2 并生成 NaOH 溶液。

18.5 氢 化 物
(Hydrides)

碱金属及钙、锶、钡在较高温度下与氢化合，可生成离子型氢化物，它们都是白色或灰白色晶体，与水作用生成氢气，因此可作为"氢源"。例如

$$NaH(s) + H_2O(l) \xlongequal{} H_2(g) + NaOH(aq)$$

它们的很多性质与盐类似，故也称为盐型氢化物。离子型氢化物都是强的还原剂，在高温下可还原金属氯化物、氧化物和含氧酸盐：

$$TiCl_4 + 4NaH \xlongequal{高温} Ti + 4NaCl + 2H_2$$

$$UO_2 + CaH_2 \xlongequal{高温} U + Ca(OH)_2$$

18.6 盐　类
(Salts)

18.6.1　碱金属盐的特点

碱金属离子本身是无色的，所以除了与有色阴离子，如CrO_4^{2-}、$Cr_2O_7^{2-}$、MnO_4^-，形成有色盐外，其余盐都是无色盐。

除锂盐以外，碱金属盐都是离子型化合物，大部分都易溶于水。锂离子半径小，对阴离子的强极化作用使锂盐都具有不同程度的共价性。难溶的碱金属盐一般都由半径大的阴离子组成，如钠盐 $Na[Sb(OH)_6]$(锑酸钠)、$NaZn(UO_2)_3(CH_3COO)_9$(乙酸铀酰锌钠)，钾盐 $KHC_4H_4O_6$(酒石酸氢钾)、$KClO_4$、K_2PtCl_6、$KB(C_6H_5)_4$(四苯硼酸钾)、$K_2Na[Co(NO_2)_6]$(六硝基合钴酸钠钾)，铷盐 $RbSnCl_6$，铯盐 $CsClO_4$ 等。碱金属盐是强电解质，在水中全部电离。

碱金属盐有形成水合盐的倾向。一般阳离子电荷越高，半径越小，对水分子的吸引力越大，易形成带有结晶水的水合盐。碱金属盐中，锂盐和钠盐含结晶水的比较多，钾盐水合盐比较少，而铷盐和铯盐仅有少数是水合盐。

碱金属盐热稳定性较高。碱金属含氧酸盐中，硫酸盐高温下不挥发，也难以分解；碳酸盐除 Li_2CO_3 在高于 1270℃分解以外，其余的碳酸盐都不分解；只有硝酸盐热稳定性较低，在较低温度下分解。

除锂离子以外，碱金属离子能形成一系列复盐，复盐的溶解度一般比简单盐小。这些复盐有：

$MCl \cdot MgCl_2 \cdot 6H_2O$(M = K、Rb、Cs)，如光卤石 $KCl \cdot MgCl_2 \cdot 6H_2O$；

$M_2SO_4 \cdot MgSO_4 \cdot 6H_2O$(M = K、Rb、Cs)，如软钾镁矾 $K_2SO_4 \cdot MgSO_4 \cdot 6H_2O$；

$M(\text{I})_2SO_4 \cdot M(\text{III})_2(SO_4)_3 \cdot 24H_2O$[M(Ⅰ)= Na、K、Rb、Cs；M(Ⅲ)= Al、Cr、Fe 等]，如明矾 $K_2SO_4 \cdot Al_2(SO_4)_3 \cdot 24H_2O$、铬钾矾 $K_2SO_4 \cdot Cr_2(SO_4)_3 \cdot 24H_2O$。

18.6.2　钾盐和钠盐的比较

钾盐和钠盐的性质相似，但也有一些差异：

(1)多数钠盐与钾盐一样，溶解度较大，但 $NaHCO_3$ 溶解度不大，而 NaCl 溶解度随温度变化较小，利用这一特点可以分离钠盐和钾盐。

(2)Na^+比 K^+半径小，极化力强，因此钠盐比钾盐更易吸湿，形成含结晶水的盐。无水 Na_2SO_4 可用作干燥剂，而化学分析中常用的标准试剂多用钾盐，如用邻苯二甲酸氢钾标定碱液、用 KNO_3 配制炸药等。

18.6.3　碱土金属盐的特点

碱土金属离子本身也是无色的，只有与有色阴离子才形成有色化合物。大部分碱土金属盐也都是离子型的，但 Be^{2+}半径小，电荷高，对阴离子极化能力较强，所以铍盐显示出明显的共价性，如 $BeCl_2$ 具有长链结构，可溶于有机溶剂。某些镁盐也表现出共价性。

碱土金属盐溶解度比相应的碱金属盐溶解度小，并依 Mg、Ca、Sr、Ba 的顺序降低。碱土金属的氯化物、硝酸盐、高氯酸盐、乙酸盐都是易溶于水的，碳酸盐、磷酸盐、草酸盐都难溶，但它们可以溶于盐酸。硫酸盐和铬酸盐的溶解度差异很大，硫酸镁、铬酸镁易溶于水，而硫酸钡、铬酸钡溶解度则非常小。所有钙盐中，草酸钙的溶解度最小，在重量分析中用来测定钙。

由于随着金属阳离子电荷增加，对酸根阴离子的极化作用增强，因此碱土金属盐类的热稳定性比相应碱金属盐差。$BeCO_3$ 在较低温度就开始分解，随着碱土金属阳离子半径增大，热稳定性增强，强热时分解为氧化物和二氧化碳。

18.6.4 焰色反应

在鉴别碱金属和碱土金属的化合物时常用到焰色反应，即在高温火焰中灼烧时其化合物的火焰呈现出其特征颜色。这是因为金属原子中的电子在高温下被激发到较高能级，当电子从高能级轨道返回到低能级轨道时，能量以光的形式释放出来。由于不同元素原子结构不同，释放的能量也不同，表现为光的波长各不相同。碱金属和碱土金属产生的是可见光谱，且光谱线比较简单，容易识别，见表 18.4。

表 18.4　碱金属和部分碱土金属的焰色

离子	Li^+	Na^+	K^+	Rb^+	Cs^+	Ca^{2+}	Sr^{2+}	Ba^{2+}
焰色	深红	黄	紫	紫红	蓝	橙红	洋红	绿

18.6.5 重要的盐

1. 氯化物

氯化钠俗称食盐，大量存在于海水和矿物岩盐中。氯化钠是动物生存所不可缺少的物质，是维持人体内体液平衡的重要组分，也是重要的化工原料，用于生产 Na、NaOH、Cl_2、Na_2CO_3 和 HCl 等，用于石油工业、纺织品工业、公路融雪剂等方面。NaCl 在水中的溶解度受温度影响小，从 0℃到 100℃，仅从 35.6 g 增大到 39.1 g，因此不能用冷却重结晶法提纯。

氯化镁是最重要的工业用镁盐，在海水中浓度仅次于 NaCl。$MgCl_2$ 水溶液俗称卤水，用于豆制品加工；由于其凝固点较低，也常用作融雪剂。从氯化镁水溶液中可结晶出其水合盐 $MgCl_2 \cdot 6H_2O$，加热脱水时，会发生水解反应得到碱式盐：

$$MgCl_2 \cdot 6H_2O(s) \xlongequal{\geq 170℃} Mg(OH)Cl(s) + HCl(g) + 5H_2O(g)$$

强热时，碱式氯化镁进一步分解：

$$Mg(OH)Cl(s) \xlongequal{约600℃} MgO(s) + HCl(g)$$

$MgCl_2 \cdot 6H_2O$ 在干燥的氯化氢气流中加热脱水可得到无水 $MgCl_2$，无水 $MgCl_2$ 吸湿性很强，主要用于生产金属镁和化学、轻工、煤炭、建筑等部门。

$CaCl_2 \cdot 6H_2O$ 受热失水可得到无水氯化钙。无水氯化钙具有强吸水性，是常用的干燥剂。但因其能与气态 NH_3 和乙醇形成加合物，所以不能用于 NH_3 和乙醇的干燥。$CaCl_2 \cdot 6H_2O$ 和冰的混合物是实验室常用的制冷剂，可达到−55℃。

氯化钡是最重要的可溶性钡盐，常用作分析试剂检验和分离 SO_4^{2-}，因其有剧毒，使用时要注意安全，避免误服。

2. 碳酸盐

除了 Li_2CO_3，碱金属的碳酸盐都易溶于水，酸式碳酸盐溶解度比相应的碳酸盐小。除 $BeCO_3$ 以外的碱土金属碳酸盐都难溶于水，但若通入过量 CO_2，可形成酸式盐而溶解：

$$MCO_3(s) + CO_2(g) + H_2O(l) = M(HCO_3)_2(aq) \qquad (M = Ca、Sr、Ba)$$

最重要的碱金属碳酸盐是 Na_2CO_3，俗称纯碱或苏打，是重要的化工原料，用于玻璃、搪瓷、冶金、纺织、石油、国防、医药及其他工业，也是制备其他钠盐或碳酸盐的原料。在许多方面(如生产纸浆、肥皂、洗涤剂)可与 NaOH 相互替换使用。工业上生产碳酸钠有氨碱法和联合制碱法。

工业生产碳酸钠的氨碱法和联合制碱法*

氨碱法是 1862 年比利时人索尔维(Solvay)发明的，反应分为三个步骤：

$$NH_3 + CO_2 + H_2O = NH_4HCO_3$$

$$NH_4HCO_3 + NaCl = NaHCO_3 + NH_4Cl$$

$$2NaHCO_3 = Na_2CO_3 + CO_2 + H_2O$$

原料气中的 CO_2 通过煅烧石灰石获得，产品中的 NH_4Cl 可以与生石灰反应再生成 NH_3 循环使用，副产品为 $CaCl_2$。氨碱法成本低廉，产品纯净，实现了连续性生产。

$$2NH_4Cl + CaO = 2NH_3 + CaCl_2 + H_2O$$

联合制碱法又称侯氏制碱法，是我国科学家侯德榜在氨碱法的基础上改进而成的，该方法在世界博览会上获得金制奖章，是世界上广泛采用的制纯碱法。

联合制碱法就是将制碱工业和合成氨工业联合起来，利用了合成氨工业的副产品 CO_2 作为原料气，剔除了用煅烧石灰石的过程，简化了生产设备。在 $NaHCO_3$ 析出后，母液中加入氯化钠，降温到 10℃以下，使低温下溶解度比较小的 NH_4Cl 在同离子效应作用下析出，母液又可作为下一次制碱的原料，副产品 NH_4Cl 也可以作为一种化肥。

$NaHCO_3$ 俗称小苏打，大量用于食品加工，是应用最广泛的疏松剂。$NaHCO_3$ 还可直接作为制药工业的原料，治疗胃酸过多症。在冶金、印染、机械、纤维、橡胶工业等行业都有应用。泡沫灭火器是利用以下反应生成的 CO_2 来灭火的：

$$3NaHCO_3 + Al_2(SO_4)_3 + 3H_2O = 3NaHSO_4 + 2Al(OH)_3 + 3CO_2(g)$$

3. 硫酸盐

硫酸钠是最重要的碱金属硫酸盐。$Na_2SO_4 \cdot 10H_2O$ 俗称芒硝，在医药上作泻剂。无水硫酸钠又称元明粉，大量用于玻璃、造纸、水玻璃、陶瓷等工业，也是制造硫化钠、硫代硫酸钠的原料。

碱土金属硫酸盐中硫酸镁可溶于水。$MgSO_4$ 俗称苦盐、泻盐，除了用作化工原料外还可入药。硫酸镁粉剂外敷可以消肿，内服可作导泻剂。

硫酸钙应用最为广泛。生石膏 $CaSO_4 \cdot 2H_2O$ 加热到 120℃左右时部分脱水成为熟石膏 $CaSO_4 \cdot \frac{1}{2}H_2O$，而熟石膏与水混合后再凝固时，会重新生成 $CaSO_4 \cdot 2H_2O$。石膏被广泛应用于工业材料和建筑材料等方面。

$BaSO_4$ 几乎不溶于水，是唯一无毒的钡盐。在工业上可作涂料(钡白)，在橡胶、造纸工业中作白色填料。在医学上可用于消化道检查的 X 射线造影剂，俗称钡餐。

天然的 $BaSO_4$ 称为重晶石，主要用来制备其他钡盐。高温下用碳将硫酸钡还原成可溶性的 BaS，再进一步制备其他钡盐。

$$BaSO_4(s) + 4C(s) \xlongequal{高温} BaS(s) + 4CO(g)$$

$$BaS(s) + 2HCl(aq) \xlongequal{} BaCl_2(aq) + H_2S(g)$$

18.7　对角线规则
（The Diagonal Element Rule）

在同族中，由于原子半径最小而且次外层为二电子结构，锂和铍呈现出与本族其他元素显著不同的性质；然而，锂和镁、铍和铝却呈现出性质相似性。周期表中某一元素的性质与它左上方或右下方的另一元素性质的相似性，称为对角线规则。这种相似性比较明显地表现在锂和镁、铍和铝、硼和硅之间。

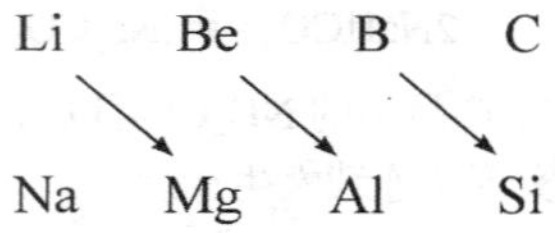

处于对角位置的两元素的离子势相近，极化力相近，因而它们的性质相似。例如，Li^+与同族元素相比，半径最小，极化力显著强于 Na^+，故锂化合物的性质与同族其他元素化合物差异较大；而与 Li^+呈对角关系的 Mg^{2+}，由于电荷高，半径又小于 Na^+，极化力与 Li^+接近，故锂和镁显示出很多相似性。例如

(1) 在过量氧气中燃烧，只生成正常氧化物，而其他碱金属、碱土金属可生成过氧化物或超氧化物。

(2) 氢氧化物水中溶解度较小，加热时分解为对应的氧化物。

(3) 硝酸盐受热分解，生成相应的金属氧化物、二氧化氮和氧气，而其他碱金属、碱土金属硝酸盐受热分解为亚硝酸盐和氧气。

(4) 氟化物、磷酸盐、碳酸盐等均难溶于水，而其他碱金属的这些盐类均可溶于水。

(5) 氧化物共价性较强，能溶于有机溶剂，如乙醇等。

(6) 在加热下与氮气直接化合成氮化物（其他碱金属、碱土金属不与氮气直接化合）。

18.8　碱金属、碱土金属的用途及生物学作用*
（Application of the Alkali Metals and the Alkaline-earth Metals and Their Biological Roles）

锂应用于原子反应堆，并可与铝组成低密度、高强度的合金，用于飞机和航天器。锂电池是高效能源，具有高电流密度、寿命长、充电快、轻便等优点。一些有机锂化合物是常用的有机合成试剂。例如，$LiAlH_4$ 被广泛用作还原剂。以硬脂酸锂、软脂酸锂为增稠剂和胶凝剂的润滑剂具有高抗水性、良好的耐低温性(−20℃)和高温稳定性(>150℃)，被广泛应用于航空、动力等部门的各种机械装置和仪器仪表。

锂玻璃具有高强度和高韧性。把含锂的陶瓷涂到钢铁或铝、镁等金属的表面，形成一层薄而轻、光亮而耐热的涂层，可作喷气式发动机燃烧室和火箭、导弹外壳的保护层。锂铝合金密度低、强度高，大量用于导

弹、火箭、飞机、宇宙飞船的制造上。

含有锂金属、锂合金、锂离子或锂聚合物的电池统称为锂电池，它们都是可充电电池；当前主流是锂离子电池，习惯上也称为锂电池。锂离子电池通常以含碳材料(如石墨、碳纤维、纳米氧化物等)为负极、含锂过渡金属氧化物(如 $LiCoO_2$、$LiFePO_4$、$LiMn_2O_4$ 等)为正极、锂盐-有机溶剂溶液为电解液。锂离子电池具有开路电压高(一般单个电池约 3 V)、比能量①高、自放电子、工作温度范围宽、使用寿命长、轻便等优点，广泛应用于仪器仪表、心脏起搏器、手机、笔记本电脑、电动自行车、汽车、飞机、人工智能机等领域，可以显著减少空气污染。

一些锂盐如碳酸锂、乙酸锂、柠檬酸锂、硫酸锂等可用于抗忧郁症药物，但过量摄入锂化合物会损害肾功能。

氯化钠(俗称食盐)是生活必需品，它和氢氧化钠(NaOH，俗称烧碱)、碳酸钠(Na_2CO_3，俗称纯碱)都是重要化工原料。钠光灯发出黄色光，具有发光强、光散射弱、人眼敏感的优点，常用于道路工程和机动车灯。

钠的化合物可以应用在医药、农业和摄影器材中。在无机化学工业中使用的氯化钠比任何其他原料都多。液态的钠有时用于冷却核反应堆，钠钾合金在室温下呈液态，是核反应堆的导热剂。

氯化钠是人体最基本的电解质。钠离子和钾离子的主要生物功能是调节体液的渗透压、电解质平衡和酸碱平衡，通过钠-钾泵，将钾离子、葡萄糖和氨基酸输入细胞内部，维持核糖体的最大活性，以便有效地合成蛋白质。钾离子也是稳定细胞内酶结构的重要辅因子。同时，钠离子、钾离子协助维持稳定的血压，并参与神经信息的传递。过高或过低的钠、钾浓度都会引起人体机能紊乱，人的 NaCl 摄入量以每天 5～6 g 为宜，KCl 摄入量以每天 0.15～0.5 g 为宜。

钾是植物生长的必需元素，工业生产大量钾肥(磷酸二氢钾、氯化钾、硝酸钾、硫酸钾等)。硝酸钾、炭粉、硫磺可制成火药。超氧化钾(KO_2)与水或二氧化碳反应都生成氧气，用于氧气发生器。

用铷喷镀在银片上，可以制成各种光电管，用于自动报警、天文仪器、工业自动控制等方面。

铯除了制造光电管外，还可以做成最准确的计时仪器——原子钟。

钫是放射性元素。

金属铍透过 X 射线的能力最强，用于制备 X 射线荧光屏。铍受α-粒子轰击时产生中子，在核反应堆中用作中子源，也用作原子反应堆中的减速剂和反射剂。铍铜合金坚硬而且受撞击时不产生火花，可用于制造航空发动机的关键部件、精密仪器、氢气发动机。由于质量轻、弹性模数高和热稳定性好，铍已成为引人注目的飞机和导弹结构材料。

铍的化合物毒性较大，进入人体后，难溶的氧化铍主要聚集在肺部，引起肺炎。可溶性铍化合物和血浆蛋白作用，生成蛋白复合物，引起脏器或组织的病变而致癌。

纯镁的强度小，密度仅为 $1.74\ g \cdot cm^{-3}$，镁铝合金密度小于铝、强度更大、耐腐蚀，镁铝合金和其他一些镁合金是良好的轻型结构材料，用于制造自行车、汽车、飞机、航天器和仪表等。一架超音速飞机约有 5%的镁合金构件，一枚导弹一般消耗 100～200 kg 镁合金。此外，镁粉还用于制造化工产品、药品、烟花、信号弹、照明弹，用作金属还原剂、油漆涂料、焊丝以及供球墨铸铁用球化剂等。水合硫酸镁是药物泻盐的主要成分。

镁离子参与体内糖代谢及呼吸酶的活性，是糖代谢和呼吸不可缺少的辅因子，与乙酰辅酶 A 的形成有关，还与脂肪酸的代谢有关。参与蛋白质合成时起催化作用。与钾离子、钙离子、钠离子协同作用共同维持肌肉神经系统的兴奋性，维持心肌的正常结构和功能。另一个有镁离子参与的重要生物过程是光合作用，在此过程中含镁离子的叶绿素捕获光子，并利用此能量固定二氧化碳而放出氧。

金属钙主要作为合金试剂，用于强化铝轴承，控制铸铁中石墨碳的含量以及去除铅中的铋。钙还可以与 H_2 直接反应获得 CaH_2，这是一种很有用的氢源。由石灰石、沙子、黏土和石膏制成的水泥是最基础的建筑材料。石灰(氧化钙)用于炼铁造渣。

钙和氟是骨骼、牙齿和细胞壁形成时的必要结构成分(如磷灰石、碳酸钙等)，钙离子还在传送激素影响、触发肌肉收缩和神经信号、诱发血液凝结和稳定蛋白质结构中起着重要的作用。

锶在人体内含量很少，是骨骼和牙齿的组分。缺锶会导致龋齿和骨质软化，锶过量会引起锶佝偻病和骨

① 比能量是指单位质量或单位体积的电池所输出的能量，单位是 $W \cdot h \cdot kg^{-1}$ 或 $W \cdot h \cdot L^{-3}$。

质脆弱。Sr-87 同位素有放射性，它可以取代人体骨骼中的 Ca^{2+}，用于骨骼情况检测。

金属钡是显像管的消气剂，并可用于制造轴承合金。硫酸钡性质稳定，难溶于水、酸、碱或有机溶剂，无生物毒性、密度大而且可以阻挡 X 射线，用作放射学检查胃肠道的造影剂（俗称钡餐）。锌钡白（立德粉）是硫化锌和硫酸钡的混合物，是一种重要的白色颜料，用于高分子聚合物和油漆、油墨中，并用作造纸填料。除硫酸钡以外，钡和钡的化合物都有毒，会引起低钾血症。脱毛药中含有硫化钡，杀虫剂或杀鼠药中含有氯化钡、碳酸钡等。

镭是放射性元素。

习　题

1. 为什么不使用电解法制备金属钾？金属钾比金属钠活泼，但为什么可以用金属钠与 KCl 反应制备金属钾？
2. 碱金属和碱土金属中，符合对角线规则的有哪些元素？性质有什么特殊性？
3. 怎样保存金属钠？怎样保存金属锂？
4. $E^{\ominus}(Li^+/Li) > E^{\ominus}(Na^+/Na)$，为什么锂与水反应没有钠与水反应激烈？
5. NaOH 溶液中常混有 Na_2CO_3，怎样检验？怎样制备不含 Na_2CO_3 的 NaOH 溶液？
6. 工业上怎样制备金属钠？
7. 完成化学反应方程式。

(1) $K(s) + O_2(g) \longrightarrow$

(2) $Na(s) + O_2(g) \longrightarrow$

(3) $Li + O_2(g) \longrightarrow$

(4) $Na(s) + H_2O(l) \longrightarrow$

(5) $CaH_2(s) + H_2O(l) \longrightarrow$

(6) $KOH(s) + O_3(g) \longrightarrow$

8. 说明碱金属、碱土金属氢氧化物的性质。
9. 为什么可以用 Na_2O_2 作熔矿剂？用 Na_2O_2 熔矿时不能使用石英坩埚或铂坩埚，为什么？
10. 写出下列矿石的化学成分。

(1) 重晶石；(2) 芒硝；(3) 泻盐；(4) 岩盐；(5) 萤石；(6) 菱镁矿；(7) 光卤石；(8) 天青石

11. 由热力学数据分别计算下列反应的反应热，并比较 $MgCO_3$ 与 $CaCO_3$ 的热稳定性。

(1) $MgCO_3(s) = MgO(s) + CO_2(g)$

(2) $CaCO_3(s) = CaO(s) + CO_2(g)$

12. 鉴别下列各组物质。

(1) NaCl、$CaCl_2$、$MgCl_2$、$BaCl_2$

(2) Na_2CO_3、NaOH、Na_2O_2

13. 可以用水或 CO_2 扑灭金属镁的燃烧吗？为什么？用 CCl_4 灭火器可以吗？
14. 气态 $BeCl_2$ 为直线形分子，固态 $BeCl_2$ 为无限链状分子，请解释并画图加以说明。

（龚孟濂）

第 19 章　铜锌副族元素（Copper Subgroup and Zinc Subgroup Elements）

本章学习要求

1. 了解铜族元素通性。

2. 掌握铜的氧化物、氢氧化物、重要铜盐的性质，Cu(Ⅰ)和 Cu(Ⅱ)的相互转化以及重要配合物的性质。

3. 掌握银的氧化物、氢氧化物以及银的重要配合物的性质。

4. 了解锌族元素通性，掌握其氢氧化物的性质、水溶液中 Zn^{2+}的重要反应及重要配合物。

5. 熟悉锌族元素的氧化物，掌握 Hg(Ⅰ)、Hg(Ⅱ)的化合物的重要反应以及相互转化。

6. 了解 ds 区金属元素在生产、生活中的应用。

19.1　ds 区元素通性（General Properties of the ds Block Elements）

ds 区元素包括ⅠB 族(或第 11 族，铜副族)和ⅡB 族(或第 12 族，锌副族)元素，其中铜副族元素包括铜(copper)、银(silver)、金(gold)和铊(Rg)4 种元素，锌副族元素包括锌(zinc)、镉(cadmium)、汞(mercury)和镉(Cn)4 种元素。

铜在地壳中质量分数为 6×10^{-3}%，在所有元素中丰度居第 26 位。自然界的铜矿石有黄铜矿($CuFeS_2$ 或 $Cu_2S\cdot Fe_2S_3$)、孔雀石[$CuCO_3\cdot Cu(OH)_2$]、石青[$2CuCO_3\cdot Cu(OH)_2$]、辉铜矿(Cu_2S)、赤铜矿(Cu_2O)、黑铜矿(CuO)、胆矾($CuSO_4\cdot 5H_2O$)等。自然界存在少量的单质铜。

银在地壳中质量分数为 7.5×10^{-6}%，在所有元素中丰度居第 68 位。自然界的银矿石主要是硫化银矿，并常与铅、锌、镉的硫化物共生，也有银的砷化物、锑化物，主要矿物有闪银矿(Ag_2S)、角银矿(AgCl)、淡红银矿($3Ag_2S\cdot As_2S_3$)、深红银矿($Ag_2S\cdot Sb_2S_3$)等。自然界存在少量的单质银。

金在地壳中质量分数为 4×10^{-7}%，在所有元素中丰度居第 75 位。自然界的金多以单质形式存在，但颗粒通常很小，并常与银、铜、钯、铂共存。

锌在地壳中质量分数为 7.0×10^{-3}%，在所有元素中丰度居第 24 位。自然界的锌矿石主要有闪锌矿(ZnS)、菱锌矿($ZnCO_3$)、红锌矿(ZnO)、硅锌矿($2ZnO\cdot SiO_2$)、水锌矿[$2ZnCO_3\cdot 3Zn(OH)_2$]和绿铜锌矿[$2(Zn，Cu)CO_3\cdot 3(Zn，Cu)(OH)_2$]等。

镉在地壳中质量分数为 1.5×10^{-5}%，在所有元素中丰度居第 66 位。自然界的镉矿石主要有硫镉矿(CdS)，并常与锌矿共生，如闪锌矿(ZnS)中常伴生 CdS。

汞在地壳中质量分数为 8.5×10^{-6}%，在所有元素中丰度居第 67 位。自然界的汞矿石主要有朱砂(HgS)，也有单质汞以液态形式存在。汞俗称水银。

近年发现的铊和镉都是人工合成元素，原子序数分别是 111 和 112，原子基态价层电子构型分别是 $6d^{10}7s^1$ 和 $6d^{10}7s^2$，本书不作进一步介绍。

ds 区元素原子价层电子构型为 $(n-1)d^{10}ns^{1\sim2}$，原子最外层电子构型与 s 区元素相同，有 1～2

个电子，但是次外层$(n-1)$d 轨道为充满的 10 电子结构，故称为 ds 区元素。ds 区元素单质的一些基本性质列于表 19.1。

表 19.1　ds 区元素原子结构及基本性质

结构及性质	元素					
	Cu	Ag	Au	Zn	Cd	Hg
价层电子构型	$3d^{10}4s^1$	$4d^{10}5s^1$	$5d^{10}6s^1$	$3d^{10}4s^2$	$4d^{10}5s^2$	$5d^{10}6s^2$
常见氧化态	+1，+2	+1	+3	+2	+2	+1，+2
金属半径/ pm	128	144	144	134	148.9	151
有效离子半径*/pm	77 Cu^{2+} 73	115	137 Au^{3+} 85	74	95	102 Hg_2^{2+}119
密度/$(g\cdot cm^{-3})$	8.92	10.5	19.3	7.14	8.64	13.59
熔点/℃	1084.62	961.78	1064.18	419.53	321.069	−38.829
沸点/℃	2562	2262	2856	907	767	356.62
导电性(以 Hg = 1)	58.6	61.7	41.7	16.6	14.4	1
莫氏硬度	3	2.7	2.5	2.5	2	—
原子化热/$(kJ\cdot mol^{-1})$	341.1	289.2	385	131	112	61.9
$I_1/(kJ\cdot mol^{-1})$	745.5	731.0	890.1	906.4	867.8	1007.1
$I_2/(kJ\cdot mol^{-1})$	1957.9	2072.2	1949	1733.3	1631.4	1809.7
χ_P	1.90	1.93	2.4	1.65	1.69	1.9

* 对铜副族元素为 M^+，对锌副族元素为 M^{2+}，在 CN = 6 条件下测量。

ds 区元素由于原子次外层的$(n-1)$d 轨道已经充满，对核电荷屏蔽增强，而且电子互相排斥作用大，因此与同周期前面相邻的 d 区元素相比，铜副族元素原子半径反而有所增大(参见图 20.1 及表 20.1～表 20.3)。由于电子层数增加，原子半径 Ag 大于 Cu；但 Ag 与 Au 相近，表明 Au 电子层数增加与有效核电荷增加两因素对原子半径的影响大致抵消。类似地，原子半径 Cd 大于 Zn 而与 Hg 相近(表 19.1)。

与铜副族元素 ns 轨道只有一个电子相比，锌副族元素原子的 ns 轨道为充满结构，导致第一电离能较高。同一周期，从ⅠB 族到ⅡB 族，元素电负性减小，金属活泼性增强，这与它们的晶体结构差异有关。铜、银、金皆为立方晶系，而锌、镉为六方晶系，α-Hg 为三方晶系，β-Hg 为四方晶系(室温下汞为液态)，这种晶体结构差异导致ⅡB 族元素原子化热显著小于同周期ⅠB 族元素(表 19.1)。但是，同一副族，从上到下元素电负性变大，金属性减弱，这表明有效核电荷的增加起主导作用。

锌副族元素原子价层的 s 电子成对，而且随原子序数的增加，惰性电子对效应逐渐增强，因此成键能力变弱，参与形成金属键的电子少，金属键较弱，其中 Hg 的 $6s^2$ 电子相对最稳定，金属键最弱。这导致锌副族金属晶体具有较低的熔点和沸点，并依 Zn、Cd、Hg 的顺序下降。熔点低使得锌副族元素易形成合金，其中汞的合金称为汞齐，除铁系元素外，所有金属皆可形成相应的汞齐，若溶解的金属含量较小，则形成的汞齐呈液态或糊状。

铜副族元素的氧化态呈现变价。这是由于铜副族元素原子为 d 电子刚填满$(n-1)$d 轨道，ns 电子与$(n-1)$d 电子的电离势之差较小，故在一定条件下尚能失去 1～2 个 d 电子形成+2、+3 等氧化态，而且仍能保持着 d 区过渡元素同族从上到下高价态稳定性增加的总趋势。锌副族元素的核电荷比同周期铜副族元素增加 1，从$(n-1)$d 轨道中失去电子更加困难，ns 电子与$(n-1)$d 电子的电离势之差远比铜副族元素大，故通常只失去 s 电子而呈+2 氧化态。汞虽可表现为+1 价，但实际上是以 Hg_2^{2+}，即以[Hg-Hg]$^{2+}$的形式存在。

由于原子序和核电荷明显增加，而且 18 电子层结构对核电荷的屏蔽效应比 8 电子结构小得多，铜、锌副族元素与同周期 s 区主族元素碱金属和碱土金属相比，有效核电荷大得多，对最外层 s 电子的吸引力更强，因而原子半径和离子半径都较小，电离势和电负性较大，所以金属活泼性弱得多。

图 19.1 列出了 ds 区元素的 $\Delta_r G_m^{\ominus} / F$-$Z$ 图，由该图两点连线的斜率等于电对的标准电极电势 $E^{\ominus}$，讨论 ds 区元素各氧化态物质的氧化还原性质。同一周期，从左到右，$E^{\ominus}(M^+/M)$或 $E^{\ominus}(M^{2+}/M)$值减小，说明元素金属性增强；同一副族，从上到下，该值增大，说明元素金属性减弱，与碱金属、碱土金属活泼性顺序相反。这是由于由上到下，铜、锌副族原子半径增加不大，而有效核电荷却明显增加，主导了金属性的变化。

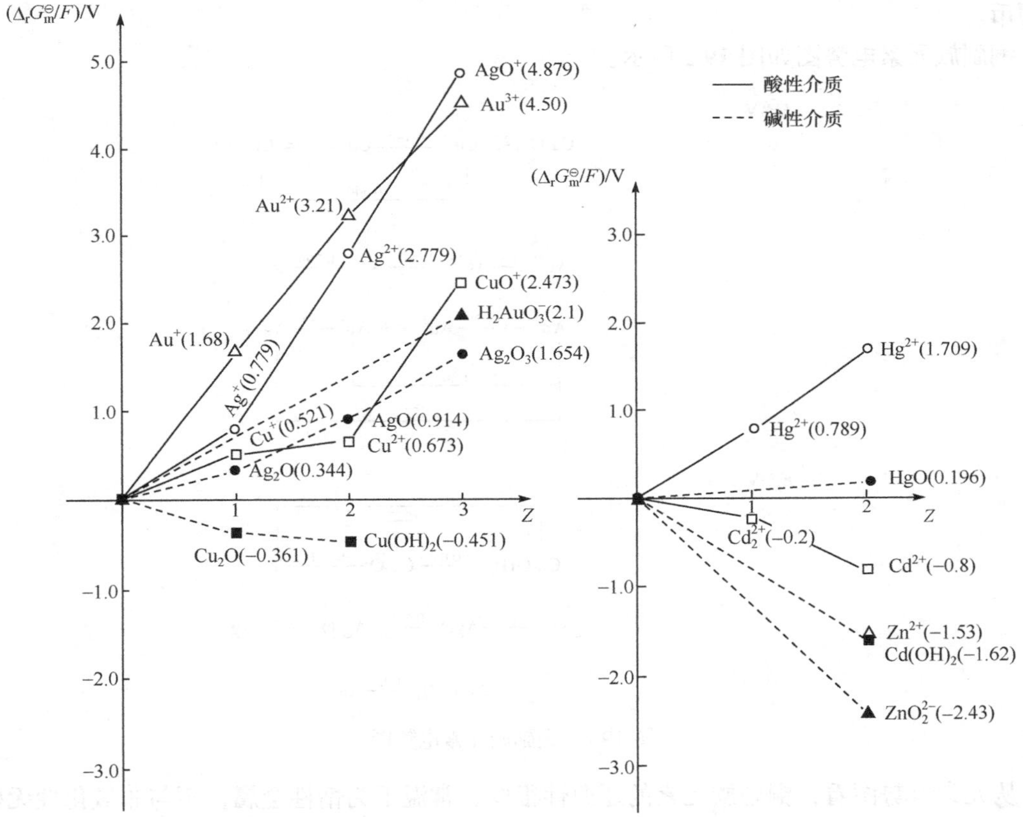

图 19.1　ds 区元素的 $\Delta_r G_m^{\ominus} / F$-$Z$ 图[$c(H^+) = 1\ mol \cdot dm^{-3}$ 或 $c(OH^-) = 1\ mol \cdot dm^{-3}$]

19.2　铜　副　族
(Copper Subgroup)

19.2.1　单质

1. 物理性质和化学性质

铜、银、金是人类最早熟悉的金属，纯铜为棕红色，金为黄色，银为银白色。铜和金是仅有的两种非银灰色金属，因为它们都能吸收可见光区蓝光一端波长较短的光，显示其互补色；其余金属则几乎同等程度地反射可见光区各波长的光。铜、银、金都是重金属，金的密度最大，为 $19.3\ \mathrm{g \cdot cm^{-3}}$。它们的熔点、沸点比 d 区金属元素低，硬度较小，延展性和可塑性好，其中金最为突出，$1\ \mathrm{g}$ 金可以拉成长达 $3\ \mathrm{km}$ 的金丝，也能碾压成 $0.1\ \mu\mathrm{m}$ 厚的金箔。由于铜副族元素能带中电子多，易激发到导带中，因此这三种金属的导热性、导电性好，尤以银为最强，但价格较贵，而铜是最常用的导体。

铜副族元素之间、铜副族元素与其他金属都很容易形成合金，尤其以铜合金居多。7000 年前，人类已开始炼铜，5000 年前制得青铜。青铜是一种铜锡合金，熔点低于纯铜，质坚，用于制作兵器、容器等。黄铜是铜锌合金(含铜 64%～67%，含锌 33%～36%)，可塑性、耐磨性、耐腐蚀性好，用于制作钱币、乐器、生活用品、机械零件、管材、板材、弹药壳等。白铜是铜镍合金(含铜 78.5%～80.5%，含镍 18%～20%)，耐磨、耐腐蚀，显银白色，常用于制造硬币。

铜副族元素电势图如图 19.2 所示。

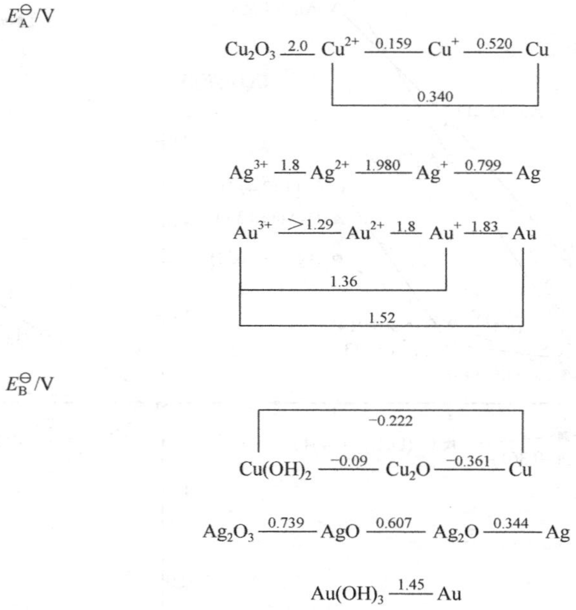

图 19.2　铜副族元素电势图

从元素电势图看，铜副族元素的还原性很弱，常温下为惰性金属，不与非氧化性无机酸反应。铜在干燥空气中稳定，但在潮湿空气中与二氧化碳和水蒸气反应，表面生成"铜绿"，主要成分为碱式碳酸铜：

$$2Cu(s) + O_2(g) + CO_2(g) + H_2O(l) = Cu(OH)_2 \cdot CuCO_3(s)$$

银、金无类似性质。

银的活泼性弱于铜，在室温下不与氧气和水作用，但遇到 H_2S 气体，会迅速生成一层黑色的 Ag_2S 薄膜而失去银白色的光泽：

$$2Ag(s) + H_2S(g) = Ag_2S(s) + 2H^+(aq)$$

金的活泼性比银更弱，在高温下也不与氧气发生反应，也是铜副族中唯一不与硫直接反应的金属。在自然界中，金仅与碲形成天然化合物。

铜、银不溶于非氧化性无机酸，但可溶于氧化性酸，如硝酸和热的浓硫酸：

$$3Cu(s) + 8HNO_3(aq,稀) = 3Cu(NO_3)_2(aq) + 2NO(g) + 4H_2O(l)$$

$$Cu(s) + 4HNO_3(aq,浓) = Cu(NO_3)_2(aq) + 2NO_2(g) + 2H_2O(l)$$

$$Cu(s) + 2H_2SO_4(aq,浓) \xlongequal{\triangle} CuSO_4(aq) + SO_2(g) + 2H_2O(l)$$

$$2Ag(s) + 2H_2SO_4(aq,浓) \xlongequal{\triangle} Ag_2SO_4(aq) + SO_2(g) + 2H_2O(l)$$

金可溶于热的无水硒酸，不溶于其他单一的无机酸，也能溶于王水：

$$Au(s) + 4HCl(aq) + HNO_3(aq) = HAuCl_4(aq) + NO(g) + 2H_2O(l)$$

铜与热的浓盐酸作用，放出 H_2，这是由于生成稳定的配合物，为熵增加的反应：

$$Cu(s) + 4HCl(aq,浓) \xlongequal{\triangle} H_2[CuCl_4](aq) + H_2(g)$$

铜与一些强配体作用可放出 H_2，如与 NaCN 溶液反应：

$$2Cu(s) + 8CN^-(aq) + 2H_2O(l) = 2[Cu(CN)_4]^{3-}(aq) + 2OH^-(aq) + H_2(g)$$

银和金与 NaCN 溶液的作用需要氧化剂存在(见下文“2. 金属冶炼”)。

铜与配位能力较弱的配体作用时，需在氧气存在下方能进行，如与氨水作用：

$$2Cu(s) + 8NH_3(aq) + O_2(g) + 2H_2O(l) = 2[Cu(NH_3)_4]^{2+}(aq) + 4OH^-(aq)$$

这些反应都可以从多重平衡和反应耦联原理理解。

铜是最常用的电导体，用于电线、发电机、电动机、变压器、水管、煤气管、暖气管等。铜是人体必需的微量元素，人体中有 30 多种含铜的蛋白质和酶，如抗坏血酸氧化酶、细胞色素 c 氧化酶等。血浆铜蓝蛋白参与造血过程，对骨骼生长、铁的代谢有重要作用。一些细菌、病毒、真菌在铜表面只能存活几小时，有医院建铜合金内墙后，疾病传染率下降。

银用于感光材料、装饰材料、电镀、复合材料、银合金焊料、导电银浆、太阳能电池、催化剂、医药等。银对微生物有显著毒性但对人体无毒，银容器可盛食物。

金主要应用于首饰、电子业、牙科、金币、金章等。许多国家以黄金作为财政储备。2019 年，全球黄金开采量为 3534 t，中国黄金产量 380 t，连续 13 年位居全球第一。通常将金与适量 Ag 和 Cu 熔炼成合金，其中金的质量分数用“K”表示，纯金为 24 K，理论上是 100%，1 K = 4.16666%。人类曾制得 99.9999%的金，即每 100 万个原子中，只有一个不是金原子。

2. 金属冶炼

铜的氧化物矿可在高温下直接用碳还原，得到粗铜。以下简单介绍采用冰铜冶炼法从黄铜矿($CuFeS_2$ 或 $Cu_2S \cdot Fe_2S_3$)中提炼铜。

首先选矿，用浮选法富集低品位矿石中的铜，得到精矿。

然后焙烧，将得到的精矿在沸腾炉中通入空气氧化，脱硫，同时除去挥发性杂质(如 As_2O_3、Sb_2O_3 等)，并使部分硫化物变成氧化物：

$$2CuFeS_2(s) + O_2(g) \xlongequal{\triangle} Cu_2S(s) + 2FeS(s) + SO_2(g)$$

$$2FeS(s) + 3O_2(g) \xlongequal{\triangle} 2FeO(s) + 2SO_2(g)$$

将得到的 Cu_2S、FeO 和 FeS 与一定比例的沙子混合，置于反射炉中，加热到 1000℃左右，

FeS 进一步氧化为 FeO，大部分 FeO 与 SiO_2 反应生成熔渣 $FeSiO_3$，因其密度小而浮在上层，而 Cu_2S 和剩余的 FeS 熔在一起生成冰铜，并沉于熔体下层：

$$FeO(s) + SiO_2(s) \xlongequal{\triangle} FeSiO_3(s)$$

$$m Cu_2S(s) + n FeS(s) \xrightarrow{\triangle} \text{冰铜}(l)$$

把冰铜放入转炉，鼓风熔炼，得到粗铜（含 Cu 98%～99%），含两个反应：

$$2Cu_2S(s) + 3O_2(g) \xlongequal{\triangle} 2Cu_2O(s) + 2SO_2(g)$$

$$\Delta_r H_m^{\ominus} = -766.6\ kJ \cdot mol^{-1},\ \Delta_r G_m^{\ominus} = -721.2\ kJ \cdot mol^{-1}$$

$$2Cu_2O(s) + Cu_2S(s) \xlongequal{\triangle} 6Cu(s) + SO_2(g)$$

$$\Delta_r H_m^{\ominus} = 116.8\ kJ \cdot mol^{-1},\ \Delta_r G_m^{\ominus} = 78.6\ kJ \cdot mol^{-1}$$

前一反应放热、自发，后一反应吸热、非自发，二者耦合，反应自发进行。

产生的 SO_2 气体可用于制备硫酸。

用电解法将粗铜精炼，粗铜为阳极，精铜为阴极，$CuSO_4$ 为电解液，阳极粗铜溶解，电解液中的 Cu^{2+} 移动到阴极表面，被还原为 Cu，在阴极得到含 Cu 99.95%的精铜。电极反应为

阳极：$$Cu(s,\text{粗铜}) = Cu^{2+}(aq) + 2e^-$$

阴极：$$Cu^{2+}(aq) + 2e^- = Cu(s)$$

粗铜中含有少量金、银、铂、硒等，因活泼性低于铜，不被氧化，而沉积在阳极底部，形成阳极泥，阳极泥是提取贵金属的原料。

以游离态和化合态形式存在的银矿石都可以采用氰化法冶炼。用稀 NaCN 溶液浸取，通入空气，使银矿石溶解，分离残渣后，用 Zn 或 Al 将溶液中的 Ag 置换出来，得到粗银：

$$4Ag(s) + 8NaCN(aq) + O_2(g) + 2H_2O(l) = 4Na[Ag(CN)_2](aq) + 4NaOH(aq)$$

$$Ag_2S(s) + 4NaCN(aq) = 2Na[Ag(CN)_2](aq) + Na_2S(aq)$$

$$2Na[Ag(CN)_2](aq) + Zn(s) = 2Ag(s) + Na_2[Zn(CN)_4](aq)$$

用电解法将粗银进行精炼，粗银为阳极，精银为阴极，$AgNO_3$ 为电解液，阳极粗银溶解，电解液中的 Ag^+ 移动到阴极表面，被还原为 Ag，在阴极得到精银。电极反应为

阳极：$$Ag(s,\text{粗银}) = Ag^+(aq) + e^-$$

阴极：$$Ag^+(aq) + e^- = Ag(s)$$

提取金也采用氰化法浸取，然后用 Zn 或 Al 把 Au 置换出来：

$$4Au(s) + 8NaCN(aq) + O_2(g) + 2H_2O(l) = 4Na[Au(CN)_2](aq) + 4NaOH(aq)$$

$$2Na[Au(CN)_2](aq) + Zn(s) = 2Au(s) + Na_2[Zn(CN)_4](aq)$$

另外，从矿石中提取金还可以采用汞齐法，将矿粉与汞混合使金与汞生成汞齐，加热使汞挥发掉即得单质金。

粗金可采用电解法精炼，电解液为 $AuCl_3$ 的盐酸溶液[$HAuCl_4(aq)$]，可制得纯度为 99.95%的金。

19.2.2　铜的化合物

由于铜原子基态价层电子构型为 $3d^{10}4s^1$，3d 轨道刚充满，还可失去一个电子，故铜的常

见氧化数为+1、+2。本小节先介绍铜元素氧化数为+1、+2 的一些重要化合物，然后讨论这两种价态铜化合物之间的转化。

1. 氧化数为+1 的化合物

1) 氧化物和氢氧化物

氧化亚铜是一种红色化合物。在实验室中，氧化亚铜可由黑色的氧化铜加热分解得到：

$$2CuO(s) \xrightarrow{1000℃} Cu_2O(s) + 1/2O_2(g)$$

该反应吸热（$\Delta_r H_m^\ominus = 143.7\ kJ \cdot mol^{-1}$）而熵增加（$\Delta_r S_m^\ominus = 119\ J \cdot mol^{-1} \cdot K^{-1}$），属于熵驱动反应，室温下非自发，但在高温下自发进行。

当用 NaOH 处理盐酸中的 CuCl 冷溶液时，生成黄色的 CuOH 沉淀，CuOH 很不稳定，很快由黄色变为橙色，最后变为红色的 Cu_2O。

Cu_2O 的热稳定性高，1235℃熔化而不分解。

Cu_2O 呈弱碱性，不溶于水，但易溶于稀酸，如稀硫酸，并立即歧化为 Cu^{2+}和 Cu：

$$Cu_2O(s) + 2H^+(aq) = Cu^{2+}(aq) + Cu(s) + H_2O(l)$$

与盐酸反应，生成难溶于水的氯化亚铜：

$$Cu_2O(s) + 2HCl(aq) = 2CuCl(s) + H_2O(l)$$

此外，Cu_2O 可溶于氨水，生成无色的配离子：

$$Cu_2O(s) + 4NH_3(aq) + H_2O(l) = 2[Cu(NH_3)_2]^+(aq) + 2OH^-(aq)$$

但是，$[Cu(NH_3)_2]^+$不稳定，易被空气氧化而非歧化，溶液变为蓝色，利用此反应可除去气体中痕量 O_2。

$$4[Cu(NH_3)_2]^+(aq) + O_2(g) + 8NH_3(aq) + 2H_2O(l) = 4[Cu(NH_3)_4]^{2+}(aq) + 4OH^-(aq)$$

氧化亚铜具有半导体的性质，可用于制造整流器。Cu_2O 作为红色染料用于玻璃、陶瓷工业。Cu_2O 本身有毒，用于制造杀虫剂和船底防污漆。

2) 卤化物和硫化物

CuCl、CuBr 和 CuI 呈白色，都是难溶化合物，且溶解度依次减小。由 Cu(Ⅱ)卤化物还原得到。例如

$$2Cu^{2+}(aq) + 4I^-(aq) = 2CuI(s) + I_2(l)$$

在热的浓盐酸溶液中，用铜粉还原 $CuCl_2$，生成无色的$[CuCl_2]^-$，用水稀释即可得到难溶于水的白色 CuCl 沉淀：

$$Cu^{2+}(aq) + Cu(s) + 4Cl^-(aq) = 2[CuCl_2]^-(aq)$$

$$2[CuCl_2]^-(aq) = 2CuCl(s) + 2Cl^-(aq)$$

用还原剂 $SnCl_2$ 还原 $CuCl_2$ 也可得到 CuCl。

Cu(Ⅰ)有还原性，在空气中 CuCl 可被氧化：

$$4CuCl(s) + O_2(g) + 4H_2O(l) = 3CuO \cdot CuCl_2 \cdot 3H_2O(s) + 2HCl(g)$$

Cu(Ⅰ)也有氧化性。例如

$$2CuI(s,白) + 2Hg(g) = Hg_2I_2(s,黄) + 2Cu(s)$$

利用此反应可以检验汞的含量是否超标，可以将涂有白色 CuI 的纸条挂在室内，若常温下 3 h 白色不变，表明空气中汞的含量不超标。

硫化亚铜(Cu_2S)是黑色物质，难溶于水，通常可以利用金属单质和 S 直接化合生成硫化物，也可以向 Cu(Ⅰ)溶液中通入 H_2S 制备相应的硫化物。Cu_2S 只能溶于浓、热的硝酸或氰化钠(钾)溶液中：

$$3Cu_2S(s) + 16HNO_3(aq,浓) = 6Cu(NO_3)_2(aq) + 3S(s) + 4NO(g) + 8H_2O(l)$$

$$Cu_2S(s) + 4CN^-(aq) = 2[Cu(CN)_2]^-(aq) + S^{2-}(aq)$$

3)配合物

Cu^+可与单齿配体形成配位数为 2、3、4 的配位化合物。由于 Cu^+的价电子构型为 d^{10}，因此其配合物不会由于 d-d 跃迁而产生颜色。多数的 Cu(Ⅰ)配合物溶液具有吸收烯烃、炔烃和 CO 的能力。例如

$$[Cu(NH_3)_2]Ac(s) + CO(g) + NH_3(g) \rightleftharpoons [Cu(CO)(NH_3)_3]Ac(aq)$$

该反应用于合成氨工业中铜洗工段，将进入合成塔前混合气体中使催化剂中毒的 CO 除去。这是一个放热、体积减小的反应，低温、加压有利于 CO 的吸收。当将吸收了 CO 的乙酸三氨合铜(Ⅰ)溶液升温、减压时，CO 被放出，$[Cu(NH_3)_2]Ac$ 又再生，循环使用。又如

$$[Cu(NH_2CH_2CH_2OH)_2]^+(aq) + C_2H_4(g) \rightleftharpoons [Cu(NH_2CH_2CH_2OH)_2(C_2H_4)]^+(aq)$$

上述反应是可逆的，受热时放出 C_2H_4，这一反应用于从石油气中分离出烯烃。

2. 氧化数为+2 的化合物

1)氧化物和氢氧化物

加热分解硝酸铜或碳酸铜可得到黑色的 CuO，也可在氧气中加热铜粉制得。其热稳定性很高，但次于 Cu_2O，加热到 1000℃时分解生成暗红色的 Cu_2O。CuO 属于碱性氧化物，不溶于水，但可溶于酸：

$$CuO(s) + 2H^+(aq) = Cu^{2+}(aq) + H_2O(l)$$

CuO 具有氧化性，在高温下可被一些还原剂还原。

在可溶性铜(Ⅱ)盐溶液中加入强碱，可析出蓝色的 $Cu(OH)_2$ 沉淀，其受热易脱水变成黑色的 CuO：

$$Cu^{2+}(aq) + 2OH^-(aq) = Cu(OH)_2(s)$$

$$Cu(OH)_2(s) = CuO(s) + H_2O(l)$$

氢氧化铜可溶于浓氨水中，形成蓝色的铜氨配离子：

$$Cu(OH)_2(s) + 4NH_3(aq,浓) = [Cu(NH_3)_4]^{2+}(aq) + 2OH^-(aq)$$

氢氧化铜显两性，易溶于酸，也能溶于浓的强碱溶液中，生成亮蓝色的四羟基合铜(Ⅱ)配阴离子：

$$Cu(OH)_2(s) + 2H^+(aq) = Cu^{2+}(aq) + 2H_2O(l)$$

$$Cu(OH)_2(s) + 2OH^-(aq) = [Cu(OH)_4]^{2-}(aq)$$

其中，$[Cu(OH)_4]^{2-}$可被葡萄糖还原为暗红色的 Cu_2O 沉淀：

$$2[Cu(OH)_4]^{2-}(aq) + C_6H_{12}O_6(aq) = Cu_2O(s) + C_6H_{12}O_7(aq) + 2H_2O(l) + 4OH^-(aq)$$

医学上用这个反应来检测尿样中的糖分，以帮助诊断糖尿病。Cu^{2+}和酒石酸根$C_4H_4O_6^{2-}$的配合物，其溶液呈深蓝色，称为费林(Fehling)试剂。在分析化学中常利用费林试剂鉴定醛基，其现象也是生成红色的Cu_2O沉淀。

2)卤化物、硫化物及含氧酸盐

卤化铜包括无水的白色 CuF_2、黄褐色 $CuCl_2$ 和黑色 $CuBr_2$，以及带结晶水的蓝色 $CuF_2 \cdot 2H_2O$ 和蓝绿色 $CuCl_2 \cdot 2H_2O$。同时，卤化铜的颜色也随着阴离子的不同而变化。在铜(Ⅱ)的卤化物中，氯化铜较为重要。无水的氯化铜可由单质直接化合而成，它属于共价化合物，为无限长链结构，每个 Cu 处于 4 个 Cl 形成的平面正方形中心。

$CuCl_2$不仅易溶于水，还易溶于乙醇、丙酮等一些有机溶剂中。在浓度很高的$CuCl_2$水溶液中，可形成黄色的$[CuCl_4]^{2-}$；而在稀溶液中由于水分子多，$CuCl_2$变为$[Cu(H_2O)_4]Cl_2$，由于水合而显蓝色：

$$Cu^{2+}(aq) + 4Cl^-(aq) \rightleftharpoons [CuCl_4]^{2-}(aq,\text{黄色})$$

$$[CuCl_4]^{2-}(aq) + 4H_2O(l) \rightleftharpoons [Cu(H_2O)_4]^{2+}(aq,\text{蓝色}) + 4Cl^-(aq)$$

由于$CuCl_2$的浓溶液中同时含有$[CuCl_4]^{2-}$和$[Cu(H_2O)_4]^{2+}$，所以溶液通常为黄绿色或绿色。含结晶水的$CuCl_2$受热脱水时易发生水解，用脱水的方法制备无水$CuCl_2$时，必须在 HCl 气氛中进行。氯化铜常用于制造玻璃、陶瓷用颜料、消毒剂、媒染剂和催化剂等。

CuS 为黑色物质，通常用向Cu^{2+}溶液中通入H_2S的方法来制备 CuS，它不溶于水和稀酸，只能溶于热的稀硝酸或浓氰化钠溶液：

$$3CuS(s) + 2NO_3^-(aq) + 8H^+(aq) = 3Cu^{2+}(aq) + 3S(s) + 2NO(g) + 4H_2O(l)$$

$$2CuS(s) + 10CN^-(aq) = 2[Cu(CN)_4]^{3-}(aq) + 2S^{2-}(aq) + (CN)_2(g)$$

硫酸铜是实验室中常见的含氧酸的铜盐。无水硫酸铜为白色粉末，易溶于水，不溶于乙醇和乙醚，吸水性强，并且吸水后显示出水合铜离子的特质蓝色。常用这一性质来检验一些有机物中的微量水分。也可用作干燥剂，除去有机物中的水分。

当从溶液中结晶硫酸铜时，得到的是蓝色的五水合硫酸铜晶体，俗称胆矾，其结构是$[Cu(H_2O)_4]SO_4 \cdot H_2O$，也是配合物。其中 4 个$H_2O$分子和$Cu^{2+}$配位，另一个$H_2O$分子通过氢键与$SO_4^{2-}$相连(图 19.3)。

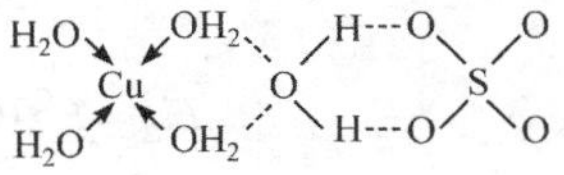

图 19.3　$CuSO_4 \cdot 5H_2O$ 的结构示意图

由于$CuSO_4 \cdot 5H_2O$中的 5 个水分子所处的环境不同，因此受热时脱去的温度也不相同，可以逐步脱水：

$$CuSO_4 \cdot 5H_2O \xrightarrow{102℃} CuSO_4 \cdot 3H_2O \xrightarrow{113℃} CuSO_4 \cdot H_2O \xrightarrow{258℃} CuSO_4$$

当温度达到 650℃时，$CuSO_4$可分解为 CuO、SO_2、SO_3及O_2。

$CuSO_4$ 可作为制取其他铜盐的原料，在电解、电镀中常用作电解液和电镀液，医药工业中常直接或间接地用作收敛剂和生产乙胺吡啶的辅助原料，也是有机合成、香料和染料中间体的催化剂。由于它具有杀菌能力，被用在蓄水池、游泳池中可防止藻类生长。硫酸铜与石灰乳混合配制的波尔多液可用于消灭植物病虫害。

3)配合物

Cu^{2+}与单齿配体一般形成配位数为 4 的正方形配合物，如我们熟悉的深蓝色的$[Cu(NH_3)_4]^{2+}$，

当溶液中 Cu^{2+} 的浓度越小，所形成的蓝色 $[Cu(NH_3)_4]^{2+}$ 的颜色越浅，根据溶液颜色的深浅，用于比色分析法可测定铜的含量。$[Cu(NH_3)_4]^{2+}$ 溶液有溶解纤维的能力，在所得的纤维素溶液中加酸或加水，纤维又可析出，工业上利用这种性质制造人造丝。

此外，Cu^{2+} 还可以与一些有机配体，如乙二胺、缩二脲等，在碱性溶液中形成配位化合物。例如，缩二脲 $HN(CONH_2)_2$ 和硫酸铜反应呈现特征的紫色。利用此反应，将过量的 NaOH 溶液加到含有少量 $CuSO_4$ 溶液的未知物质中，若出现紫色则表明在未知物质中存在蛋白质或其他含肽键的化合物。

3. Cu（Ⅰ）与 Cu（Ⅱ）之间的转化

从原子价层电子构型看，气态 Cu（Ⅰ）($3d^{10}$) 比气态 Cu（Ⅱ）($3d^9$) 稳定。下列反应

$$2Cu^+(g) \longrightarrow Cu^{2+}(g) + Cu(s) \qquad \Delta_r G_m^\ominus = 64.1\ kJ \cdot mol^{-1}$$

$\Delta_r G_m^\ominus > 0\ kJ \cdot mol^{-1}$ 表示 298 K 逆反应自发进行。

此外，Cu（Ⅰ）形成共价性强的化合物时，比相应的 Cu（Ⅱ）化合物稳定。例如，稳定性 $CuCl > CuCl_2$，存在 CuI、CuCN，而无相应的 Cu（Ⅱ）化合物。

但是，在溶液中，电荷高、半径小的 Cu^{2+}，其水合热为 $-2121\ kJ \cdot mol^{-1}$，比 Cu^+ 的水合热 $-582\ kJ \cdot mol^{-1}$ 绝对值大得多，因此 Cu^+ 在水溶液中不如 Cu^{2+} 稳定。

从铜元素在酸性介质中的 $\Delta_r G_m^\ominus / F\text{-}Z$ 图（图 19.1）和元素电势图（图 19.2）可知，在溶液中 Cu^+ 自发歧化，生成 Cu^{2+} 和 Cu：

$$2Cu^+(aq) \longrightarrow Cu^{2+}(aq) + Cu(s)$$

【例 19.1】 根据铜元素在酸性介质的 $\Delta_r G_m^\ominus / F\text{-}Z$ 图（图 19.1），计算在 298 K 溶液中 Cu^+ 歧化反应的平衡常数。

$$2Cu^+(aq) \longrightarrow Cu^{2+}(aq) + Cu(s)$$

解 根据图 19.1，则

$$E^\ominus(Cu^+/Cu) = \frac{0.521\ V - 0\ V}{1-0} = 0.521\ V$$

$$E^\ominus(Cu^{2+}/Cu^+) = \frac{0.673\ V - 0.521\ V}{2-1} = 0.152\ V$$

$$E^\ominus_{池} = E^\ominus(Cu^+/Cu) - E^\ominus(Cu^{2+}/Cu^+) = 0.521\ V - 0.152\ V = 0.369\ V$$

$$\lg K^\ominus = \frac{nE^\ominus_{池}}{0.0592\ V} = \frac{1 \times 0.369\ V}{0.0592\ V} = 6.233$$

$$K^\ominus = 1.71 \times 10^6$$

可见 298 K 时，溶液中 Cu^+ 歧化反应的平衡常数大，反应进行得很彻底。

若要在溶液中使 Cu^{2+} 转变为 Cu^+，必须有还原剂存在，同时要降低溶液中 Cu^+ 的浓度，使之成为难溶物或难解离的配合物，这是利用反应偶联原理。例如

$$Cu^{2+}(aq) + Cu(s) + 2Cl^-(aq) \longrightarrow 2CuCl(s)$$

其中 Cu 是还原剂，Cl^- 是沉淀剂。CuCl 的生成使得溶液中游离的 Cu^+ 浓度大大降低，平衡向生成 Cu^+ 的方向移动。

又如，$CuSO_4$溶液与 KI 溶液反应，得到白色的 CuI 沉淀：

$$2Cu^{2+}(aq)+4I^-(aq)=\!=\!=2CuI(s)+I_2(s)$$

I^-既是还原剂，又是沉淀剂，生成难溶物 CuI，Cu^+浓度降低使相应电极电势升高，Cu^{2+}将I^-氧化成I_2，得不到CuI_2。

同理，在热的 Cu(Ⅱ)盐溶液中加入 KCN，可得到白色的 CuCN 沉淀：

$$2Cu^{2+}(aq)+4CN^-(aq)=\!=\!=2CuCN(s)+(CN)_2(g)$$

其中CN^-既是还原剂，又是沉淀剂。若继续加入过量的 KCN，则 CuCN 沉淀因形成更稳定的$[Cu(CN)_x]^{1-x}$而溶解：

$$CuCN(s)+(x-1)CN^-(aq)=\!=\!=[Cu(CN)_x]^{1-x}(aq)\qquad(x=2\sim4)$$

该反应中CN^-是Cu^+的配合剂。

读者可以利用多重平衡原理，自行计算这些反应在 298 K 的平衡常数。

总之，在水溶液中凡能使Cu^+生成难溶化合物或稳定的 Cu(Ⅰ)配合物时，均可使 Cu(Ⅱ)转化为 Cu(Ⅰ)化合物。

19.2.3　银的化合物

1. 氢氧化物与氧化物

在温度低于–45℃时，用碱金属氢氧化物和硝酸银的 90%乙醇溶液作用，则可得到白色的 AgOH 沉淀。AgOH 极不稳定，形成后立即脱水变为棕黑色的Ag_2O：

$$2Ag^+(aq)+2OH^-(aq)=\!=\!=Ag_2O(s)+H_2O(l)$$

与Cu_2O相比，Ag_2O的碱性略强，两者都是共价化合物，基本不溶于水，热稳定性较差，在 300℃即发生分解，生成单质银和氧。另外，Ag_2O可溶于稀硝酸，但不发生歧化：

$$Ag_2O(s)+2HNO_3(aq)=\!=\!=2AgNO_3(aq)+H_2O(l)$$

Ag_2O也能溶于浓氨水，生成无色的配离子：

$$Ag_2O(s)+4NH_3(aq,浓)+H_2O(l)=\!=\!=2[Ag(NH_3)_2]^+(aq)+2OH^-(aq)$$

此外，Ag_2O还是构成银锌蓄电池的重要材料，Ag_2O和MnO_2、Cr_2O_3、CuO 等的混合物能在室温下将 CO 迅速氧化成CO_2，因此可用于防毒面具中。

2. 其他简单化合物

在银的卤化物中，只有 AgF 是离子型化合物，易溶于水，其余的卤化银都难溶于水。且卤化银的颜色依 Cl、Br、I 的顺序加深，溶解度依次降低。将Ag_2O溶于氢氟酸，蒸发至黄色晶体析出，可制得氟化银。而将硝酸银与可溶性的氯、溴、碘化物反应，可生成不同颜色的卤化银沉淀。

卤化银都有感光分解的性质，可用于照相技术。照相底片上涂有含 AgBr 胶体粒子的明胶凝胶，胶粒中的 AgBr 在光的作用下分解成银核：

$$2AgBr(s)=\!=\!=2Ag(s)+Br_2(l)$$

将感光后的底片用有机还原剂(显影剂)处理，使已感光区域掺有银核的 AgBr 被还原为 Ag 金属而变成黑色，最后在定影液(主要含有$Na_2S_2O_3$)作用下，使底片上未感光的 AgBr 形成

$[Ag(S_2O_3)_2]^{3-}$溶解而除去：

$$AgBr(s) + 2S_2O_3^{2-}(aq) = [Ag(S_2O_3)_2]^{3-}(aq) + Br^-(aq)$$

AgI 在人工降雨中用作冰核形成剂。作为快离子导体(固体电解质)，AgI 已用于固体电解质电池和电化学器件中。硝酸银是最重要的可溶性银盐，其晶体的熔点为 208℃，在 440℃分解。若受日光照射或有微量有机物存在时，也逐渐分解，生成 Ag、NO_2 和 O_2。因此，硝酸银晶体或溶液都应装在棕色玻璃瓶内。

$AgNO_3$ 的制备一般是将银溶于硝酸，然后蒸发并结晶得到：

$$3Ag(s) + 4HNO_3(aq,稀) = 3AgNO_3(aq) + NO(g) + 2H_2O(l)$$

$$Ag(s) + 2HNO_3(aq,浓) = AgNO_3(aq) + NO_2(g) + H_2O(l)$$

由于原料中含有杂质铜，因此在硝酸银产品中会含有硝酸铜，可根据硝酸盐热分解温度不同来提纯硝酸银：

$$2AgNO_3(s) \xlongequal{440℃} 2Ag(s) + 2NO_2(g) + O_2(g)$$

$$2Cu(NO_3)_2(s) \xlongequal{200℃} 2CuO(s) + 4NO_2(g) + O_2(g)$$

由此可将粗产品加热至 200～300℃，此时硝酸铜分解为黑色的不溶于水的 CuO，而 $AgNO_3$ 不分解。将混合物中的 $AgNO_3$ 溶解后过滤出 CuO，然后将滤液重结晶便得到纯的硝酸银。

另一种提纯方法是向含 Cu^{2+}的 $AgNO_3$ 溶液中加入新沉淀出来的 Ag_2O，利用 Ag_2O 较强的碱性和略高的溶解度，可以把杂质 Cu^{2+}沉淀为 $Cu(OH)_2$：

$$Cu^{2+}(aq) + Ag_2O(s) + H_2O(l) = Cu(OH)_2(s) + 2Ag^+(aq)$$

$AgNO_3$ 有氧化性，室温下许多有机物都能将它还原成黑色的银粉。例如，硝酸银遇到蛋白质即生成黑色的蛋白银，所以皮肤与它接触后会变黑。它对有机组织有破坏作用，10%的 $AgNO_3$ 溶液在医药上用作消毒剂和腐蚀剂。在硝酸银的氨溶液中，加入有机还原剂如醛类、糖类或某些酸类，可以把银缓慢地还原出来生成银镜。这个反应常用来检验某些有机物，也用于制镜工业。大量的硝酸银曾用于制造照相底片上的卤化银，数码相机的出现减少了该应用。硝酸银也是一种重要的分析试剂。

硫化银 Ag_2S 是黑色物质，难溶于水。向 Ag^+溶液中通入 H_2S 可以得到硫化银。它属于需要浓、热硝酸才能溶解的硫化物，生成 $AgNO_3$、S、NO 和 H_2O。另外，它还可以溶解在氰化钾溶液中，生成配离子：

$$Ag_2S(s) + 4CN^-(aq) = 2[Ag(CN)_2]^-(aq) + S^{2-}(aq)$$

3. 配合物

Ag^+与单齿配体形成的配位单元中，一般是配位数为 2 的直线形，并且这些配离子通常是无色的，这是由于 Ag^+的价电子构型为 d^{10}，d 轨道全充满，不存在 d-d 跃迁。常见的配离子有 $[Ag(NH_3)_2]^+$、$[Ag(S_2O_3)_2]^{3-}$、$[Ag(CN)_2]^-$等，它们的稳定性依次增强。例如，AgCl 能较好地溶解在氨水中，而 AgBr 和 AgI 却难溶于氨水，它们与氨水反应的平衡常数值都较小。而 AgBr 能很好地溶解于 $Na_2S_2O_3$ 溶液中，AgI 可以溶解在 KCN 溶液中。

$[Ag(NH_3)_2]^+$具有弱氧化性，工业上用它在玻璃或暖水瓶胆上化学镀银：

$$2[Ag(NH_3)_2]^+(aq) + RCHO(aq) + 2OH^-(aq) = 2Ag(s) + RCOO^-(aq) + NH_4^+(aq) + 3NH_3(g) + H_2O(l)$$

该反应称为银镜反应，常用来鉴定醛类。另外，在常温下，CO 能使一些化合物中的金属离子还原。例如，CO 能使银氨溶液变黑，反应十分灵敏，可用于检测微量 CO 的存在：

$$CO(g) + 2[Ag(NH_3)_2]^+(aq) + 2OH^-(aq) \longrightarrow CO_2(g) + 4NH_3(g) + H_2O(l) + 2Ag(s)$$

$[Ag(CN)_2]^-$曾作为镀银电解液的主要成分，在阴极被还原为 Ag：

$$[Ag(CN)_2]^-(aq) + e^- \longrightarrow Ag(s) + 2CN^-(aq)$$

此电镀方法效果很好，镀层光洁、致密、牢固，但因氰化物剧毒，已被无毒镀银液如$[Ag(SCN)_2]^-$等代替。

19.2.4　金的化合物

Au(Ⅲ)是金的常见的氧化态，Au(Ⅰ)不稳定，易歧化，在水溶液中不能存在，即使是溶解度很小的 AuCl 也会歧化，但能以配离子状态存在，如$[Au(CN)_2]^-$。在 200℃时 Au 与 Cl_2 作用生成红褐色晶体 $AuCl_3$，无论在固态还是气态，该化合物均为二聚体 Au_2Cl_6，具有氯桥结构，呈平面正方形(图 19.4)。

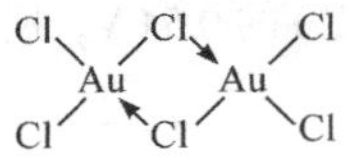

图 19.4　$AuCl_3$ 的二聚体结构示意图

Au^{3+}化合物可以被许多有机物(草酸、甲醛、葡萄糖)还原成 Au 胶体溶液。Au 溶于王水或 $AuCl_3$ 溶于 HCl 后蒸发得黄色四氯合金(Ⅲ)酸水合晶体 $HAuCl_4 \cdot 4H_2O$，其中$[AuCl_4]^-$呈平面结构。四氯合金(Ⅲ)酸与 Br^- 作用可得到$[AuBr_4]^-$，而与还原性较强的 I^-作用则得到不稳定的 AuI。$Au_2O_3 \cdot H_2O$ 是通过向$[AuCl_4]^-$溶液中加碱得到的，若用过量的碱反应则形成$[Au(OH)_4]^-$。

单质金在空气中稳定存在，O_2 不能将 Au 氧化成 Au^+，但根据前面介绍提炼金的方法，在金矿粉中加入 NaCN 稀溶液，再通入空气，则反应能顺利发生。总反应为

$$4Au(s) + O_2(g) + 2H_2O(l) + 8CN^-(aq) \longrightarrow 4[Au(CN)_2]^-(aq) + 4OH^-(aq)$$

下面通过计算进行解释。

【例 19.2】　已知 $E^\ominus(Au^+/Au) = 1.68\ V$，$K^\ominus_{稳}[Au(CN)_2^-] = 2.0 \times 10^{38}$，计算 $E^\ominus([Au(CN)_2^-]/Au)$，解释为什么金在 NaCN 稀溶液中可被空气中的氧气氧化，生成$[Au(CN)_2]^-$。

解

$$Au^+(aq) + 2CN^-(aq) \longrightarrow [Au(CN)_2]^-(aq)$$

$$K^\ominus_{稳}[Au(CN)_2^-] = \frac{c[Au(CN)_2^-]/c^\ominus}{[c(Au^+)/c^\ominus] \times [c(CN^-)/c^\ominus]^2} = 2.0 \times 10^{38}$$

$E^\ominus([Au(CN)_2^-]/Au)$ 对应于电极反应：

$$[Au(CN)_2]^- + e^- \longrightarrow Au(s) + 2CN^-$$

热力学标准状态时 $c[Au(CN)_2^-] = 1\ mol \cdot dm^{-3}$，$c(CN^-) = 1\ mol \cdot dm^{-3}$，代入前式，得

$$c(Au^+)/c^\ominus = \frac{1}{K^\ominus_{稳}[Au(CN)_2^-]} = 5.0 \times 10^{-39}$$

根据能斯特方程，有

$$\begin{aligned} E(Au^+/Au) &= E^\ominus([Au(CN)_2^-]/Au) \\ &= E^\ominus(Au^+/Au) + 0.0592\ V \times \lg[c(Au^+)/c^\ominus] \\ &= 1.68\ V + 0.0592\ V \lg(5.0 \times 10^{-39}) \\ &= 1.68\ V - 2.27\ V \\ &= -0.59\ V \end{aligned}$$

由于 NaCN 易水解，即

$$CN^-(aq) + H_2O(l) \rightleftharpoons HCN(aq) + OH^-(aq)$$

因此

$$[c(OH^-)/c^\ominus]^2 = K_b^\ominus[c(CN^-)/c^\ominus] = K_w^\ominus / K_a^\ominus = 1.0\times10^{-14}/(6.17\times10^{-10}) = 1.6\times10^{-5}$$

$$c(OH^-)/c^\ominus = 4.0\times10^{-3}$$

根据能斯特方程，有

$$E(O_2/OH^-) = E^\ominus(O_2/OH^-) + \frac{0.0592\ V}{4}\times\lg(1/[c(OH^-)/c^\ominus]^4)$$

$$= 0.401\ V + \frac{0.0592\ V}{4}\times\lg\frac{1}{(4.0\times10^{-3})^4} = 0.54\ V$$

可见，Au^+/Au 电对的电极电势由 $E^\ominus(Au^+/Au)$ 的 1.68 V 下降到 $E^\ominus[Au(CN)_2^-/Au]$ 的−0.59 V，低于 $E(O_2/OH^-)$ 的 0.54 V，所以 Au(s)在 NaCN 稀溶液中可以被 O_2 氧化，生成$[Au(CN)_2]^-$。

19.3 锌 副 族
(Zinc Subgroup)

19.3.1 单质

1. 物理性质和化学性质

ⅡB 族包括锌、镉、汞。它们均为银白色金属，其中锌略带蓝白色。与 d 区过渡金属相比，锌副族元素的单质的金属键较弱而硬度、熔沸点较低。常温下，汞是唯一液态金属。汞受热均匀膨胀且不湿润玻璃，故用于制造温度计。汞蒸气有毒，空气中 Hg 的允许量为 0.1 $mg\cdot m^{-3}$。在使用金属汞时，必须确保在密闭装置中进行，并且实验室要通风。若不慎将汞洒落，要尽量收集起来，可用锡箔把它“沾起”，然后在估计有金属汞的地方撒上硫粉以生成无毒的 HgS。汞的储存也要特别小心，应采用铁罐或厚瓷瓶作容器储存汞，要在汞上面加上水封，以防汞挥发。

锌、镉、汞之间或和其他金属可形成合金，大量金属锌用于制造锌铁板和干电池，锌与铜形成合金也应用广泛。在冶金工业上，锌粉作为还原剂应用于镉、金、银的冶炼，化工制药、染料、电池等行业，超细锌粉主要作为富锌涂料和其他防腐、环保等高性能涂料的关键原料，广泛应用于大型钢铁构件、船舶、集装箱、航空、汽车等行业。另外，汞能溶解其他金属形成汞齐。因组成不同，汞齐可以呈气态和液态两种形式。汞齐在化学、化工和冶金中都有重要的用途，如钠汞齐在有机合成中常用作还原剂。利用汞与某些金属形成汞齐的特点，在冶金工业中可用汞来提取金、银等。

锌副族元素的电势图如图 19.5 所示，可以看出，同一周期，锌副族元素的金属活泼性比铜副族元素强；而同一族，金属活泼性依 Zn、Cd、Hg 的顺序减弱，Zn 和 Cd 化学性质较接近，汞和它们相差较大，类似于铜副族元素。锌副族元素的 M^{2+}均无色，所以它们的许多化合物也无色。但由于 M^{2+}具有 18 电子构型外壳，其极化能力和变形性依 Zn^{2+}、Cd^{2+}、Hg^{2+}的顺序增强，以致 Cd^{2+}特别是 Hg^{2+}与易变形的阴离子形成的化合物，往往因离子极化而显色并具有较低的溶解度。

$E_A^{\ominus}/V$

$$Zn^{2+} \xrightarrow{-0.7626} Zn$$

$$Cd^{2+} \xrightarrow{>-0.6} Cd_2^{2+} \xrightarrow{<-0.2} Cd \quad (Cd^{2+} \xrightarrow{-0.403} Cd)$$

$$Hg^{2+} \xrightarrow{0.991} Hg_2^{2+} \xrightarrow{0.796} Hg \quad (Hg^{2+} \xrightarrow{0.8535} Hg)$$

$$HgCl_2 \xrightarrow{0.63} Hg_2Cl_2 \xrightarrow{0.2682} Hg$$

$E_B^{\ominus}/V$

$$Zn(OH)_2 \xrightarrow{-1.249} Zn$$

$$Cd(OH)_2 \xrightarrow{-0.809} Cd$$

$$HgO \xrightarrow{0.0977} Hg$$

图 19.5　锌副族元素电势图

锌族元素在干燥的空气中较稳定，在加热的条件下，可与氧气发生反应，生成相应的氧化物 ZnO(白)、CdO(有棕红和棕黑两种形态)、HgO(有红和黄两种形态)，其稳定性依次下降。锌在潮湿的空气中，表面生成的一层致密碱式碳酸盐 $Zn(OH)_2 \cdot ZnCO_3$ 能起保护作用，使锌有防腐蚀功能，故铁制品表面常镀锌防腐：

$$2Zn(s) + O_2(g) + H_2O(g) + CO_2(g) \xlongequal{} ZnCO_3 \cdot Zn(OH)_2(s)$$

锌和镉可与稀酸反应，而汞只能溶于氧化性酸：

$$M(s) + 2H^+(aq) \xlongequal{} M^{2+}(aq) + H_2(g) \qquad (M = Zn、Cd)$$

$$Hg(l) + 2H_2SO_4(aq,浓) \xlongequal{} HgSO_4(aq) + SO_2(g) + 2H_2O(l)$$

$$Hg(l) + 4HNO_3(aq,浓) \xlongequal{} Hg(NO_3)_2(aq) + 2NO_2(g) + 2H_2O(l)$$

$$3Hg(l) + 8HNO_3(aq,稀,过量) \xlongequal{} 3Hg(NO_3)_2(aq) + 2NO(g) + 4H_2O(l)$$

$$6Hg(l,过量) + 8HNO_3(aq,稀) \xlongequal{} 3Hg_2(NO_3)_2(aq) + 2NO(g) + 4H_2O(l)$$

与镉、汞不同，锌是两性金属，可以溶于强碱溶液中(类似于铝)：

$$Zn(s) + 2NaOH(aq) + 2H_2O(l) \xlongequal{} Na_2[Zn(OH)_4](aq) + H_2(g)$$

此外，锌也能溶于氨水中，形成配离子：

$$Zn(s) + 4NH_3(aq) + 2H_2O(l) \xlongequal{} [Zn(NH_3)_4]^{2+}(aq) + H_2(g) + 2OH^-(aq)$$

但铝无类似性质。

在加热的情况下，锌可与大部分非金属作用，与卤素通常反应较慢。

2. 金属冶炼

在自然界中，锌主要以氧化物或硫化物的形式存在。重要的矿石有闪锌矿(ZnS)、红锌矿(ZnO)、菱锌矿($ZnCO_3$)等。我国锌矿资源丰富，全国锌储量以云南为最，内蒙古次之，还有湖南等。

闪锌矿含锌量较低，经浮选法得含 40%～60% ZnS 的精矿，然后焙烧为 ZnO，并用焦炭在高温下还原进而蒸出 Zn：

$$2ZnS(s) + 3O_2(g) \xlongequal{焙烧} 2ZnO(s) + 2SO_2(g)$$

$$2C(s) + O_2(g) \xlongequal{\triangle} 2CO(g)$$

$$ZnO(s) + CO(g) \xlongequal{\triangle} Zn(g) + CO_2(g)$$

现在采用较先进的直接将精矿加压浸出的全湿法工艺：

$$2ZnS(s) + 2H_2SO_4(aq) + O_2(g) \xlongequal{} 2ZnSO_4(aq) + 2H_2O(l) + 2S(s)$$

所得硫酸锌溶液经净化后，电解可得纯度为99.5%的锌。再经熔炼，可获得纯度为99.9999%的锌。

镉主要存在于锌的各种矿石中，大部分是在炼锌时作为副产物得到。由于镉的沸点比锌的沸点低，利用这个特点，可以先将镉蒸出从而得到粗镉。再将粗镉溶于盐酸，用 Zn 置换，可以得到较纯的镉。

汞常以辰砂 HgS 的形式存在。将辰砂直接焙烧或与 Fe 或 CaO 共同焙烧都可得到 Hg：

$$HgS(s) + O_2(g) \xlongequal{\text{焙烧}} Hg(g) + SO_2(g)$$

$$HgS(s) + Fe(s) \xlongequal{\text{焙烧}} Hg(g) + FeS(s)$$

$$4HgS(s) + 4CaO(s) \xlongequal{\text{焙烧}} 4Hg(g) + 3CaS(s) + CaSO_4(s)$$

最后，经蒸馏可得到纯度为99.9%的金属汞。

19.3.2　锌和镉的化合物

1. 氧化物与氢氧化物

锌和镉都可与氧直接化合得到相应的氧化物，也可由相应的碳酸盐、硝酸盐加热分解得到：

$$ZnCO_3(s) \xlongequal{\triangle} ZnO(s) + CO_2(g)$$

$$CdCO_3(s) \xlongequal{\triangle} CdO(s) + CO_2(g)$$

氧化锌室温呈白色粉末状，但受热时显黄色，原因是温度升高时离子极化作用增强，由 O^{2-} 到 Zn^{2+} 的电荷转移跃迁(charge transfer transition)更容易发生。氧化锌俗称锌白，可作白色颜料，也可用作催化剂、橡胶填料及油漆颜料、软膏、橡皮膏等；对热稳定，微溶于水，显两性，溶于酸、碱分别形成锌盐和锌酸盐。氧化镉在室温下是黄色的，加热最终为黑色，冷却后复原，这是由晶体缺陷(金属过量缺陷)造成的。CdO 具有 NaCl 型结构，热稳定性次于 ZnO，属于碱性氧化物。

在锌盐和镉盐溶液中，加入适量的强碱可得到相应的氢氧化物：

$$Zn^{2+}(aq) + 2OH^-(aq) \xlongequal{} Zn(OH)_2(s)$$

$$Cd^{2+}(aq) + 2OH^-(aq) \xlongequal{} Cd(OH)_2(s)$$

其中，$Zn(OH)_2$ 显两性，溶于酸生成锌盐，溶于碱生成锌酸盐：

$$Zn(OH)_2(s) + 2H^+(aq) \xlongequal{} Zn^{2+}(aq) + 2H_2O(l)$$

$$Zn(OH)_2(s) + 2OH^-(aq) \xlongequal{} [Zn(OH)_4]^{2-}(aq)$$

而 $Cd(OH)_2$ 略显两性，偏碱性，只有在热、浓的强碱中才能缓慢溶解，生成 $[Cd(OH)_4]^{2-}$。这两种氢氧化物受热都可分解生成氧化物和水，但 $Zn(OH)_2$ 的热稳定性高于 $Cd(OH)_2$。

另外，氢氧化锌和氢氧化镉都可溶于浓氨水中形成配离子，而氢氧化铝却不能，据此可以将铝盐与锌盐、镉盐区分和分离：

$$Zn(OH)_2(s) + 4NH_3(aq,浓) = [Zn(NH_3)_4]^{2+}(aq) + 2OH^-(aq)$$
$$Cd(OH)_2(s) + 4NH_3(aq,浓) = [Cd(NH_3)_4]^{2+}(aq) + 2OH^-(aq)$$

2. 其他化合物

无水氯化锌是白色、容易潮解的固体，它的溶解度是固体盐中最大的，吸水性较强，在有机化学中常用作去水剂和催化剂。

在 $ZnCl_2$ 的浓溶液中，由于形成配合酸 $H[ZnCl_2(OH)]$ 而使溶液具有显著的酸性（如 6 mol · dm^{-3} $ZnCl_2$ 溶液的 pH = 1.0），因此该溶液能溶解金属氧化物：

$$ZnCl_2(aq) + H_2O(l) = H[ZnCl_2(OH)](aq)$$
$$2H[ZnCl_2(OH)](aq) + FeO(s) = H_2O(l) + Fe[ZnCl_2(OH)]_2(aq)$$

$ZnCl_2$ 的浓溶液通常称为熟镪水，在用锡焊接金属之前，常用 $ZnCl_2$ 浓溶液清除金属表面的氧化物，焊接时它不损害金属表面，当水分蒸发后，熔盐覆盖在金属表面，使之不再氧化，能保证焊接金属的直接接触。它还可用作木材防腐剂，浓的 $ZnCl_2$ 水溶液能溶解淀粉、丝绸和纤维素，故不能用纸过滤氯化锌。

$ZnCl_2$ 可通过 Zn 或 ZnO 与盐酸反应而制得。由于 $ZnCl_2$ 易水解，无法通过蒸发 $ZnCl_2$ 溶液制备无水 $ZnCl_2$，一般需在干燥 HCl 气流中加热脱水来制备。

在锌和镉的盐溶液中，通入 H_2S 气体，得到相应的硫化物。硫化锌是白色的，硫化镉是黄色的，二者都难溶于水。但是硫化锌可溶于 0.1 mol · dm^{-3} 的盐酸中，所以向锌的盐溶液中通入 H_2S 气体时，ZnS 可能沉淀不完全：

$$Zn^{2+}(aq) + H_2S(g) \rightleftharpoons ZnS(s) + 2H^+(aq)$$

这主要是因为在沉淀过程中，H^+ 浓度增加，阻碍了 ZnS 进一步沉淀。而 CdS 溶解度更小，在稀酸条件下可沉淀完全，能溶于浓酸，可作为鉴定 Cd^{2+} 的特征反应，并且通过控制溶液的酸度可使 Zn^{2+}、Cd^{2+} 分离。

ZnS 是常见的难溶硫化物中唯一呈白色的，可用作白色颜料，它同 $BaSO_4$ 共沉淀所形成的混合物晶体 $ZnS \cdot BaSO_4$ 称为锌钡白（俗称立德粉），是一种优良的白色颜料。无定形 ZnS 在 H_2S 气氛中灼烧可以转变为晶体 ZnS。若在 ZnS 晶体中掺入微量 Cu^+、Mn^{2+}、Ag^+ 作激活剂，经光照射后可发出不同颜色的荧光，这种材料可作荧光粉，制作荧光屏。CdS 用作黄色颜料，称为镉黄。

Zn^{2+} 可与氨水、氰化钾等形成无色的配离子 $[Zn(NH_3)_4]^{2+}$、$[Zn(CN)_4]^{2-}$。其中 $[Zn(CN)_4]^{2-}$ 用于电镀工艺，如它和 $[Cu(CN)_4]^{3-}$ 的混合液用于镀黄铜。由于铜、锌配合物有关电对的标准电极电势接近，它们的混合液在电镀时，Zn、Cu 在阴极可同时析出。另外，Zn^{2+} 可与二苯硫腙形成稳定的粉红色螯合物沉淀，用于鉴定 Zn^{2+}。

3. 生物学作用

锌是人体必需的微量元素，与 200 多种酶的活性有关，对核酸遗传密码的复制、人体生长发育和新陈代谢有重要作用。人每天需摄入锌 12～16 mg。缺锌会导致视力减退、味觉和嗅觉异常、儿童发育不良。

镉对大多数生物有害，主要通过呼吸和食物摄入，会导致高血压、心脏病、骨痛症，原因是它会取代许多种重要的酶中的锌。

汞及其化合物对人体均有毒性，源自摄入汞蒸气及含汞化合物。汞中毒会引起头晕、头痛、恶心、呕吐、口腔炎、腹痛、腹泻、神经精神障碍、震颤和肾脏功能损害。

19.3.3 汞的化合物

1. 氧化数为+1 的化合物

汞能形成氧化数为+1、+2 的化合物，在锌副族 M(Ⅰ)的化合物中，以 Hg(Ⅰ)的化合物最为重要。在 $Hg_2(NO_3)_2$ 和 Hg_2Cl_2 中，Hg 的氧化数为+1，这类化合物称为亚汞化合物。在亚汞化合物中，汞总是以双聚体 Hg_2^{2+} 形式出现。

Hg_2Cl_2 是不溶于水的白色固体，因味略甜，俗称甘汞，医药上用作轻泻剂，化学上常用作甘汞电极。由于其在光照射下容易分解，应储存在棕色瓶中：

$$Hg_2Cl_2(s) \xlongequal{h\nu} Hg(l) + HgCl_2(s)$$

金属汞与氯化汞一起研磨，可得氯化亚汞：

$$HgCl_2(s) + Hg(l) \xlongequal{} Hg_2Cl_2(s)$$

在白色的 Hg_2Cl_2 中加入氨水，可生成白色的氨基氯化汞和呈黑色的极为分散的单质汞，使沉淀显灰色：

$$Hg_2Cl_2(s) + 2NH_3(aq) \xlongequal{} HgNH_2Cl(s,白) + Hg(s,黑) + NH_4Cl(aq)$$

这个反应可用来鉴定 Hg(Ⅰ)和进行离子分离。

硝酸亚汞 $Hg_2(NO_3)_2$ 溶于水，并水解生成碱式盐沉淀，因此在配制 $Hg_2(NO_3)_2$ 溶液时，应先溶于稀硝酸中。

在 $Hg_2(NO_3)_2$ 溶液中加入 KI，先生成浅绿色的 Hg_2I_2 沉淀，继续加 KI 溶液则形成$[HgI_4]^{2-}$，同时有汞析出：

$$Hg_2^{2+}(aq) + 2I^-(aq) \xlongequal{} Hg_2I_2(s)$$

$$Hg_2I_2(s) + 2I^-(aq) \xlongequal{} [HgI_4]^{2-}(aq) + Hg(l)$$

另外，在硝酸亚汞溶液中加入氨水，不仅有白色沉淀产生，同时有汞析出：

$$2Hg_2(NO_3)_2(aq) + 4NH_3(l) + H_2O(l) \xlongequal{} HgO \cdot NH_2HgNO_3(s,白色) + 2Hg(l,黑色) + 3NH_4NO_3(aq)$$

$Hg_2(NO_3)_2$ 受热易分解，生成 HgO 和 NO_2。并且 $Hg_2(NO_3)_2$ 溶液与空气接触时易被氧化为 $Hg(NO_3)_2$，所以可在 $Hg_2(NO_3)_2$ 溶液中加入少量金属汞，使所生成的 Hg^{2+} 被还原为 Hg_2^{2+}。

2. 氧化数为+2 的化合物

1) 氧化汞

在 Hg^{2+} 盐溶液中加入碱或 Na_2CO_3 溶液，不生成 $Hg(OH)_2$，而得到黄色的 HgO。将硝酸汞晶体加热可得到红色的 HgO。黄色 HgO 在低于 300℃加热时可转变成红色 HgO。两者晶体结构相同，均属链状结构。颜色不同是晶粒大小不同所致，黄色晶粒较细小，红色晶粒粗大。

HgO 属共价型碱性氧化物，只溶于酸不溶于碱，热稳定性较差，在 300℃分解为汞和氧：

$$2HgO(s) \xlongequal{300℃} 2Hg(l) + O_2(g)$$

HgO 是制备许多汞盐的原料，还用作医药制剂、分析试剂、陶瓷颜料等。

2)氯化汞、硝酸汞和硫化汞

氯化汞为白色针状晶体，微溶于水，剧毒，共价型分子，氯原子以共价键与汞原子结合成直线形分子 Cl—Hg—Cl。熔融时不导电，熔点较低(276℃)，易升华，俗名升汞。$HgCl_2$ 可在过量的氯气中加热金属汞而制得，或用 HgO 溶于盐酸制得。通常也可利用其升华特性通过 $HgSO_4$ 和 NaCl 的混合物加热制备。

$HgCl_2$ 在水中稍有水解，在氨水中氨解生成白色的氨基氯化汞沉淀。

$HgCl_2$ 还可与碱金属氯化物反应形成四氯合汞(Ⅱ)配离子$[HgCl_4]^{2-}$，使 $HgCl_2$ 的溶解度增大：

$$HgCl_2(s) + 2Cl^-(aq) = [HgCl_4]^{2-}(aq)$$

$HgCl_2$ 在酸性溶液中有氧化性。例如，适量的 $SnCl_2$ 可将其还原为难溶于水的白色氯化亚汞 Hg_2Cl_2 沉淀：

$$2HgCl_2(aq) + SnCl_2(aq) = Hg_2Cl_2(s) + SnCl_4(aq)$$

若 $SnCl_2$ 过量，Hg_2Cl_2 可进一步被还原为汞，使沉淀变黑：

$$Hg_2Cl_2(s) + SnCl_2(aq) = 2Hg(l) + SnCl_4(aq)$$

在分析化学中利用此反应鉴定 Hg(Ⅱ)或 Sn(Ⅱ)。$HgCl_2$ 的稀溶液有杀菌作用，外科上用作消毒剂。$HgCl_2$ 也用作有机反应的催化剂。

与硝酸亚汞的性质相似，硝酸汞 $Hg(NO_3)_2$ 也溶于水，并水解生成碱式盐沉淀，因此在配制 $Hg(NO_3)_2$ 溶液时，应先溶于稀硝酸中。

在 $Hg(NO_3)_2$ 溶液中加入 KI 可产生橘红色的 HgI_2 沉淀，后者可溶于过量 KI 中，形成无色的$[HgI_4]^{2-}$：

$$Hg^{2+}(aq) + 2I^-(aq) = HgI_2(s)$$

$$HgI_2(s) + 2I^-(aq) = [HgI_4]^{2-}(aq)$$

在 $Hg(NO_3)_2$ 溶液中加入氨水时，只是生成碱式氨基硝酸汞白色沉淀：

$$2Hg(NO_3)_2(aq) + 4NH_3(aq) + H_2O(l) = HgO \cdot NH_2HgNO_3(s) + 3NH_4NO_3(aq)$$

另外，$Hg(NO_3)_2$ 是实验室制备其他汞化合物的常用试剂。例如

$$Hg^{2+}(aq) + 2SCN^-(aq) = Hg(SCN)_2(s)$$

$$Hg(SCN)_2(s) + 2SCN^-(aq) = [Hg(SCN)_4]^{2-}(aq)$$

除此之外，汞还能形成许多稳定的有机化合物，如甲基汞 $Hg(CH_3)_2$、乙基汞 $Hg(C_2H_5)_2$ 等。这些化合物中都含有 C—Hg—C 共价键直线结构，较易挥发，且毒性较大，在空气和水中相当稳定。

在 Hg^{2+}盐溶液中通入 H_2S 或加入 Na_2S 溶液，得到黑色 HgS 沉淀；天然 HgS 是红色的，俗称辰砂或朱砂；硫化汞是溶解度最小的硫化物，在浓硝酸中也不能溶解，但可溶于过量的浓 Na_2S 或 KI 溶液中：

$$HgS(s) + Na_2S(aq,浓) = Na_2[HgS_2](aq)$$

$$HgS(s) + 2H^+(aq) + 4I^-(aq) = [HgI_4]^{2-}(aq) + H_2S(g)$$

实验室中常用王水来溶解 HgS：

$$3HgS(s) + 8H^+(aq) + 2NO_3^-(aq) + 12Cl^-(aq) = 3[HgCl_4]^{2-}(aq) + 3S(s) + 2NO(g) + 4H_2O(l)$$

3)配合物

Hg(Ⅰ)形成配合物的倾向较小，Hg(Ⅱ)易和 Cl^-、Br^-、I^-、CN^-、SCN^-等形成较稳定的

配离子，一般配位数为 4。例如，前面提到 Hg^{2+}与过量的 KI 反应可生成无色的$[HgI_4]^{2-}$，而$K_2[HgI_4]$和 KOH 的混合溶液，称为奈斯勒试剂，如溶液中有微量NH_4^+存在时，滴入试剂立刻生成特殊的红棕色的碘化氨基·氧合二汞(Ⅱ)沉淀，此反应常用来鉴定NH_4^+或Hg^{2+}：

$$NH_4Cl(aq) + 2K_2[HgI_4](aq) + 4KOH(aq) = [Hg_2ONH_2]I(s) + KCl(aq) + 7KI(aq) + 3H_2O(l)$$

3. Hg(Ⅰ)与 Hg(Ⅱ)之间的转化

从汞元素在酸性介质的$\Delta_r G_m^\ominus / F\text{-}Z$图(图 19.1)和元素电势图(图 19.5)可以判断，在水溶液中$Hg^{2+}(aq)$和 Hg(l)有自发逆歧化为$Hg_2^{2+}(aq)$的倾向：

$$Hg(l) + Hg^{2+}(aq) = Hg_2^{2+}(aq) \qquad K^\ominus = 1.97 \times 10^3$$

故Hg_2^{2+}在水溶液中可以稳定存在。例如，前面已指出可利用Hg^{2+}与 Hg 反应制备亚汞盐。但是，若改变反应条件，使Hg^{2+}生成难溶化合物或稳定配合物而大大降低Hg^{2+}浓度，Hg_2^{2+}歧化反应便可以发生。例如

$$Hg_2^{2+}(aq) + S^{2-}(aq) = HgS(s,\text{黑色}) + Hg(l)$$

$$Hg_2^{2+}(aq) + 4CN^-(aq) = [Hg(CN)_4]^{2-}(aq) + Hg(l)$$

$$Hg_2^{2+}(aq) + 2OH^-(aq) = Hg(l) + HgO(s) + H_2O(l)$$

$$Hg_2^{2+}(aq) + 4I^-(aq) = Hg(l) + [HgI_4]^{2-}(aq)$$

除Hg_2F_2外，Hg_2X_2都是难溶的，如果用适量X^-(包括拟卤素)和Hg_2^{2+}作用，生成物是相应难溶的Hg_2X_2，只有当X^-过量时，才会歧化成$[HgX_4]^{2-}$和 Hg。

习　题

1. 分别简要比较铜副族元素与碱金属元素、锌副族元素与碱土金属元素之间物理性质和化学性质的异同点。
2. 铜副族元素、锌副族元素各有什么特性?
3. 解释下列现象，写出有关化学反应方程式。

(1) 焊接金属时，通常先用浓$ZnCl_2$溶液处理表面；

(2) 由$ZnCl_2 \cdot H_2O$制备无水$ZnCl_2$时，通常不用直接加热法制备；

(3) 银器在含H_2S的空气中变黑；

(4) 铜器在潮湿的空气中会生成“铜绿”；

(5) $[Ag(NH_3)_2]Cl$遇到硝酸时，析出沉淀；

(6) HNO_3与过量汞反应的产物是$Hg_2(NO_3)_2$。

4. 完成下列反应的化学反应方程式。

(1) $Au(s) + HCl(l) + HNO_3(l) \longrightarrow$

(2) $Cu(s) + NH_3(g) + O_2(g) + H_2O(l) \longrightarrow$

(3) $Cu^{2+}(aq) + I^-(aq) \longrightarrow$

(4) $AgBr(s) + S_2O_3^{2-}(aq) \longrightarrow$

(5) $Au(s) + NaCN(aq) + O_2(g) + H_2O(l) \longrightarrow$

(6) $Zn(OH)_2(s) + OH^-(aq) \longrightarrow$

(7) $Hg_2^{2+}(aq) + 4I^-(aq) \longrightarrow$

(8) $Hg_2Cl_2(s) + NH_3(l) \longrightarrow$

(9) $HgCl_2(aq) + SnCl_2(aq) \longrightarrow$

(10) $HgS(s) + H^+(aq) + NO_3^-(aq) + Cl^-(aq) \longrightarrow$

5. 欲从含有少量 Cu^{2+} 的 $ZnSO_4$ 溶液中除去 Cu^{2+}，从 H_2S、NaOH、Zn、Na_2CO_3 中选择最适宜加入的试剂。
6. 找出实现下列变化所需的物质，并写出反应方程式。

(1) $Zn \rightarrow [Zn(OH)_4]^{2-} \rightarrow ZnCl_2 \rightarrow [Zn(NH_3)_4]^{2+} \rightarrow ZnS$

(2) $Cu \rightarrow CuSO_4 \rightarrow Cu(OH)_2 \rightarrow CuO \rightarrow CuCl_2 \rightarrow [CuCl_2]^- \rightarrow CuCl$

7. 某一化合物 A 溶于水得浅蓝色溶液，在 A 溶液中加入 NaOH 溶液可得浅蓝色沉淀 B。B 能溶于盐酸，也能溶于氨水。A 溶液中通入 H_2S 有黑色沉淀 C 生成。C 难溶于盐酸而易溶于热的浓 HNO_3 中。在 A 溶液中加入 $Ba(NO_3)_2$ 溶液，无沉淀生成，而加入 $AgNO_3$ 溶液有白色沉淀 D 生成，D 溶于氨水。试判断 A～D 分别是什么物质，并写出有关反应方程式。
8. 化合物 A 是白色固体，加热能升华，微溶于水。A 的溶液可发生下列反应：①加入 NaOH 与 A 的溶液中，产生黄色沉淀 B，B 不溶于碱，可溶于 HNO_3；②通入 H_2S 于 A 的溶液中，产生黑色沉淀 C，C 不溶于浓 HNO_3，但可溶于 Na_2S 溶液，得溶液 D；③加 $AgNO_3$ 于 A 的溶液中，产生白色沉淀 E，E 不溶于 HNO_3，但可溶于氨水，得溶液 F；④在 A 的溶液中滴加 $SnCl_2$ 溶液，产生白色沉淀 G，继续滴加，最后得黑色沉淀 H。试确定 A～H 分别是什么物质。
9. 已知下列电对的 $E^\ominus$ 值：$E^\ominus(Cu^{2+}/Cu^+) = 0.159$ V，$E^\ominus(Cu^+/Cu) = 0.521$ V 和 CuCl 的溶度积常数 $K_{sp}^\ominus = 1.72 \times 10^{-7}$，试计算：

(1) Cu^+ 在水溶液中发生歧化反应的平衡常数；

(2) 反应 $Cu(s) + Cu^{2+}(aq) + 2Cl^-(aq) \xlongequal{} 2CuCl(s)$ 在 298 K 时的平衡常数。

10. 在 1.0 dm^3 的 0.020 $mol \cdot dm^{-3}$ 氨水溶液中加入过量的 AgCl 和 AgBr 固体，充分混合，试计算该混合溶液中 Ag^+、Cl^-、Br^-、OH^- 的浓度各为多少（假设溶液的体积不变）。已知：AgCl 和 AgBr 的溶度积常数分别为 $K_{sp}^\ominus = 1.77 \times 10^{-10}$ 和 $K_{sp}^\ominus = 5.35 \times 10^{-13}$，$[Ag(NH_3)_2]^+$ 的稳定常数 $K_{稳}^\ominus = 1.12 \times 10^7$，氨水 $K_b^\ominus(NH_3 \cdot H_2O) = 1.8 \times 10^{-5}$。
11. Cu 和 Zn 在元素周期表中同属 ds 区，且为相邻元素。实验测得 Cu 的第一电离能为 745.5 $kJ \cdot mol^{-1}$，Zn 的第一电离能为 906.4 $kJ \cdot mol^{-1}$。从第一电离能数据看，Cu 应该比 Zn 活泼。事实上，Zn 的化学活泼性远强于 Cu，由 $E^\ominus(Cu^{2+}/Cu) = 0.34$ V，$E^\ominus(Zn^{2+}/Zn) = -0.76$ V 可明显看出这一点。试查阅有关数据，解释这些似乎矛盾的实验事实。
12. 如何用化学方法除去金属银中少量的金属铜杂质？
13. 试分离下列各组混合物。

(1) ZnS、CdS 和 HgS；

(2) AgCl、Hg_2Cl_2 和 $HgCl_2$。

14. 白色固体 A 不溶于水和氢氧化钠溶液，溶于盐酸形成无色溶液 B 和气体 C。向溶液 B 中滴加氨水先有白色沉淀 D 生成，而后 D 又溶于过量氨水中形成无色溶液 E；将气体 C 通入 $CdSO_4$ 溶液中得黄色沉淀，若将气体 C 通入溶液 E 中则析出固体 A。试根据上述实验现象判断各字母所代表的物质。
15. 固体硝酸银中含有硝酸铜杂质，设计方案除去硝酸铜。
16. 在 1.0 $mol \cdot dm^{-3}$ $CuCl_2$ 溶液中含有 10.0 $mol \cdot dm^{-3}$ HCl，通入 H_2S 至饱和。试求达到平衡时，溶液中 H^+ 和 Cu^{2+} 的浓度。已知：$H_2S(aq)$ 的 $K_{a1}^\ominus = 1.07 \times 10^{-7}$，$K_{a2}^\ominus = 1.26 \times 10^{-13}$，CuS 的 $K_{sp}^\ominus = 6.3 \times 10^{-36}$。
17. 某原电池的一边用 Cu 电极浸入 $c(Cu^{2+}) = 0.10$ $mol \cdot dm^{-3}$ 的溶液中，另一边用 Zn 电极浸入 $c(Zn^{2+}) = 0.10$ $mol \cdot dm^{-3}$ 的溶液中。向 Cu^{2+} 溶液中通入 H_2S 气体使之处于饱和状态，测得此电池的电动势为 0.67 V。试计算 CuS 的 $K_{sp}^\ominus$。已知：$E^\ominus(Cu^{2+}/Cu) = 0.337$ V，$E^\ominus(Zn^{2+}/Zn) = -0.763$ V，H_2S 的 $K_{a1}^\ominus = 1.07 \times 10^{-7}$，$K_{a2}^\ominus = 1.26 \times 10^{-13}$。
18. 溶液中 Cu^{2+} 与 $NH_3 \cdot H_2O$ 的初始浓度分别为 0.2 $mol \cdot dm^{-3}$ 和 1.0 $mol \cdot dm^{-3}$，若反应生成的 $[Cu(NH_3)_4]^{2+}$ 的 $K_{稳}^\ominus = 2.1 \times 10^{13}$，试计算平衡时溶液中残留的 Cu^{2+} 的浓度。

（龚孟濂）

第 20 章　d 区过渡金属元素
（The d Block Transition Metal Elements）

本章学习要求

1. 能从元素周期律认识过渡金属元素原子价层电子结构特点与其性质变化规律的关系。

2. 掌握 Sc、Ti 和 V 重要化合物的性质。

3. 掌握 Cr(Ⅲ)和 Cr(Ⅵ)化合物的酸碱性、氧化还原性以及 $Cr_2O_7^{2-}$ 和 CrO_4^{2-} 之间相互转化关系；掌握同多酸和杂多酸的定义。

4. 掌握 Mn(Ⅱ)、Mn(Ⅳ)、Mn(Ⅵ)和 Mn(Ⅶ)重要化合物的性质以及各价态锰之间的相互转化关系。

5. 掌握 Fe、Co、Ni 的+2、+3 氧化态稳定性规律以及反应性上的差异；熟悉它们的重要配合物。

6. 了解 Pt、Pd 及其重要化合物的性质。

7. 了解部分过渡金属的冶炼。

8. 了解过渡金属元素在生产、生活中的一些应用，相关的环境无机化学以及一些重要过渡金属有机化合物。

元素周期表的第四、五、六、七周期元素中，从第ⅢB 族(第 3 族)开始，到第Ⅷ族(第 8、9、10 族)止，包括近年发现的𬬻(Rf)、𬭊(Db)、𬭳(Sg)、𬭛(Bh)、𬭶(Hs)、鿏(Mt)和𫟼(Ds)元素，共有 32 种元素，统称为“过渡元素”。因为这些元素的单质都是金属，所以又称它们为“过渡金属元素”(transition metal elements)(表 20.1)。

表 20.1　过渡金属元素

周期	族							
	ⅢB	ⅣB	ⅤB	ⅥB	ⅦB	Ⅷ		
四	Sc	Ti	V	Cr	Mn	Fe	Co	Ni
五	Y	Zr	Nb	Mo	Tc	Ru	Rh	Pd
六	La	Hf	Ta	W	Re	Os	Ir	Pt
七	Ac	Rf	Db	Sg	Bh	Hs	Mt	Ds

在一些无机化学教材中，把铜、锌副族也一并归入过渡金属元素中讨论，因为它们在很多性质上与过渡金属元素有相似之处，但是在原子的电子层结构上，铜、锌副族与过渡金属有本质差异，铜、锌副族的价电子层结构是$(n-1)d^{10}ns^{1\sim2}$，而过渡金属元素的原子结构是$(n-1)d^{1\sim9}ns^{1\sim2}$(Pd 是 $4d^{10}5s^0$ 例外)。因此，本书将铜、锌副族单列为“ds 区元素”，而将过渡金属列作“d 区元素”，分别论述。

镧系、锕系元素原子的最后一个电子填入更内层$(n-2)$f 轨道上，在结构上，它们最外三个电子层都是未充满的，因此不属于过渡金属之列，而称为“内过渡元素”(f 区元素)(参阅第 21 章)。

在我国，Ti、Cr、Mo、W、Mn、Fe、Co、Ni 是常见的丰产元素，其余的过渡金属都属于稀有金属。

第四周期过渡金属又称为"第一过渡系列元素"，第五、六周期过渡元素分别称为"第二过渡系列元素""第三过渡系列元素"。

原子序数 104~110 的𬬻、𬭊、𬭳、𬭛、𬭶、𫟼和𫟷元素都是人工合成的，前六种元素原子基态价层电子构型依次为 $6d^27s^2 \sim 6d^77s^2$，𫟷原子基态价层电子构型未确定，本书不作进一步介绍。

本章将重点讨论第一过渡系列元素，并简要介绍一些第二、第三过渡系列元素。

20.1　d 区过渡金属元素通性
（General Properties of the d Block Transition Metal Elements）

20.1.1　d 区过渡金属元素的基本性质

d 区元素与其他各区元素相比，其最大特点是具有未充满的 d 轨道（Pd 除外）。由于 d 区元素中的 d 电子可参与成键，单质的金属键很强，其单质一般有金属光泽，是电和热的良导体，密度、硬度、熔点、沸点一般较高（表 20.2~表 20.4）。

表 20.2　第一过渡系列元素原子结构及基本性质

结构及性质	元素								
	Sc	Ti	V	Cr	Mn	Fe	Co	Ni	Cu*
价层电子构型	$3d^14s^2$	$3d^24s^2$	$3d^34s^2$	$3d^54s^1$	$3d^54s^2$	$3d^64s^2$	$3d^74s^2$	$3d^84s^2$	$3d^{10}4s^1$
常见氧化态**	(+2)，$\underline{+3}$	+2，+3，$\underline{+4}$	+2，+3，+4，$\underline{+5}$	+2，+3，$\underline{+6}$	$\underline{+2}$，+3，$\underline{+4}$，+6，+7	$\underline{+2}$，$\underline{+3}$，(+6)	$\underline{+2}$，+3	$\underline{+2}$，(+3)	+1，+2
金属半径/pm	164	147	135	129	127	126	125	125	128
M^{2+}有效离子半径***/pm	Sc^{3+} 75	86	79	73	83	61	65	69	73
$I_1/(kJ \cdot mol^{-1})$	633.1	658.8	650.9	652.9	717.3	762.5	760.4	737.1	745.5
χ_p	1.36	1.54	1.63	1.66	1.55	1.83	1.88	1.91	1.90
密度/$(g \cdot cm^{-3})$	2.99	4.54	5.96	7.20	7.20	7.86	8.90	8.90	8.92
熔点/℃	1541	1668	1910	1907	1246	1538	1495	1455	1085
沸点/℃	2836	3287	3407	2671	2061	2861	2927	2913	2562
原子化热/$(kJ \cdot mol^{-1})$	304.8	428.9	456.6	348.8	219.7	351.0	352.4	371.8	341.1

* 列出 Cu 元素，以作比较。

** 有下划线的氧化数表示稳定的氧化态，有括号的氧化数表示不稳定的氧化态。

*** 在 CN=6 条件下测量。

表 20.3　第二过渡系列元素原子结构及基本性质

结构及性质	元素								
	Y	Zr	Nb	Mo	Tc	Ru	Rh	Pd	Ag*
价层电子构型	$4d^15s^2$	$4d^25s^2$	$4d^45s^1$	$4d^55s^1$	$4d^55s^2$	$4d^75s^1$	$4d^85s^1$	$4d^{10}5s^0$	$4d^{10}5s^1$
稳定氧化态	+3	+4	+5	+6	+7	+4	+3	+2	+1
金属半径/pm	182	160	147	140	135	134	134	137	144
$I_1/(kJ \cdot mol^{-1})$	599.9	640.1	652.1	684.3	702.4	710.2	719.7	804.4	731.0

续表

结构及性质	元素								
	Y	Zr	Nb	Mo	Tc	Ru	Rh	Pd	Ag*
χ_P	1.22	1.33	1.6	2.16	2.10	2.2	2.28	2.20	1.93
密度/(g · cm⁻³)	4.34	6.49	8.57	10.2		12.30	12.4	11.97	10.5
熔点/℃	1522	1855	2477	2623	2157	2333	1964	1555	962
沸点/℃	3345	4409	4744	4639	4265	4150	3695	2963	2262
原子化热/(kJ · mol⁻¹)	393.3	581.6	696.6	594.1	577.4	567.8	495.4	376.6	289.2

* 列出 Ag 元素，以作比较。

表 20.4　第三过渡系列元素原子结构及基本性质

结构及性质	元素								
	La	Hf	Ta	W	Re	Os	Ir	Pt	Au*
价层电子构型	$5d^16s^2$	$5d^26s^2$	$5d^36s^2$	$5d^46s^2$	$5d^56s^2$	$5d^66s^2$	$5d^76s^2$	$5d^96s^1$	$5d^{10}6s^1$
稳定氧化态	+3	+4	+5	+6	+7	+8	+3，+4	+4	+3
金属半径/ pm	188	159	147	141	137	135	136	139	144
I_1/(kJ · mol⁻¹)	538.1	658.5	748.4	758.8	755.8	814.2	865.2	864.4	890.1
χ_P	1.10	1.12	1.5	1.7	1.9	2.2	2.2	2.2	2.4
密度/(g · cm⁻³)	6.194	13.31	16.6	19.35	20.53	22.48	22.42	21.45	19.3
熔点/℃	920	2233	3017	3422	3185	3033	2446	1768	1064
沸点/℃	3464	4603	5458	5555	5596	5012	4428	3825	2856
原子化热/(kJ · mol⁻¹)	399.6	661.1	735.1	799.2	707.7	627.2	572	510.4	

* 列出 Au 元素，以作比较。

原子半径是影响单质物理性质的主要因素之一。d 区过渡元素的原子半径以及它们随周期和序数的变化如图 20.1 所示(为了比较，列出了 Cu、Ag 和 Au 的原子半径)。同一周期元素自左至右，有效核电荷逐渐增大，对于短周期元素来说，由于最后一个电子填充在最外电子层，该电子对同组其他电子的屏蔽常数仅为 0.35，因此短周期元素相邻原子间的有效核电荷增加量为 0.65，相邻元素的原子半径平均收缩 10 pm。对于过渡元素来说，最后一个电子填入内层$(n-1)$d 轨道上，按 Slater 规则，内层电子对外层 ns、np 电子屏蔽常数为 0.85，有效核电荷增量为 0.15，但$(n-1)$d 轨道较为发散，屏蔽能力比$(n-1)$s 或$(n-1)$p 轨道电子更差，会使吸引 ns 电子的有效核电荷略有增大，所以同周期过渡元素的原子半径随核电荷增大而略有减小，相邻元素的原子半径减小量平均为 5 pm。第五周期元素由于同一原因，从 Y 到 Pd 的原子半径也呈下降趋势，电子层数增大，第二过渡系列元素的原子半径比第一过渡系列元素的原子半径稍大。镧系收缩使第三过渡系列元素的原子半径与第二过渡系列元素原子半径相近，如 Zr 与 Hf、Nb 与 Ta、Mo 与 W 等。由于原子半径依次减小，原子质量依次增大，因此金属晶体密度自左向右一般是增大，但也有例外，当电子之间斥力因素占优时，Ⅷ族或铜副族元素前后还出现原子半径增大的现象，到铜副族前后，密度出现减小的现象。另外，由于镧系收缩的影响，ⅣB～Ⅷ族的同一族中，第三过渡系列和第二过渡系列元素的原子半径很接近，使得第三过渡系列金属密度特别大。d 区元素原子除最外层 s 电子外，次外层 d 电子也可参与形成金属键，自左向右未成对价电子增多，晶格结点粒子间的距离短，相互作用力大，金属键强，因此在过渡元素中，铬族(Cr、Mo、W)熔点最高，硬度也很大，除 Mn 和 Tc 熔点反常外，随后自左向右熔点又有规律地下降。

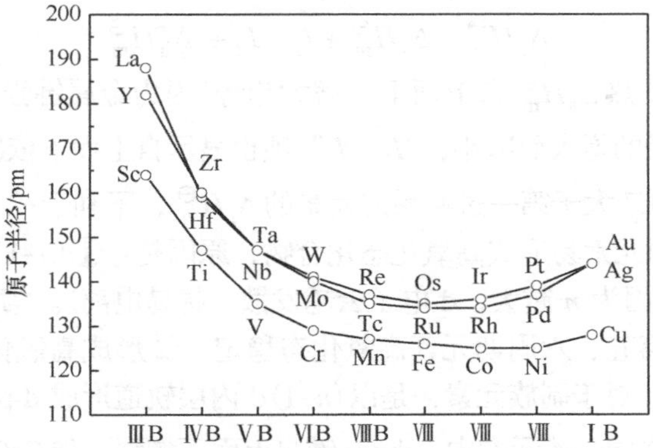

图 20.1　d 区过渡元素的原子半径

在所有金属元素中，铬的硬度最大(莫氏硬度 9)，钨的熔点最高(3422℃)，铼的沸点最高(5596℃)，锇的密度最大($22.48\ g \cdot cm^{-3}$)。

20.1.2　氧化态变化规律

d 区元素原子的价电子构型基本都符合$(n-1)d^{1\sim9}ns^{1\sim2}$，在常见氧化态中，过渡金属一般都具有+2 氧化态，但是由于 d 电子在化学反应中可以一个一个地参与成键，因此过渡金属一般都表现出多种氧化态，而且相邻氧化态的差值一般为 1，最高氧化态通常与元素所在的族数相等，但Ⅷ族元素中，氧化态可以达到+8 的元素只有 Ru 和 Os 两种，如 OsO_4。通常，第一过渡系列元素的低氧化态较稳定(Sc、Ti、V 是高氧化态稳定)，而高氧化态化合物热力学稳定性较差，有较强的氧化性；第二、第三过渡系列元素不易达到低氧化态，其高氧化态化合物较为稳定，氧化性较差。例如，Cr、Mo、W 同为ⅥB 族元素，Cr 在空气中加热得到的是+3 氧化态的 Cr_2O_3，而 Mo、W 在空气中加热则得到的是+6 氧化态的 MoO_3 和 WO_3，这说明了第二、第三过渡系列元素高氧化态化合物的稳定性及性质的相似性。

通常，过渡金属低氧化态的化合物(+1、+2、+3)多数是离子键化合物，在水溶液中以水合离子的形式存在，如$[Cr(H_2O)_6]^{3+}$。由于晶体场中 d-d 跃迁的存在，这些离子溶液或配合物通常都是有色的。过渡金属高氧化态的化合物，多数是共价键或极性共价键的化合物或原子团构成，在水溶液中通常以氧基水合离子存在，如 TiO^{2+}、VO^{2+}、VO_2^+ 等。由于电荷迁移跃迁(简称荷移跃迁，charge transfer transition)，这些氧基水合离子通常都有特征的颜色。此外，氟化物由于氟电负性较大，半径较小，也有利于形成高氧化态化合物，如 WF_6、ReF_7 等。

总的来说，第一过渡系列元素容易形成低氧化态化合物，其高氧化态化合物有较强的氧化性；第二、第三过渡系列元素倾向于形成高氧化态化合物，其氧化性不显著。这可以从结构及热力学角度理解：对于同一副族元素，自上而下原子半径增大不多，核电荷却增加不少，ΔZ^*较大，所以 ns^2 的电离能将显著增大，难以达到低氧化态。同时，对于 $M(s) = M^{2+}(aq) + 2e^-$过程，可以用热力学循环讨论：

$$
\begin{array}{ccc}
M(s) & \xrightarrow{\qquad\qquad} & M^{2+}(aq) + 2e^- \qquad \Delta_r H_m^\ominus \\
\Big\downarrow \Delta_s H_m^\ominus & & \Big\uparrow \Delta_h H_m^\ominus \\
M(g) & \xrightarrow{I_1+I_2} & M^{2+}(g) + 2e^-
\end{array}
$$

$$\Delta_r H_m^{\ominus} = \Delta_s H_m^{\ominus} + I_1 + I_2 + \Delta_h H_m^{\ominus}$$

同一副族元素原子化热$\Delta_s H_m^{\ominus}$自上而下呈增大趋势(因为金属键强度自上而下增大)；水合热$\Delta_h H_m^{\ominus}$也因为离子半径的增大而减小；“$I_1 + I_2$”项也显示自上而下依次增大。这些都使第二、第三过渡系列元素的$\Delta_r H_m^{\ominus}$大于第一过渡系列元素的$\Delta_r H_m^{\ominus}$，不利于+2 氧化态化合物的生成。

第二、第三过渡系列元素易形成高氧化态化合物，原因是：①$(n-1)$d 电子电离能 I_3、I_4、I_5大小顺序是$I_{3d} > I_{4d} > I_{5d}$(因为 n 越大，d 电子云越发散，越易电离)。第五、六周期元素 I_3、I_4小于第四周期元素，所以第五、六周期元素高氧化态稳定。②形成高氧化态含氧化合物中，存在 d-p π 键，其氧化性更弱。对于副族元素，是以$(n-1)$d 内层轨道形成 d-p π 键，其形成 d-p π 键的能力是 5d＞4d＞3d。故在同一族元素中，d-p π 键自上而下增强，如CrO_4^{2-}、MoO_4^{2-}及WO_4^{2-}中 Cr—O、M—O、W—O 键的强度依次增大，相应化合物的稳定性增大，而氧化性依次减弱。

由以上分析可知，过渡元素氧化态变化的规律：第一过渡系列元素低价态稳定，高价态氧化性显著；第二、第三过渡系列元素低价态不稳定，高价态稳定而氧化性弱；同一周期元素中，自左至右，低氧化态稳定性增加，高氧化态的稳定性降低、氧化性增强。例如，第一过渡系列元素特征高氧化态的氧化性顺序是$TiO^{2+} < VO_3^- < CrO_4^{2-} < MnO_4^-$。

20.1.3　电离能的变化规律

金属元素的电离能是影响其化学性质的一种重要特征。图 20.2 为过渡元素的第一、第二和

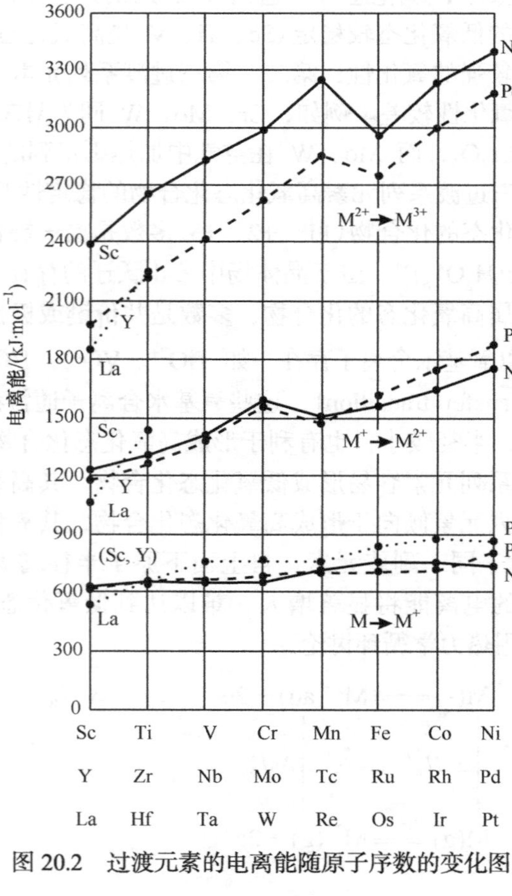

图 20.2　过渡元素的电离能随原子序数的变化图

第三电离能随原子序数的变化图。可以看出，各周期中，从左向右，随核电荷增加，电离能一般是增加的。由于同一周期中原子序数小的元素电离能较低，因而比较容易表现较高氧化态，直到与族数相同的氧化数；原子序数大的元素有较高的电离能，因而其常见化合物以低氧化态为主，特别是含+2 氧化数的离子化合物较为常见。

与第一、第二过渡系列金属相比，第三过渡系列金属的第一电离能较高，原因是镧系收缩使镧系之后的第三与第二过渡系列同族元素的原子半径非常接近，同时第三过渡系列元素经过 4f 填充电子后核电荷增大较多，而 4f 电子对核电荷的屏蔽作用又较弱，所以作用于最外层电子的有效核电荷较大，而且 6s 电子由于钻穿效应增强，元素电离能增加，因而第三过渡系列金属普遍不如第一、第二过渡系列金属活泼。

在第三电离能[对应 $M^{2+}(g) \longrightarrow M^{3+}(g)$]曲线中，Fe、Ru、Os 的 M^{2+}外层电子结构为 d^6，较易失去一个电子变为半充满的 d^5 稳定结构，所以 Fe、Os、Ru 的第三电离能与其他元素相比较小。

20.1.4　过渡金属及其化合物的磁性

原子、离子、分子都是由原子核与电子组成的，电子的自旋运动和轨道运动决定原子或分子的磁性，进而决定物质的磁性。

物质的磁性可以分为 5 类：抗磁性、顺磁性、铁磁性、反铁磁性和亚铁磁性。过渡金属及其化合物由于在 d 轨道多有成单电子存在，其自旋运动使该物质呈顺磁性；d 轨道不存在成单电子的物质则表现为抗磁性。顺磁性物质对外加磁场磁力线表现为吸引、聚集，而抗磁性物质对外加磁场磁力线表现为排斥(图 20.3)。

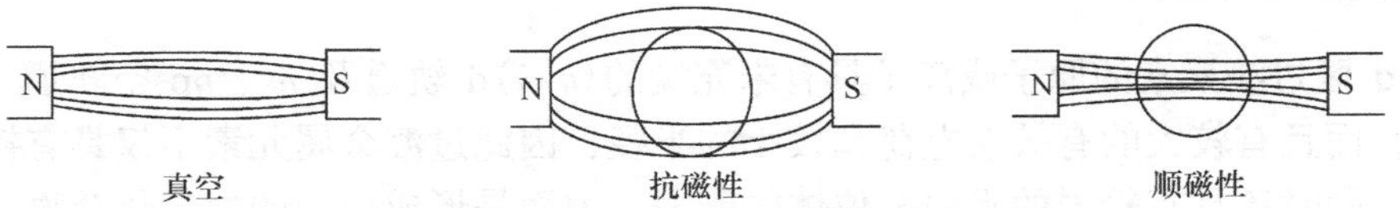

图 20.3　物质对外加磁场的磁力线作用

1. 抗磁性

如果原子或分子中，每个轨道都有两个电子，则它们必然自旋态相反，电子自旋运动产生的磁效应就互相抵消。这类物质在外加磁场中，可诱导产生一个磁偶极矩，称为诱导磁矩，其方向与外加磁场方向相反，不被外加磁场吸引，称为抗磁性(diamagnetism)，该类物质为抗磁性物质，如稀有气体、某些金属(如 Bi、Zn、Mg 等)、某些非金属(如 Si、P、S、卤素、氢气、氮气等)、主族元素的许多无机化合物和许多有机化合物。

2. 顺磁性

如果物质中存在成单电子，即自旋态相反的电子数目不相等，总磁效应不能互相抵消，成单电子使原子或分子整体表现为一个微小的磁偶极(磁矩)，在无外磁场时，热运动使得原子或分子磁矩随机取向排列，相互抵消，不表现宏观磁性；当存在外磁场时，这些原子或分子磁矩在外磁场作用下，尽量沿外磁场方向取向，会产生一定强度的附加磁场，能微弱地被外磁场吸引，产生一个磁偶极矩，称为自旋磁矩，这种性质称为顺磁性(paramagnetism)，此类物质称为顺磁性物质。许多过渡金属及其合金、化合物都具有顺磁性，因为它们有未充满的 d 电子层，有成单的 d 电子，成单 d 电子的自旋运动和轨道运动决定这些物质具有顺磁性。顺磁性是一种弱磁性。实际上，物质的所有电子在外磁场中都会产生诱导磁矩，但通常诱导磁矩比自旋磁矩小得多，故有成单电子的这些物质仍显顺磁性。

3. 铁磁性*

如果组成物质的原子中成单电子较多，原子固有磁矩较大，原子磁矩之间存在相互作用而形成平行排列，在很弱的外磁场作用下就能被磁化饱和，能强烈地被外磁场吸引。这种磁性质称为铁磁性(ferromagnetism)，这类物质称为铁磁性物质。铁磁性物质是磁性很强的物质，磁性材料也主要是这类物质。例如，d 区过渡金属 Fe、Co、Ni 和由 Fe、Co、Ni 组成的合金，某些稀土元素及其合金等，都具有铁磁性。

并不是所有具有单电子的固态过渡金属都具有铁磁性，如 Mn 有 5 个单电子，却不是铁磁性物质。这是因为铁磁性物质中存在一定的区域，称为磁域。物质具有铁磁性的一个必要条件是顺磁性原子(或离子)之间应具有适当的距离，使它们能相互连接起来形成磁域。磁域中有很多顺磁性原子，原子的磁偶极都以相同的方向排列起来，平时这些磁域是混乱排列的，尽管每个磁域表现为相对较强的磁体，但它们的磁效应被互相抵消了。当铁磁性物质被放在外磁场中，磁域就会像顺磁性物质中的原子磁体一样依外磁场方向而取向，而且一个磁域沿磁场每顺排一次，就会有上百万个原子磁体顺排起来，因而铁磁性物质与磁场的作用百万倍于顺磁性物质与磁场的作用。当外磁场移走后，顺磁性物质的原子磁体很快混乱分布，而铁磁性物质中的磁域可保持外磁场存在时的取向，因此称为永磁化。

铁磁性物质仅在固态才具有铁磁性，如铁熔化时无铁磁性，仅有顺磁性，而且加热或重击也容易破坏铁磁性物质的磁性。

此外，还有反铁磁性和亚铁磁性物质，在此不再叙述。有关物质磁性的理论，可在专业课程中进一步学习。

20.1.5　过渡元素的配位性

由于 d 区过渡元素的原子或离子具有未充满的$(n-1)$d 轨道及 ns、np 空轨道，这些轨道能量相近，而且有较大的有效核电荷和较小的半径，因此过渡金属元素不仅具有接受电子对的空轨道，同时还具有较强的吸引配位体的能力，因而易形成稳定的配位化合物。例如，它们易形成氨配合物、氰基配合物、草酸基配合物等；除此之外，多数元素的中性原子能形成羰基配合物，如 $Fe(CO)_5$、$Ni(CO)_4$ 等，这也是 d 区元素的一大特性。

过渡金属元素的配合物及其性质在过渡金属中占有极其重要的地位。过渡金属在性质上相似使其分离提纯十分困难，随着金属配合物化学的发展，特别是螯合物化学的发展，目前已广泛应用配合萃取、离子交换、膜分离技术进行分离提纯。此外，过渡元素配合物在分析化学、石油化工、生物化学、食品化学、催化化学等方面都占有极其重要的地位。

20.1.6　离子的颜色

过渡金属元素的许多水合离子、配离子常呈现颜色，这是由于过渡金属离子的 d 轨道在配体晶体场作用下发生能级分裂，吸收可见光、发生 d-d 电子跃迁(d-d transition)。过渡金属元素形成的低氧化态化合物一般是离子型化合物，这些离子在$(n-1)$d 轨道中往往具有一定数目的 d 电子，因此其化合物或溶液呈现一定的颜色，如表 20.5 所示。可以看出，同一金属离子的不同价态，d 电子数不同，水合离子呈现不同的颜色，如 Fe^{2+}和 Fe^{3+}、Co^{2+}和 Co^{3+}。不同金属离子对 d 轨道的分裂能也有很大影响，如 Fe^{2+}和 Co^{3+}，虽然 d 电子数相同，水合离子的颜色均不相同。而具有 d^0、d^{10} 构型的简单离子，如 Sc^{3+}、Zn^{2+}，由于不可能发生 d-d 跃迁，因而是无色的。此外，一些高氧化态过渡金属的含氧酸根阴离子，虽然无 d 电子，但也显示颜色，如CrO_4^{2-}呈黄色、MnO_4^-呈紫色，原因是 M^{n+}和 O^{2-}之间有较强的互相极化作用，吸收可见光中能量较低的光，发生 $O^{2-}\rightarrow M^{n+}$的荷移跃迁，呈现被吸收光的互补光的颜色。

表 20.5 某些过渡元素水合离子的颜色

阳离子	电子构型	水合离子颜色	阳离子	电子构型	水合离子颜色
Sc^{3+}、Ti^{4+}	$3d^0$	无色	Mn^{2+}	$3d^5$	肉色
Ti^{3+}	$3d^1$	紫红	Fe^{3+}	$3d^5$	棕黄色
VO^{2+}	$3d^1$	蓝色	Fe^{2+}	$3d^6$	浅蓝色
V^{3+}	$3d^2$	绿色	Co^{2+}	$3d^7$	粉红色
V^{2+}、Cr^{3+}	$3d^3$	紫色	Ni^2	$3d^8$	绿色
Mn^{3+}	$3d^4$	紫色	Cu^{2+}	$3d^9$	蓝色
Cr^{2+}	$3d^4$	蓝色	Zn^{2+}	$3d^{10}$	无色

第二、第三过渡系列元素的化合物虽然主要以高氧化态形式存在，但一些低氧化态化合物也往往是有颜色的。例如，Zr(Ⅲ)棕色，Zr(Ⅱ)黑色，Mo(Ⅴ)蓝色，W(Ⅴ)蓝色。

20.1.7 过渡元素各氧化态物质的氧化还原性

过渡元素不同氧化态物质在水溶液中的氧化还原性质集中地反映在其$\Delta_r G_m^\ominus / F\text{-}Z$ 图上(图 20.4～图 20.7)。由$\Delta_r G_m^\ominus / F\text{-}Z$ 图可以看到，多数过渡金属是较强的还原剂，有较强的电

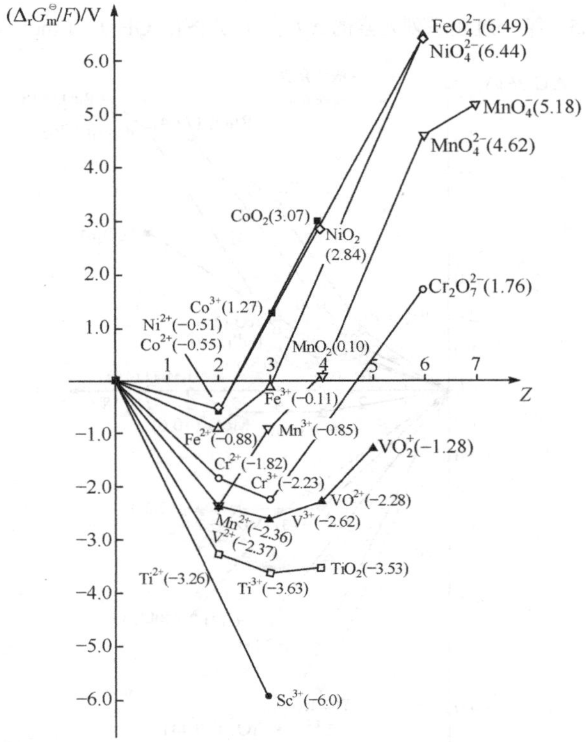

图 20.4 第一过渡系列元素的$\Delta_r G_m^\ominus / F\text{-}Z$ 图[$c(H^+) = 1\ mol \cdot dm^{-3}$]

正性。与电极反应 $M^{2+}(aq) + 2e^- \Longrightarrow M(s)$ 对应的标准电极电势 $E^\ominus(M^{2+}/M)$ 数值表明，对于第一、第二、第三过渡系列元素，每一过渡系列自左至右 $E^\ominus(M^{2+}/M)$ 数值上呈增大的趋势。显然，$E^\ominus(M^{2+}/M)$ 数值的变化与同一周期元素原子半径的依次减小，第一、第二电离能依次增大，金属单质的升华热依次增大等因素密切相关。虽然相应的水合热是依次更负，但电

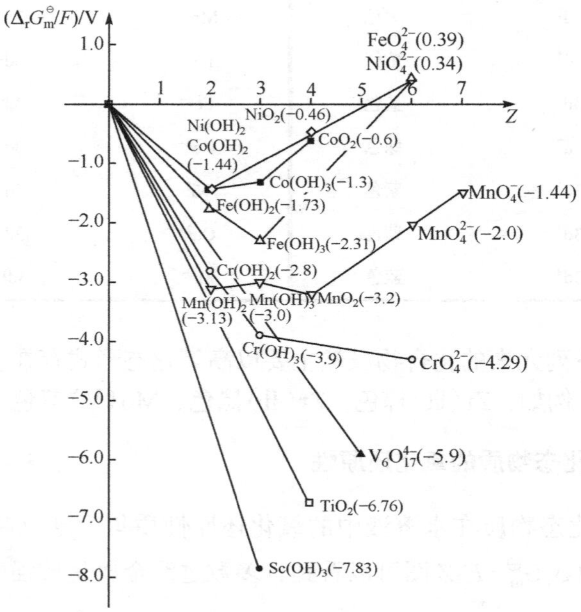

图 20.5　第一过渡系列元素的 $\Delta_r G_m^\ominus / F$-Z 图[$c(OH^-) = 1\ mol \cdot dm^{-3}$]

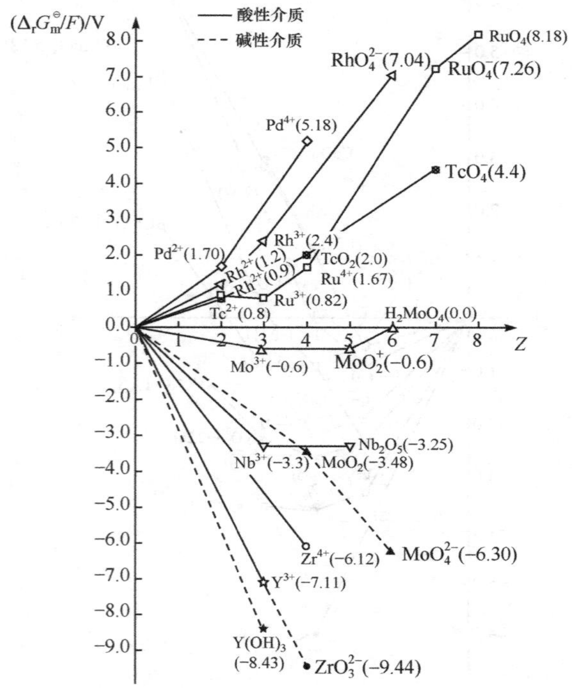

图 20.6　第二过渡系列元素的 $\Delta_r G_m^\ominus / F$-Z 图[$c(H^+) = 1\ mol \cdot dm^{-3}$ 或 $c(OH^-) = 1\ mol \cdot dm^{-3}$]

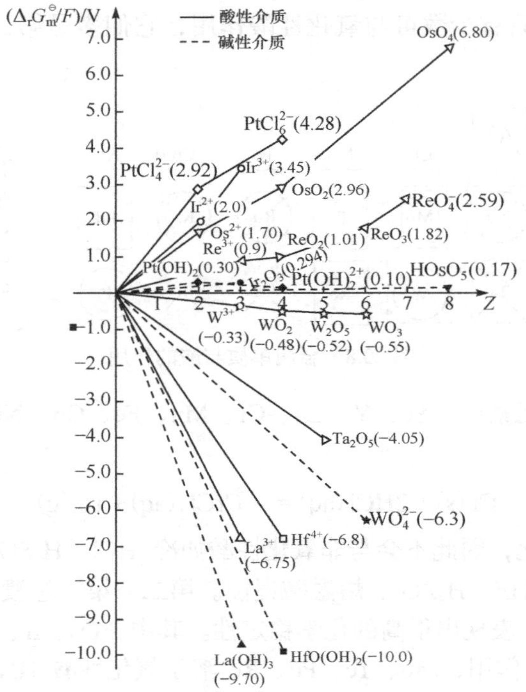

图 20.7　第三过渡系列元素的 $\Delta_r G_m^\ominus/F$-Z 图[$c(H^+)=1\ mol \cdot dm^{-3}$ 或 $c(OH^-)=1\ mol \cdot dm^{-3}$]

极电势的数值依次增大，电正性依次减弱。$E^\ominus(Mn^{2+}/Mn)$ 比 $E^\ominus(Cr^{2+}/Cr)$ 更负这一反常现象显然与 Mn^{2+}的 d^5 电子构型有关。对于同一副族元素，除ⅡB 族元素由于$(n-1)$d 电子影响较小，金属电正性表现为与主族元素变化一致外，其余副族元素自上而下电正性减弱，对应的 $E^\ominus(M^{2+}/M)$ 或 $E^\ominus(M^{3+}/M)$ 数值增大。这从另一个侧面表明了第一过渡系列元素容易形成低价阳离子，而第二、第三过渡系列元素不容易形成低价阳离子的事实。

第一过渡系列元素的 $E^\ominus(M^{2+}/M)$ 或 $E^\ominus(M^{3+}/M)$ 数值及有关的电离能、离子水合能数据列于表 20.6 中。

表 20.6　部分过渡金属标准电极电势及有关热力学数据

热力学性质	Sc	Ti	V	Cr	Mn	Fe	Co	Ni
$E_A^\ominus(M^{2+}/M)$/V		−1.63	−1.18	−0.91	−1.18	−0.44	−0.28	−0.26
$E_B^\ominus[M(OH)_2/M]$/V				−1.40	−1.57	−0.877	−0.72	−0.72
$E_A^\ominus(M^{3+}/M)$/V	−2.0	−1.21	−0.87	−0.74	−0.28	−0.037	0.42	
$E_B^\ominus[M(OH)_3/M]$/V	−2.61			−1.3	−1.0	−0.77	−0.43	
$(I_1+I_2)/(kJ \cdot mol^{-1})$	1866	1968	2064	2149	2227	2320	2404	2490
升华热/$(kJ \cdot mol^{-1})$	304.8	428.9	456.6	348.8	219.7	351.0	352.4	371.8
M^{2+}水合热/$(kJ \cdot mol^{-1})$				−1850	−1845	−1920	−2054	−2106

根据 $E_A^\ominus(M^{2+}/M)$ 的差异，过渡金属与酸的反应可以归为两类：第一类是活泼金属，它们多数是第一过渡系金属元素，可以从非氧化性酸中置换氢；第二类是不活泼金属，它们极

难与非氧化性酸反应，只有少数可与氧化性酸作用，它们多是第二、第三过渡系列金属元素（图 20.8）。

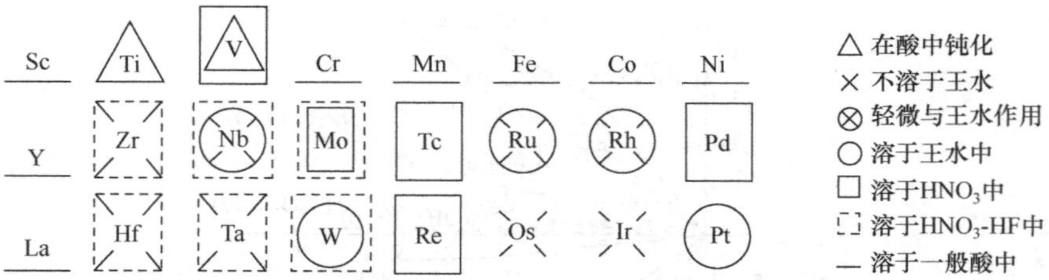

图 20.8　金属单质与酸的作用

第一过渡系列金属元素中，Sc、Y、La、Cr、Mn、Fe、Co、Ni 可以从非氧化性酸中置换出氢。例如

$$Cr(s) + 2HCl(aq) = CrCl_2(aq) + H_2(g)$$

Ti、V 在空气中钝化，因此不会与非氧化性酸如冷 HCl、H_2SO_4(稀)作用。Ti 可溶于热浓盐酸中，也可分别被 HF、H_3PO_4、熔融碱侵蚀。第二、第三过渡系列金属，除 Y、La 外都不与非氧化性酸作用，表现出很高的化学稳定性。其中，Os、Ir、Ta 不与王水作用，Ru、Rh、Nb 仅轻微地与王水作用，Mo、Tc、Pd、Re 溶于氧化性酸 HNO_3 中，W 与王水作用，Zr、Hf、Nb、Tc、Mo、W 由于可以与 F^-形成配合物$[MF_6]^{2-}$、$[MF_7]^{2-}$，因而可以溶于 HNO_3-HF 混合酸中。

由过渡元素的 $\Delta_r G_m^{\ominus}/F\text{-}Z$ 图可以看到，过渡金属不同氧化态物质在水溶液体系中的相对稳定性及氧化还原性规律如下。

(1)从电极电势数值来看，过渡金属是电正性相当强的金属；在碱性介质中，电极电势数值比酸性介质中更负。从 $E^{\ominus}(H_2O/H_2) = -0.8277$ V 来看，过渡金属在碱性条件下应与碱反应放出氢气，但实际上并不普遍，只有 Ti、V、Nb、Ta 在熔融碱中才有缓慢的侵蚀作用。Mo、W 在氧化剂参与下才与熔碱作用，Mn、Fe、Pd 与碱也有轻微作用，但此时氧作为氧化剂参与了反应：

$$2Mn(s) + 4KOH(s) + 3O_2(g) = 2K_2MnO_4(aq) + 2H_2O(l)$$

$$2Fe(s) + 2H_2O(l) + O_2(g) = 2Fe(OH)_2(s) \xrightarrow{O_2} Fe_2O_3 \cdot xH_2O(s)$$

$$2Pd(s) + 4KOH(s) + O_2(g) = 2PdO(s) + 2K_2O(s) + 2H_2O(l)$$

值得一提的是，熔融的苛性碱、过氧化钠会对钌、铂产生严重的腐蚀：

$$Ru(s) + 2KOH + KClO_3 \xlongequal{熔融} K_2RuO_4 + KCl + H_2O$$

$$Ru(s) + 3Na_2O_2 \xlongequal{熔融} Na_2RuO_4 + 2Na_2O$$

(2)第一过渡系列元素低氧化态化合物呈现一定的还原性，尤其是在碱性介质中。第一过渡系列元素的 $\Delta_r G_m^{\ominus}/F\text{-}Z$ 图清楚地表明 Ti(Ⅱ)、V(Ⅱ)、Cr(Ⅱ)、Mn(Ⅱ)、$Fe(OH)_2$、$Co(OH)_2$ 的还原性，它们在水溶液中极易被氧化，Ti(Ⅱ)还可以从水中置换出氢：

$$TiCl_2(aq) + H_2O(l) = TiOCl_2(s) + H_2(g)$$

Cr(Ⅱ)、V(Ⅱ)在水溶液中极易被空气氧化为V(Ⅲ)(或 VO^{2+})及Cr(Ⅲ)：

$$4Cr^{2+}(aq) + 4H^+(aq) + O_2(g) = 4Cr^{3+}(aq) + 2H_2O(l) \qquad E^\ominus(Cr^{3+}/Cr^{2+}) = -0.41\ V$$

$$2V^{2+}(aq) + O_2(g) = 2VO^{2+}(aq) \qquad E^\ominus(VO^{2+}/V^{2+}) = -0.05\ V$$

即便隔绝空气，Cr^{2+}也能被 H^+氧化为 Cr^{3+}：

$$2Cr^{2+}(aq) + 2H^+(aq) = 2Cr^{3+}(aq) + H_2(g)$$

因此，$CrCl_2$ 可以用于除去氮气中的残留氧气。由于Cr(Ⅱ)、V(Ⅱ)的还原性，其试剂必须有更强的还原剂(如Zn粉)存在下才能存在：

$$2CrCl_3(aq) + Zn(s) = 2CrCl_2(aq) + ZnCl_2(aq)$$

$$2VO_2^+(aq) + 3Zn(s) + 8H^+(aq) = 2V^{2+}(aq) + 3Zn^{2+}(aq) + 4H_2O(l)$$

Mn(Ⅱ)在碱性条件下极易被空气中的氧氧化：

$$2Mn(OH)_2(s) + O_2(g) = 2MnO(OH)_2(s)$$

但在酸性条件下，Mn^{2+}处于Mn(Ⅲ)-Mn热力学谷底，相当稳定。

同样，Fe(Ⅱ)及Co(Ⅱ)在碱性条件下也容易被氧化：

$$4Fe(OH)_2(s) + O_2(g) + 2H_2O(l) = 4Fe(OH)_3(s)$$

$$4Co(OH)_2(s) + O_2(g) + 2H_2O(l) = 4Co(OH)_3(s)$$

(3)第一过渡系列的 $\Delta_r G_m^\ominus / F\text{-}Z$ 图与第二、第三过渡系列的 $\Delta_r G_m^\ominus / F\text{-}Z$ 图有较大差别，而第二、第三过渡系列图形变化规律彼此相似，表现了第二、第三过渡系列元素性质彼此相似的特点。例如，它们的低氧化态都不易得到，而相应的高氧化态较稳定，氧化性较差。与此相反，第一过渡系列元素表现为低氧化态易得到而且有一定的稳定性、高氧化态稳定性较差、氧化性较强的特点。

(4)同一过渡系列元素最高氧化态化合物氧化性自左至右逐渐增强的趋势可以从图上清楚地看到。例如，FeO_4^{2-}、MnO_4^-、$Cr_2O_7^{2-}$ 都是强氧化剂。同一副族元素最高氧化态化合物氧化性自上而下呈下降趋势。例如

$$E^\ominus(MnO_4^-/Mn^{2+}) = 1.51\ V,\quad E^\ominus(TcO_4^-/Tc^{2+}) = 0.72\ V,\quad E^\ominus(ReO_4^-/Re^{2+}) = 0.42\ V$$

$$E^\ominus(Cr_2O_7^{2-}/Cr^{3+}) = 1.33\ V,\quad E^\ominus(MoO_4^{2-}/Mo^{3+}) = 0.2\ V,\quad E^\ominus(WO_4^{2-}/W^{3+}) = -0.07\ V$$

(5)第一过渡系列金属离子中处于热力学相对稳定性较高的状态是：酸性条件下，Sc^{3+}、TiO_2、VO^{2+}、Cr^{3+}、Mn^{2+}、Fe^{2+}、Fe^{3+}、Co^{2+}、Ni^{2+}，具有较强氧化性的氧化态分别是 VO_2^+、$Cr_2O_7^{2-}$、Mn^{3+}、MnO_2、MnO_4^{2-}、MnO_4^-、FeO_4^{2-}、Co^{3+}等，具有较强还原性的还原态是 Ti^{2+}、Ti^{3+}、V^{2+}、V^{3+}、Cr^{2+}；碱性条件下，$Sc(OH)_3$、TiO_2、VO_3^-、CrO_4^{2-}、MnO_2、$Fe(OH)_3$、$Co(OH)_3$、$Ni(OH)_2$ 处于热力学稳定态，还原性较强的状态是 $Cr(OH)_2$、$Cr(OH)_3$、$Mn(OH)_2$、$Mn(OH)_3$、$Fe(OH)_2$，氧化性较显著的状态为 MnO_4^{2-}、MnO_4^-、FeO_4^{2-} 等。

20.1.8　过渡元素各氧化态水合物的酸碱性

对于第一过渡系列元素，低氧化态的氢氧化物一般呈碱性，而且其碱性随原子序数的增加而减弱，但其变化规律并非那么绝对，碱性强弱依赖于对应氢氧化物的 $K_{sp}^\ominus$ 相对大小。

$M(OH)_2$ 的碱性变化规律是 $Mn(OH)_2 > Ni(OH)_2 > Fe(OH)_2 > Co(OH)_2 > Cr(OH)_2 > Ti(OH)_2$；而 $M(OH)_3$ 的碱性变化规律是 $Sc(OH)_3 > Cr(OH)_3 > V(OH)_3 > Fe(OH)_3 > Ti(OH)_3 > Co(OH)_3$。对于同一元素，低价态氢氧化物碱性强于高氧化态氢氧化物的碱性，如以下化合物碱性的变化规律：

$V(OH)_2$(碱性)$>V(OH)_3$(碱性)$>V(OH)_4$(两性)$>HVO_3$(酸性)；

$Cr(OH)_2$(碱性)$>Cr(OH)_3$(两性)$>H_2CrO_4$(酸性)；

$Fe(OH)_2$(碱性)$>Fe(OH)_3$(有弱酸性)。

过渡元素最高氧化态氧化物水合物的酸碱性变化规律见表 20.7。

表 20.7 过渡元素最高氧化态水合物的酸碱性

	ⅢB	ⅣB	ⅤB	ⅥB	ⅦB	
碱性增强 ↓	$Sc(OH)_3$ 弱碱性	$Ti(OH)_4$ 两性	HVO_3 两性	H_2CrO_4 酸性	$HMnO_4$ 强酸性	酸性增强 ↑
	$Y(OH)_3$ 中强碱	$Zr(OH)_4$ 两性、微碱性	$Nb(OH)_5$ 两性	H_2MoO_4 弱酸性	$HTcO_4$ 酸性	
	$La(OH)_3$ 强碱性	$Hf(OH)_4$ 两性、微碱性	$Ta(OH)_5$ 两性	H_2WO_4 弱酸性	$HReO_4$ 弱酸性	

→ 酸性增强

20.1.9 过渡元素形成多酸、多碱的倾向

某些高氧化态金属阳离子，在一定 pH 条件下，由于分步水解可通过羟基(—OH)为桥彼此相连，形成多核配合物——多碱。例如，Fe^{3+}的水解过程：

$$[Fe(H_2O)_6]^{3+} = [Fe(H_2O)_5(OH)]^{2+} + H^+$$

$$2[Fe(H_2O)_5(OH)]^{2+} = [(H_2O)_4Fe(OH)_2Fe(OH_2)_4]^{4+} + 2H_2O$$

$[(H_2O)_4Fe(OH)_2Fe(OH_2)_4]^{4+}$具有以下结构：

羟基在“多碱”中起桥梁作用，这种连接方式称为羟桥或羟连。随着 pH 进一步升高，将进一步生成多聚物。当聚合度增大，聚合体大小达 10^{-9}～10^{-7} m 时，会形成胶体溶液，pH 进一步升高，最后生成 $Fe_2O_3 \cdot xH_2O$ 沉淀。其他的高价金属阳离子，如 Cr^{3+}、Co^{3+}、Al^{3+}也有形成多碱的性质。

另一些过渡金属的酸性氧化物，在一定 pH 下也有缩合作用。例如，CrO_4^{2-} 溶液在酸性溶液中的双聚倾向：

$$2CrO_4^{2-} + 2H^+ \rightleftharpoons Cr_2O_7^{2-} + H_2O$$

这种聚合显然是通过氧桥使两个酸根连接起来，$Cr_2O_7^{2-}$ 结构为

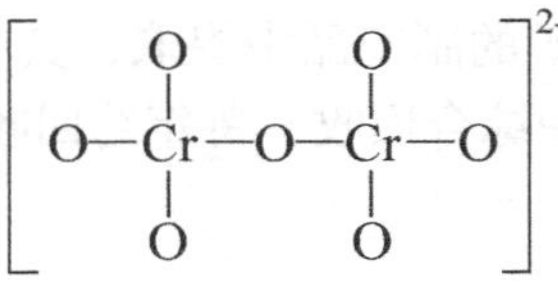

由两个 $HCrO_4^-$ 脱去一个水形成 $Cr_2O_7^{2-}$ 的过程，称为缩合。显然碱性条件下不利于缩合。酸性条件下，系统中以 $Cr_2O_7^{2-}$ 为主，若 H^+浓度进一步提高，还可以形成$[Cr_3O_{10}]^{2-}$、$[Cr_4O_{13}]^{2-}$等。

这一类由含氧酸彼此缩合而成的酸，称为多酸。多酸可以看作是若干水分子和两个或两个以上的酸酐组成的酸。如果这两个以上的酸酐是属于同一种类，该酸称为同多酸；如果这两个以上的酸酐不属于同一种类，则称为杂多酸(具体例子参见 20.3.1 小节)。最容易形成多酸的元素是 V、Nb、Ta、Cr、Mo、W 及某些 p 区元素，如 Si、P、As。

同多酸的形成与溶液的 pH 有密切关系，pH 越小，缩合度越大。例如，VO_4^{3-}、MoO_4^{2-}、WO_4^{2-}在水溶液中的聚合就比较复杂。当酸度升高到一定程度时，聚合物就沉淀为 $V_2O_5 \cdot nH_2O$、$MoO_3 \cdot nH_2O$、$WO_3 \cdot nH_2O$ 多聚体。因此，溶液中不存在 H_3VO_4、H_2MoO_4 和 H_2WO_4 单体，在更高酸度下，$V_2O_5 \cdot nH_2O$、$MoO_3 \cdot nH_2O$ 溶解变为 VO_2^+ 及 MoO_2^{2+}，只有在强碱性溶液中才有 VO_4^{3-}、MoO_4^{2-} 和 WO_4^{2-} 的存在。

杂多酸相应的盐称为杂多酸盐，如 12-钨磷酸钠 $Na_3[P(W_{12}O_{40})]$等。

20.2　第一过渡系列金属元素及其常见化合物
(The First-row Transition Metal Elements and Their Common Compounds)

20.2.1　钪

钪(scandium)，元素符号是 Sc。钪在地壳中的质量分数为 2.2×10^{-3}%，在所有元素中丰度居第 31 位。钪分布很广，但含量很低，矿石主要有钪钇石$[(Sc,Y)_2Si_2O_7]$和水磷钪石$(ScPO_4 \cdot 2H_2O)$，黑钨矿、独居石、氟碳铈镧矿和硅铍钇矿中也含有少量钪。

钪元素位于周期表ⅢB 族(第 3 族)，原子基态价层电子构型是 $3d^14s^2$。因此，Sc 最稳定的氧化态是+3。钪离子在溶液中均为无色，钪盐有涩味。

1. 钪单质

钪是一种质地柔软、银白色的过渡金属，常与钆、铒等混合存在。钪的熔点比铝高 2.5 倍，而密度相近，故适用于作为航空、火箭和宇宙飞船的结构材料，常用来制特种玻璃、轻质耐高温合金，钪铝合金可用于制造战斗机机体。在玻璃灯泡内封装 ScI_3 物质，制成强光灯泡，可以发出接近于日光的光。

钪是第一种过渡元素，在周期表中与稀土元素同属ⅢB 族。其半径比钇和镧系元素小，因此化学性质类似于铝，也近似于稀土钇组元素。其易溶于酸，一般在空气中迅速氧化而失去光泽，形成薄膜防止其继续氧化。化学性质非常活泼，可以与热水反应生成氢气。

钪的制备方法是常将 $ScCl_3$ 与 KCl、LiCl 共熔，用熔融的锌作为阴极进行电解，钪在阴极析出，然后将锌蒸去可以得到金属钪。

工业上，钪的主要来源是从铀矿的副产品中提取，其中仅含约 0.02%的 Sc_2O_3，每年约回收十几吨，其次从黑钨矿和锡石中综合回收，每年约回收几吨。

2. 钪的化合物

1）氧化钪（Sc_2O_3）

Sc_2O_3 是钪制品中较为重要的产品之一。它的物理、化学性质与其他稀土氧化物（如 La_2O_3、Y_2O_3 和 Lu_2O_3 等）相近，故在生产中采用的生产方法极为相似。由 Sc_2O_3 可制成金属钪、各种钪盐[$ScCl_3$、ScF_3、ScI_3、$Sc_2(C_2O_4)_3$ 等]及多种钪合金（Al-Sc、Al-Zr-Sc 系列）。Sc_2O_3 在铝合金、电光源、激光、催化剂、激活剂、陶瓷和宇航等方面已有较好的应用，其发展前景十分广阔。

2）氢氧化钪[$Sc(OH)_3$]

钪盐溶液与碱溶液作用，产生体积庞大的半透明白色胶状物，其组成一般用 $Sc(OH)_3$、$Sc(OH)_3 \cdot nH_2O$ 或 $Sc_2O_3 \cdot nH_2O$ 表示。但实际凝聚之前是 $Sc(OH)_3A \cdot yH_2O$（A 为酸根阴离子）。溶液中的阴离子对 $Sc(OH)_3$ 有影响。干燥的 $Sc(OH)_3$ 有结晶和非结晶两种，在温度为 160℃时用浓 NaOH 处理，可使后者变为前者。$Sc(OH)_3$ 具有体心立方晶格。

$Sc(OH)_3$ 为弱碱性物质，其在溶液中的溶解度随着碱度的增加而增加，在 13.5 $mol \cdot dm^{-3}$ KOH 或 12.65 $mol \cdot dm^{-3}$ NaOH 中溶解度最大，之后随着碱度的增加而下降。在碱中溶解后形成 $K_2[Sc(OH)_5 \cdot H_2O] \cdot 3H_2O$ 或 $Na_3[Sc(OH)_6] \cdot 2H_2O$ 复盐形式，易吸水。用水洗涤则变成 $Sc(OH)_3 \cdot 0.5H_2O$。

3）钪（Ⅲ）的配合物

在水溶液中钪离子都是以+3 价存在，但并非以简单的 Sc^{3+}形式存在，而是形成稳定的配离子。在过氯酸溶液中，Sc^{3+}形成$[Sc(H_2O)_6]^{3+}$水合离子。Sc^{3+}在配合物中的配位数大多是 6，与有机配位基结合时配位数也多是 6。但在 ScOF 中 Sc 与 4 个 O 和 3 个 F 配位，其配位数为 7。在 $ScPO_4$、$ScAsO_4$ 和 $ScVO_4$ 中，Sc 的配位数是 8。

20.2.2　钛

钛（titanium）在地壳中的含量居第 9 位，其丰度为 0.565%，属于含量较为丰富的金属元素。但由于钛在自然界中的存在十分分散，以及提炼金属钛的困难较大，因此其长期被认为是一种稀有金属。钛的主要矿物有钛铁矿（$FeTiO_3$）和金红石（TiO_2），还有钙钛矿（$CaTiO_3$）、钛磁铁矿[$Fe_3O_4(Ti)$]等。

钛元素位于周期表ⅣB 族（第 4 族），钛原子的价层电子构型为 $3d^24s^2$。由钛元素的 $\Delta_r G_m^\ominus / F$-Z 图（图 20.9）可见，酸性介质中 Ti 最稳定的氧化态是+3，其次是+4，而+2 氧化态物种具有强还原性，因此不存在 Ti^{2+}溶液，但存在 Ti^{2+}晶体；在个别配位化合物中，钛也可以呈现低氧化态 0 和−1。

钛元素电势图如图 20.10 所示。

1. 钛单质

金属钛呈银白色，其密度为 4.54 $g \cdot cm^{-3}$，比铁（7.9 $g \cdot cm^{-3}$）小，但机械强度与之相似（其强度/质量比是金属材料中最大的）；熔点、沸点高，熔点为 1680℃，在 600℃时，钛合金仍保持高强度；具有极强的抗腐蚀作用，无论在常温还是加热下，或在任意浓度的硝酸中均

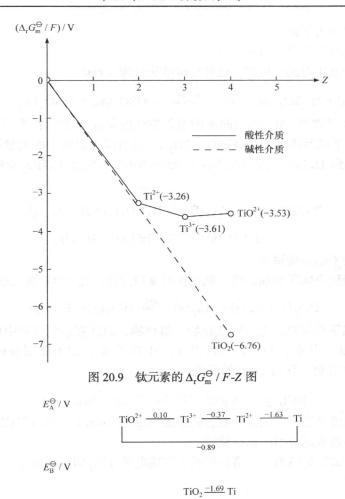

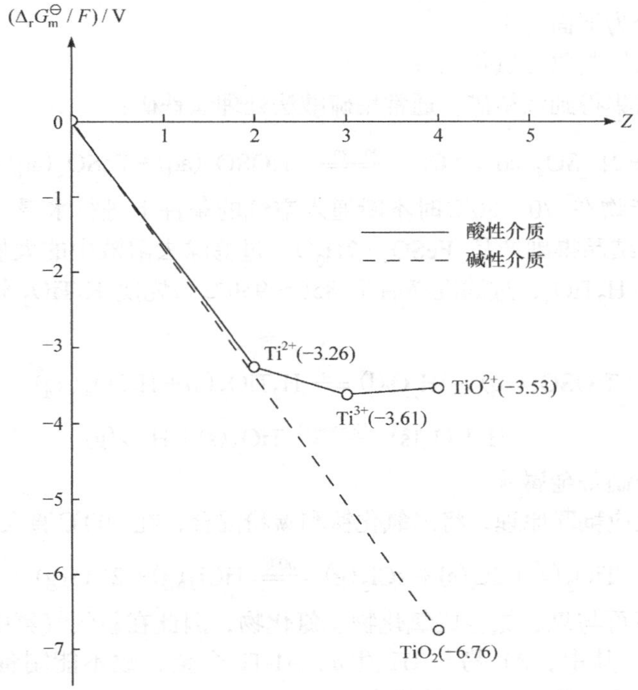

图 20.9　钛元素的 $\Delta_r G_m^{\ominus} / F\text{-}Z$ 图

$E_A^{\ominus}$ / V

$$TiO^{2+} \xrightarrow{0.10} Ti^{3+} \xrightarrow{-0.37} Ti^{2+} \xrightarrow{-1.63} Ti$$

（TiO^{2+} 至 Ti：−0.89）

$E_B^{\ominus}$ / V

$$TiO_2 \xrightarrow{-1.69} Ti$$

图 20.10　钛元素电势图

不被腐蚀，高温时才与氧、氮、氯作用。纯钛可塑性极好，能与铁、铝、钒或钼等其他物质熔成合金，造出高强度的轻合金。因此，钛在各方面有着广泛的应用，包括航天器及其发动机、石油化工、农产食品、医学器械、日用品等。钛的密度与人的骨骼相近，与人体内有机物不发生化学反应，且亲和力强，易为人体所容纳，对任何消毒方式都能适应，因而常用于接骨、制造人工关节等，常称其为生物金属。此外，钛或钛合金还具有特殊的记忆功能（如 Ti-Ni 合金）、超导功能（如 Nb-Ti 合金）和储氢功能（如 Ti-Mn、Ti-Fe 等合金）。

从 $\Delta_r G_m^{\ominus} / F\text{-}Z$ 图和元素电势图看，钛是还原性很强的金属，但因其表面易形成致密、钝性的氧化物膜，因此具有优良的抗腐蚀性，特别是对海水的抗腐蚀性很强。常温下钛不活泼，但高温能与许多非金属如 H_2、X_2、O_2、N_2、C、B、Si、S 等直接生成很稳定的填隙式化合物，还能与 Al、Sb、Be、Cr、Fe 等生成填隙式化合物或金属间化合物。室温下钛不与无机酸反应，但溶于热 HCl 和热 HNO_3。钛不与热碱反应，钛的最好溶剂是氢氟酸或含 F^- 的酸，溶解的原因为氟离子与 Ti(Ⅳ)配位生成$[TiF_6]^{2-}$，导致电极电势明显降低。

金属钛的熔点高，高温下才会与空气、氧气、氮气、碳和氢气反应，生产成本较高，因此价格昂贵。

钛的冶炼主要分为下面几步。

1)钛铁矿酸化水解制取二氧化钛

首先用磁选法富集得到钛精矿，通常用硫酸法处理钛铁矿：

$$FeTiO_3(s) + 2H_2SO_4(aq, >80\%) \xlongequal{70\sim80^\circ C} TiOSO_4(aq) + FeSO_4(aq) + 2H_2O(l)$$

将得到的固体产物在 70～80℃时不断通入空气的条件下进行水浸，同时加入铁屑防止 Fe^{2+}被氧化，低温下结晶得副产品 $FeSO_4 \cdot 7H_2O$。过滤除去溶液中的大量铁后，稀释、加热使 $TiOSO_4$ 水解得到 H_2TiO_3，过滤洗涤后于 850～950℃煅烧使 H_2TiO_3 分解，得纯度 97%以上的 TiO_2：

$$TiOSO_4(aq) + 2H_2O(l) \xlongequal{\triangle} H_2TiO_3(s) + H_2SO_4(aq)$$

$$H_2TiO_3(s) \xlongequal{850\sim950^\circ C} TiO_2(s) + H_2O(g)$$

2)通过氧化物来制备金属钛

工业上，利用反应耦联原理，将二氧化钛和碳粉混合，在 600℃通入氯气而制得 $TiCl_4$：

$$TiO_2(s) + 2C(s) + 2Cl_2(g) \xlongequal{600^\circ C} TiCl_4(g) + 2CO(g)$$

由于钛在高温下可与氧、氮生成氧化物、氮化物，因此在氩气气氛中用镁、钠或铝还原 $TiCl_4$，得到金属钛。其中，Al 易与 Ti 生成 Al-Ti 合金，故不能制备纯钛，但可生产含 Ti 70% 以下的铝钛合金。镁与 $TiCl_4$ 的反应为

$$TiCl_4(g) + 2Mg(l) \xlongequal{800^\circ C,\ Ar} Ti(s) + 2MgCl_2(s)$$

采用盐酸浸取或高温蒸发的方法除去残余的 Mg 和 $MgCl_2$，得海绵状钛，进一步在惰性气氛下通过电弧熔融或感应熔融制得钛锭。

或者以熔融 $CaCl_2$ 为溶剂，在惰性气氛中直接电解 TiO_2 即可获得金属钛，此方法可大大降低钛的生产成本。

2. 钛的化合物

1)二氧化钛

钛的氧化物在化学上和工业上引起重视的主要是 TiO_2，纯净的 TiO_2 是白色固体，又称钛白粉。它在油漆中用作白色颜料，这是因为其具有高遮盖率、相对化学稳定性等特点以及钛资源的相对高丰度；也可用于纸张填充剂和陶瓷工业。由于它兼有锌白(ZnO)的持久性和铅白[$2PbCO_3 \cdot Pb(OH)_2$]的遮盖性，而且无毒，因此在高级化妆品中作增白剂。TiO_2 是半导体。TiO_2 粒子具有无毒、廉价、催化活性高、稳定性好等特点，成为目前多相光催化反应最常用的催化剂。作为光催化剂，TiO_2 光触媒在光线作用下产生强烈催化降解功能。例如，能有效地降解空气中的有毒有害气体；能有效杀灭多种细菌，抗菌率高达 99.99%，并能将细菌或真菌释放出的毒素分解及无害化处理；还具备除臭、抗污等功能。

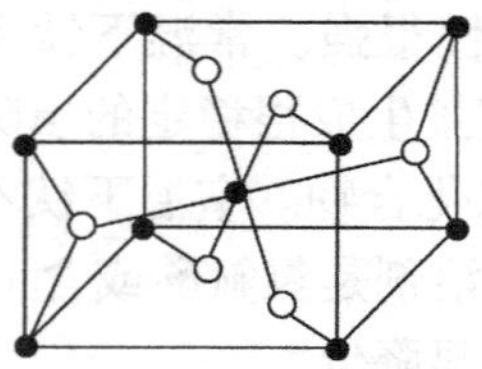

图 20.11　金红石型 TiO_2 的结构

自然界中，TiO_2 有三种晶型，分别为金红石、锐钛矿和板钛矿，最常见的是金红石型。在 TiO_2 的三种晶型中，钛都采取六配位八面体结构。其中金红石型 TiO_2 的结构如图 20.11 所示，为典型的 MX_2 型晶体结构，属于简单四方晶系($a = b \neq$

c，$\alpha=\beta=\gamma=90°$)。氧原子呈畸变的六方密堆积，钛原子占据一半的八面体空隙，而氧原子周围有 3 个近于正三角形配位的钛原子，所以钛和氧的配位数分别为 6 和 3。自然界中的金红石是红色或桃红色晶体，有时因含微量的 Fe、Nb、Ta、Sn、Cr 等杂质而呈黑色。

TiO_2 可以通过浓硫酸处理钛铁矿的方法制备，还可以在 650～750℃下，使四氯化钛与干燥的氧气发生反应得到：

$$TiCl_4(g)+O_2(g) \xlongequal{650\sim750℃} TiO_2(s)+2Cl_2(g)$$

TiO_2 难溶于水，为两性化合物。能溶于氢氟酸和热的浓 H_2SO_4 中，也可溶于热的浓碱溶液或熔融碱中生成偏钛酸盐：

$$TiO_2(s)+6HF(aq) \xlongequal{} H_2TiF_6(aq)+2H_2O(l)$$

$$TiO_2(s)+2H_2SO_4(aq,浓) \xlongequal{} Ti(SO_4)_2(aq)+2H_2O(l)$$

$$TiO_2(s)+2KOH(aq,浓) \xlongequal{\triangle} K_2TiO_3(s)+H_2O(l)$$

另外，TiO_2 还可与熔融状态的 MgO、$BaCO_3$ 等碱性化合物作用，生成偏钛酸盐：

$$TiO_2+MgO \xlongequal{熔融} MgTiO_3$$

$$TiO_2+BaCO_3 \xlongequal{熔融} BaTiO_3+CO_2(g)$$

$BaTiO_3$ 具有高的介电常数，可用来制作微型电容。其还是一种压电材料，受压时两端产生电势差，曾广泛用于超声波发生装置中。

2) 四氯化钛和三氯化钛

四氯化钛($TiCl_4$)是一种无色、发烟液体，有刺激性气味，熔点 −23.2℃，沸点 136.4℃。$TiCl_4(s)$是分子晶体，在溶液中不存在 Ti^{4+}，而只有钛氧基离子 TiO^{2+}。常温下，$TiCl_4$ 极易水解，暴露在空气中会冒白烟：

$$TiCl_4(l)+3H_2O(l) \xlongequal{} TiO_2\cdot H_2O(s)+4HCl(g)$$

前已叙述，工业上由二氧化钛、碳粉与氯气反应制备四氯化钛。为防止 $TiCl_4$ 水解，所有反应物和产物都要严格除水。

TiO_2 与 $COCl_2$、$SOCl_2$ 或 CCl_4 等氯化试剂反应也可得到 $TiCl_4$：

$$TiO_2(s)+CCl_4(g) \xlongequal{500℃} TiCl_4(g)+CO_2(g)$$

四氯化钛是钛的一种重要化合物，以它为原料，可以制备一系列钛化合物和金属钛。

三氯化钛($TiCl_3$)是紫色晶体，易潮解，熔点 440℃(分解)，溶于水和乙醇。在 800℃用氢气还原干燥的气态 $TiCl_4$，可得 $TiCl_3$ 粉末，也可以用锌粉作还原剂：

$$2TiCl_4(g)+H_2(g) \xlongequal{800℃} 2TiCl_3(s)+2HCl(g)$$

$$2TiCl_4(g)+Zn(s) \xlongequal{\triangle} 2TiCl_3(s)+ZnCl_2(s)$$

单质钛在加热情况下与盐酸反应得 $TiCl_3$ 紫红色溶液。从 $TiCl_3$ 水溶液可析出 $TiCl_3\cdot 6H_2O$ 的紫色晶体，其配合物构成为$[Ti(H_2O)_6]Cl_3$。若用乙醚从 $TiCl_3$ 的饱和溶液中萃取，可得 $TiCl_3\cdot 6H_2O$ 绿色晶体，其配合物构成为$[Ti(H_2O)_5Cl]Cl_2\cdot H_2O$。两者互为水合异构。

由钛元素电势图(图 20.10)可知：$E^{\ominus}(TiO^{2+}/Ti^{3+})=0.10\ V$，空气中的氧都可以把 Ti^{3+}氧化为 TiO^{2+}，因此 $TiCl_3$ 溶液应在酸性条件下保存于棕色瓶中。

利用 Ti(Ⅲ)的还原性，可分析钛铁矿中钛的含量，首先用 H_2SO_4-HCl 溶液溶解试样，然后加入 Al 片，将 Ti(Ⅳ)还原为 Ti(Ⅲ)，然后以 NH_4SCN 为指示剂，采用 $FeCl_3$ 溶液滴定：

$$3TiO^{2+}(aq) + Al(s) + 6H^+(aq) = 3Ti^{3+}(aq) + Al^{3+}(aq) + 3H_2O(l)$$

$$Ti^{3+}(aq) + Fe^{3+}(aq) + H_2O(l) = TiO^{2+}(aq) + Fe^{2+}(aq) + 2H^+(aq)$$

$TiCl_3$ 和 $TiCl_4$ 都是路易斯酸，可以用作某些有机合成反应的催化剂。

3) 钛(Ⅳ)的配合物

Ti^{4+} 具有较高的正电荷和较小的半径(68 pm)，因此极化力很强，在水溶液中不存在简单的水合离子 Ti^{4+}，而是以钛氧离子 TiO^{2+} 的形式存在；TiO^{2+} 与过氧化氢作用呈现特征的颜色，在强酸性溶液中显红色，在稀酸或中性溶液中显橙黄色。这一灵敏的显色反应可用于钛或过氧化氢的比色分析：

$$TiO^{2+}(aq) + H_2O_2(l) = [TiO(H_2O_2)]^{2+}(aq)$$

20.2.3 钒

钒(vanadium)是地球上广泛分布的微量元素，在地壳中的含量居第 20 位，其丰度为 0.012%。钒的主要矿物有绿硫钒石(VS_2)、钒铅矿[$Pb_5(VO_4)_3Cl$]、钒酸钾铀矿[$K_2(UO_2)_2(VO_4)_2 \cdot 3H_2O$]、钒云母[$KV_2(AlSi_3O_{10})(OH)_2$]等。V(Ⅲ)经常和铁矿混生，如钒钛铁矿。

钒元素位于周期表ⅤB 族(第 5 族)，原子的价层电子构型为 $3d^34s^2$，五个电子均可参与成键，因此其最稳定的氧化态是+5，其他氧化态还有+4、+3、+2，在配位化学中还能形成+1、0、−1 等氧化态。钒的不同氧化态水合离子具有不同的颜色，如 $V^{2+}(aq)$ 呈紫色、$V^{3+}(aq)$ 呈绿色、$VO^{2+}(aq)$ 呈蓝色、$VO_2^+(aq)$ 呈黄色。

图 20.12 为钒元素的电势图。

$E_A^\ominus$ / V

$$VO_2^+ \xrightarrow{1.00} VO^{2+} \xrightarrow{0.361} V^{3+} \xrightarrow{-0.255} V^{2+} \xrightarrow{-1.18} V$$

$E_B^\ominus$ / V

$$HV_6O_{17}^{3-} \xrightarrow{-1.15} V$$

图 20.12 钒元素电势图

1. 钒单质

钒是高熔点金属之一，呈浅灰色，有延展性，质坚硬，无磁性。金属钒本身用途很少，主要用于制造合金和特种钢。在结构钢中加入 0.1%的钒，强度能提高 10%～20%，钒钢具有强度大、弹性好、抗磨损、抗冲击等优点，因此它是汽车和飞机制造业中的重要材料。此外，钒也能制作钒电池(全钒氧化还原液流电池)，是一种活性物质呈循环流动液态的氧化还原电池。它具有特殊的电池结构，充电迅速，比能量高，价格低廉，应用领域广阔，可制作机场、大厦备用电源以及太阳能等清洁发电系统的配套储能装置。

由钒的电极电势数据看，金属钒应是活泼的金属，但由于其表面钝化，常温下不活泼，不与强碱反应，也不与氢氟酸以外的非氧化性酸发生反应，但溶于氢氟酸、浓硫酸、硝酸和王水。钒溶于氢氟酸的原因是其与 HF 反应生成配合物：

$$2V(s) + 12HF(aq) = 2H_3VF_6(aq) + 3H_2(g)$$

钒在 660℃以上可以被氧化成五氧化二钒：

$$4V(s)+5O_2(g) \xlongequal{\triangle} 2V_2O_5(s)$$

高温下钒能与大多数非金属反应。例如

$$V(s)+2Cl_2(g) \xlongequal{\triangle} VCl_4(l)$$

钒也能与熔融的苛性碱作用。

钒的冶炼一般是从钒钛磁铁矿中提取钒，主要有火法（间接法）和湿法（直接法）两种方法，直接法具有流程短、钒回收率高的优点，但间接法可以处理含钛而钒品位低的矿石。

目前已经研究了多种方法制取金属钒，其中最有前途的是氧化物的真空碳热还原法：

$$V_2O_3(s)+3C(s) \xlongequal{\triangle} 2V(s)+3CO(g)$$

2. 钒的化合物

1）钒的氧化物

金属钒与氧作用，生成一系列氧化物，同时还形成固溶体，钒-氧体系复杂，存在多种组成不同的氧化物，包括 V_2O_5、VO、VO_2、V_2O_3 等。

V_2O_5 为钒的重要化合物之一，显橙色到红棕色或砖红色，无臭，无味，有毒。将金属钒、钒的低价氧化物、偏钒酸铵及钒的氮化物、硫化物在空气中加热，其最终产物都是 V_2O_5。接触法制硫酸过程中，V_2O_5 是 SO_2 氧化为 SO_3 的催化剂，V_2O_5 加在玻璃中还可防止紫外线透过。V_2O_5 是钒酸 H_3VO_4 及偏钒酸 HVO_3 的酸酐，以偏钒酸铵在 500～550℃下分解所得到的 V_2O_5 纯度最好：

$$2NH_4VO_3(s) \xlongequal{\triangle} V_2O_5(s)+2NH_3(g)+H_2O(g)$$

这样得到的 V_2O_5 是橙黄色的粉末，而加稀硫酸到 NH_4VO_3 的溶液中得到的是砖红色的 V_2O_5 沉淀。

三氯氧钒水解也可得 V_2O_5：

$$2VOCl_3(s)+3H_2O(l) = V_2O_5(s)+6HCl(aq)$$

V_2O_5 微溶于水（溶解度约 0.07 $g \cdot L^{-1}$），生成一种淡黄色的酸性溶液。V_2O_5 是两性偏酸的氧化物，在酸中、碱中都可溶，溶于碱中可得到钒酸盐，溶于 pH＜1.0 的强酸能生成淡黄色的二氧基钒阳离子 VO_2^+。

$$V_2O_5(s)+2NaOH(aq) = 2NaVO_3(aq)+H_2O(l)$$

$$V_2O_5(s)+4NaOH(aq) = Na_4V_2O_7(aq)+2H_2O(l)$$

$$V_2O_5(s)+6NaOH(aq) = 2Na_3VO_4(aq)+3H_2O(l)$$

$$V_2O_5(s)+H_2SO_4(aq) = (VO_2)_2SO_4(aq)+H_2O(l)$$

V_2O_5 具有较强的氧化性，被还原的程度与所使用的还原剂和其他反应条件有关，还原产物可以是 VO_2、V_2O_3、VO 或金属钒。

VO_2 是一种新型热敏材料，为深蓝色晶体结构。VO_2 以其迅速和突然的相变而显得与众不同。其晶体在 68℃附近会发生由低温单斜相转变为高温四方相的相变过程，并伴随着电阻率、磁化率、红外光反射和透过率的突变。VO_2 所具有的导电特性让其在光器件、电子装置和光电设备中具有广泛的应用潜力。

要制备符合化学计量的 VO_2 是较困难的，较好的方法是将 V_2O_5 和 V_2O_3 按化学计量的比例混合，在真空中加热到 750～800℃，经 40～60 h 得到。

VO_2 是两性化合物，它几乎同等程度地溶于酸和碱，在强碱性介质中存在亚钒酸根离子 VO_4^{4-}，VO_2 溶于硝酸以外的酸时，在溶液中得到蓝色的 VO^{2+}，但这种溶液暴露于空气中会变为绿色。

2) 钒酸盐和多钒酸盐

由于钒(Ⅴ)电荷高且半径小，因此溶液中不存在 V^{5+}，主要以钒酸盐和各种多钒酸盐阴离子形式存在。钒酸盐包括正钒酸盐、焦钒酸盐、偏钒酸盐及多钒酸盐，其中偏钒酸盐最稳定，焦钒酸盐次之，正钒酸盐较少，因为正钒酸根离子 VO_4^{3-} 为四面体结构，但 V—O 键较弱，可迅速缩合，生成焦钒酸盐：

$$2Na_3VO_4(aq) + H_2O(l) \rightleftharpoons Na_4V_2O_7(aq) + 2NaOH(aq)$$

在沸腾的溶液中，焦钒酸盐转化为偏钒酸盐：

$$V_2O_7^{4-}(aq) + H_2O(l) \rightleftharpoons 2VO_3^-(aq) + 2OH^-(aq)$$

因此，简单的正钒酸根离子只存在于强碱性溶液中。这些反应是可逆的，向正钒酸盐中加酸除去 NaOH，会生成不同聚合度的多钒酸盐，而且 pH 越小，聚合度越高。例如，1 $mol \cdot dm^{-3}$ 的 VO_4^{3-} 溶液，其存在形式随 pH 的变化过程如下(箭头上方为 pH)：

$$VO_4^{3-} \xrightarrow{13.5} [V_2O_7]^{4-} \xrightarrow{9.5} [V_3O_9]^{3-} \xrightarrow{7.0} [V_{10}O_{28}]^{6-} \xrightarrow{2.0} V_2O_5 \xrightarrow{0.5} VO_2^+$$

无色　　无色　　无色　　橘红色　　砖红色　　淡黄色

在一定条件下，还可能存在$[HVO_4]^{2-}$、$[H_2VO_4]^-$、$[V_4O_{12}]^{4-}$、$[H_2V_{10}O_{28}]^{4-}$等。

由标准电极电势 $E_A^\ominus(VO_2^+/VO^{2+}) = 1.0\ V$ 可知，在酸性介质中，钒酸盐是一个中强氧化剂，VO_2^+ 可以被 Fe^{2+}、草酸等还原剂还原为 VO^{2+}，这些反应可用于氧化还原滴定法测定钒。

$$VO_2^+(aq)(\text{黄色}) + Fe^{2+}(aq) + 2H^+(aq) = VO^{2+}(aq)(\text{蓝色}) + Fe^{3+}(aq) + H_2O(l)$$

$$2VO_2^+(aq) + H_2C_2O_4(aq) + 2H^+(aq) = 2VO^{2+}(aq) + 2CO_2(g) + 2H_2O(l)$$

有些强还原剂(如 Zn 粉)能将 VO_2^+ 还原为 V^{2+}，从而使溶液的颜色由黄色逐渐转变为蓝色、绿色和紫色这样丰富多彩的颜色。

$$VO_2^+(aq) + Zn(s) + 4H^+(aq) = V^{3+}(aq)(\text{绿色}) + Zn^{2+}(aq) + 2H_2O(l)$$

$$2VO_2^+(aq) + 3Zn(s) + 8H^+(aq) = 2V^{2+}(aq)(\text{紫色}) + 3Zn^{2+}(aq) + 4H_2O(l)$$

20.2.4 铬

铬(chromium)在地壳中的丰度为 0.0102%，居第 21 位。铬的主要矿物有铬铁矿 $FeCr_2O_4(FeO \cdot Cr_2O_3)$、铬铅矿$(PbCrO_4)$和铬赭石矿$(Cr_2O_3)$。绿宝石和红宝石的颜色归因于其内含微量的铬。

铬元素位于周期表第ⅥB 族(第 6 族)，原子基态价层电子构型是 $3d^54s^1$。由铬的 $\Delta_rG_m^\ominus/F\text{-}Z$ 图可见，它的最高氧化态是+6；由于 d 电子可以部分或全部参与成键，从而表现出具有多种氧化态的特性，常见氧化态是+6、+3、+2，在某些配合物中，铬还可出现低氧化态。

1. 铬单质

铬是银白色金属，硬度大(莫氏硬度 8.5)，耐腐蚀，熔点高、沸点高。在常温下，铬化学性质稳定，与许多物质都不反应，在潮湿空气中不会被腐蚀，能保持光亮的金属光泽。因此在金属上铬镀可以防锈，坚固美观。铬大多用于制造不锈钢(铬含量为 12%～14%)，用于汽车零件、厨房用具等的制造。纯铬用于制造不含铁的合金、金属陶瓷、电镀层等，同时在化工设备的制造中占重要地位。

图 20.13 为铬元素的 $\Delta_r G_m^{\ominus}/F$-Z 图，图 20.14 为铬元素电势图。由图可知，铬为活泼金属，但由于表面钝化，常温下铬不活泼，钝化可以在空气中迅速发生，生成绿色的 Cr_2O_3。由于其表面致密的氧化物薄膜，铬不溶于浓硝酸和王水。但常温下铬能慢慢地溶于稀盐酸、稀硫酸，生成蓝色溶液。高温时铬活泼，可与多种非金属，如卤素、O_2、S、C、N_2 等直接化合，一般生成 Cr(Ⅲ)化合物。高温时可与酸反应，熔融时也可与碱反应，生成铬酸盐。

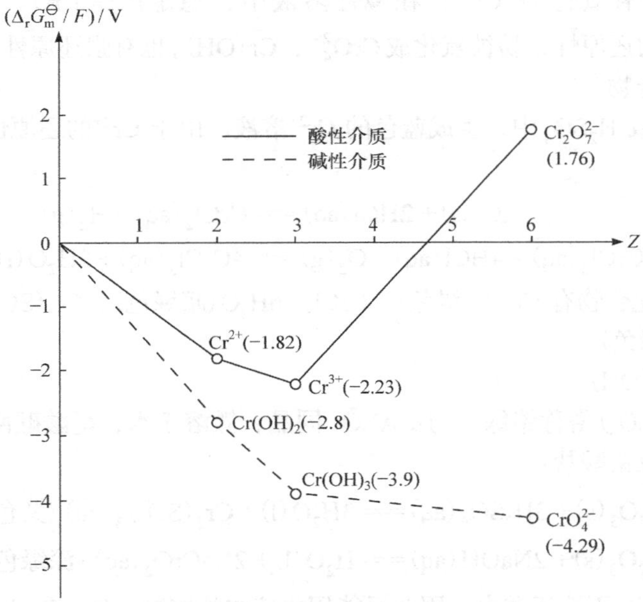

图 20.13　铬元素的 $\Delta_r G_m^{\ominus}/F$-Z 图

$E_A^{\ominus}$/V

$$Cr_2O_7^{2-} \xrightarrow{1.33} Cr^{3+} \xrightarrow{-0.41} Cr^{2+} \xrightarrow{-0.91} Cr$$

(Cr^{3+} — Cr: −0.74)

$E_B^{\ominus}$/V

$$CrO_4^{2-} \xrightarrow{-0.13} Cr(OH)_3 \xrightarrow{-1.1} Cr(OH)_2 \xrightarrow{-1.4} Cr$$

图 20.14　铬元素电势图

金属铬可以通过铬铁矿 $FeCr_2O_4$ 制取，用焦炭还原即可制得铬铁合金，此合金可直接用作添加剂生成硬质和“不锈”的铬钢。

$$FeCr_2O_4(s) + 4C(s) \xlongequal{\triangle} Fe(s) + 2Cr(s) + 4CO(g)$$

不含铁的铬金属，可用铝还原 Cr_2O_3 制备。先将铬铁矿与 Na_2CO_3 熔融煅烧，生成水溶性的铬酸盐（铁转换为不溶的 Fe_2O_3），用水将生成的铬酸钠浸取出来，酸化得重铬酸钠，使之析出，加热用碳将铬酸盐还原为 Cr_2O_3，再用铝将 Cr_2O_3 还原为金属铬。主要反应为

$$4FeCr_2O_4(s) + 8Na_2CO_3(l) + 3O_2(g) \xlongequal{\text{熔融}} 8Na_2CrO_4(s) + 2Fe_2O_3(s) + 8CO(g)$$

$$2CrO_4^{2-}(aq) + 2H^+(aq) \xlongequal{\quad} Cr_2O_7^{2-}(aq) + H_2O(l)$$

$$Na_2Cr_2O_7(s) + 2C(s) \xlongequal{\triangle} Cr_2O_3(s) + Na_2CO_3(s) + CO(g)$$

$$Cr_2O_3(s) + 2Al(s) \xlongequal{\triangle} 2Cr(s) + Al_2O_3(s)$$

2. 铬的化合物

由铬元素的 $\Delta_r G_m^{\ominus} / F\text{-}Z$ 图（图 20.13）的斜率（$E^{\ominus}$）可以看出，在酸性溶液中，Cr^{3+}位于“谷底”，是热力学最稳定态，而 $Cr_2O_7^{2-}$ 具有强氧化性，易被还原为 Cr^{3+}，Cr^{2+}则具有强还原性，可被空气中的氧氧化为 Cr^{3+}；在碱性溶液中，稳定态是 CrO_4^{2-}，其氧化性弱，而 $Cr(OH)_3$ 具有较强的还原性，易被氧化成 CrO_4^{2-}，$Cr(OH)_2$ 也有强还原性，不能稳定存在。

1）铬（Ⅲ）的化合物

铬溶于稀 HCl 或 H_2SO_4 中，生成蓝色的 Cr^{2+}溶液，由于 Cr^{2+}的还原性，很快被氧化为蓝紫色的 Cr^{3+}溶液：

$$Cr(s) + 2HCl(aq) \xlongequal{\quad} CrCl_2(aq) + H_2(g)$$

$$4CrCl_2(aq) + 4HCl(aq) + O_2(g) \xlongequal{\quad} 4CrCl_3(aq) + 2H_2O(l)$$

常见的 Cr（Ⅲ）化合物有 Cr_2O_3（绿色）、$CrCl_3 \cdot 6H_2O$（暗绿色）、$Cr_2(SO_4)_3 \cdot 18H_2O$（紫色）、$Cr_2(SO_4)_3 \cdot 6H_2O$（绿色）。

（1）Cr_2O_3 和 $Cr(OH)_3$。

三氧化二铬（Cr_2O_3）俗称铬绿，与 $\alpha\text{-}Al_2O_3$ 同晶，微溶于水，呈酸碱两性，溶于酸生成铬盐，溶于强碱生成亚铬酸盐：

$$Cr_2O_3(s) + 3H_2SO_4(aq) \xlongequal{\quad} 3H_2O(l) + Cr_2(SO_4)_3(aq)\ (\text{紫色})$$

$$Cr_2O_3(s) + 2NaOH(aq) \xlongequal{\quad} H_2O(l) + 2NaCrO_2(aq)\ (\text{深绿色})$$

被灼烧过的 Cr_2O_3 不溶于酸中，因此只能用焦硫酸盐熔融，使它转化为可溶性铬盐：

$$Cr_2O_3 + 3K_2S_2O_7 \xlongequal{\text{熔融}} 3K_2SO_4 + Cr_2(SO_4)_3$$

$Cr(OH)_3$ 也具有两性，与 $Al(OH)_3$ 相似。$Cr(OH)_3$ 在溶液中存在如下平衡：

$$\underset{(\text{蓝紫色})}{Cr^{3+}} \underset{H^+}{\overset{OH^-}{\rightleftharpoons}} \underset{(\text{绿色})}{Cr(OH)_3} \underset{H^+}{\overset{OH^-}{\rightleftharpoons}} \underset{(\text{亮绿色})}{[Cr(OH)_4]^-}$$

当加热$[Cr(OH)_4]^-$溶液时，由于$[Cr(OH)_4]^-$水解，重新生成 $Cr(OH)_3$ 沉淀，而$[Al(OH)_4]^-$在热溶液中是相当稳定的，说明 $Cr(OH)_3$ 的酸性很弱。

$$Cr(OH)_3(s) + 3H^+(aq) \xlongequal{\quad} Cr^{3+}(aq) + 3H_2O(l)$$

$$Cr(OH)_3(s) + OH^-(aq) \xlongequal{\quad} [Cr(OH)_4]^-(aq)\ \text{或}\ CrO_2^-(aq) + 2H_2O(l)$$

向 Cr^{3+}的溶液中滴加氨水，将生成 $Cr(OH)_3$ 沉淀，当氨水过量时，沉淀可以溶解，生成$[Cr(NH_3)_6]^{3+}$，但不能反应完全，Cr^{3+}只能在液氨中才能完全生成$[Cr(NH_3)_6]^{3+}$。因此，分离

Cr^{3+}和 Al^{3+}，不采用只加氨水的方法，而是在加氨水的同时加入过氧化氢，先将 Cr(Ⅲ)氧化成 Cr(Ⅵ)。

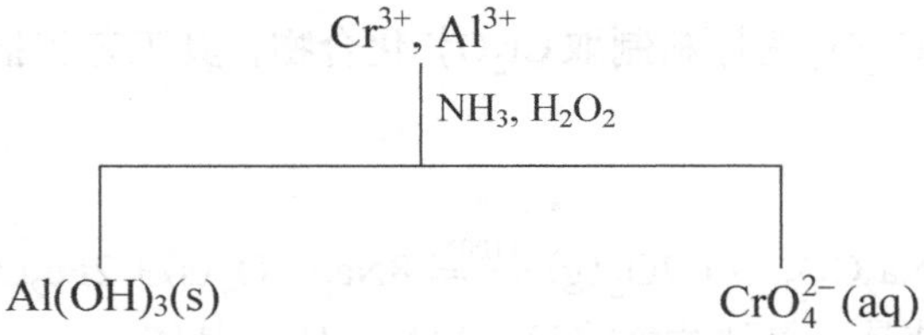

(2)盐类和配合物。

常见的铬(Ⅲ)盐有氯化铬、硫酸铬和铬钾矾。这些盐类多带结晶水，与相应铝盐的结晶水数目相同：

$CrCl_3 \cdot 6H_2O$	$AlCl_3 \cdot 6H_2O$
$Cr_2(SO_4)_3 \cdot 18H_2O$	$Al_2(SO_4)_3 \cdot 18H_2O$
$K_2SO_4 \cdot Cr_2(SO_4)_3 \cdot 24H_2O$	$K_2SO_4 \cdot Al_2(SO_4)_3 \cdot 24H_2O$

铬(Ⅲ)在碱性溶液中有较强的还原性，可被过氧化氢氧化成铬酸盐：

$$2[Cr(OH)_4]^-(aq) + 3H_2O_2(aq) + 2OH^-(aq) = 2CrO_4^{2-}(aq) + 8H_2O(l)$$

(绿色)　　　　　　　　　　　　(黄色)

在酸性溶液中，只有强氧化剂(如 PbO_2、$KMnO_4$)才能将 Cr^{3+}氧化成重铬酸盐：

$$2Cr^{3+}(aq) + 3PbO_2(aq) + H_2O(l) = Cr_2O_7^{2-}(aq) + 3Pb^{2+}(aq) + 2H^+(aq)$$

$$10Cr^{3+}(aq) + 6MnO_4^-(aq) + 11H_2O(l) = 5Cr_2O_7^{2-}(aq) + 6Mn^{2+}(aq) + 22H^+(aq)$$

Cr^{3+}特征电子构型为 $3d^3$，有两个空的 3d 轨道，易与 H_2O、NH_3、Cl^-、CN^-、$C_2O_4^{2-}$等生成 d^2sp^3 型的八面体形配合物。

Cr(Ⅲ)配合物大多显色。由于制备方法不同，往往同一种化学式的物质有不同的结构、不同的状态。例如，$CrCl_3 \cdot 6H_2O$ 中的水分子可以被其他配体取代，形成多种异构体。它有三种水合异构体，这三种晶体在一定条件下又会相互转化。它们因含配体不同而呈现不同颜色。

$[Cr(H_2O)_6]Cl_3$	$[Cr(H_2O)_5Cl]Cl_2 \cdot H_2O$	$[Cr(H_2O)_4Cl_2]Cl \cdot 2H_2O$
紫色	浅绿色	蓝绿色

在用 NH_3-NH_4Cl 处理$[Cr(H_2O)_6]^{3+}$溶液时，随着 $NH_3 \cdot H_2O$ 量的加入，$[Cr(H_2O)_6]^{3+}$内界中的水逐步被 NH_3 取代后，配离子的颜色会发生紫色→紫红→橙红色→橙黄色→黄色的变化。这是由于 NH_3是比 H_2O 更强的配位体，当 NH_3 逐步取代 H_2O 后，导致晶体场分裂能增大，发生 d-d 跃迁所需光能量相应增加(波长蓝移)，观察到的颜色为其互补色，发生红移。

2)铬(Ⅵ)的化合物

重要的 Cr(Ⅵ)化合物有铬酸钾 K_2CrO_4、重铬酸钾 $K_2Cr_2O_7$ 及铬酸钠 Na_2CrO_4、三氧化铬 CrO_3 等。其中，重铬酸钾是铬的重要盐类，为橙红色晶体，俗称红钾矾。重铬酸钾不含结晶水，低温时溶解度小，易提纯，所以常用作定量分析中的基准物质。它是一种重要的氧化剂，在酸性溶液中有强氧化性，常用于化学分析；在工业上还大量用于鞣革、印染、电镀和医药等方面。

用重铬酸钾与浓硫酸可配成铬酸洗液，它具有强氧化性，是玻璃器皿的高效洗涤剂，多次使用后，转变为绿色(Cr^{3+})而失效。由于铬(Ⅵ)是致癌物，铬酸洗液已不常使用。

向重铬酸盐浓溶液中加入浓硫酸，可以析出橙红色的三氧化铬晶体：

$$Cr_2O_7^{2-}(aq) + H_2SO_4(aq) = SO_4^{2-}(aq) + 2CrO_3(s) + H_2O(l)$$

工业上以铬铁矿 $FeCr_2O_4$ 为原料制取 $Cr_2O_7^{2-}$ 化合物，其工艺包括碱溶氧化、酸化转化的过程。

(1) 碱溶氧化：

$$4FeCr_2O_4(s) + 8Na_2CO_3(l) + 7O_2(g) \xlongequal{1100℃} 8Na_2CrO_4(s) + 2Fe_2O_3(s) + 8CO_2(g)$$

用水浸取，浓缩，结晶，得到黄色的 $Na_2CrO_4 \cdot xH_2O$ 晶体。

(2) 酸化并用 KCl 复分解：

$$2Na_2CrO_4(s) + H_2SO_4(aq) = Na_2Cr_2O_7(aq) + Na_2SO_4(aq) + H_2O(l)$$

利用 $Na_2Cr_2O_7 \cdot 2H_2O$、Na_2SO_4 溶解度的差异，可以分离、纯化制取 $Na_2Cr_2O_7 \cdot 2H_2O$；再与 KCl 发生复分解反应，可得重铬酸钾($K_2Cr_2O_7 \cdot 2H_2O$)。重铬酸钠易受潮，不能用作定量分析中的基准物质。

下面重点介绍铬酸盐和重铬酸盐的性质。

(i) 重铬酸盐高温下的灼烧分解。

$$4M_2Cr_2O_7(s) \xlongequal{\triangle} 4M_2CrO_4(s) + 2Cr_2O_3(s) + 3O_2(g) \qquad \text{(M 代表+1 价金属)}$$

(ii) 重铬酸盐的强氧化性。由图 20.13 可知，重铬酸盐在酸性溶液中是强氧化剂。$Cr_2O_7^{2-}$ 能氧化 H_2S、H_2SO_3、KI、$FeSO_4$ 等许多物质，本身被还原为 Cr^{3+}，是分析化学中常用的氧化剂之一。例如

$$Cr_2O_7^{2-}(aq) + 6Fe^{2+}(aq) + 14H^+(aq) = 2Cr^{3+}(aq) + 6Fe^{3+}(aq) + 7H_2O(l)$$

$$Cr_2O_7^{2-}(aq) + 6I^-(aq) + 14H^+(aq) = 2Cr^{3+}(aq) + 3I_2(s) + 7H_2O(l)$$

前一反应在分析化学上用于测定 Fe^{2+}。

重铬酸盐在酸性条件下与 H_2O_2 反应，生成蓝色过氧化铬 $CrO(O_2)_2$，用乙醚萃取，乙醚层生成稳定的深蓝色 $CrO(O_2)_2 \cdot O(C_2H_5)_2$，是鉴定 $Cr_2O_7^{2-}$ 的反应(也可用于鉴定 H_2O_2)：

$$Cr_2O_7^{2-}(aq) + 4H_2O_2(aq) + 2H^+(aq) = 2CrO(O_2)_2(aq) + 5H_2O(l)$$

(iii) CrO_4^{2-} 和 $Cr_2O_7^{2-}$ 在溶液中的平衡。CrO_4^{2-} 和 $Cr_2O_7^{2-}$ 在溶液中相互转化，在重铬酸盐的水溶液中存在下列平衡：

$$2CrO_4^{2-}(aq) + 2H^+(aq) \rightleftharpoons Cr_2O_7^{2-}(aq) + H_2O(l) \qquad K^\ominus = 3.1 \times 10^{14}$$

若向溶液中加酸，平衡右移，溶液中以 $Cr_2O_7^{2-}$ 为主，pH = 4.0 时溶液呈橙色；若向溶液中加碱，平衡左移，以 CrO_4^{2-} 为主，pH = 9.0 时溶液为黄色。因此，重铬酸盐在水溶液中水解显酸性，除加酸或加碱使此平衡移动外，还可加入 Ba^{2+}、Pb^{2+}、Ag^+等重金属离子，使平衡向左移动。原因是铬酸盐的溶解度一般比重铬酸盐小，而重金属铬酸盐皆难溶于水。

$$Cr_2O_7^{2-}(aq) + 2Ba^{2+}(aq) + H_2O(l) = 2H^+(aq) + 2BaCrO_4(s) \text{ (黄色)}$$

$$Cr_2O_7^{2-}(aq) + 2Pb^{2+}(aq) + H_2O(l) = 2H^+(aq) + 2PbCrO_4(s) \text{ (黄色)}$$

$$Cr_2O_7^{2-}(aq) + 4Ag^+(aq) + H_2O(l) = 2H^+(aq) + 2Ag_2CrO_4(s) \text{ (砖红色)}$$

【例 20.1】 把 0.10 mol 重铬酸钾溶解于水中，以酸或碱调整溶液 pH，设溶液总体积为 1.0 dm^3，分别求 pH = 1.00 和 pH = 13.00 情况下，溶液中 $Cr_2O_7^{2-}$ 和 CrO_4^{2-} 的浓度。

解 在重铬酸钾水溶液中存在下列平衡：

$$2CrO_4^{2-}(aq) + 2H^+(aq) \rightleftharpoons Cr_2O_7^{2-}(aq) + H_2O(l) \qquad K^\ominus = 3.1\times10^{14}$$

$$K^\ominus = \frac{[c(Cr_2O_7^{2-})/c^\ominus]}{[c(CrO_4^{2-})/c^\ominus]^2[c(H^+)/c^\ominus]^2} = 3.1\times10^{14}$$

$$\frac{[c(Cr_2O_7^{2-})/c^\ominus]}{[c(CrO_4^{2-})/c^\ominus]^2} = 3.1\times10^{14}\times[c(H^+)/c^\ominus]^2 \qquad ①$$

(1) pH = 1.00，$c(H^+) = 0.10\ mol\cdot dm^{-3}$，代入上式，得

$$\frac{[c(Cr_2O_7^{2-})/c^\ominus]}{[c(CrO_4^{2-})/c^\ominus]^2} = 3.1\times10^{14}\times0.10^2 = 3.1\times10^{12} \qquad ②$$

据题意，

$$[c(Cr_2O_7^{2-})/c^\ominus] + 0.5\times[c(CrO_4^{2-})/c^\ominus] = 0.10 \qquad ③$$

联立方程②和③，解得

$$c(Cr_2O_7^{2-}) = 0.10\ mol\cdot dm^{-3},\quad c(CrO_4^{2-}) = 1.8\times10^{-7}\ mol\cdot dm^{-3}$$

(2) pH = 13.00，$c(H^+) = 1.0\times10^{-13}\ mol\cdot dm^{-3}$，代入式①，得

$$\frac{[c(Cr_2O_7^{2-})/c^\ominus]}{[c(CrO_4^{2-})/c^\ominus]^2} = 3.1\times10^{14}\times[c(H^+)/c^\ominus]^2 = 3.1\times10^{14}\times(1.0\times10^{-13})^2 = 3.1\times10^{-12} \qquad ④$$

联立方程③和④，解得

$$c(Cr_2O_7^{2-}) = 1.2\times10^{-13}\ mol\cdot dm^{-3},\quad c(CrO_4^{2-}) = 0.20\ mol\cdot dm^{-3}$$

(iv) 铬酸盐的难溶性

除了碱金属、NH_4^+、Mg^{2+}的铬酸盐外，其余的铬酸盐都难溶于水，但由于铬酸根及重铬酸根的相互转换关系，铬酸盐在强酸中可溶，而溶度积较大的 $SrCrO_4$（$K_{sp}^\ominus \approx 10^{-5}$）甚至能溶于 HAc 中。利用这些性质可进行有关阳离子的分离与鉴定。例如

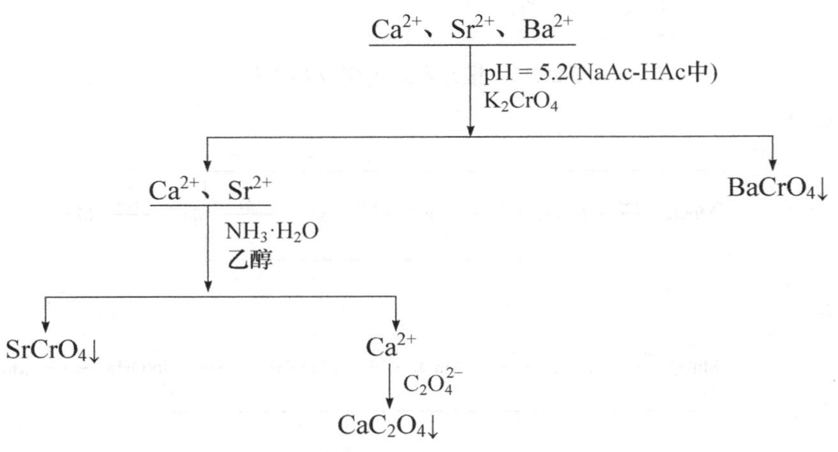

20.2.5　锰

锰（manganese）元素位于周期表的第ⅦB 族（第 7 族），在地壳中的丰度为 0.0950%，居第 12 位，在重金属中，仅次于铁。锰的主要矿物有软锰矿 MnO_2、辉锰矿 $MnOOH$、黑锰矿 Mn_3O_4、水锰矿 $Mn_2O_3 \cdot H_2O$ 及褐锰矿 $3Mn_2O_3 \cdot MnSiO_3$，近年在深海中也发现了锰结核，储量达 10^{12} t。

锰是人体必需的微量元素之一，是多种酶的成分，可促进骨骼生长发育、维持正常的糖代谢、脂肪代谢和脑功能。

锰原子价层电子构型为 $3d^54s^2$。由锰元素的 $\Delta_r G_m^\ominus / F\text{-}Z$ 图（图 20.15）可清楚地看到，在酸性条件下，Mn^{2+} 处于热力学稳定态，Mn^{2+} 具有半充满的 $3d^5$ 结构，而 MnO_4^- 具有强氧化性；碱性条件下，MnO_2 较为稳定，而 $Mn(OH)_2$、$Mn(OH)_3$ 易被氧化。锰元素电势图（图 20.16）也显示同样的结论，但视觉上不如 $\Delta_r G_m^\ominus / F\text{-}Z$ 图直观。

图 20.15　锰元素的 $\Delta_r G_m^\ominus / F\text{-}Z$ 图

$E_A^\ominus$ / V

$$MnO_4^- \xrightarrow{\ 0.56\ } MnO_4^{2-} \xrightarrow{\ 2.26\ } MnO_2 \xrightarrow{\ 0.95\ } Mn^{3+} \xrightarrow{\ 1.51\ } Mn^{2+} \xrightarrow{\ -1.18\ } Mn$$

（上方：1.51；下方：1.695，1.23）

$E_B^\ominus$ / V

$$MnO_4^- \xrightarrow{\ 0.585\ } MnO_4^{2-} \xrightarrow{\ 0.60\ } MnO_2 \xrightarrow{\ -0.25\ } Mn(OH)_3 \xrightarrow{\ 0.15\ } Mn(OH)_2 \xrightarrow{\ -1.55\ } Mn$$

（下方：0.595，-0.05）

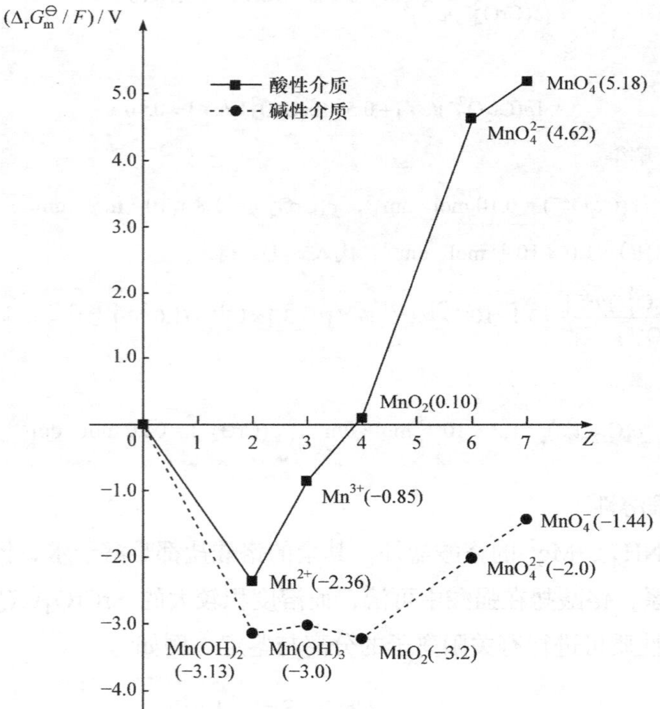

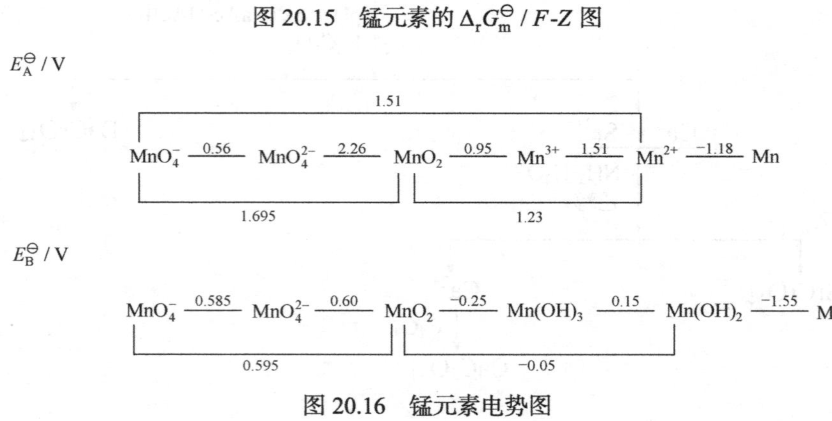

图 20.16　锰元素电势图

1. 锰单质

金属锰是银白色金属，粉末状的锰为灰色，硬度和熔点较高。纯金属锰的用途较少，最重要的用途是制造合金——锰钢。锰钢具有特殊的物化性质，低锰钢像玻璃一样脆，但高锰钢坚硬、富有韧性且高温易加工，因此锰钢常用于军事装备的制造。锰的氧化物可用作电池的电极材料或用于特种陶瓷的制造等。

由锰元素的 $\Delta_r G_m^\ominus / F\text{-}Z$ 图(图 20.15)和电势图(图 20.16)可以看出，单质锰是一种比较活泼的金属，在空气中被氧化，易溶于稀的非氧化性酸中并析出氢气，加热时生成 Mn_3O_4 $(MnO \cdot Mn_2O_3)$，高温下锰可与卤素、硫、碳、磷作用。锰与热水作用生成 $Mn(OH)_2$，并放出氢气：

$$Mn(s) + 2H_2O(l) \xlongequal{\triangle} Mn(OH)_2(s) + H_2(g)$$

生成 $Mn(OH)_2$ 妨碍了进一步反应，但在 NH_4Cl 溶液中，由于 $Mn(OH)_2$ 在溶液中的溶解，使反应可以顺利进行(类似于 Mg)。在氧化剂存在下，锰与熔碱作用，表现出成酸元素的性质：

$$2Mn + 4KOH + 3O_2 \xlongequal{\text{熔融}} 2K_2MnO_4 + 2H_2O$$

锰主要以铁锰合金的形式使用，在鼓风炉或者电弧炉中用焦炭还原适当比例的 MnO_2 和 Fe_2O_3 而制得。用电解熔融 $MnCl_2$ 的方法制备高纯度锰：

$$MnCl_2(l) \xlongequal{\text{电解}} Mn(s) + Cl_2(g)$$

2. 锰的化合物

1)锰(Ⅱ)的化合物

常见的锰(Ⅱ)的化合物有氧化物(MnO)、硫化物(MnS)、卤化物(MnX_2)、氢氧化物[$Mn(OH)_2$]及含氧酸盐。

锰(Ⅱ)盐中，$MnSO_4$、$MnCl_2$ 和 $Mn(NO_3)_2$ 可溶于水。锰(Ⅱ)弱酸盐和氢氧化物难溶于水，如 $MnCO_3$、$Mn(OH)_2$、MnS、MnC_2O_4 等，但可溶于强酸。在水溶液中，Mn^{2+} 以水合离子 $[Mn(H_2O)_6]^{2+}$ 的形式存在，呈浅红色。

由 Mn 的 $\Delta_r G_m^\ominus / F\text{-}Z$ 图(图 20.15)可知，在碱性条件下，锰(Ⅱ)盐还原性强，空气中的氧就可以将它氧化。Mn^{2+} 与 OH^- 作用，先生成白色沉淀 $Mn(OH)_2$，放置片刻，即被氧化为棕色的 $MnO(OH)_2$ 沉淀：

$$Mn^{2+}(aq) + 2OH^-(aq) = Mn(OH)_2(s)$$

$$2Mn(OH)_2(s) + O_2(g) = 2MnO(OH)_2(s)$$

在酸性介质中，Mn^{2+} 的还原性很弱，只有强氧化剂(如过二硫酸铵、铋酸钠、高碘酸等)在热强酸溶液中才能把 Mn^{2+} 氧化成 MnO_4^-：

$$2Mn^{2+}(aq) + 5S_2O_8^{2-}(aq) + 8H_2O(l) \xlongequal[Ag^+]{\triangle} 2MnO_4^-(aq) + 10SO_4^{2-}(aq) + 16H^+(aq)$$

$$2Mn^{2+}(aq) + 5NaBiO_3(s) + 14H^+(aq) \xlongequal{\triangle} 2MnO_4^-(aq) + 5Bi^{3+}(aq) + 5Na^+(aq) + 7H_2O(l)$$

$$14Mn^{2+}(aq) + 10IO_6^{5-}(aq) + 8H^+(aq) \xlongequal{\triangle} 14MnO_4^-(aq) + 5I_2(s) + 4H_2O(l)$$

由于 MnO_4^- 显紫色，现象明显，因此上述反应可用于鉴定 Mn^{2+}。

2）锰（Ⅳ）的化合物

在锰（Ⅳ）的化合物中，最重要的是 MnO_2，它是锰最稳定的化合物。软锰矿的主要成分就是 MnO_2。MnO_2 呈黑色粉末状，不溶于水。MnO_2 是两性氧化物，但酸碱性都很弱，故在酸碱中都难以溶解，但能与浓酸和浓碱反应，如与浓 NaOH 溶液反应：

$$MnO_2(s) + 2NaOH(aq,浓) = Na_2MnO_3(aq) + H_2O(l)$$

在与浓硫酸反应时，MnO_2 发生自氧化还原反应：

$$4MnO_2(s) + 6H_2SO_4(aq,浓) = 2Mn_2(SO_4)_3(aq) + 6H_2O(l) + O_2(g)$$

$$2Mn_2(SO_4)_3(aq) + 2H_2O(l) = 4MnSO_4(aq) + O_2(g) + 2H_2SO_4(aq)$$

MnO_2 在强酸介质中是强氧化剂[$E_A^\ominus(MnO_2 / Mn) = 1.23\ V$]，是常用的氧化剂之一，利用 MnO_2 的氧化性，在实验室制氯气：

$$MnO_2(s) + 4HCl(aq,浓) \xlongequal{\triangle} MnCl_2(aq) + Cl_2(g) + 2H_2O(l)$$

3）锰（Ⅵ）的化合物

锰酸钾（K_2MnO_4）是一种绿色固体。由锰元素的 $\Delta_r G_m^\ominus / F\text{-}Z$ 图（图 20.15）可知，锰酸盐在酸性介质中处于“峰顶”位置，热力学不稳定，易发生歧化反应，生成 MnO_2 和 $KMnO_4$；而在碱性介质中稍有歧化倾向，仅可以存在于强碱溶液（pH＞13.5）中或晶体中。

在碱性条件下，MnO_2 被空气中的氧氧化，生成 K_2MnO_4：

$$2MnO_2(s) + 4KOH(aq) + O_2(g) \xlongequal{\triangle} 2K_2MnO_4(aq) + 2H_2O(l)$$

K_2MnO_4 会歧化成 MnO_2 和 $KMnO_4$，可用于制备 $KMnO_4$：

$$3K_2MnO_4(aq) + 4CO_2(g) + 2H_2O(l) = 2KMnO_4(aq) + MnO_2(s) + 4KHCO_3(aq)$$

4）锰（Ⅶ）的化合物

锰（Ⅶ）的化合物中以高锰酸钾（$KMnO_4$）最重要，它是深紫色晶体，水溶液呈紫红色。

上述以 K_2MnO_4 歧化制取 $KMnO_4$ 的方法，理论最大产率仅为 66.7%。使用电解 K_2MnO_4 溶液的方法，可以提高产率与高锰酸钾纯度，以镍极为阳极，铁为阴极，反应为

阳极：$$2MnO_4^{2-}(aq) = 2MnO_4^-(aq) + 2e^-$$

阴极：$$2H_2O(l) + 2e^- = H_2(g) + 2OH^-(aq)$$

$KMnO_4$ 的主要性质如下。

(i) 强氧化性。由图 20.15 可知，高锰酸钾具有强氧化性，在实验室和工业上都是最重要和最常用的氧化剂之一；它的氧化能力和还原产物因介质的酸碱性不同而异，产物在相应的介质中总是处于热力学稳定态。例如，在 $KMnO_4$ 与 SO_3^{2-} 的反应中，

酸性介质：$2MnO_4^-(aq) + 5SO_3^{2-}(aq) + 6H^+(aq) = 2Mn^{2+}(aq) + 5SO_4^{2-}(aq) + 3H_2O(l)$

中性介质：$2MnO_4^-(aq) + 3SO_3^{2-}(aq) + H_2O(l) = 2MnO_2(s) + 3SO_4^{2-}(aq) + 2OH^-(aq)$

碱性介质：$2MnO_4^-(aq) + SO_3^{2-}(aq) + 2OH^-(aq) = 2MnO_4^{2-}(aq) + SO_4^{2-}(aq) + H_2O(l)$

在酸性溶液中，$KMnO_4$ 是很强的氧化剂，可以氧化 Cl^-、$C_2O_4^{2-}$、Fe^{2+} 等：

$$2MnO_4^-(aq) + 16H^+(aq) + 10Cl^-(aq) = 2Mn^{2+}(aq) + 5Cl_2(g) + 8H_2O(l)\ (制备\ Cl_2)$$

$$MnO_4^-(aq) + 5Fe^{2+}(aq) + 8H^+(aq) = Mn^{2+}(aq) + 5Fe^{3+}(aq) + 4H_2O(l)$$ (定量测定 Fe)

$$2MnO_4^-(aq) + 6H^+(aq) + 5H_2C_2O_4(aq) = 2Mn^{2+}(aq) + 10CO_2(g) + 8H_2O(l)$$ (标定 $KMnO_4$ 溶液)

$KMnO_4$ 作为一种氧化剂，广泛应用于定量化学分析；在化学工业中被应用于许多有机合成反应中，如糖精、抗坏血酸(维生素 C)和烟酸等的制备；在轻化工工业中用于纤维、油脂的漂白和脱色；在日常生活及临床上，常利用 $KMnO_4$ 的强氧化性消毒杀菌，如 $KMnO_4$ 的稀溶液可用于浸洗水果、茶具等，临床上用 $KMnO_4$ 的稀溶液作消毒防腐剂。

(ii) 不稳定性。$KMnO_4$ 在水溶液中缓慢但明显地进行分解：

$$4MnO_4^-(aq) + 4H^+(aq) = 3O_2(g) + 2H_2O(l) + 4MnO_2(s)$$

在中性或碱性溶液中，这种分解的速度更慢，但光及分解产物 MnO_2 对它的分解有催化作用。因此，$KMnO_4$ 溶液应保存在棕色瓶中，置于阴凉处。固体较溶液稳定，在 200℃时分解：

$$10KMnO_4(s) \xlongequal{\triangle} 3K_2MnO_4(s) + 2K_2O \cdot 7MnO_2(s) + 6O_2(g)$$

加热到 200℃以上，分解放出氧气，实验室常用该反应制备氧气：

$$2KMnO_4(s) \xlongequal{\geq 200℃} K_2MnO_4(s) + MnO_2(s) + O_2(g)$$

$KMnO_4$ 固体与浓 H_2SO_4 作用时，生成棕绿色的油状物七氧化二锰 Mn_2O_7。Mn_2O_7 是高锰酸酐，有强氧化性，遇有机物(如乙醇)即爆炸燃烧。

20.2.6 铁、钴、镍

铁系元素指铁(iron)、钴(cobalt)、镍(nickel)，是周期表第Ⅷ族元素(第 8、第 9、第 10 族)。铁在地壳中的丰度为 5.63%，居第 4 位，仅次于氧、硅、铝。铁的主要矿物有赤铁矿(Fe_2O_3)、磁铁矿(Fe_3O_4)、褐铁矿($2Fe_2O_3 \cdot 3H_2O$)、菱铁矿($FeCO_3$)。钴在地壳中的丰度为 2.5×10^{-3}%，居第 30 位，主要的钴矿物有砷钴矿($CoAs_2$)、辉钴矿(CoAsS)、硫钴矿(Co_2S_4)等。镍在地壳中的丰度为 8.4×10^{-3}%，居第 23 位，高于常见的铅、锡等。镍的重要矿物有硅镁镍矿[$(Ni, Mg)_6Si_4O_{10}(OH)_8$]、镍黄铁矿[$(Ni, Fe)_9S_8$]、红砷镍矿(NiAs)、辉砷镍矿(NiAsS)等。

铁是人体必需的微量元素之一，在人体内主要以血红素(Fe^{2+}与卟啉配合物)形式存在。铁是血红蛋白、肌红蛋白、细胞色素、过氧化氢酶、过氧化物酶的必要成分。血红蛋白参与人体内氧气和二氧化碳转运、交换，组织呼吸过程。缺铁导致贫血症，而铁过量则会引起血色素沉着症和色素性肝硬化。

钴也是人体必需的微量元素之一，主要以 B_{12} 和 B_{12} 辅酶的形式发挥生物作用，参与人体内核酸、胆碱、蛋氨酸合成以及脂肪和糖的代谢，对红细胞形成及肝脏、神经系统功能有重要作用。

镍同样是人体必需的微量元素，人体内镍主要以 Ni(Ⅱ)化合物的形式存在，能刺激造血功能、保护心血管，能激活多种酶和胰岛素。但摄入镍过量，会导致癌变和其他病变。$Ni(CO)_4$ 被确认是致癌物质。

铁、钴、镍原子价层电子构型分别为 $3d^64s^2$、$3d^74s^2$、$3d^84s^2$，最外层都有两个 4s 电子，只是次外层的 3d 电子数不同，原子半径相似，所以它们的性质相似，称为铁系元素。

1. 铁系元素单质

铁及其合金是最基本的金属结构材料，在工农业生产以及日常生活的各个领域广泛应用。钢铁的年产量是一个国家工业化程度的标志之一，我国钢铁产量已多年稳居世界第一位。Nd-Fe-B 和 Sm-Co 合金是优良的永磁材料，大量用于电机中。Ni-Fe 合金是优质不锈钢。极细的镍粉常用作加氢催化剂。一些镍合金可作储氢材料，能吸收分子氢，如镧镍合金 $LaNi_5$，储氢密度高。镍氢电池即镍-金属氢化物蓄电池，放电容量比镍镉电池大一倍，无镉污染，有记忆效应，已逐步取代镍镉电池，常用于笔记本电脑、无线电话机、摄像机等，常称其为绿色电池。

纯的铁、钴、镍均为银白色金属，都有铁磁性。它们的密度都较大，熔点较高。由于成单电子数依 Fe、Co、Ni 次序减少，金属键减弱，故熔点逐渐下降；随有效核电荷增加，原子半径依次减小，密度依次增大。钴比较硬而脆，而纯铁和镍都有很好的延展性。

由铁系元素的 $\Delta_r G_m^\ominus / F$-Z 图(图 20.17)可知，金属活泼性按 Fe、Co、Ni 顺序递减。铁系元素一般显+2、+3 氧化态。铁系元素 3d 轨道已超过 5 个电子，电子成对后不易参与成键，所以最高氧化态不等于(3d+4s)电子数，而是表现为较低氧化态。

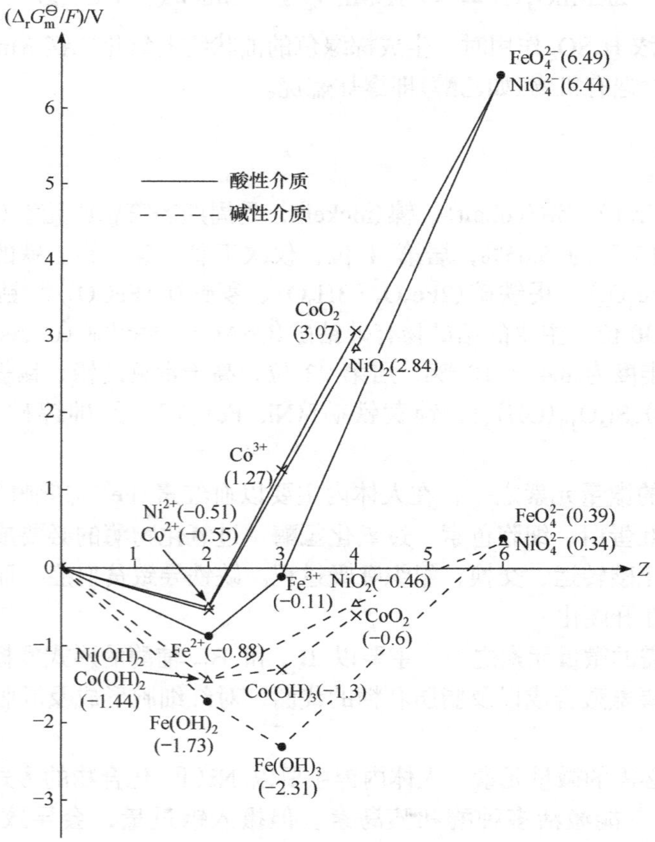

图 20.17　铁系元素的 $\Delta_r G_m^\ominus / F$-Z 图

由铁系元素的 $\Delta_r G_m^\ominus / F$-Z 图(图 20.17)和元素电势图(图 20.18)可以看出：铁、钴、镍是中等活泼金属。

$E_A^{\ominus}/V$

$$FeO_4^{2-} \xrightarrow{2.20} Fe^{3+} \xrightarrow{0.771} Fe^{2+} \xrightarrow{-0.44} Fe$$

$$Co^{3+} \xrightarrow{1.92} Co^{2+} \xrightarrow{-0.277} Co$$

$$NiO_2 \xrightarrow{1.593} Ni^{2+} \xrightarrow{-0.257} Ni$$

$E_B^{\ominus}/V$

$$FeO_4^{2-} \xrightarrow{0.9} Fe(OH)_3 \xrightarrow{-0.56} Fe(OH)_2 \xrightarrow{-0.877} Fe$$

$$Co(OH)_3 \xrightarrow{0.17} Co(OH)_2 \xrightarrow{-0.753} Co$$

$$NiO_2 \xrightarrow{0.490} Ni(OH)_2 \xrightarrow{-0.72} Ni$$

图 20.18　铁系元素电势图

常温、无水存在时，铁、钴、镍与氧、硫、氯、溴等非金属单质没有显著作用，但在高温下会发生剧烈反应。以铁为例：

$$3Fe(s) + 2O_2(g) \xlongequal{500℃} Fe_3O_4(s)$$

$$2Fe(s) + 3Cl_2(g) \xlongequal{\triangle} 2FeCl_3(s)$$

$$Fe(s) + S(s) \xlongequal{\triangle} FeS(s)$$

$$3Fe(s) + C(s) \xlongequal{1200℃} Fe_3C(s)$$

Fe_3C 是钢铁中 Fe 的主要存在形式。

纯铁耐腐蚀能力较强，在干燥的空气中加热到 150℃也不与氧作用。含杂质的铁在潮湿空气中易生锈。铁锈成分较复杂，常以 $Fe_2O_3 \cdot xH_2O$ 表示，它是一种多孔松脆物质，故不能阻止内层铁被进一步腐蚀。在常温下，钴、镍对水和空气都较稳定，虽然也被空气氧化，但由于氧化膜相当致密，不易于进一步腐蚀内层金属。

铁、钴、镍均能溶于稀盐酸和稀硫酸中，生成 M^{2+}并放出氢气，其中钴、镍的反应比铁慢。由铁系元素的 $\Delta_r G_m^{\ominus}/F$-Z 图(图 20.17)可见，在酸性条件下，Fe^{2+}处于热力学稳定态，不易被氧化，Fe^{3+}有中等氧化性；但在碱性条件中，$Fe(OH)_3$ 稳定，$Fe(OH)_2$ 易被氧化为 $Fe(OH)_3$。在酸性条件下，Co^{2+}、Ni^{2+}处于热力学稳定态，Co^{3+}、Ni^{3+}氧化性都很强，可将 H_2O 氧化成 O_2，因此 Co^{3+}、Ni^{3+}不存在于水溶液中；在碱性条件下，$Co(OH)_2$ 易被氧化成 $Co(OH)_3$，而 $Ni(OH)_2$ 被氧化成 NiO_2 较为困难。总之，酸性条件下氧化性变化规律为：$Ni^{3+} > Co^{3+} > Fe^{3+}$；碱性条件下还原性变化规律为：$Fe(OH)_2 > Co(OH)_2 > Ni(OH)_2$。

铁在浓硫酸、冷的浓硝酸中表面钝化。与铁反应时，若稀硝酸过量，则生成 $Fe(NO_3)_3$ 和 NO 或 NH_4^+；若铁过量，则生成 $Fe(NO_3)_2$。但钴与稀硝酸有作用，镍与热的浓硝酸或稀硝酸都有作用，因此可用铁制品储运浓硝酸或用铁器盛放浓硫酸。冷的浓硝酸也能使钴、镍表面钝化。

铁系金属难与强碱作用，浓碱会缓慢地侵蚀铁，而钴、镍在熔碱中都比较稳定，其中镍的稳定性最高，实验室常用镍坩埚进行碱熔实验的操作。

2. 铁系元素化合物

1）铁系元素的氧化物及氢氧化物

铁系元素的氧化物及氢氧化物的基本性质见表 20.8。

表 20.8 铁系元素的氧化物及氢氧化物的基本性质

氧化物	FeO	Fe_2O_3	Fe_3O_4	CoO	Co_2O_3	NiO	Ni_2O_3
颜色	黑色	砖红色	黑色	灰绿色	黑色	暗绿色	黑色
氧化还原性					强氧化性		强氧化性
酸碱性	碱性	碱性、弱酸性		碱性		碱性	
氢氧化物	$Fe(OH)_2$	$Fe(OH)_3$		$Co(OH)_2$	$Co(OH)_3$	$Ni(OH)_2$	$Ni(OH)_3$
颜色	白色	棕红色		粉红色	棕色	绿色	黑色
氧化还原性	还原性			还原性	氧化性	弱还原性	强氧化性*
酸碱性	碱性	碱性、弱酸性		碱性	碱性	碱性	碱性

* 在碱性条件下不具有氧化性。

铁系元素的氧化物有三类:

(1) MO(M = Fe、Co、Ni),均为碱性氧化物,可溶于酸形成相应的盐。

低氧化态的氧化物常用无氧化性含氧酸盐在隔绝空气条件下热分解制备(如碳酸盐、草酸盐):

$$MCO_3(s) \xrightarrow[\text{隔绝空气}]{\triangle} MO(s) + CO_2(g)$$

$$MC_2O_4(s) \xrightarrow[\text{隔绝空气}]{\triangle} MO(s) + CO_2(g) + CO(g)$$

不隔绝空气时,有可能由于空气中氧的氧化作用,生成高氧化态氧化物。例如

$$4NiCO_3(s) + O_2(g) \xlongequal{\triangle} 2Ni_2O_3(s) + 4CO_2(g)$$

(2) M_2O_3(M = Fe、Co、Ni),高氧化态氧化物可用氧化性酸的盐(如硝酸盐)热分解制备。例如

$$4Co(NO_3)_2(s) \xlongequal{\triangle} 2Co_2O_3(s) + 8NO_2(g) + O_2(g)$$

$$4Fe(NO_3)_3(s) \xlongequal{\triangle} 2Fe_2O_3(s) + 12NO_2(g) + 3O_2(g)$$

Fe_2O_3 俗名为铁红,难溶于水,两性偏碱,溶于酸形成 Fe^{3+}盐;Co_2O_3 和 Ni_2O_3 在酸性溶液中显示出强氧化性:

$$Co_2O_3(s) + 6HCl(aq) \xlongequal{} 2CoCl_2(aq) + Cl_2(g) + 3H_2O(l) \text{(镍同)}$$

$$2Co_2O_3(s) + 4H_2SO_4(aq) \xlongequal{} 4CoSO_4(aq) + O_2(g) + 4H_2O(l) \text{(镍同)}$$

(3) M_3O_4,常见化合物为 Fe_3O_4,是磁铁矿的主要成分,可作黑色颜料。

铁系元素的氢氧化物有两类:$M(OH)_2$ 和 $M(OH)_3$。在隔绝空气条件下,向 M(Ⅱ)盐溶液中加碱,可得到 $M(OH)_2$ 沉淀。通空气时,白色的 $Fe(OH)_2$ 极易被空气中的氧氧化为红棕色的 $Fe(OH)_3$;粉红色的 $Co(OH)_2$ 可被缓慢氧化,生成棕黑色的 CoO(OH);绿色的 $Ni(OH)_2$ 较稳定,只有在更强的氧化剂作用下才会生成 $Ni(OH)_3$。

$M(OH)_3$ 中 $Fe(OH)_3$ 最稳定,其次是 CoO(OH),NiO(OH)很不稳定,具有非常强的氧化性。新制备的 $Fe(OH)_3$ 具有弱酸性,所以可被浓的强碱溶液作用,而不被弱碱($NH_3 \cdot H_2O$)作用。

$$Fe(OH)_3(s) + KOH(aq,浓) \rightleftharpoons KFeO_2(aq) + 2H_2O(l)$$

氧化态为+2 的铁、钴、镍氢氧化物对氨水有不同的作用：$Fe(OH)_2$ 生成 $Fe(OH)_3$，$Co(OH)_2$ 生成$[Co(NH_3)_6]^{2+}$，$Ni(OH)_2$ 生成$[Ni(NH_3)_6]^{2+}$，借此反应，可以使 Fe^{2+}与 Ni^{2+}、Co^{2+}分离。

2) 铁系元素的硫化物

铁、钴、镍硫化物的基本性质见表 20.9。

表 20.9　铁系元素硫化物的基本性质

性质	硫化物			
	FeS	CoS	NiS	Fe_2S_3
颜色	黑	黑	黑	黑
在 0.3 mol · dm^{-3} HCl 中	溶	溶(α 型)	溶(α 型)	溶→$Fe^{2+} + S\downarrow + H_2S\uparrow$
在 H_2SO_4 中	溶	溶(β 型)	溶(β 型)	溶
$K_{sp}^{\ominus}$	4×10^{-19}	α: 4×10^{-21} β: 4×10^{-25}	α: 3×10^{-21} β: 1×10^{-24}	

新制备的 FeS、CoS、NiS 均溶于 0.3 mol · dm^{-3} HCl 中，但在空气中放置后，CoS、NiS 转化成另一种形式的沉淀。例如

$$4NiS(s) + O_2(g) + 2H_2O(l) \rightleftharpoons 4Ni(OH)S(s)$$

它们不再溶解在非氧化性强酸中，而仅溶于 HNO_3 中，有人认为这是硫化物晶型转变、$K_{sp}^{\ominus}$ 变小的缘故。

3) 铁系元素的其他盐

氧化态为+2 的可溶性盐有 MSO_4、MCl_2、$M(NO_3)_2$ 等。它们在水溶液中，由于水解而略显酸性。这些盐在从水溶液中结晶出来时，往往带有同数目的结晶水，如 $MCl_2 \cdot 6H_2O$、$M(NO_3)_2 \cdot 6H_2O$、$MSO_4 \cdot 7H_2O$。水合盐晶体及在水溶液中的水合离子，由于发生了 d-d 跃迁，呈现不同的颜色，如$[Fe(H_2O)_6]^{2+}$浅绿色、$[Co(H_2O)_6]^{2+}$粉红色、$[Ni(H_2O)_6]^{2+}$亮绿色、$[Fe(H_2O)_6]^{3+}$淡紫色。

铁系金属的硫酸盐能与 NH_4^+、K^+、Na^+的硫酸盐生成复盐 $M_2(\text{I})SO_4 \cdot MSO_4 \cdot 6H_2O$，较重要的复盐是$[(NH_4)_2SO_4 \cdot FeSO_4 \cdot 6H_2O]$(硫酸亚铁铵，俗称莫尔盐，浅蓝绿色晶体)，在空气中常温下较稳定，常用作氧化还原滴定的还原剂：

$$4FeSO_4 \cdot 7H_2O(s) + O_2(g) \rightleftharpoons 4Fe(OH)SO_4(s) + 26H_2O(l)$$

$$5Fe^{2+}(aq) + MnO_4^-(aq) + 8H^+(aq) \rightleftharpoons 5Fe^{3+}(aq) + Mn^{2+}(aq) + 4H_2O(l)$$

$$6Fe^{2+}(aq) + Cr_2O_7^{2-}(aq) + 14H^+(aq) \rightleftharpoons 6Fe^{3+}(aq) + 2Cr^{3+}(aq) + 7H_2O(l)$$

常见的亚铁盐还有硫酸亚铁 $FeSO_4 \cdot 7H_2O$(俗称绿矾，浅绿色晶体)和 $FeCl_2$。绿矾在受热时，先失去结晶水，随后再分解：

$$FeSO_4 \cdot 7H_2O(s) \xlongequal{\triangle} FeSO_4(s) + 7H_2O(l)$$

$$2FeSO_4(s) \xlongequal{\triangle} Fe_2O_3(s) + SO_2(g) + SO_3(g)$$

工业上利用此反应生产铁红（α-Fe_2O_3）。绿矾在空气中放置易风化失水，生成黄色铁锈：

$$4FeSO_4(s) + O_2(g) + 2H_2O(l) = 4Fe(OH)SO_4(s)$$

无论在酸性介质还是碱性介质中，Fe^{2+}均易被空气中的氧氧化为 Fe^{3+}，在碱性溶液中被氧化的倾向更强（参阅图 20.17）。所以，保存 Fe（Ⅱ）溶液时，不仅要加足够的酸防止 Fe^{2+}水解，同时还要在 Fe（Ⅱ）溶液中加几颗铁粒，原因是单质 Fe 和 Fe^{3+}可自发进行逆歧化反应生成 Fe^{2+}。

$CoCl_2 \cdot 6H_2O$ 是常用的钴盐。其随着晶体所含结晶水数目的不同而呈现不同的颜色，如无水 $CoCl_2$ 为蓝色，吸水后逐渐转化为 $CoCl_2 \cdot H_2O$（蓝紫色）、$CoCl_2 \cdot 2H_2O$（紫红色），最后变化为粉红色 $CoCl_2 \cdot 6H_2O$，因此常掺入硅胶干燥剂中用作指示剂来表示硅胶的吸湿情况。当变色硅胶吸收空气中的水分变成粉红色后，重新烘干使其变成蓝色即可继续使用。也可用 $CoCl_2$ 水溶液作隐形墨水。

氧化态为+3 的可溶性盐中，由于 Co^{3+}、Ni^{3+}具有强氧化性，在热力学上不稳定，实际上只有铁可以形成稳定的可溶性 Fe^{3+}盐。

与低氧化态的 $FeCl_2$ 相比，$FeCl_3$ 有明显的共价性。例如，在 400℃时测定 $FeCl_3$ 是双聚体。$FeCl_3$ 在性质上表现为易水解及一定的氧化性。

$FeCl_3$ 的易水解特性常应用在污水处理中。Fe^{3+}在 pH ＝ 2.0～3.0 时即可发生水解（比 Fe^{2+}容易得多），溶液 pH 增大，水解更完全。在 pH 为 6.0～7.0 的污水中，Fe^{3+}水解为胶状的 FeOOH，它对油脂、聚合物等悬浮物有较强的吸附能力，同时可以沉淀重金属离子，降低磷酸盐的浓度。

$FeCl_3$ 的氧化特性应用在印刷中。在印刷制版中，常利用 $FeCl_3$ 溶液作铜版腐蚀剂进行蚀刻，把铜版上需要去掉的部分变成 $CuCl_2$ 溶解：

$$2FeCl_3(aq) + Cu(s) = 2FeCl_2(aq) + CuCl_2(aq)$$

Co（Ⅲ）在酸性条件下是强氧化剂。例如

$$5Co^{3+}(aq) + Mn^{2+}(aq) + 4H_2O(l) = 5Co^{2+}(aq) + MnO_4^-(aq) + 8H^+(aq)$$

所以 Co（Ⅲ）只存在于固态化合物和配位化合物中。

已知 Ni（Ⅲ）的化合物为 NiOOH，通过在碱性条件下碱金属的次氯酸盐氧化水溶液中 Ni（Ⅱ）盐制得。

在强碱性溶液中，Fe^{3+}易被 NaClO、Cl_2 等氧化剂氧化成紫色的高铁酸盐 FeO_4^{2-}，其中 Fe 呈+6 氧化态；酸性条件下，高铁酸盐氧化性极强而不稳定。例如

$$2Fe(OH)_3(s) + 3Cl_2(g) + 10OH^-(aq) = 2FeO_4^{2-}(aq) + 6Cl^-(aq) + 8H_2O(l)$$

$$4FeO_4^{2-}(aq) + 20H^+(aq) = 4Fe^{3+}(aq) + 3O_2(g) + 10H_2O(l)$$

4）铁系元素的配合物

铁系元素的电子层结构确定了它们是很好的配合物形成体，其形式包括中性原子、+2 氧化态或 +3 氧化态阳离子。较重要的配合物有氨配合物、氰配合物、硫氰配合物及羰基配合物。铁系元素常见配合物列于表 20.10。

表 20.10　铁系元素的常见配合物

	H_2O	$NH_3\cdot H_2O$	CN^-	NCS^-	F^-	CO
Fe						$[Fe(CO)_5]$ [黄、液]
Co						$[Co_2(CO)_8]$ [橙、固]
Ni						$[Ni(CO)_4]$ [无色、液]
Fe^{2+}	$[Fe(H_2O)_6]^{2+}$ (浅绿)	$Fe(OH)_2\downarrow$ (白)	$[Fe(CN)_6]^{4-}$ (浅黄)			
Co^{2+}	$[Co(H_2O)_6]^{2+}$ (粉红)	$[Co(NH_3)_6]^{2+}$ (土黄)	$[Co(CN)_6]^{4-}$ (紫)	$[Co(NCS)_4]^{2-}$ (蓝)		
Ni^{2+}	$[Ni(H_2O)_6]^{2+}$ (亮绿)	$[Ni(NH_3)_6]^{2+}$ (蓝)	$[Ni(CN)_4]^{2-}$ (杏黄)			
Fe^{3+}	$[Fe(H_2O)_6]^{3+}$ (浅紫)	$Fe(OH)_3\downarrow$ (红褐)	$[Fe(CN)_6]^{3-}$ (橘黄)	$[Fe(NCS)]^{2+}$ (血红)	$[FeF_6]^{4-}$ (无色)	
Co^{3+}		$[Co(NH_3)_6]^{3+}$ (红褐)	$[Co(CN)_6]^{3-}$ (紫)			
Ni^{3+}						

i) 氨配合物

Fe^{2+}和 Fe^{3+}的氨合物可以由无水盐与氨气作用得到，但在水溶液中不可能存在：

$$[Fe(NH_3)_6]Cl_2(aq) + 6H_2O(l) = Fe(OH)_2(s) + 4NH_3\cdot H_2O(aq) + 2NH_4Cl(aq)$$

$$[Fe(NH_3)_6]Cl_3(aq) + 6H_2O(l) = Fe(OH)_3(s) + 3NH_3\cdot H_2O(aq) + 3NH_4Cl(aq)$$

向钴盐溶液中加入少量氨水，先生成蓝色 $Co(OH)_2$ 沉淀，加入过量氨水则沉淀溶解，生成土黄色的$[Co(NH_3)_6]^{2+}$，在空气中缓慢氧化为更稳定的红褐色的$[Co(NH_3)_6]^{3+}$：

$$4[Co(NH_3)_6]^{2+}(aq) + O_2(g) + 2H_2O(l) = 4[Co(NH_3)_6]^{3+}(aq) + 4OH^-(aq)$$

与 Co^{3+}不可能存在于溶液中不同，$[Co(NH_3)_6]^{3+}$可以稳定地存在于溶液中。可以用晶体场理论解释，Co(Ⅱ)在八面体强场中 d^7 的分布为

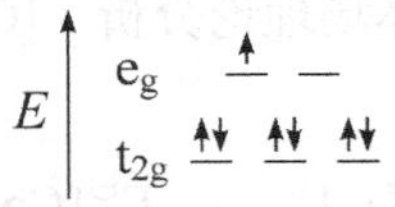

因此，Co(Ⅱ)易失去$(e_g)^1$电子生成 Co(Ⅲ)，形成低能级 t_{2g} 轨道全充满的稳定结构，进而生成更高稳定性的 Co(Ⅲ)配合物，其晶体场稳定化能(CFSE)更大(参阅上册 11.3.2 小节)。

镍的水合离子$[Ni(H_2O)_6]^{2+}$为亮绿色，向镍(Ⅱ)盐溶液中加入氨水，先生成绿色 $Ni(OH)_2$ 沉淀，氨水过量则沉淀溶解，得到$[Ni(NH_3)_6]^{2+}$的蓝色溶液。所有的镍氨配合物都比较稳定，在空气中不会被氧化。

ii) 氰配合物

氰根 CN^-是 CO 的等电子体，其分子轨道表达式为

$$1\sigma^2 2\sigma^2 3\sigma^2 4\sigma^2 1\pi^4 5\sigma^2 2\pi^0$$

因此，CN^-是一个有强配位作用的配体。

Fe^{2+}、Fe^{3+}、Co^{3+}均可与 CN^-形成配位数为 6 的稳定配合物，而 Ni^{2+}可形成配位数为 4 的配合物。例如

$$Fe^{2+}(aq) + 6CN^-(aq) = [Fe(CN)_6]^{4-}(aq)$$

$$Fe^{3+}(aq) + 6CN^-(aq) = [Fe(CN)_6]^{3-}(aq)$$

向 Fe^{2+}溶液中缓慢加入过量 CN^-，生成浅黄色配离子$[Fe(CN)_6]^{4-}$，其钾盐 $K_4[Fe(CN)_6] \cdot 3H_2O$ 为黄色晶体，俗称黄血盐。黄血盐用于检定 Fe^{3+}，生成称为普鲁士蓝的蓝色沉淀：

$$K_4[Fe(CN)_6](aq) + Fe^{3+}(aq) = KFe[Fe(CN)_6](s) + 3K^+(aq)$$

向黄血盐溶液中通入氯气或过氧化氢溶液氧化，可以得到$[Fe(CN)_6]^{3-}$溶液，从溶液结晶得到深红色的 $K_3[Fe(CN)_6]$，称赤血盐：

$$2[Fe(CN)_6]^{4-}(aq) + Cl_2(g) = 2[Fe(CN)_6]^{3-}(aq) + 2Cl^-(aq)$$

在其水溶液中加入 Fe^{2+}，生成称为滕氏蓝的蓝色沉淀，此反应是鉴定 Fe^{2+}的灵敏反应：

$$K^+(aq) + [Fe(CN)_6]^{3-}(aq) + Fe^{2+}(aq) = KFe[Fe(CN)_6](s)$$

已有研究表明，普鲁士蓝和滕氏蓝结构相同，为同一化合物，其结构如图 20.19 所示，CN^-配体中的 C 原子与 Fe(Ⅱ)配位，而 N 原子与 Fe(Ⅲ)配位，Fe(Ⅱ)和 Fe(Ⅲ)配位数均为 6。

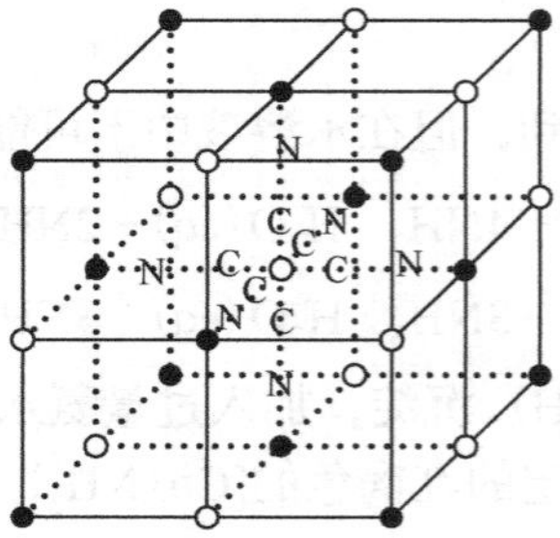

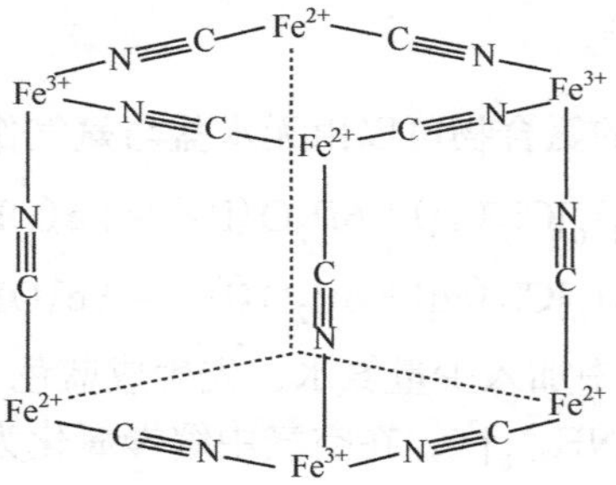

图 20.19　普鲁士蓝和滕氏蓝结构示意图

左为晶体结构，○表示 Fe^{2+}，●表示 Fe^{3+}；右显示成键情况

Co^{2+}与 KCN 溶液反应，先生成 $Co(CN)_2$ 浅棕色沉淀，继而与过量的 KCN 溶液作用，形成紫色的 $K_4[Co(CN)_6]$溶液。应用晶体场理论分析，$[Co(CN)_6]^{4-}$一样应是不稳定的，应有较强的还原性：

$$[Co(CN)_6]^{3-} + e^- = [Co(CN)_6]^{4-} \qquad E^{\ominus}[Co(CN)_6^{3-} / Co(CN)_6^{4-}] = -0.81V$$

它甚至可以被水中的 H^+氧化：

$$2[Co(CN)_6]^{4-}(aq) + 2H_2O(l) = 2[Co(CN)_6]^{3-}(aq) + 2OH^-(aq) + H_2(g)$$

这说明$[Co(CN)_6]^{3-}$的稳定性远远大于$[Co(CN)_6]^{4-}$的稳定性。

向二价镍盐水溶液中加入 CN^-，先生成灰绿色 $Ni(CN)_2$ 沉淀，CN^-适量时沉淀溶解，得到杏黄色$[Ni(CN)_4]^{2-}$溶液；继续加 CN^-，最后生成$[Ni(CN)_5]^{3-}$红色溶液。实验表明，$[Ni(CN)_4]^{2-}$是抗磁性物质，因此是正方形结构，Ni^{2+}以 dsp^2 杂化，与 4 个 CN^-成键。

iii) 羰基化物

根据 CO 的分子结构，可以理解为什么 CO 具有强的配位作用。第一过渡系的中部元素

都能与 CO 形成多种羰基化物，在常温常压下，它们是易挥发的液体或固体、难溶于水但易溶于有机溶剂，有剧毒的化合物。由于受热时易分解，因此常用于金属的纯化。表 20.11 列出了某些羰基化物的性质。

表 20.11　某些羰基化物的性质

性质	$V(CO)_6$	$Cr(CO)_6$	$Mn_2(CO)_{10}$	$Fe(CO)_5$	$Co_2(CO)_8$	$Ni(CO)_4$
颜色状态	黑色晶体	无色晶体	金黄色晶体	黄色液体	橙色晶体	无色液体
熔点/℃		148.5(升华)	155	−21	51	−19.3
沸点/℃		210(爆炸)		103		42
分解温度/℃	70	180～200	110	140	52	60(爆炸)
磁性	顺	逆	逆	逆	逆	逆
中心体杂化态	d^2sp^3	d^2sp^3	d^2sp^3	d^2sp^3	d^2sp^3	sp^3

通常，金属元素在羰基化物中氧化态为零，在某些场合下表现为负氧化态，如 $Na[Co(CO)_4]$ 中 Co 的氧化态为−1，$[H_2Fe(CO)_4]$中 Fe 的氧化态为−2。

羰基化物的剧毒是值得特别注意的。在吸入羰基化物后，血液中红细胞与 CO 相结合，并把胶态金属带到全身的各个器官，这种中毒极难治疗。因此，有关羰基化物的制备必须在与外界隔绝的容器中进行。

iv) 其他重要的配合物

硫氰根离子与 Fe^{3+}可生成血红色的异硫氰配合物$[Fe(NCS)_n]^{3-n}$，此反应可用于鉴定 Fe^{3+}。

$$Fe^{3+}(aq) + nSCN^-(aq) \longrightarrow [Fe(NCS)_n]^{3-n}(aq) \qquad (n = 1 \sim 6)$$

然而在 Fe^{3+}溶液中加入 F^-后，再加入 KSCN 并不生成红色物质，这是因为 Fe^{3+}与 F^-有更强的亲和力，会生成比$[Fe(NCS)_n]^{3-n}$更稳定的无色配合物$[FeF_6]^{3-}$，Fe^{3+}被 F^-隐蔽起来，从而可以消除 Fe^{3+}的影响，这在分析化学中称为隐蔽，F^-是 Fe^{3+}的隐蔽剂。另外，PO_4^{3-} 也可以作为 Fe^{3+}的隐蔽剂。

$$[Fe(NCS)_6]^{3-}(aq) + 6F^-(aq) \longrightarrow [FeF_6]^{3-}(aq) + 6SCN^-(aq)$$

SCN^-与 Co^{2+}则生成蓝色$[Co(NCS)_4]^{2-}$，此配合物的稳定常数较小，在水溶液中观察不到蓝色。但向溶液中加入乙醚或戊酮，配合物$[Co(NCS)_4]^{2-}$易被萃取到有机层而提高显色灵敏度，此反应可用于鉴定 Co^{2+}。

$$Co^{2+}(aq) + 4NCS^-(aq) \longrightarrow [Co(NCS)_4]^{2-}(aq)\ (蓝色)$$

Co^{2+}溶液中加入 Cl^-可生成$[CoCl_4]^{2-}$，溶液颜色由粉红色变为蓝色。将 $CoCl_2$ 浓溶液加热，溶液也会由粉红色变为蓝色，冷却后溶液又变为粉红色，原因是存在下列平衡：

$$[Co(H_2O)_6]^{2+}(aq) + 4Cl^-(aq) \rightleftharpoons [CoCl_4]^{2-}(aq) + 6H_2O(l)$$

向 Ni^{2+}溶液中加入丁二酮肟(HDMG)，生成鲜红色沉淀 $Ni(DMG)_2$，其结构见图 20.20，可用于鉴定 Ni^{2+}。

$$Ni^{2+}(aq) + 2HDMG(aq) \longrightarrow Ni(DMG)_2(s) + 2H^+(aq)$$

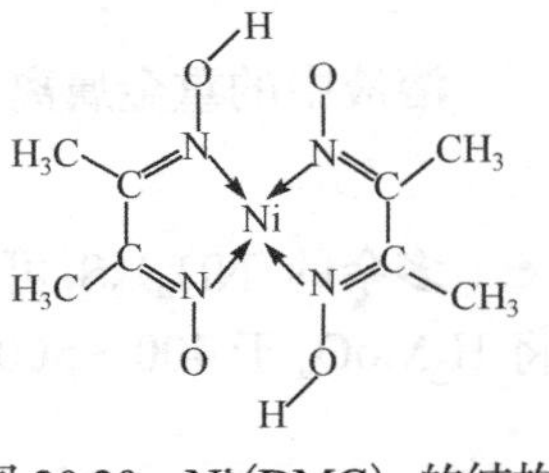

图 20.20　$Ni(DMG)_2$的结构

20.3 某些第二、第三过渡系列金属元素
(Some Second-row and Third-row Transition Metal Elements)

20.3.1 钼、钨

钼(molybdenum)在地壳中的丰度为 $1.2 \times 10^{-4}\%$，居第 58 位，钼的重要矿物有辉钼矿(MoS_2)、钼钙矿($CaMoO_4$)、钼铅矿($PbMoO_4$)等。我国钼矿资源丰富。

钼是人体必需的微量元素之一，是黄嘌呤氧化酶、脱氢酶、亚硫酸盐氧化酶、醛氧化酶等的成分，这些酶在新陈代谢中起重要作用。人体各种组织都含钼，其中以肝、肾含量最高。缺钼可能导致克山病、心血管病、肿瘤等，而钼摄入过量则会引起中毒，甚至可能诱发肿瘤。钼与 W、Ni、Co、Zr、Ti、V、Re 等作为添加剂，冶炼出各种含钼合金钢，常称为钼钢，具有强度高、韧性好、耐高温、耐腐蚀、耐磨等特点，用于制造机车、机械、仪器、枪炮管、装甲、高速切削工具、海水中应用的设备等。含 Mo 的同多酸和杂多酸常用作催化剂。

钨(tungsten)在地壳中的丰度为 $1.25 \times 10^{-4}\%$，居第 57 位，钨的重要矿物有白钨矿($CaWO_4$)和黑钨矿[$(Mn,Fe)WO_4$]等。我国是世界上最大的钨储藏国和出口国。钨常用于制造硬质合金、电极、灯丝和光学仪器，含 W 的同多酸和杂多酸常用作催化剂。

钼和钨位于周期表第ⅥB 族(第 6 族)，与铬是同一副族元素，属熔点和沸点最高、硬度最大的金属之列，其中钨的熔点(3695 K)是金属中最高的。由于镧系收缩的影响，钼和钨的原子半径和离子半径十分接近，它们的性质相似。

钼原子价层电子构型为 $4d^55s^1$，钨原子价层电子构型为 $5d^46s^2$。钼原子和钨原子的六个价电子可以全部或部分参与成键，呈现+2～+6 的各种氧化态，其中最稳定的氧化态为+6，如三氧化物、钼酸和钨酸盐。钼和钨的相似之处表现在不同氧化态的相对稳定性、形成许多如同多酸和杂多酸那样的类似化合物、高价氧化态(+4、+5、+6)都更稳定等方面。

1. 钼单质

钼是一种银白色的金属，具有高强度和高硬度。1782 年，瑞典科学家舍勒(K. W. Scheele)首次从辉钼矿中提取出了氧化钼，用碳还原法最先分离出金属钼。

辉钼矿是仅有的一种大型的、具有工业开采价值的矿物，其冶炼原理是：灼烧硫化矿制成氧化矿(MoO_3)，氢还原制 Mo。

(1)灼烧：

$$2MoS_2 + 7O_2 \xlongequal{} 2MoO_3 + 4SO_2$$

MoO_3用氨水浸取，过滤除杂：

$$MoO_3 + 2NH_3 \cdot H_2O \xlongequal{} (NH_4)_2MoO_4 + H_2O$$

溶液中的重金属离子(如 Cu^{2+})等可以用 $(NH_4)_2S$ 除去：

$$[Cu(NH_3)_4]^{2+} + S^{2-} \xlongequal{} CuS\downarrow + 4NH_3$$

多余的$(NH_4)_2S$ 可用 $Pb(NO_3)_2$ 除去。溶液过滤除杂后，酸化制得钼酸(H_2MoO_4)沉淀。将 H_2MoO_4 于 400～500℃焙烧，得 MoO_3(白色)：

$$H_2MoO_4 \xlongequal{400\sim500℃} MoO_3 + H_2O$$

(2) 氢还原制 Mo：

$$MoO_3(s) + 3H_2(g) \xlongequal{1000℃} Mo(s) + 3H_2O(g) \qquad \Delta_r G_m^\ominus = -7\ kJ \cdot mol^{-1}$$

2. 钨单质

钨是一种银白色金属，外形似钢，是熔点最高的金属元素。钨的发现最早可以追溯到 17 世纪，当时的德国矿工就在锡石还原过程中发现一些特殊的矿渣。但一直到 1783 年，瑞典科学家浮士图 · 德卢亚尔(J. J. D. Elhuyar)才从黑钨矿中提取出钨酸，并用碳还原首次得到了钨粉。钨化学性质非常稳定，常温下不与空气和水反应，不与任何浓度的盐酸、硫酸、硝酸、氢氟酸发生反应，但可以迅速溶解于氢氟酸和浓硝酸的混合酸中，而在碱溶液中则不起作用。含钨矿物种类繁多，但其中具有开采经济价值的只有黑钨矿和白钨矿。黑钨矿约占全球钨矿资源总量的 30%，白钨矿约占 70%。我国钨矿储量和产量均居世界首位，因此尽管钨属于稀有金属，但在我国应属于丰产元素。钨由于其熔点高、硬度高、密度高、导电性和导热性良好、膨胀系数较小等特性而被广泛应用于合金、电子、化工等领域。

从黑钨矿 $(Fe,Mn)WO_4$ 和白钨矿 $CaWO_4$ 中提炼单质的过程可分为：①碱熔；②除杂精制 WO_3；③高温还原制金属 W。

(1) 碱熔：

$$CaWO_4 + Na_2CO_3 \xlongequal{800\sim900℃} Na_2WO_4 + CaO + CO_2$$

$$4Fe_2WO_4 + 4Na_2CO_3 + O_2 \xlongequal{高温} 4Na_2WO_4 + 2Fe_2O_3 + 4CO_2$$

$$3MnWO_4 + 3Na_2CO_3 + \frac{1}{2}O_2 \xlongequal{高温} 3Na_2WO_4 + Mn_3O_4 + 3CO_2$$

矿石中的其他杂质，如 Si、P、As 分别转化为 Na_2SiO_3、Na_3PO_4、Na_3AsO_4 等可溶性杂质。

(2) 除杂精制 WO_3。通过 $NH_4Cl\text{-}NH_3 \cdot H_2O$ 的加入并控制 pH 使可溶性杂质除去：

$$SiO_3^{2-} + 2H^+ \longrightarrow H_2SiO_3\downarrow$$

$$Mg^{2+} + NH_4^+ + PO_4^{3-}(AsO_4^{2-}) \longrightarrow NH_4MgPO_4\downarrow (或NH_4MgAsO_4\downarrow)$$

过滤除杂后，溶液用 HCl 酸化，可得 H_2WO_4 沉淀：

$$WO_4^{2-} + 2H^+ \xrightarrow{pH<1} H_2WO_4\downarrow$$

为了提高 WO_3 纯度，让 $NH_3 \cdot H_2O$ 与 H_2WO_4 反应，蒸发浓缩，制成 $(NH_4)_2WO_4$ 晶体，$(NH_4)_2WO_4$ 热分解制取 WO_3：

$$H_2WO_4 + 2NH_3 = (NH_4)_2WO_4$$

$$(NH_4)_2WO_4 \xlongequal{\triangle} 2NH_3 + H_2O + WO_3$$

(3) 还原制钨：

$$WO_3 + 3H_2(g) = W(s) + 3H_2O(g) \qquad \Delta_r G_m^\ominus = 78.1\ kJ \cdot mol^{-1}$$

由有关氧化物的 $\Delta_r G_m^\ominus\text{-}T$ 图(图 20.21)可知，只有高于 600℃以上反应才能进行。

3. 钼和钨的化合物

钼和钨的化合物以+6 氧化态为主。

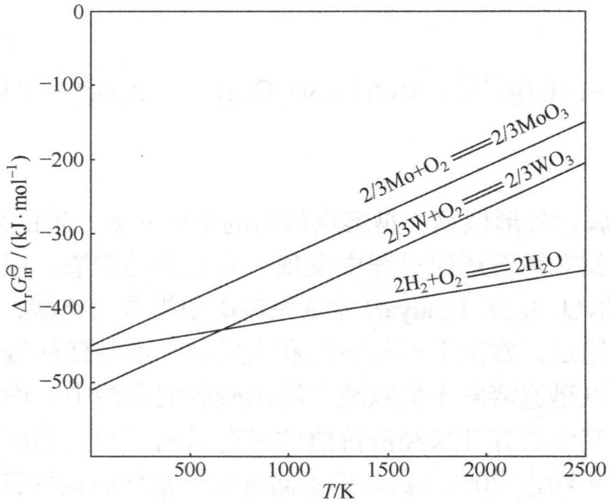

图 20.21 W、Mo 和 H_2 氧化物的 $\Delta_r G_m^\ominus$-T 图

室温下 MoO_3 是白色固体，加热时变为黄色，熔点为 795℃，熔融时呈深黄色液体，沸点 1155℃，即使在低于熔点的情况下，MoO_3 都有显著的升华现象。WO_3 是深黄色粉末，加热时变为橙黄色，熔点 1473℃，沸点 1750℃。与 CrO_3 能溶于水不同，MoO_3 和 WO_3 虽然都是酸性氧化物，但仅能溶于氨水和强碱溶液，生成相应的含氧酸盐：

$$WO_3 + 2NaOH \longrightarrow Na_2WO_4 + H_2O$$

$$MoO_3 + 2NH_3 \cdot H_2O \longrightarrow (NH_4)_2MoO_4 + H_2O$$

常温下，金属钼、钨不与氧、氮以及除氟以外的卤素作用，但在高温下与氧作用生成 MoO_3 及 WO_3，与碳作用生成相应的碳化物 Mo_2C、MoC、W_2C、WC 等，与 NH_3 共热制得相应氮化物 Mo_2N、MoN、W_2N 等。

钼、钨不存在简单的含氧酸，而只在一定条件下形成同多酸或杂多酸。由两个或多个同种简单含氧酸分子缩水而成的酸称为同多酸。能形成多酸的元素有 V、Cr、Mo、W、B、Si、P、As 等。通常在钼酸和钨酸溶液中加入酸，就会形成缩合度不等的多钼酸和多钨酸，随着溶液酸度的增大，同多酸的聚合度也增大。例如，七钼酸($H_6Mo_7O_{24}$)、八钼酸($H_4Mo_8O_{26}$)等，都是钼的含氧同多酸，它们都有相同的结构特点，既以简单含氧酸根作为基础，通过共点、共棱或共面形式形成多聚体，其公共点都是氧原子。在钼酸盐溶液中，将 pH 降到 6.0 以下，最先生成七钼酸根离子$[Mo_7O_{24}]^{6-}$，习惯上把它称为仲钼酸根；继续调高酸度，也可以生成含有 8 个和 36 个钼原子的阴离子，即$[Mo_8O_{26}]^{4-}$和$[Mo_{36}O_{112}]^{8-}$。采用同样提高酸度的方法，也可以得到多钨酸根离子。

杂多酸是由两种不同含氧酸分子缩水而成的酸，常见的杂多酸主要是钼和钨的磷、硅杂多酸，如十二钼磷杂多酸$[H_3(PMo_{12}O_{40})]$、十二钨磷杂多酸$[H_3(PW_{12}O_{40})]$、十二钼硅杂多酸$[H_4(SiMo_{12}O_{40})]$等。在杂多酸分子中，P、Si 为配合物的中心体，多钼酸或多钨酸根为配体，因此它们在结构上是一类特殊的配合物。多酸都是固体酸。

分析化学中常用生成磷钼酸铵$[(NH_4)_3PO_4 \cdot 12MoO_3]$黄色沉淀反应鉴定 PO_4^{3-}：

$$H_3PO_4 + 12(NH_4)_2MoO_4 + 21HNO_3 \longrightarrow (NH_4)_3PO_4 \cdot 12MoO_3 \downarrow + 21NH_4NO_3 + 12H_2O$$

一些杂多酸还具有良好的抗流感病毒、抗 HIV、抗 HSV 等的活性。例如，$(C_{10}H_{18}N)_5BW_{12}O_{40} \cdot 5H_2O$ 被证实对 H5N1 禽流感病毒有较好的抑制作用。

20.3.2　钯、铂

元素周期表Ⅷ族(第 8、第 9、第 10 族)除铁系元素铁、钴、镍外，还包括六种铂系元素：钌(ruthenium，Ru)、铑(rhodium，Rh)、钯(palladium，Pd)、锇(osmium，Os)、铱(iridium，Ir)和铂(platinum，Pt)。其中，钌、铑、钯的密度约为 12 $g \cdot cm^{-3}$，称为轻铂系金属；锇、铱和铂的密度约为 22 $g \cdot cm^{-3}$，称为重铂系金属。这两组元素在性质上有很多相似之处，并且在自然界中也常共生共存，因此统称为铂系元素。铂系元素主要以单质形式分散于各种矿石中，并与其他元素共生在一起，丰度低，价格昂贵，且具有很高的物理、化学稳定性，与金、银一起统称为贵金属。铂系元素主要是从电解铜、镍的阳极泥中精炼而来。铂系元素中，钯和铂在工业生产中较为常见，下面介绍这两种元素的性质及应用。

1. 钯单质

钯是一种银白色金属，质软，有良好的延展性和可塑性，能锻造、压延和拉丝。1803 年，英国化学家伍拉斯顿从铂矿中同时发现了钯和铑。钯在地壳中的丰度为 $1.5 \times 10^{-6}\%$，居第 70 位，储量稀少，常与其他铂系元素一起分散在多种矿物中，如原铂矿、硫化镍铜矿、镍黄铁矿等。钯的独立矿物有六方钯矿、钯铂矿、一铅四铂矿、锑钯矿、铋铅钯矿、锡钯矿等。块状金属钯对氢有巨大的亲和力，比其他金属都能吸收更多的氢，在室温和 1 atm 下所吸取的氢可达钯自身体积的 800 多倍，使其体积显著胀大，变脆乃至破裂成碎片。钯的化学性质不活泼，常温下可在空气和潮湿环境中稳定存在。加热到 800℃时，钯表面形成紫色的一氧化钯薄膜。钯能耐氢氟酸、磷酸、高氯酸、盐酸和硫酸蒸气的侵蚀，但易溶于王水和热的浓硝酸及热的浓硫酸。熔融的氢氧化钠、碳酸钠、过氧化钠对钯有腐蚀作用。

钯可以从铂金属的自然合金中分出，也可以用电解法从铜和镍的矿石中提炼。在实验中常将一氧化碳通入稀氯化钯溶液中制取钯。

钯在化学中主要作为催化剂。含钯的催化剂种类繁多，大多应用于石油化工中的催化加氢和催化氧化反应过程中，如制备乙醛、吡啶衍生物、乙酸乙烯酯及多种化工产品的反应过程。汽车排气净化常以氧化铝载铂，硝酸生产氨氧化反应常用含钯的铂网催化剂。钯与钌、铱、银、金、铜等熔成合金可提高钯的电导率、硬度和强度，可用于制造精密电阻、珠宝饰物等。

2. 铂单质

铂在地壳中的丰度为 $5 \times 10^{-7}\%$，居第 74 位，储量稀少。铂在自然界中常以单质形式混入沉积物或其他矿物中存在，也曾发现过重达 8～9 kg 的自然铂块。铂还存在于陨石中。

铂俗称白金，是白色、有金属光泽的金属，纯铂的硬度是金的 2 倍，有良好的延展性、导热性和导电性。

铂的化学性质稳定，抗腐蚀性极强，在高温下非常稳定，电性能也很稳定。铂在任何温度下都不氧化，但可以被各种卤素、氰化物、硫和苛性碱侵蚀。铂不可溶于盐酸和硝酸，但会在热的王水中溶解，形成氯铂酸(H_2PtCl_6)。

铂的制备通常是从铜电解精炼过程中获得的阳极泥开始的，这一泥状混合物中富含铂系金属。自然界中的铂会混在少数飘沙沉积物或其他矿物中，可以在移除杂质的过程中将铂提取出来。铂具有顺磁性，而镍和铁都具有铁磁性，含铂的矿物混合物经过电磁铁后，镍和铁就会被分离出来。铂的熔点较高，因此可以利用高温把大部分杂质熔融去除。最后，铂不受氢氟酸和硫酸侵蚀，混合物在氢氟酸或硫酸中搅拌后，杂质会溶解，剩余的就是铂。

铂的最大用途是用作电极和化学反应的催化剂，这种催化剂一般是铂黑——金属铂的极细粉末，呈黑色。化学工业中，铂被用于制造高级化学器皿、铂金坩埚。由于铂硬度较高，还常与铱一起制成铂铱合金用作钢笔笔尖。同时，铂也是一些药物的主要成分。例如，顺铂就是早期的一种抗癌药物。铂常用作装饰品和工艺品。

3. 钯和铂的卤化物

铂系金属的卤化物主要是用单质与卤素直接反应而制得。通过控制反应温度可以制得组成不同的物质。卤化物多数是带有鲜艳颜色的固体。溴化物和碘化物的溶解度较小，通常可从氯化物溶液中沉淀出来。例如

$$PdCl_2(aq) + 2KBr(aq) = PdBr_2(s) + 2KCl(aq)$$

高价金属的卤化物不稳定，氧化能力强。除钯外，所有铂系元素均存在六氟化物。其中，PtF_6 是已知的最强氧化剂，为八面体结构，在氟气中加热铂丝或通电流于铂丝即可制得。PtF_6 的沸点为 69℃，气态和液态的 PtF_6 呈红色，固态几乎呈黑色。它能从 O_2 中夺取电子生成$(O_2)^+[PtF_6]^-$，1962 年，加拿大化学家巴特列特(N.Bartlett)用它作氧化剂与氙气混合，在室温下制得了第一个具有化学键的稀有气体元素化合物 $Xe^+[PtF_6]^-$，呈橙色。

$$Xe(g) + PtF_6(g) = XePtF_6(s)$$

$PdCl_2$ 可以通过炽热状态的钯与氯气反应制得，它是一种常用的催化剂。向 $PdCl_2$ 溶液中通入 CO 气体会生成黑色 Pd 沉淀，常用于鉴定一氧化碳气体：

$$PdCl_2(aq) + CO(g) + H_2O(l) = Pd(s) + CO_2(g) + 2H^+(aq) + 2Cl^-(aq)$$

4. 钯和铂的配合物

铂系元素的化合物多数是配合物，大多数铂系元素都能生成卤配合物，其中最常见的是氯的配合物。铂系元素单质与碱金属卤化物在 Cl_2 气流中加热可制得配体为 Cl^-的配合物。例如

$$2Rh(s) + 6NaCl(s) + 3Cl_2(g) \xlongequal{\triangle} 2Na_3[RhCl_6](s)$$

铂系元素配合物的配体多为 F^-、Cl^-，中心离子多为 Pt(Ⅱ)、Pt(Ⅳ)、Pd(Ⅱ)，其中最重要的是氯铂酸 $H_2[PtCl_6]$(橙红色)，可用王水溶解铂制得：

$$3Pt(s) + 4HNO_3(aq) + 18HCl(aq) = 3H_2[PtCl_6](aq) + 4NO(g) + 8H_2O(l)$$

$H_2[PtCl_6]$受热分解得到$PtCl_4$，将$PtCl_4$溶于盐酸又可以重新得到$H_2[PtCl_6]$：

$$H_2PtCl_6(s) = PtCl_4(s) + 2HCl(g)$$

$$PtCl_4(s) + 2HCl(aq) = H_2PtCl_6(aq)$$

用类似的方法可得其盐：

$$PtCl_4(s) + 2NH_4Cl(aq) = (NH_4)_2PtCl_6(aq)$$

Pt(Ⅳ)有一定的氧化性，如草酸钾$K_2C_2O_4$可以将$K_2[PtCl_6]$中的Pt(Ⅳ)还原为Pt(Ⅱ)：

$$K_2PtCl_6(aq) + K_2C_2O_4(aq) = K_2PtCl_4(aq) + 2KCl(aq) + 2CO_2(g)$$

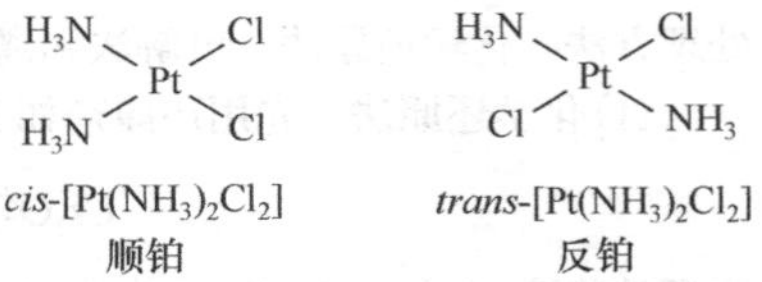

图 20.22　顺铂和反铂的结构

Pt(Ⅱ)配合物中心离子为 d^8 组态、四配位，构型为平面四边形，存在顺、反异构现象。例如，$PtCl_2(NH_3)_2$ 是一种重要的铂系元素氨配合物，平面正方形结构，呈反磁性。$PtCl_2(NH_3)_2$ 有顺式(*cis*-)和反式(*trans*-)两种结构(图 20.22)，简称顺铂和反铂，它们都呈棕黄色。顺铂是极性分子，微溶于水，可与 DNA 作用，具有抗癌活性；而反铂是非极性分子，难溶于水，无抗癌活性。

顺铂的一种合成路线如下：

$$2K_2[PtCl_6] + N_2H_4 \cdot 2HCl = 2K_2[PtCl_4] + 6HCl + N_2$$

$$K_2[PtCl_4] + 2NH_4Ac = cis\text{-}Pt(NH_3)_2Cl_2 + 2HAc + 2KCl$$

顺铂临床用于卵巢癌、前列腺癌、睾丸癌、肺癌、鼻咽癌、食道癌、恶性淋巴瘤、乳腺癌、头颈部鳞癌、甲状腺癌及成骨肉瘤等多种人体肿瘤，均能显示疗效。

20.4　过渡金属元素的用途与环境无机化学*（Applications of Transition Metal Elements and Environmental Inorganic Chemistry）

过渡金属元素在国民经济与生活中发挥着重要的作用，以下简单介绍其主要用途。

钛具有良好的力学性能，是具有广泛用途的金属材料。钛的质量轻、强度高，钛和钛的合金被大量应用于航空航天工业，有“空间金属”之称。由于钛的耐蚀性，石油、化工、造纸、印染、电镀、机械仪表工业中常用其制造防腐设备和部件。钛无磁性，用钛制造军舰和潜水艇可以避免被水下鱼雷发现和跟踪，具有很好的反监护性能。钛具有亲生物性，在人体内能抵抗分泌物的腐蚀且无毒，适应已知的所有消毒方法，因此被广泛用于制造医疗器械和人造骨骼，如人造髋关节、膝关节、肩关节、肋关节、头盖骨等，新的肌肉纤维可以环包在金属钛部件上，维系着人体的正常活动。因此，钛被誉为“生物金属”。钛的氧化物中，TiO_2 又称为钛白粉，是一种遮盖力和持久力极佳的白色涂料，常被用作高级涂料。此外，钛白粉还可用作白色橡胶和高级纸张的填料。$TiCl_4$ 是一种无色液体，在潮湿空气中易水解、发烟，被用于制造烟幕弹。此外，$TiCl_4$ 还常用作燃料工业中的媒染剂、合成聚乙烯的催化剂。$Ti(SO_4)_2$ 在制革工业中可以代替铬鞣剂。而钛酸钡陶瓷是典型的铁电材料，在受压时会产生电流，可用于制造超声波探测器、金属探伤仪、铁电电容器、正温度系数 (PTC)热敏元件、表面层电容器和各种压电器件。钛的碳化物 TiC 熔点高、硬度高、强度大，可用于制作各种切削加工的刀具。

钒主要用于合金的制造。通过在钢中加入 0.1%～0.2%钒制得的钒钢比未添加的钢铁有更好的弹性、韧性、强度和延展性，在汽车、飞机工业中被用于制造发动机、轴、弹簧等。钒铜合金不易被海水浸蚀，可用于造船工业。钒铝合金硬度大、弹性好、耐腐蚀，可用于制造海上飞机和滑翔机。钒的氧化物 V_2O_5 还被用于硫酸工业中作催化剂。另外，钒的氧化物和钒盐有多种鲜艳的颜色，可以用于制造有色玻璃和陶瓷工业中的彩色颜料。

铬有良好的光泽度和抗腐蚀性，是工业中常用的防腐材料。在炼钢工业中，铬钢极硬且富有韧性。镍铬丝是一种常用的电热丝，还可用作热电偶。不锈钢通常是铬、镍、钛的钢合金，常温下不锈钢对空气、海水、水蒸气、盐水和有机酸都有良好的耐腐蚀性，在化工设备制造与生产中起到重要的作用，也被广泛应用在人们的日常生活中。铬的化合物 $K_2Cr_2O_7$ 和 Na_2CrO_4 是制革工业中鞣革剂的原料，重铬酸钾还应用在印染、颜料、电镀、火柴及医药工业中。此外，铬还是胰岛素激素系统中一种重要的微量元素，微量的铬元素是维持正常胆固醇和糖代谢所必需的。人体若缺少铬，会引起葡萄糖代谢不良，进而导致发育不良和心血管疾病。同时，铬(Ⅵ)具有致癌性，通过对生产铬酸盐工厂的工人进行连续观察发现，持续接触生产 5～9 年，呼吸系统致癌死亡率为每万人 1.06 人，持续接触 20～24 年则增至每万人 4 人。

由于铬(Ⅵ)具有明显的致癌性，我国规定工业废水铬(Ⅵ)含量不得超过 0.5 $mg \cdot dm^{-3}$。通常含铬废水的处理方法有化学还原法、电解法和离子树脂交换法三种。

(1)化学还原法。先用还原剂如 $FeSO_4$ 在酸性条件下与 Cr(Ⅵ)反应:

$$Cr_2O_7^{2-} + 6Fe^{2+} + 14H^+ \xlongequal{} 2Cr^{3+} + 6Fe^{3+} + 7H_2O$$

再调整溶液 pH 至 6.0～8.0,生成 $Cr(OH)_3$ 沉淀,通过过滤除去。

(2)电解法。将含有 Cr(Ⅵ)的废液放入电解槽中,以铁制阴、阳极电解,电极反应如下:

阳极 $$Fe \xlongequal{} Fe^{2+} + 2e^-$$

阴极 $$2H_2O + 2e^- \xlongequal{} H_2\uparrow + 2OH^-$$

电解产物 Fe^{2+} 与 $Cr_2O_7^{2-}$ 反应,生成的 Cr^{3+}及 Fe^{3+}在阴极区形成 $M(OH)_3$ 沉淀,过滤除去,此法处理废水中含 Cr(Ⅵ)量可降到 0.01 mg · dm^{-3} 以下。

(3)离子树脂交换法。含有 Cr(Ⅵ)的废液通过以季铵型强碱性阴离子交换树脂柱时,发生以下交换:

$$2R{-}NR_3'{-}OH + CrO_4^{2-} \underset{\text{再生}}{\overset{\text{交换}}{\rightleftharpoons}} (RNR_3')_2{-}CrO_4 + 2OH^-$$

该方法简单方便,可以处理大量的低浓度含 Cr(Ⅵ)废水。

锰元素广泛用于合金制造中。高锰钢坚硬而有韧性,被大量应用于轴承工业中;军事上,高锰钢也被用于制造头盔、坦克、穿甲弹弹头等。锰钢合金受敲击时可以吸收震动能,降低音量,可用于噪声控制,因此也称为哑金属。在植物体内,叶绿素中含有丰富的锰元素,这对植物的光合作用起到重要作用。因此,锰肥对农作物增产有明显效果,硫酸锰、硝酸锰等可溶性锰盐以及含锰矿渣都可用作锰肥使用。高锰酸钾是一种常用的化学试剂,具有强氧化性,还可用于杀菌消毒。二氧化锰用于制干电池,并大量地用于炼钢工业。MnO_2 还被油漆工业用作催干剂。

铁是现代工业的基础,是人类文明发展进步不可或缺的金属材料之一。铁钴镍合金是良好的磁性材料,主要被应用在冶金工业中,组成各种性能优良的合金。人类利用铁的历史悠久,在此不再赘述。

钴的化合物常被添加到无色玻璃中制成深蓝色的钴玻璃,这种玻璃对紫外线有很好的吸收能力,常用作电焊工人和炼钢工人的护目镜。在陶瓷工业中,钴蓝是一种常用的蓝色颜料。在石油化工中,钴盐则常被用作催化剂。

铁、钴也是哺乳动物生存所需的重要微量元素。铁是构成血红蛋白的重要元素,对呼吸气体交换和氧气在血液中的输运起到关键作用。铁也是植物制造叶绿素不可缺少的催化剂。钴则在人体形成红细胞的过程中起到重要作用,维生素 B_{12} 是一种含有 Co(Ⅲ)的多环系化合物,人体每天需要摄入不低于 0.043 μg 的维生素 B_{12}。实验也发现,羊饲料缺钴会引起脱毛症,家畜缺钴会出现恶性贫血、脊骨髓炎等病症。

镍广泛用于电镀和电池工业。铁镍蓄电池又称为碱性蓄电池,其正极就涂有 Ni_2O_3,负极是铁,电解液为 30% KOH,其电池反应式为

$$Fe + Ni_2O_3 + 3H_2O \underset{\text{充电}}{\overset{\text{放电}}{\rightleftharpoons}} Fe(OH)_2 + 2Ni(OH)_2$$

这种电池的优点在于比铅蓄电池轻便。镉镍碱性蓄电池中,正极为 NiOOH 的镍极,负极为 Cd,电解液为 KOH,发生以下反应:

$$Cd + 2NiOOH + 2H_2O \underset{\text{充电}}{\overset{\text{放电}}{\rightleftharpoons}} 2Ni(OH)_2 + Cd(OH)_2$$

这类电池具有牢固、耐冲击、抗震、耐低温、寿命长等优点,能以 2000～5000 A 的大电流以脉冲形式放电,常用于航空航天工业中。

钼也常用于制备各种合金。很多有特殊用途的合金工具钢、高速钢、模具钢、结构钢、弹簧钢、耐热钢、磁钢都是钼的合金钢,钼在航天工业中有着极其重要的地位。在农业方面,钼是一种较好的微量元素肥料,钼对农作物的固氮酶有促进作用,合理施用钼肥可使大豆最高增产 36%左右,使花生最高增产 22%左右。目前研究表明固氮酶是含钼酶的一种,因此研究钼酶在生物无机化学中的作用有十分重要的意义。

钨也是特种合金的重要制造原料,高速切削工具用钢及一些弹簧钢、轴承钢、不锈钢、耐热钢中往往都含有钨。钨钢广泛应用在国防工业上,枪炮筒、装甲板、坦克的制造离不开大量的钨钢。此外,人们还用碘化物、溴化物研制新型光源。钨酸钠也被研究用于制作防火布,钨酸铅、氧化物则可用作颜料。

钯是航天、航空、航海、兵器和核能等高科技领域以及汽车制造业不可或缺的关键材料，也是国际贵金属投资市场上不容忽视的投资品种。钯最重要的应用之一是催化氢化、脱氢和石油裂解，这样的反应被广泛应用于有机合成和石油精制之中。钯和铂同时被安装在汽车的催化转化器中，以减少发动机工作过程中产生的不饱和烃气体排放。由于钯金属纯度高、生物亲和性好，钯合金广泛应用于医学尤其是牙科中，它们被用于替换受损的骨头和关节，作为瓷器覆盖的生物桥架中的支撑物。除了吸氢能力，钯还具有吸收碳的能力，可用于制造 CO 监测装置。

铂在自然界中的储量比黄金还稀少，常用来作为贵重首饰的材料。中国是全球铂金首饰第一消费大国。除了作为首饰用金属和投资金属外，在化学工业中常用作电极材料和催化剂。铂金在尾气处理方面的作用无可替代。尾气三效催化剂是当前较为成熟的催化体系，常用活性成分包括铂、钯和铑。其中铂最早应用于尾气净化，在三效催化剂中主要起到转化一氧化碳和碳氢化合物的作用。用于尾气催化的铂消耗量几乎是铂金工业用量的一半。

20.5　过渡金属有机化合物简介*
（Brief Introduction of Metal-organic Compounds）

20.5.1　概述

由金属原子与碳原子直接相连成键而形成的有机化合物称为有机金属化合物，即含有 M—C 键的化合物，如格氏试剂（R—Mg—X）、甲基钾（CH_3K）、丁基锂（C_4H_9Li）等。需要注意的是，氰（CN^-）作为配体的配合物中虽然也含有 M—C 键，但与金属有机化合物性质差别较大，因此不属于金属有机化合物；有机物中 O、S、N 等元素作为金属配位原子的物质也不属于金属有机化合物，而是无机配合物。而一氧化碳作为配体的羰基金属 $[M_x(CO)_y]$ 虽然是无机配合物，但与其他金属有机化合物关系密切，属于金属有机化合物。过渡金属有机化合物主要是指第三到第十族的过渡金属形成的有机物。过渡金属有机化合物是一些特殊类型的配位化合物，它通常包含两部分，一是中心过渡金属原子，二是配位体，常见的配位体有氢、卤素、烷基、羰基、环戊二烯基、异腈、烯烃、芳烃等。

记载历史最悠久的有机金属化合物是蔡斯盐，为一黄色、在空气中稳定的配合物，其化学式为 $K[Pt(C_2H_4)Cl_3]$，是以铂原子为中心的平面正方形结构。蔡斯盐于 1827 年被哥本哈根大学的 William Christopher Zeise 首次发现并由此得名。蔡斯盐的发现和结构的确定带动了许多有机金属化学领域的研究。1951 年，鲍森(P. Pauson)和米勒(S. A. Miller)分别独立发现了具有三明治结构的二茂铁 $(C_5H_5)_2Fe$，在金属有机化学的发展史上树立了一座里程碑。二茂铁的发现展开了环戊二烯基与过渡金属的众多 π 配合物的化学，也为有机金属化学掀开了新的帷幕。有机金属化合物在生产和生活中用途广泛，是一种极为有用的合成试剂和催化剂。近年来，多种有机金属化合物在生物活性研究和应用使金属有机化学成为近代化学的研究热点之一。

20.5.2　金属有机化合物的结构

1. 金属有机化合物的命名

金属有机化合物可用通式 M_nL_m 表示，M 代表金属原子，L 代表配体。其中，配体可以是中性分子、阴/阳离子和自由基(如甲基和苯基自由基)。配体至少需要一个碳配位原子可与金属配位。根据金属原子个数的不同可将金属有机化合物简单分为以下几类：$n = 1$ 时为单核金属有机化合物；$n = 2$ 时为双核金属有机化合物；$n>2$ 时为多核金属有机化合物。n 和 m 大于 1 时，M 和 L 可代表多种金属原子和配体。对于复杂的金属有机化合物，具体的键合状态复杂，因此命名时不用特别指出具体成键状态，仅需写出与金属原子键合的碳原子数。

2. 金属有机化合物中的键合模式

过渡金属有机化合物中，金属原子的外层包括 s、p、d 三个电子层，共 9 个轨道，最多可容纳 18 个电子。当金属的外层电子和配体提供的电子数总和为 18 时，该过渡金属有机物就是热力学稳定的，这就是有效原子序数(effective atomic number，EAN)规则，也称 18 电子规则。例如，$Fe(CO)_5$、$Ni(CO)_4$等都是 EAN 为 18 的配合物，它们都是热力学稳定的。但这个规则的逆命题并不成立。有许多过渡金属有机化合物，特别是作为催化剂的过渡金属有机化合物，EAN 通常小于 18。例如，著名催化剂 Wilkinson 配合物 $RhCl(PPh_3)_3$，其 EAN 为 16。另外，中心金属的价电子数是奇数，又与提供偶数电子的配体配位时，就不可能达到 18 电子，如 $V(CO)_6$ 的 EAN 为 17，它能稳定存在。过渡金属有机物是否遵循 EAN 规则与成键状态有关。过渡金属有机物分子中，电子不仅填充在成键分子轨道中，也可以填充在非键分子轨道中，但一般不填充在反键分子轨道中。

配体的碳原子与金属的键合主要包括两种键：σ 键、π 键。σ 键是由配体将 π 电子授予金属原子而成，而 π 键则是金属原子 d 轨道电子填充到配体反键轨道，故称为反馈 π 键。此外，还有一种为 δ 反馈键，它由金属的 d 轨道与配体如苯、环戊二烯基的反键轨道侧面重叠而成，这种重叠作用小，因此键较弱。非过渡金属元素同碳一样都是按照有机化学熟知的键型相结合，涉及成键的是 s 轨道和 p 轨道，主要形成 σ 共价键，有时也形成离子键。而对过渡金属原子来说，由于 d 轨道能量较低，可与有机配体成键，因此过渡金属有机物的键型比非过渡金属有机物多。除了 σ 键、π 键外，还有金属原子到配体的反馈键、多中心键等。金属原子的配体不仅可以是一个碳原子，也可以同时存在多个碳原子形成配体，金属和金属之间可以形成单键或重键。

以 CO 为例，碳上的孤对电子可与过渡金属 d 轨道重叠形成 σ 键，而非过渡金属不具备适宜成键的 d 轨道，因此 CO 只与过渡金属原子配位而不与非过渡金属配位。当 CO 配体给出电子与过渡金属原子成 σ 键后，CO 中空的 π^* 轨道被中心原子富余的孤对电子占据，发生电子反馈，形成反馈 π 键(图 20.23)。CO、异腈、三烃基膦等电子反馈均属于这种情况。

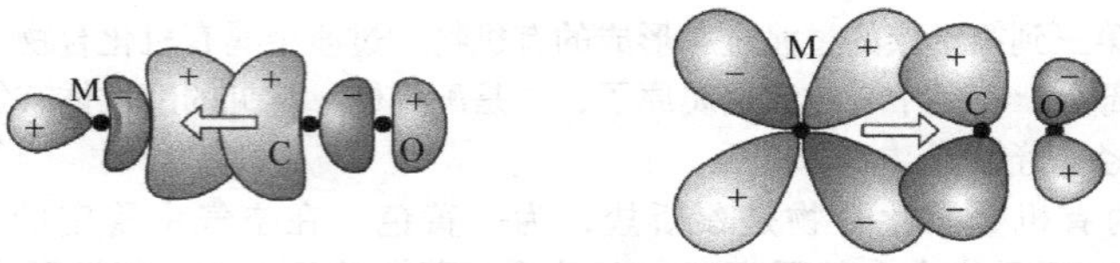

(a) CO的HOMO(5σ)为 σ 键给予体(碱)　　(b) CO的LUMO(2π)为反馈 π 键接受体(酸)

图 20.23　金属羰基配合物 $M(CO)_6$ 的 σ 配位键(a)和反馈 π 键(b)形成示意图

箭头表示电子迁移方向

金属与碳之间的键合和配位模式多种多样，表 20.12 给出一些重要的金属有机化合物的键合模式。

表 20.12　重要的金属有机化合物的键合模式

配位体类型	键合模式
CO	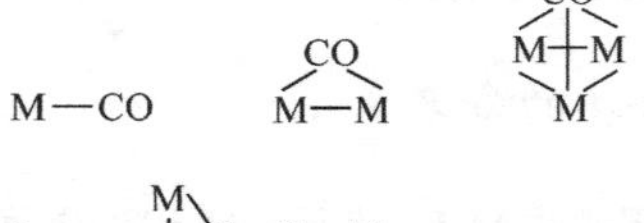
CS_2	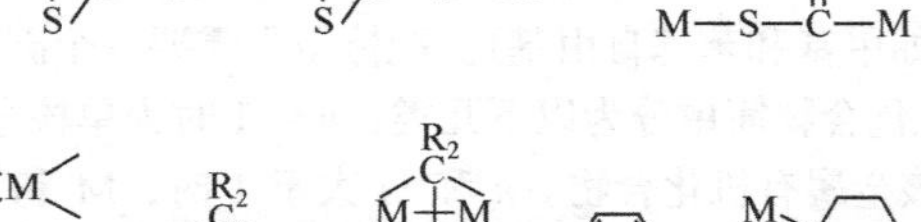
烷基和芳香基	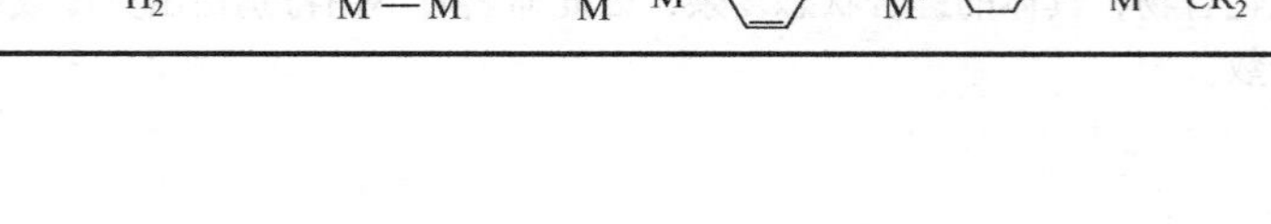

续表

配位体类型	键合模式
烯基和炔基	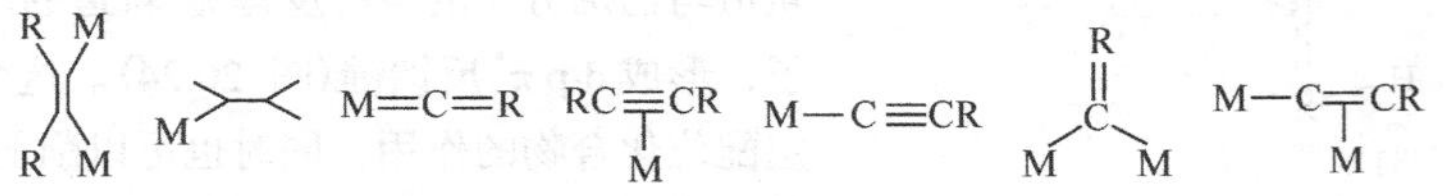
酰基	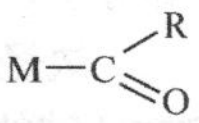

20.5.3　金属羰基化合物

CO 与过渡金属组成的配合物称为过渡金属羰基配合物。1890 年，Mond 首次用 Ni 和 CO 直接作用制得四羰基镍 $Ni(CO)_4$。过渡金属羰基化合物可以分为一个过渡金属的单核羰基配合物及含两个以上过渡金属并存在金属-金属键的多核配合物，也称为羰基簇合物。它们在合成过渡金属有机配合物、精细有机化学品及配位催化等方面都有广泛的应用。表 20.13 给出了典型过渡金属单核和多核羰基配合物。

表 20.13　过渡金属羰基配合物

4	5	6	7	8	9	10	11
Ti	$V(CO)_6$	$Cr(CO)_6$	$Mn_2(CO)_{10}$	$Fe(CO)_5, Fe_2(CO)_9, Fe_3(CO)_{12}$	$Co_2(CO)_8, Co_4(CO)_{12}$	$Ni(CO)_4$	Cu
Zr	Nb	$Mo(CO)_6$	$Tc_2(CO)_{10}$	$Ru(CO)_5, Ru_3(CO)_{12}$	$Rh_2(CO)_8, Rh_4(CO)_{12}, Rh_6(CO)_{16}$	Pd	Ag
Hf	Ta	$W(CO)_6$	$Re_2(CO)_{10}$	$Os(CO)_5, Os_3(CO)_{12}$	$Ir_2(CO)_8, Ir_4(CO)_{12}$	Pt	Au

制备单核过渡金属羰基配合物通常有两条途径。一是直接羰基化，即用过渡金属粉末与 CO 在适当的温度和压力下直接反应，生成过渡金属羰基配合物。例如，$Ni(CO)_4$ 是液体，在常温、常压下就可以由金属镍和 CO 直接合成，通过升高温度、降低压力，$Ni(CO)_4$ 分解成金属镍和 CO。向不纯的镍粉中通入 CO 得到羰基镍，蒸馏得到高纯 $Ni(CO)_4$，再经热分解，可制得高纯金属镍。二是还原羰基化，在还原剂的存在下，高氧化态的过渡金属氧化物或盐都可以与 CO 反应，得到过渡金属羰基配合物。还原剂可以是 CO 本身，也可以是活泼金属、烷基金属等。除铁、镍外，其他过渡金属羰基配合物，多用还原羰基化法合成。

过渡金属羰基簇合物也可以用直接羰基化法和还原羰基化法来合成，但以单核过渡金属羰基配合物为原料来合成簇合物更普遍。过渡金属羰基配合物对光敏感，在紫外光的照射或加热条件下，单核过渡金属羰基配合物失去部分 CO 转变为多核羰基簇合物。例如，$Fe(CO)_5$ 可通过紫外光照射生成 $Fe_2(CO)_9$ 和 CO。将单核过渡金属羰基配合物还原，则发生偶联反应得到过渡金属羰基簇合物负离子。含卤素的过渡金属羰基配合物与含碱金属的过渡金属羰基配合物反应，脱掉一分子盐而形成过渡金属羰基簇合物，这个方法适用于制备异核过渡金属羰基簇合物，用过渡金属羰基负离子与无机盐反应也能合成异核过渡金属羰基簇合物。

20.5.4　含烯、炔和烯基配体的有机金属配合物

从 1827 年蔡斯盐合成到现在，已经制备出许多 η^2-烯烃配合物。各种类型的烯烃都能与金属原子配位，这些配体包括乙烯、烷基或芳基取代烯烃；杂原子取代烯烃；单烯、共轭或非共轭多烯烃和累积烯烃。

最著名的含烯烃配体金属有机化合物蔡斯盐 $K[Pt(C_2H_4)Cl_3]$，它为黄色晶体，是在 $PtCl_2$ 的盐酸溶液中通入乙烯后，加入 KCl 制得。该盐虽然很早就被合成，但由于分析手段落后，其化学键问题一直未解决。后经 X 射线分析证明，乙烯分子与金属离子之间的化学键包含一个 σ 配键和一个 π 键。σ 键、π 键和乙烯分子位于同一个平面上。中心 Pt(Ⅱ)离子具有 d^8 构型，采取 dsp^2 杂化，因此$[Pt(C_2H_4)Cl_3]^-$具有平面正方形结构。三个 Cl^- 处于正方形的三个顶点，其 3p 轨道与 Pt 的 dsp^2 杂化轨道重叠成 3 个配位键。正方形的第四个

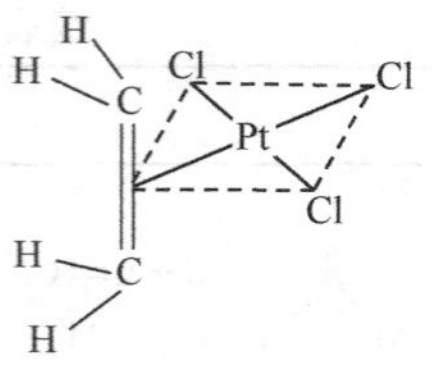

图 20.24　$[Pt(C_2H_4)Cl_3]^-$的结构

顶点被乙烯分子占据，乙烯的 C—C 连线垂直于正方形所在平面。乙烯分子的 π 成键分子轨道将对电子配入 Pt 的第四个 dsp^2 杂化轨道。Pt 的 d 轨道与乙烯分子的空的反键 π^* 轨道的对称性一致，将电子反馈给乙烯分子，形成 d-p π^* 反馈键（图 20.24）。这个反馈键和第四个配位键均起到稳定配位化合物的作用，同时也可以削弱乙烯的 C—C 键，从而活化了乙烯分子。

炔烃也可以与过渡金属生成配合物。炔烃分子可提供一对或两对 π 电子与金属离子成键。这种 M 与 C≡C 键的结合，相当于 M 与 C═C 的两个 C 原子生成三原子环，从而削弱了炔烃的稳定性，并使炔烃的化学活性增加。

20.5.5　夹心结构配合物

1951 年二茂铁 $Fe(C_5H_5)_2$ 被发现后，次年 Wilkerson 和 Woodward 证明了它具有夹心结构并具有芳香性，故又称为 Ferrocene。二茂铁的发现及其特殊结构，激起了化学家对茂金属配合物（metallocenes）的研究热情，1982～1985 年，Kaminsky 发现 Cp_2ZrCl_2/MAO 体系是高活性的乙烯聚合催化剂。为了改进催化剂性能，大量的各种类型茂金属配合物已被合成出来，大大丰富了茂金属化学的内容。现在茂金属配合物不仅用作聚烯烃催化剂，还作为 Diels-Alder 反应、环氧化反应、形成 C—C 键等反应的催化剂及有机合成试剂。茂金属配合物化学已成为当今金属有机化学领域中研究热点之一。

研究证明，二茂铁在液态时是重叠式构型，而在固态时接近于交错式构型（图 20.25）。该配位化合物通过 Fe(Ⅱ)的空 d 轨道与茂环上 5 个 p 轨道重叠形成的非定域 π 配位键而稳定。二茂铁为一稳定的橙黄色晶体，有樟脑气味，熔点 174℃，溶于苯等有机溶剂，但不溶于水。在 100℃时升华，对空气稳定，在隔绝空气条件下甚至加热到 500℃都不分解，对碱和非氧化性酸稳定，但易被 Ag^+或 NO_3^- 氧化为蓝色的铁茂正离子 $[Fe(C_5H_5)_2]^+$。由于二茂铁中环戊二烯基具有芳香性，因此它具有许多类似于苯的性质。能溶于苯、乙醚和石油醚等有机溶剂，在环上能形成多种取代基的衍生物。但有时更接近于噻吩和酚的性质，如二茂铁可以与甲醛和有机胺发生缩合反应。几乎所有的 d 过渡金属都可以形成类似于二茂铁的配合物，但是它们一般都不太稳定，受热或遇空气都易分解。二茂铁可用于制作汽油抗爆剂、航天用固体燃料、橡胶及硅树脂的熟化剂及辐射吸收剂，还可用于制作合成氨催化剂及生产二茂铁衍生物等。

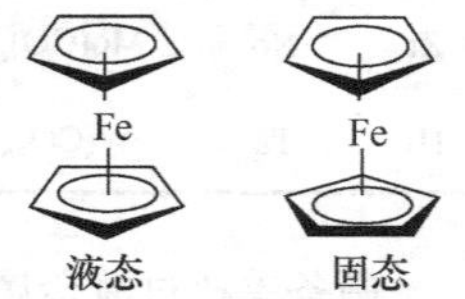

图 20.25　二茂铁的结构

二茂铁分子中的茂环是典型的非苯芳香环，但比苯环活泼，能进行一系列的亲电取代反应得到二茂铁金属衍生物，这既是一种制法也是茂铁金属的重要化学性质。二茂铁可以进行傅-克反应。在无机酸催化下，用乙酐对二茂铁进行酰化，可得到二茂铁的一酰基衍生物。若用三氯化铝、乙酰氯反应，则两个茂环均被酰化；若是烷基化，则在同一个环上进行多烷基化。

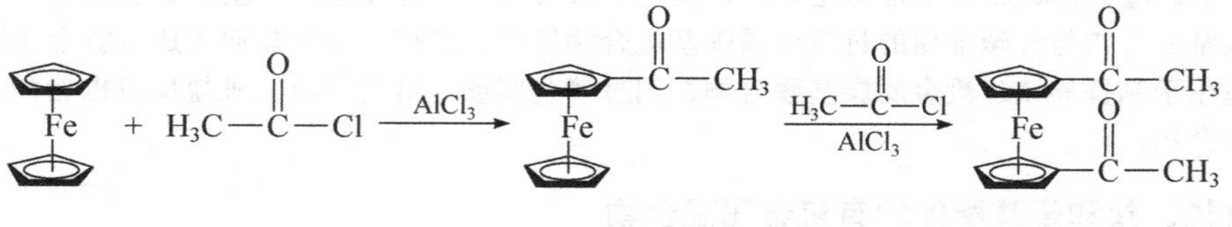

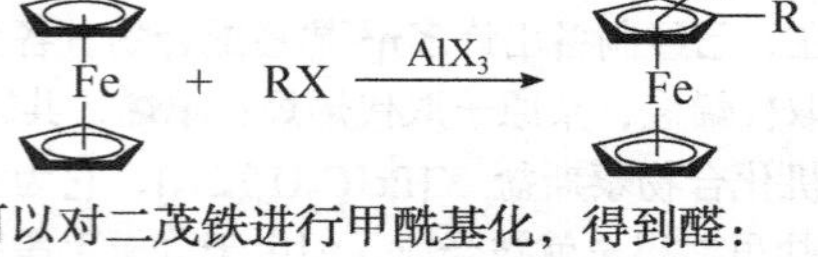

在三氯氧磷的催化下，甲酰胺可以对二茂铁进行甲酰基化，得到醛：

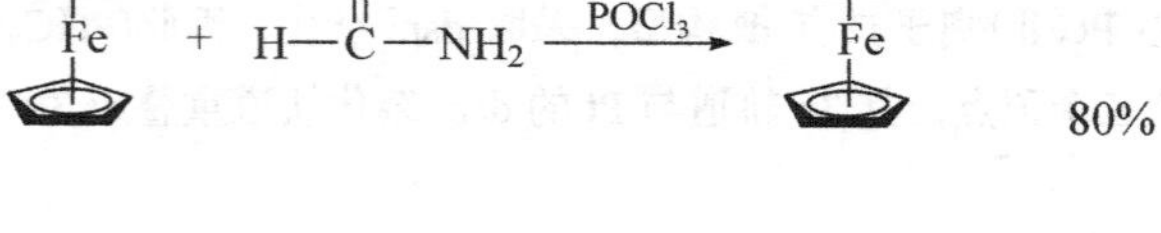

因硫酸的氧化性会使二茂铁分解，故不能直接磺化，但可以在乙酐中用氯磺酸对二茂铁进行磺化。

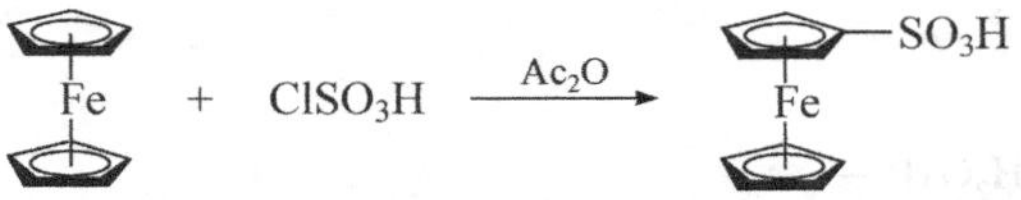

同样地，二茂铁也不能直接用硝酸硝化，但可以用 $RONO_2$ 或 N_2O_4 为硝化剂，制备硝基衍生物。

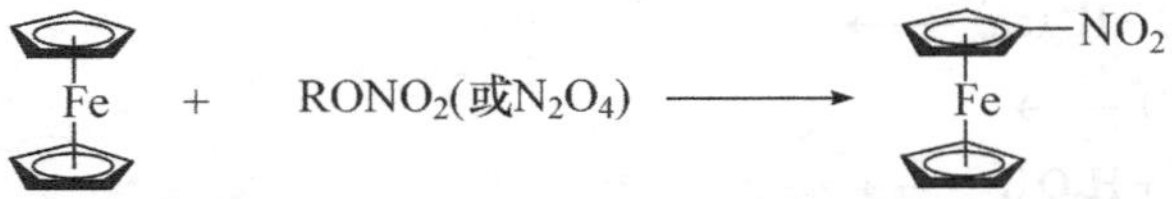

其他的二茂铁衍生物可以先将茂环锂化，再按锂有机化合物的化学性质合成其他茂铁衍生物，如羧基、羟基、氨基及卤素的衍生物。

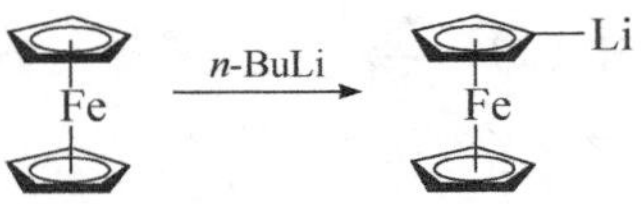

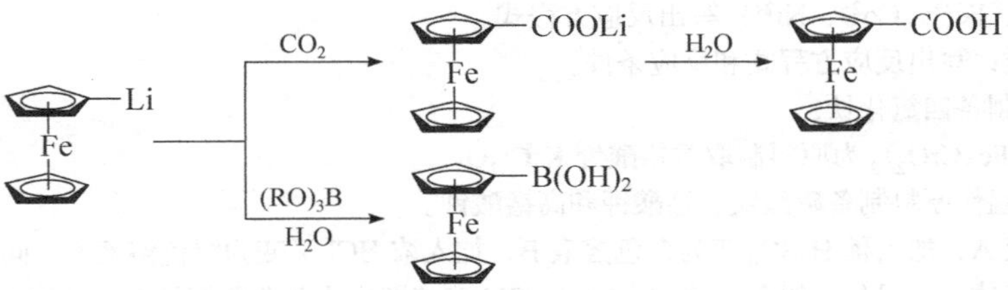

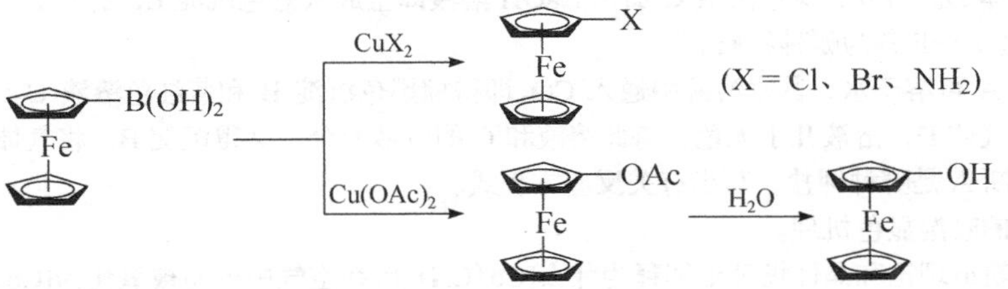

习　题

1. 为什么过渡元素中，同族元素从上到下高氧化态物质的稳定性升高，而过渡后的 p 区元素同族自上而下低氧化态的物质趋于稳定？
2. 自ⅣB 族到ⅦB 族元素的最高氧化态在水溶液中为什么不存在简单的 M^{4+}、M^{5+}、M^{6+}水合离子？
3. 为什么 d 区金属的密度、硬度、熔点、沸点一般较高？
4. 过渡元素的氧化态分布有什么特点？
5. 由 MnO_2 制备锰酸盐应在酸性介质还是碱性介质中进行？欲将 Mn^{2+}氧化为 MnO_4^- 应选用哪种氧化剂？
6. Cr^{3+}与 Al^{3+}在生成化合物方面有哪些异同？
7. 根据下列实验现象，写出相应的化学反应方程式。

(1) 在酸性 $K_2Cr_2O_7$ 溶液中加入 Na_2SO_3 溶液，颜色由橙红色变为蓝绿色，此时加入乙醚，并用 HNO_3 酸化，溶液变为深蓝色。

(2) 黄色的 $BaCrO_4$ 溶在浓盐酸中，得到绿色溶液，写出化学反应方程式，并说明颜色变化。

(3) $Fe_2(SO_4)_3$ 溶液与 Na_2CO_3 溶液作用，得不到 $Fe_2(CO_3)_3$。

(4) 在水溶液中 Fe^{3+}与 KI 作用，不能制得 FeI_3。

(5) 向 Fe^{3+}溶液中加入 KSCN 后出现红色，若再向溶液中加入 Fe 粉或 NH_4F 晶体，红色又消失。

(6) 向 $CoCl_2$ 溶液中加入 NaOH 溶液，先析出粉红色沉淀，沉淀很快又变为灰绿色至褐色。

8. 写出下列反应的化学方程式。

(1) $TiO_2(s) + BaCO_3(s) \longrightarrow$

(2) $V_2O_5(s) + HCl(aq) \longrightarrow$

(3) $Cr_2O_7^{2-}(aq) + Ag^+(aq) + H_2O(l) \longrightarrow$

(4) $[Cr(OH)_4]^-(aq) + H_2O_2(l) + OH^-(aq) \longrightarrow$

(5) $MnO_4^-(aq) + Fe^{2+}(aq) + H^+(aq) \longrightarrow$

(6) $MnO_2(s) + HCl$(aq,浓) $\longrightarrow$

(7) $Cr^{3+}(aq) + MnO_4^-(aq) + H_2O(l) \longrightarrow$

(8) $Co_2O_3(s) + HCl$(aq,浓) $\longrightarrow$

(9) $K_3[Fe(CN)_6](aq) + Fe^{2+}(aq) \longrightarrow$

(10) $PO_4^{3-}(aq) + (NH_4)_2MoO_4(aq) + H^+(aq) \longrightarrow$

(11) $PdCl_2(aq) + CO(g) + H_2O(l) \longrightarrow$

(12) $Pt(s) + HNO_3(aq) + HCl(aq) \longrightarrow$

9. 如何鉴别 Fe^{3+}、Fe^{2+}、Co^{2+}、Ni^{2+}？写出反应方程式。

10. 制备下列物质，写出反应方程式和反应条件。

(1) 由钛铁矿制备四氯化钛；

(2) 以铬铁矿 $Fe(CrO_2)_2$ 为原料制取重铬酸钾 $K_2Cr_2O_7$；

(3) 用二氧化锰作原料制备硫酸锰、锰酸钾和高锰酸钾。

11. 某亮黄色溶液 A，加入稀 H_2SO_4 变为橙色溶液 B，加入浓 HCl 又变为绿色溶液 C，同时放出能使淀粉 KI 试纸变色的气体 D。另外，绿色溶液 C 加入 NaOH 溶液即生成灰蓝色沉淀 E，经灼烧后 E 变为绿色固体 F。试判断上述 A～F 各为哪种物质。

12. 某深绿色固体 A 可溶于水，其水溶液中通入 CO_2 即得棕黑色沉淀 B 和紫红色溶液 C。B 与浓 HCl 共热时放出黄绿色气体 D，溶液几乎无色，将此溶液和 C 的溶液混合，又得沉淀 B。将气体 D 通入溶液 A，则得 C。试判断 A 是哪种钾盐，写出有关反应方程式。

13. 说明变色硅胶的吸湿显色机理。

14. 试分别用杂化轨道理论和晶体场理论解释为什么 $[Co(CN)_6]^{4-}$ 在空气中容易被氧化为 $[Co(CN)_6]^{3-}$。

15. 试用杂化轨道理论讨论 $[Ni(CN)_4]^{2-}$ 的杂化、成键过程，并预测其磁性。

16. 写出分离混合溶液中的 Fe^{3+}、Al^{3+}、Zn^{2+} 和 Cr^{3+} 的方案及有关反应方程式。

17. 用硫酸、石灰和亚硫酸氢钠，试设计一个从含 Cr(Ⅵ)、Cr(Ⅲ) 的废水中除去铬的简单方案，并写出各步有关化学方程式。

18. 通过计算说明下列情况下有无碘析出（设有关物质浓度均为 $1\ mol \cdot dm^{-3}$）。

(1) Fe^{3+} 溶液中加入 I^- 溶液；

(2) Fe^{3+} 溶液中先加入过量 NaCN，再加入 I^- 溶液。已知：$E^{\ominus}(Fe^{3+}/Fe^{2+}) = 0.771\ V$，$E^{\ominus}(I_2/I^-) = 0.535\ V$，$\lg K^{\ominus}_{稳}[Fe(CN)_6^{3-}] = 42$，$\lg K^{\ominus}_{稳}[Fe(CN)_6^{4-}] = 35$。

19. 水溶液中 Co(Ⅲ) 离子能氧化水，$E^{\ominus}(Co^{3+}/Co^{2+}) = 1.84\ V$，$E^{\ominus}(O_2/H_2O) = 1.23\ V$。通过计算，说明 $[Co(NH_3)_6]^{3+}$ 在 $1.0\ mol \cdot dm^{-3}$ 氨水溶液中是否能氧化水。已知：$[Co(NH_3)_6]^{3+}$ 的 $K^{\ominus}_{稳} = 1.4 \times 10^{35}$，$[Co(NH_3)_6]^{2+}$ 的 $K^{\ominus}_{稳} = 2.4 \times 10^4$。

20. 称取铁矿 0.2000 g，经酸溶解和还原处理后，用 $0.01000\ mol \cdot dm^{-3}\ K_2Cr_2O_7$ 标准溶液滴定，用去 $24.35\ cm^3$，计算铁矿中铁的含量。

（石建新）

第 21 章　镧系元素和锕系元素（The Lanthanides and Actinides）

本章学习要求

1. 掌握镧系元素和锕系元素原子价层电子构型与性质的关系，掌握镧系收缩的实质及其对镧系元素及后续几族元素性质的影响。

2. 能用 $\Delta_r G_m^{\ominus} / F\text{-}Z$ 图分析镧系元素单质和重要化合物的氧化还原性质。

3. 了解镧系元素的分离和冶炼原理及方法。

4. 了解镧系元素的应用。

5. 了解锕系元素单质和重要化合物的性质。

镧系元素（lanthanides，Ln）是从原子序数 57 的镧（La）到 71 的镥（Lu），共 15 种元素的总称。锕系元素（actinides，An）是从原子序数 89 的锕（Ac）到 103 的铹（Lr），共 15 种元素的总称。镧元素的位置特殊，其原子基态价层电子构型为 $5d^1 6s^2$，无 4f 电子，仅从原子结构考虑，镧与钪和钇都属于 d 区过渡元素，所以列入表 20.1～表 20.3 中；但是，镧单质及化合物的许多性质都与 ^{58}Ce～^{71}Lu 相似，习惯上仍然把镧与 ^{58}Ce～^{71}Lu 共 15 种元素划分在一起，合称为镧系元素。锕元素原子基态价层电子构型为 $6d^1 7s^2$，情况与镧元素类似。镧系元素和锕系元素分属第六、第七周期ⅢB 族，也称为内过渡元素，其中镧系元素是第一内过渡系，锕系元素是第二内过渡系。除了镧、锕、钍（$6d^2 7s^2$）元素外，其他元素原子的价电子填充在外数第三层即（n−2）f 轨道上，故把镧系元素和锕系元素共 30 种元素都列为 f 区元素。

此外，人们把镧系元素与ⅢB 族的钪和钇共 17 种元素总称为稀土元素（简称 RE）。稀土这一名称是历史遗留下来的，其实稀土并不稀，只是由于这些元素在地壳中分布分散，提取、分离较困难，人们对它们的系统研究开始较晚。

21.1　镧系元素基本性质（General Properties of Lanthanides）

21.1.1　存在和分布

稀土元素在自然界广泛存在，其稀土元素在地壳中的丰度（表 21.1）比一些常见元素还要多。除了放射性元素钷仅痕量存在外，就单一元素来说，丰度最大的 Ce，丰度大于常见的 Zn、Co、Sn 等；La、Y、Nd 的丰度大于常见的 Pb；甚至丰度最低的 Tm 也比 Br、I、Bi、Ag、Au、Pt 等的丰度大。

表 21.1 镧系元素原子结构及基本性质

原子序数	地壳中丰度 /(×10^{-6})/排序*	元素符号	元素名称	价层电子构型	常见氧化态	I_1/(kJ · mol^{-1})	金属半径**/pm	有效离子半径** (CN = 6)/pm			$E^\ominus$ [Ln(Ⅲ)/Ln] /V	
								Ln^{2+}	Ln^{3+}	Ln^{4+}	$E_A^\ominus$	$E_B^\ominus$
57	39/28	La	镧	$5d^16s^2$	+3	538.1	183		103.2		−2.37	−2.90
58	66.5/25	Ce	铈	$4f^15d^16s^2$	+3，+4	534.4	181.8		102	87	−2.34	−2.87
59	9.2/39	Pr	镨	$4f^36s^2$	+3，+4	528.1	182.4		99	85	−2.35	−2.85
60	41.5/27	Nd	钕	$4f^46s^2$	+3	533.1	184.4		98.3		−2.32	−2.84
61	痕量/90	Pm	钷	$4f^56s^2$	+3	538.6	183.4		97		−2.29	−2.84
62	7.1/40	Sm	钐	$4f^66s^2$	+3，+2	544.5	180.4		95.8		−2.30	−2.83
63	2.0/53	Eu	铕	$4f^76s^2$	+3，+2	547.1	208.4	117	94.7		−1.99	−2.83
64	6.2/41	Gd	钆	$4f^75d^16s^2$	+3	593.4	180.4		93.8		−2.29	−2.82
65	1.2/59	Tb	铽	$4f^96s^2$	+3，+4	565.7	177.3		92.3	76.0	−2.30	−2.79
66	5.2/42	Dy	镝	$4f^{10}6s^2$	+3，+4	573.0	178.1		91.2	84.0	−2.29	−2.78
67	1.3/56	Ho	钬	$4f^{11}6s^2$	+3	581.0	176.2		90.1		−2.33	−2.77
68	3.5/44	Er	铒	$4f^{12}6s^2$	+3	589.3	176.1		89.0		−2.31	−2.75
69	0.5/62	Tm	铥	$4f^{13}6s^2$	+3，+2	596.7	175.9		88.0		−2.31	−2.74
70	3.2/45	Yb	镱	$4f^{14}6s^2$	+3，+2	603.4	193.3	102	86.8		−2.22	−2.73
71	0.8/61	Lu	镥	$4f^{14}5d^16s^2$	+3	526.7	173.8		86.1		−2.30	−2.72

* 地壳中丰度数据来源：周公度，叶宪曾，吴念祖. 2012. 化学元素综论. 北京：科学出版社。地壳中 Sc 丰度为 22×10^{-6}，在全部元素中排序 31；Y 丰度为 33×10^{-6}，排序 29；$E^\ominus$ (Sc^{3+}/Sc) = −2.03 V，$E^\ominus$ (Y^{3+}/Y) = −2.37 V。

** 金属半径和有效离子半径数据来源：迪安 J A. 2003. 兰氏化学手册. 2 版. 北京：科学出版社, 4.31～4.37.

根据元素的物理性质和化学性质的相似性和差异性，以 Gd 为界，将 La 到 Eu 的元素称为轻稀土或铈组稀土，将 Gd 到 Lu 以及 Sc、Y 称为重稀土或钇组稀土。若从地球化学和矿物化学角度来划分，一般将 Eu、Gd、Tb、Dy、Ho、Er、Tm、Yb、Lu、Sc、Y 称为钇组稀土。根据分离工艺的需要，往往又把稀土元素分为轻、中、重三组，其组间界线随工艺的不同而变化，因而没有严格的界限。

除了放射性元素 Pm 以外，稀土元素以化合物状态存在于自然界的各种稀土矿物中，且彼此共生。在稀土矿物中，具有重要开采价值的主要矿物有：以铈组稀土为主的独居石[(RE,Th)PO_4]和氟碳铈矿[RE(CO_3)F]、以钇组稀土为主的磷钇矿[(Ln,Y)PO_4]和我国南方的离子吸附型稀土矿。

2019 年我国的稀土矿储量占世界总储量的 36.7%，居世界首位，稀土产量占全球的 80.5%。在国内，稀土矿的主要分布地区包括内蒙古白云鄂博、江西赣州、广东北部、福建龙岩和三明、湖南南部、山东微山及四川冕宁等地；此外，还以含独居石和磷钇矿的海滨砂矿形式分布于粤西沿海、海南岛及台湾西海岸。

21.1.2 价层电子构型、原子半径和离子半径

镧系元素气态原子基态价层电子构型有[Xe]$4f^n6s^2$ 和[Xe]$4f^{n-1}5d^16s^2$ 两种类型，其中 n = 1～14（表 21.1）。La、Ce、Gd 原子的基态属于[Xe]$4f^{n-1}5d^16s^2$ 类型（n−1 = 0, 1, 7），Lu 的基态属于[Xe]$4f^{14}5d^16s^2$ 类型，其余元素都是[Xe]$4f^n6s^2$ 类型。按鲍林电子能级图，电子应在填充 $6s^2$ 能级后，逐个地填入 4f 轨道，再填入 5d 轨道。但在表 21.1 中，气态 Gd 原子基态价层电子构型为 $4f^75d^16s^2$，而不是 $4f^85d^06s^2$；这是由于 4f 及 5d 轨道能量非常接近，根据洪德规则容易理

解，等价轨道全充满、半充满或全空状态时比较稳定。同样，在氧化数为+2 的镧系离子中，具有半充满结构的 $Eu^{2+}(4f^7)$ 和具有全充满结构的 $Yb^{2+}(4f^{14})$ 比较稳定；在氧化数为+4 的镧系离子中，具有全空结构的 $Ce^{4+}(4f^0)$ 和半充满结构的 $Tb^{4+}(4f^7)$ 比较稳定。

镧系元素原子最外两层电子结构相似，4f 层相异，内层 4f 电子很少影响它们的化学性质。因此，镧系元素在性质上非常类似。

随着镧系元素原子序数增加，电子依次填入 4f 轨道，与 5s、5p 和 6s 轨道相比，4f 轨道离核平均距离近，对核电荷有较大的屏蔽作用。这导致两个结果：①随原子序数增大，有效核电荷缓慢增加，即最外层电子受核的引力缓慢增加，致使相邻镧系元素的原子半径非常接近。从表 21.1 可见，每增加一个核电荷，原子半径平均仅收缩不到 1 pm，比过渡金属元素(约 5 pm)及主族元素(约 10 pm)小得多。②从 La 至 Lu 共 15 种元素，在元素周期表中只占了一格位置，原子半径累加的变化却很大，约缩小 10 pm。

镧系离子半径的收缩比原子半径的收缩更加明显，从 La^{3+} 到 Lu^{3+} 收缩约 17 pm(图 21.1)，由表 21.1 列出的镧系元素的原子半径和离子半径及图 21.1 可以直观地看出这种变化规律。这是由于镧系原子失去 6s 电子后，少了一层电子，4f 轨道由倒数第三层变为次外层，这种次外层的 4f 轨道对核电荷的屏蔽作用稍小一些。

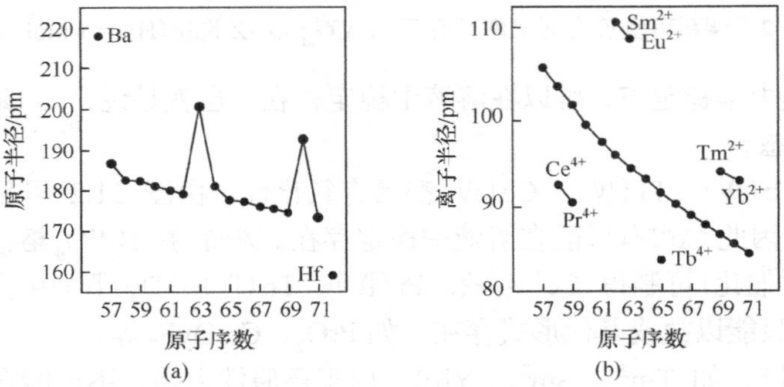

图 21.1　镧系金属原子半径(a)、离子半径(b)与原子序数的关系

镧系元素原子半径和离子半径的这种变化统称为镧系收缩。

镧系收缩造成镧系元素半径接近，性质相似，矿物共生，很难分离；还导致镧系后几个副族元素与同族第五周期元素(如 Zr 与 Hf、Nb 与 Ta、Mo 与 W 等)性质的相似性(见 8.4.2 小节)。

21.1.3　氧化态与 $\Delta_r G_m^\ominus / F$ - Z 图

镧系元素的氧化态首先反映出ⅢB 族的特点，即通常表现为稳定的+3 氧化态。

除特征氧化态+3 之外，由于有在 4f 轨道上保持或接近于全空(f^0)、半满(f^7)或全满(f^{14})稳定结构的倾向，致使一些镧系元素表现出其他氧化态，如+4 氧化态的 $Ce^{4+}(4f^0)$、$Pr^{4+}(4f^1)$、$Tb^{4+}(4f^7)$ 和 $Dy^{4+}(4f^8)$，+2 氧化态的 $Sm^{2+}(4f^6)$、$Eu^{2+}(4f^7)$、$Tm^{2+}(4f^{13})$ 和 $Yb^{2+}(4f^{14})$ 等。

根据离子的价层电子构型可以预测，Pr^{4+}、Tb^{4+}、Dy^{4+} 不如 Ce^{4+} 稳定，Sm^{2+}、Tm^{2+} 也不如 Eu^{2+}、Yb^{2+} 稳定。

镧系元素中可变价态元素在酸性介质中的 $\Delta_r G_m^\ominus / F$-Z 图见图 21.2，由该图可以得到以下结论：

(1) 镧系元素呈强电正性，它是一种较强的还原剂，其还原能力仅次于ⅠA、ⅡA 族金属。表 21.1 中 $E^\ominus(M^{3+}/M)$ 数据充分说明了这一性质。

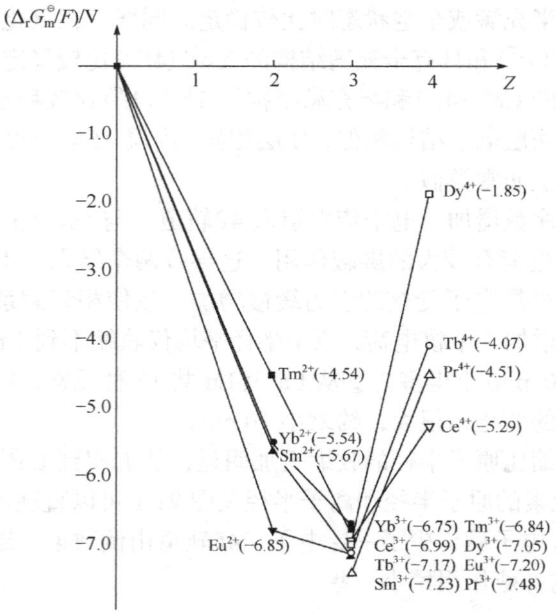

图 21.2　镧系可变价态元素酸性介质的 $\Delta_r G_m^\ominus / F\text{-}Z$ 图[$c(H^+) = 1\ mol \cdot dm^{-3}$]

(2) Ln^{3+}处于热力学稳定态，可以在溶液中稳定存在。也就是说，+3 氧化态是镧系元素特征的、最稳定的状态。

(3) Dy(Ⅳ)、Tb(Ⅳ)、Pr(Ⅳ)、Ce(Ⅳ)都具有氧化性。由图 21.2 可见，Ce^{4+}的氧化性比Pr^{4+}、Tb^{4+}、Dy^{4+}弱，因此 Ce^{4+}有可能在溶液中稳定存在。例如，在 H_2SO_4 溶液中，用$(NH_4)_2S_2O_8$ 氧化 Ce^{3+}溶液(Ag^+催化)可制得 Ce^{4+}溶液。Pr(Ⅳ)、Tb(Ⅳ)、Dy(Ⅳ)由于强氧化性，不能在溶液中稳定存在，只能以盐或其他形式存在，如 PrO_2、Cs_3DyF_7 等。

(4) 对于 Ln(Ⅱ)，如 Tm^{2+}、Sm^{2+}、Yb^{2+}，由于还原性太强，不可能在溶液中存在。Eu^{2+}还原性虽然较弱，但也易被空气中的氧所氧化，生成更稳定的 Eu^{3+}状态。这也说明了 Ln(Ⅱ)只能存在于固态中，如 SmO、TmI_2 等。

(5) 可以预测：$E_B^\ominus[Ln(OH)_3 / Ln]$ 在数值上将比 $E_A^\ominus(Ln^{3+} / Ln)$ 更负，即镧系元素在碱性介质中显示更强的还原性。

21.1.4　离子的颜色

与过渡金属离子的颜色是由于 d 轨道电子未充满而产生 d-d 跃迁一样，水合镧系离子 Ln^{3+}也会由于电子跃迁产生特征颜色。这种电子跃迁通常源于 f 轨道未充满电子而产生相应的 f-f 跃迁，也可能是 4f 轨道与 5d 轨道之间的电子跃迁或者镧系离子和配位氧原子之间的荷移跃迁。电子跃迁过程吸收一定频率的光，如果被吸收光在可见光范围，水合离子呈现被吸收光的互补色；如果被吸收光不在可见光范围，则相应水合离子无色。例如，Pr^{3+}在蓝紫光范围的 f-f 跃迁通常吸收系数较大，所以 Pr^{3+}呈黄绿色；水合 $Ce^{3+}(4f^1)$的 f-f 跃迁在红外范围，f-d 跃迁在紫外范围，所以水合 Ce^{3+}是无色的；$Eu^{3+}(4f^6)$、$Gd^{3+}(4f^7)$、$Tb^{3+}(4f^8)$等的吸收光波波长主要在紫外区，它们是无色的；而 $Yb^{3+}(4f^{13})$的吸收光波波长在近红外区，因此也是无色的。

Ln^{3+}水合离子颜色有规律地变化，从 La^{3+}至 Gd^{3+}及从 Gd^{3+}至 Lu^{3+}分为两组，一一对应，关系见表 21.2。可见，当两种 Ln^{3+}具有 f^n 和 f^{14-n} 个电子时，它们的颜色是相接近的。这种相近颜色是其原子核外电子能级的反映。

表 21.2　水溶液中 Ln^{3+} 的颜色

Ln^{3+}	$4f^n$	颜色	Ln^{3+}	$4f^n$	颜色
La^{3+}	$n=0$	无色	Lu^{3+}	$n=14$	无色
Ce^{3+}	$n=1$	无色	Yb^{3+}	$n=13$	无色
Pr^{3+}	$n=2$	黄绿	Tm^{3+}	$n=12$	浅绿
Nd^{3+}	$n=3$	紫红	Er^{3+}	$n=11$	玫瑰红
Pm^{3+}	$n=4$	粉红	Ho^{3+}	$n=10$	浅黄
Sm^{3+}	$n=5$	浅黄	Dy^{3+}	$n=9$	浅黄
Eu^{3+}	$n=6$	无色	Tb^{3+}	$n=8$	无色
Gd^{3+}	$n=7$	无色	Gd^{3+}	$n=7$	无色

此外，$Ce^{4+}(4f^0)$、$Eu^{2+}(4f^7)$、$Yb^{2+}(4f^{14})$ 也具有特征颜色，分别是橙黄色、草黄色、绿色。$Ce^{4+}(4f^0)$ 的颜色显然不是由 f-f 跃迁引起的，而只能归结为 Ce^{4+} 的氧化性导致的荷移跃迁。

21.1.5　离子的发光

当某种物质受到外界能量激发后，只要该物质没有发生化学变化，总要回到原来的平衡状态，在这个过程中，多余的能量可以以热或光的形式释放出来。如果这部分能量是以可见光或近可见光(包括紫外光和红外光)等电磁波形式发射出来，这种非平衡辐射现象就是发光。根据外界激发能量的不同形式，发光有不同类型，可见光、紫外光或红外光激发下的发光称为光致发光，阴极射线激发下的发光称为阴极射线发光，X 射线、γ 射线及高能粒子(如中子、α粒子等)激发下的发光称为辐射发光。

稀土离子核外电子结构的特殊性，导致其有良好的发光性能。

21.1.6　镧系离子及其化合物的磁性

根据镧系元素离子的电子构型，可以理解 $La^{3+}(4f^0)$、$Ce^{4+}(4f^0)$、$Yb^{2+}(4f^{14})$、$Lu^{3+}(4f^{14})$ 是抗磁性的，而其他 $f^{1\sim13}$ 构型的原子或离子都是顺磁性的。镧系元素离子及其化合物的磁性与第一过渡系列金属离子不同，其磁矩不但来源于电子自旋运动，电子轨道运动对磁矩也有贡献，称为自旋-轨道耦合，简称旋-轨耦合。

镧系元素离子及其化合物磁矩的计算方法*

只考虑电子自旋运动对磁矩贡献时，磁矩 μ 可由公式 $\mu=g\sqrt{S(S+1)}\mu_B$ 计算。对于自由电子，朗德因子 $g=2$，总自旋量子数 $S=n/2$，n 表示成单电子数。然而，对于镧系元素，配体对 Ln^{3+} 次外层 4f 电子影响较小，磁矩除了取决于电子自旋运动即成单电子数目外，还存在电子轨道运动对磁矩的贡献，计算有效磁矩(μ_{eff})的公式修正为

$$\mu_{eff}=g\sqrt{J(J+1)}\mu_B \tag{21.1}$$

式中，朗德因子 $g=1+\dfrac{S(S+1)+J(J+1)-L(L+1)}{2J(J+1)}$，与自旋角动量 S、轨道角动量 L 和总角动量 J 都有关。由于 $J=L+S, L+S-1, L+S-2, \cdots, |L-S|$，当 $L=0$ 时，有 $J=S$，故 $g=2$，式(21.1)就变成 $\mu=\sqrt{n(n+2)}\mu_B$ [式(11.1)]了。此时，磁矩完全由电子自旋运动决定。

图 21.3 显示了 Ln^{3+}只考虑电子自旋运动的磁矩计算值，同时考虑电子自旋运动及轨道运动(旋-轨耦合)的磁矩计算值以及由 LnF_3 和 Ln_2O_3 晶体得到的实验测定值。由图可见，实验测定值与同时考虑电子自旋运动及轨道运动的磁矩计算值更加接近。

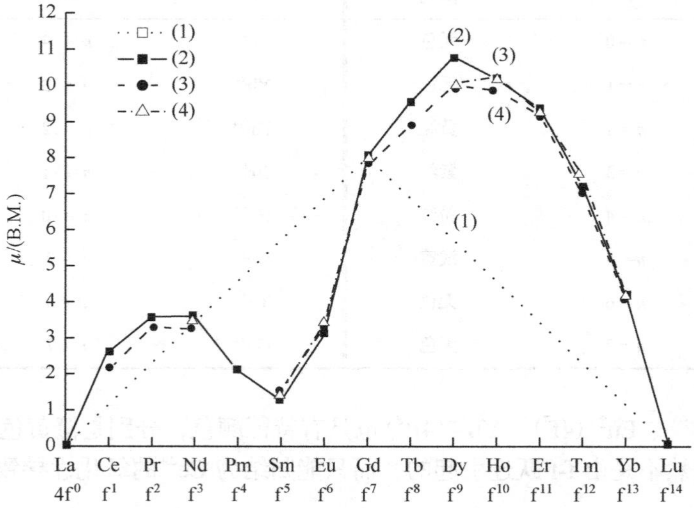

图 21.3 Ln^{3+}的磁矩

(1) 只考虑电子自旋运动的计算值；(2) 考虑电子自旋运动及轨道运动的计算值；(3) LnF_3 实测值；(4) Ln_2O_3 实测值

21.1.7 镧系金属单质的性质

稀土金属(包括镧系元素及钪和钇)某些物理性质的变化有一定规律性。例如，稀土金属具有银白、灰色或微黄色的金属光泽，质软，有延展性(但氧、硫、碳等杂质的存在会减弱金属的延展性)。新切开的金属表面具有银白色的光泽，但暴露在空气中会被氧化而变暗，所以应在隔绝空气条件下保存。它们的密度和熔点随原子序数增加而增大，但 Ce、Eu、Yb 有异常现象，这与它们固态时采取的电子组态、实际参与形成金属键的电子数有关。稀土金属的导电性能良好(但纯度降低会使金属从导体变为不良导体)。稀土金属及化合物在常温下是顺磁性物质，具有很高的磁化率，Sm、Y、Dy 还具有铁磁性。稀土金属一般具有密堆六方晶格或面心立方晶格结构，但α-Sm 为六方晶格，Eu 为体心立方晶格。

稀土金属是化学性质活泼的金属、强还原剂，金属活泼性仅次于碱金属和碱土金属，其活泼性随原子序数增加而递减。稀土金属能与周期表中绝大多数元素作用形成非金属的化合物和金属间化合物，分解水放出氢气，与酸反应更激烈，但与碱不发生作用。

稀土元素氧化物标准生成自由能很负，说明它们与氧的结合力大。例如，La_2O_3 的 $\Delta_f G_m^\ominus = -1705.8\ kJ \cdot mol^{-1}$，$Lu_2O_3$ 的 $\Delta_f G_m^\ominus = -1789.1\ kJ \cdot mol^{-1}$，对比 Al_2O_3 的 $\Delta_f G_m^\ominus = -1582.3\ kJ \cdot mol^{-1}$。

21.2 镧系元素的化合物
(Lanthanide Compounds)

21.2.1 镧系元素的氧化物和氢氧化物

镧系元素氧化物可分为倍半氧化物(Ln_2O_3)、低价氧化物(LnO)、高价氧化物(LnO_2)和混价氧化物。Ce 常以黄白色 CeO_2 形式存在，Pr 常以棕黑色 Pr_6O_{11} 形式存在，Tb 常以暗棕色 Tb_4O_7 形式存在，其他镧系氧化物一般以倍半氧化物(Ln_2O_3)的形式存在。

镧系金属直接氧化，或在空气中灼烧镧系元素的氢氧化物、草酸盐、碳酸盐、硝酸盐、硫酸盐，除 Ce、Pr、Tb 分别生成 CeO_2、Pr_6O_{11}、Tb_4O_7 外，一般都可以制得氧化物 Ln_2O_3。通常，草酸盐灼烧分解是实验室制取 Ln_2O_3 的方法之一，也是工业常用方法，但在灼烧温度低于 800℃下，将得到含碳酸根的氧化物。

Ln_2O_3 难溶于水及碱性介质中，易溶于强酸中，说明 Ln_2O_3 的碱性及土性。Ln_2O_3 在水中发生水合作用而形成水合氧化物，还可以从空气中吸收 CO_2 而形成碱式碳酸盐。

在镧系元素的盐溶液中加入氨水或 NaOH 等碱溶液，即可制得氢氧化物沉淀 $Ln(OH)_3$。镧系元素氢氧化物开始沉淀时的 pH 随原子序数的增大而降低，这是由于镧系收缩，Ln^{3+}的离子势随原子序数的增大而增大。Ln^{3+}离子势越大，其吸引电子或阴离子的能力越强，碱性就越弱。

$Ln(OH)_3$ 都呈碱性，只溶于酸生成相应的盐。其碱性接近碱土金属氢氧化物，但溶解度却比碱土金属氢氧化物小得多。随着 Ln 原子序数增加，$Ln(OH)_3$ 碱性逐渐减弱。

从表 21.3 可见，$Ln(OH)_3$ 受热脱水分解，其分解温度也随离子势增大而降低。

$$Ln(OH)_3 \xrightarrow{\triangle, T_1} LnO(OH) \xrightarrow{\triangle, T_2} Ln_2O_3$$

表 21.3　$Ln(OH)_3$ 的分解温度

温度	$Ln(OH)_3$				
	$La(OH)_3$	$Pr(OH)_3$	$Gd(OH)_3$	$Yb(OH)_3$	$Lu(OH)_3$
T_1/℃	260	220	210	190～200	约 190
T_2/℃	380	340	310	320	290

+3 价铈的氢氧化物不稳定，它是一种强还原剂，在空气中能被氧化成黄色的+4 价铈的氢氧化物。

21.2.2　镧系元素的难溶盐

镧系元素的难溶盐主要有草酸盐、磷酸盐、铬酸盐、氟化物等。这与 Ca^{2+}、Ba^{2+}相似。

1. 草酸盐

在 Ln^{3+}溶液中加入 $H_2C_2O_4$，生成 $Ln_2(C_2O_4)_3$ 沉淀：

$$2Ln^{3+}(aq) + 3H_2C_2O_4(aq) = Ln_2(C_2O_4)_3(s) + 6H^+(aq)$$

用这种方法得到的草酸盐一般带有结晶水。该反应的平衡常数及某些盐的 $K_{sp}^{\ominus}$ 数据列于表 21.4 中。作为对照，表 21.4 最后一列给出了相应钙盐的数据。由 $K^{\ominus}$ 值可见，镧系元素草酸盐相当稳定，在酸中不会溶解。作为比较，CaC_2O_4 易溶于稀酸中。

表 21.4　某些镧系元素草酸盐的溶解度、溶度积及沉淀生成平衡常数 $K^{\ominus}$ (298 K)

参数	$Ln_2(C_2O_4)_3 \cdot 10H_2O$					
	La	Ce	Pr	Nd	Yb	Ca
溶解度/($g \cdot dm^{-3}$)	0.62	0.41	0.74	0.74	3.34	
$K_{sp}^{\ominus}$	2.0×10^{-28}	2.0×10^{-29}	5.0×10^{-28}	6.3×10^{-29}	5.0×10^{-25}	2.5×10^{-9}
$K^{\ominus}$	2.74×10^{11}	2.74×10^{12}	1.09×10^{11}	8.71×10^{11}	1.1×10^{8}	1.5×10^{3}

镧系元素草酸盐的主要性质有：

(1)受热分解。镧系草酸盐受热分解过程比较复杂，不同的草酸盐分解方式也不相同，通常要使其完全分解为 Ln_2O_3 的温度应超过 800℃，并加热 40 min 以上。$Ce_2(C_2O_4)_3$ 的热分解产物是 CeO_2。

$$Ln_2(C_2O_4)_3 \xrightarrow{\triangle} Ln_2(CO_3)_3 \xrightarrow{\triangle} Ln_2O_3$$

(2)在 NaOH 溶液中容易转化为 $Ln(OH)_3$。例如

$$La_2(C_2O_4)_3(s) + 6OH^-(aq) = 2La(OH)_3(s) + 3C_2O_4^{2-}(aq)$$

$$K^\ominus = \frac{K_{sp}^\ominus[La_2(C_2O_4)_3]}{\{K_{sp}^\ominus[La(OH)_3]\}^2} = \frac{2.0\times10^{-28}}{(1.0\times10^{-19})^2} = 2.0\times10^{10}$$

2. 碳酸盐

Ln^{3+}与易溶碳酸(氢)盐反应，可生成 $Ln_2(CO_3)_3$：

$$2Ln^{3+}(aq) + 3CO_3^{2-}(aq) = Ln_2(CO_3)_3(s)$$

$$2Ln^{3+}(aq) + 6HCO_3^{2-}(aq) = Ln_2(CO_3)_3(s) + 3CO_2(g) + 3H_2O(l)$$

从水溶液中沉淀出的镧系碳酸盐通常都是水合盐，其中水合分子数随金属离子和制备方法的不同而不同。

一些镧系元素碳酸盐的 $K_{sp}^\ominus$ 见表 21.5。

表 21.5　一些镧系元素碳酸盐的 $K_{sp}^\ominus$ (298 K)

$Ln_2(CO_3)_3$	$La_2(CO_3)_3$	$Nd_2(CO_3)_3$	$Sm_2(CO_3)_3$	$Gd_2(CO_3)_3$	$Dy_2(CO_3)_3$	$Yb_2(CO_3)_3$
$K_{sp}^\ominus$	3.98×10^{-34}	1×10^{-33}	3.16×10^{-33}	6.3×10^{-33}	3.16×10^{-32}	7.94×10^{-32}

碳酸盐易溶于稀酸中，生成 Ln^{3+}、H_2O 和 CO_2：

$$Ln_2(CO_3)_3(s) + 6H^+(aq) = 2Ln^{3+}(aq) + 3H_2O(l) + 3CO_2(g)$$

反应平衡常数 $K^\ominus$ 在 10^{17} 数量级以上。

碳酸盐受热分解：

$$Ln_2(CO_3)_3 \xrightarrow{350\sim550℃} Ln_2O(CO_3)_2 \xrightarrow{800\sim900℃} Ln_2O_2CO_3 \xrightarrow{>1000℃} Ln_2O_3$$

3. 磷酸盐

在 pH 约为 4.5 的 Ln^{3+}盐溶液中加入 Na_3PO_4、Na_2HPO_4、NaH_2PO_4、H_3PO_4 都可以得到磷酸盐沉淀。一些磷酸盐的 $K_{sp}^\ominus$ 见表 21.6。

表 21.6　一些 $LnPO_4$ 的 $K_{sp}^\ominus$ (298 K)

$LnPO_4$	$LaPO_4$	$CePO_4$	$GdPO_4$	$DyPO_4$	$YbPO_4$
$K_{sp}^\ominus$	3.7×10^{-23}	1.13×10^{-24}	5.8×10^{-23}	3.6×10^{-23}	8.2×10^{-23}

作为一类重要的稀土资源，独居石就是以铈组稀土为主的磷酸盐[(RE,Th)PO_4]。

镧系磷酸盐(La,Ce,Tb)PO_4 是一种重要的绿光发射发光材料，可用于三基色节能荧光灯中，在 254 nm 的紫外光激发下，Ce^{3+}通过 f-d 跃迁吸收紫外光的激发能，然后传递能量给 Tb^{3+}，Tb^{3+}通过 f-f 跃迁产生绿光发射。

4. 氟化物

LnF_3 晶格能很大，难溶于水，故 $K_{sp}^{\ominus}$ 都较小，如 $K_{sp}^{\ominus}(CeF_3) = 8 \times 10^{-16}$。计算表明，$LnF_3$ 不溶于稀酸中，但可以溶于热的浓 HCl 中，也可以溶于浓 H_2SO_4 中。LnF_3 也常含有结晶水，如 $LnF_3 \cdot H_2O$。

21.2.3 镧系元素的易溶盐

镧系金属的可溶性盐有氯化物、硝酸盐、硫酸盐等，它们具有以下性质：

(1) 都易形成结晶水化合物，如 $LnCl_3 \cdot xH_2O$、$LnNO_3 \cdot xH_2O$、$Ln_2(SO_4)_3 \cdot xH_2O$，其中 $LnCl_3 \cdot xH_2O$ 易潮解。$LnCl_3$ 在氯化物溶液中易形成$[LnCl_4]^-$或$[LnCl_6]^{3-}$配离子。

(2) 常温下，Ln^{3+}水解能力较差，但加热会促进水解。

$$LnCl_3(aq) + H_2O(l) \xlongequal{\triangle} LnOCl(s) + 2HCl(g)$$

(3) 硝酸盐、硫酸盐易形成复盐，如$xLn_2(SO_4)_3 \cdot yM_2SO_4 \cdot zH_2O$及$Ln(NO_3)_3 \cdot yMNO_3 \cdot zH_2O$等。硫酸盐溶于水的过程是放热过程，因此溶解度随温度升高而减小。

(4) 铈盐的特性：Ce^{4+}在酸性条件下是强氧化剂，它可以氧化 Cl^-为 Cl_2，氧化 H_2O_2 生成 O_2：

$$2Ce^{4+}(aq) + 2Cl^-(aq) \xlongequal{\quad} 2Ce^{3+}(aq) + Cl_2(g)$$

$$2Ce^{4+}(aq) + H_2O_2(aq) \xlongequal{\quad} 2Ce^{3+}(aq) + 2H^+(aq) + O_2(g)$$

但在更强的氧化剂作用下，Ce^{3+}会被氧化成 Ce^{4+}。例如

$$Ce_2(SO_4)_3(aq) + H_2S_2O_8(aq) \xlongequal{\quad} 2Ce(SO_4)_2(aq) + H_2SO_4(aq)$$

$$5Ce_2(SO_4)_3(aq) + 2KMnO_4(aq) + 8H_2SO_4(aq) \xlongequal{\quad} 10Ce(SO_4)_2(aq) + K_2SO_4(aq) + 2MnSO_4(aq) + 8H_2O(l)$$

与其他+3 价 Ln^{3+}相比，Ce^{4+}能在较低的 pH 下生成氢氧化物沉淀。例如，在 H_2SO_4 介质中，Ce^{4+}在 pH = 2.6 左右开始沉淀，而其他 Ln^{3+}在 pH＞6.0 时才沉淀。

21.3 稀土元素的分离和冶炼*
(Separation and Metallurgy of Rare Earth Elements)

21.3.1 矿石的分解

用于工业分离提取稀土的矿物，主要有以铈组稀土为主的独居石[(RE,Th)PO_4]和氟碳铈矿[RE(CO_3)F]、以钇组稀土为主的磷钇矿[(Ln,Y)PO_4]和离子吸附型矿。矿石分解方法大体有以下几种类型。

1. 离子吸附型矿的原地溶浸

离子吸附型矿是稀土离子被黏土矿物吸附形成的，已发现的矿物主要分布在我国南方赣闽粤交界一带，重稀土含量较高，目前主要通过原地溶浸开采。利用这种方法，在不开挖表土与矿石的情况下，将强电解质如 NaCl、$(NH_4)_2SO_4$ 等溶液经分布于矿区的多个小竖井注入矿体，吸附在黏土表面的稀土离子可被 Na^+、NH_4^+

等阳离子交换下来进入电解质溶液，形成稀土母液。收集的浸出母液用沉淀剂（如 $H_2C_2O_4$、NH_4HCO_3 等）沉淀，可得到混合稀土沉淀。

2. 氯化法分解

独居石和氟碳铈矿均可采用（加碳）氯化法分解。例如

$$REPO_4 + 2C + 3Cl_2(g) \xrightarrow{\triangle} RECl_3 + POCl_3(g) + CO_2(g) + CO(g)$$

3. 焙烧法分解

氟碳铈矿可用直接焙烧法或碳酸钠焙烧法分解：

$$2RE(CO_3)F + Na_2CO_3 \overset{\triangle}{=\!=} RE_2(CO_3)_3 + 2NaF$$

$$RE_2(CO_3)_3 \overset{\triangle}{=\!=} RE_2O_3 + 3CO_2(g)$$

4. 酸法分解

可用浓硫酸法分解独居石（或氟碳铈矿），其优点是对矿石品位要求不高，缺点是对设备腐蚀性较大，还排放出大量腐蚀性气体。

$$(RE,Th)PO_4 \xrightarrow{220℃,\ H_2SO_4} RE_2(SO_4)_3 + Th(SO_4)_2 + H_3PO_4$$

5. 碱法分解

独居石（或氟碳铈矿）也可用碱（氢氧化钠溶液）法分解。

$$(RE,Th)PO_4 \xrightarrow{140℃,\ NaOH} RE(OH)_3(s) + Th(OH)_4(s) + Na_3PO_4(aq)$$

21.3.2 稀土元素的分离

该过程主要是将稀土与非稀土杂质分离和稀土元素间相互分离，由于稀土元素及其+3 氧化态的化合物性质的相似性，给分离和提纯带来很大困难。

稀土分离方法有分级结晶法、分级沉淀法、氧化还原法、离子交换法、溶剂萃取法等。其基本原理是使被分离元素在固-液两相之间进行分配（分级结晶法、分级沉淀法、离子交换法），或在液-液两相之间进行分配（溶剂萃取法），利用两元素在不同相间的分配系数差别来进行分离。

分级结晶法和分级沉淀法是基于溶解度不同的分离方法。利用这两种方法，根据不同稀土化合物溶解度的微小差别，经过反复多次的溶解—蒸发—结晶—过滤，或溶解—沉淀—过滤，可达到分离稀土的目的，但效率和收率都很低。在稀土的发现史上，分级结晶法曾经发挥了很大作用。稀土硫酸盐能与碱金属或碱土金属硫酸盐、碳酸盐形成硫酸复盐或碳酸复盐，如 $RE_2(SO_4)_3 \cdot 3M_2SO_4 \cdot 12H_2O$。复盐在水中溶解度有差异性，铈组稀土以沉淀析出，钇组稀土留在滤液中。只需一次沉淀，即可把稀土粗分为铈组和钇组。生产流程中，常使用这两种沉淀方法。

20 世纪 40 年代以来，离子交换法分离稀土已取得很大进展，稀土中的 Pm 就是 1947 年利用离子交换法分离出来而被发现的。离子交换法比分级结晶法和分级沉淀法效率高很多，是获得高纯稀土的重要方法。

溶剂萃取法利用被分离元素在两个互不相溶的液相中分配时分配系数的差别进行分离，是目前分离稀土的最主要方法。

在稀土分离过程中，还可使用氧化还原法。氧化还原法利用不同价态稀土性质差异较大来分离稀土，因此效率较高。通过在碱性介质中与氧化剂或在酸性介质中与强氧化剂的反应，Ce(Ⅲ)可被氧化成 Ce(Ⅳ)。例如

$$4Ce(OH)_3(s) + O_2(g) + 2H_2O(l) =\!=\!= 4Ce(OH)_4(s)$$

$$5Ce_2(SO_4)_3(aq) + 2KMnO_4(aq) + 8H_2SO_4(aq) =\!=\!= 10Ce(SO_4)_2(aq) + K_2SO_4(aq) + 2MnSO_4(aq) + 8H_2O(l)$$

$$Ce_2(SO_4)_3(aq) + (NH_4)_2S_2O_8(aq) \xlongequal{\quad} 2Ce(SO_4)_2(aq) + (NH_4)_2SO_4(aq)$$

氧化后可用水解沉淀法或溶剂萃取法使 Ce^{4+}分离。

Eu 的分离也可通过氧化还原法实现。Eu^{3+}可被 Zn 粉还原为 Eu^{2+}，而其他 Ln^{3+}不被还原。

$$2EuCl_3(aq) + Zn(s) \xlongequal{\quad} 2EuCl_2(aq) + ZnCl_2(aq)$$

还原后可用萃取法或氨水沉淀法与其他 Ln^{3+}分离。

21.3.3　稀土金属的制备

通常用电解法或金属还原法制备稀土金属。

1. 电解法

由于稀土金属的强还原性，通常采用电解法制备其金属单质。例如，电解熔融无水 $LnCl_3$ 与 NaCl 或 KCl 混合物：

$$2LnCl_3(l) \xlongequal{\text{电解}} 2Ln(l) + 3Cl_2(g)$$

2. 金属还原法

由 $\Delta_r G_m^{\ominus}$-T 图可以预测，用 Ln_2O_3 制取 Ln 单质是困难的，利用卤化物作原料、Ba 等活泼金属作还原剂是更为合理的方法：

$$2LnBr_3 + 3Ba \xlongequal{\triangle} 2Ln + 3BaBr_2$$

或用 Mg 或 Na 作还原剂，多余的 Ba、Mg 或 Na 可以用蒸馏法除去。

21.4　稀土元素的用途*
（Applications of Rare Earth Elements）

我国是目前世界上稀土资源最丰富和产量最大的国家，稀土矿分布相当广泛，可开采种类多，开采价值高。我国正大力发展稀土永磁、催化、储氢等高性能稀土功能材料和稀土资源高效率综合利用技术。

稀土元素应用主要归纳为以下七个方面。

21.4.1　在冶金工业中的应用

用于冶金工业的稀土占稀土产量一半以上。由于稀土是很强的脱氧剂，并可消除金属中的有害元素，因此将微量稀土加入钢中，可显著改善钢的性能，增加其硬度和强度。在铜中掺少量镧，可增强铜的高温塑性和抗氧化性；在钛中掺入少量镧，可使其抗张强度提高 50%；在铝中加入 0.2%的铈，可增强铝的导电性；在钨中加入少量铈，可增加钨的延展性；镨、钕、钐、铈、镧组成的混合金属（含 Ce 45%～50%、La 22%～25%、Nd 18%、Pr 5%、Sm 1%）是冶金工业中强还原剂和难熔金属或合金中除硫、脱氧剂；含混合金属 3%及 1%的镁合金，可用于制作喷气式飞机引擎的部件。另外，用混合金属代替镁制造的球墨铸铁，是一种很好的球化剂。混合的稀土-铁合金（其中含铈）常用作打火石，这是稀土合金的最早应用示例。

21.4.2　稀土电、磁功能材料

镧系元素的某些化合物是特殊的磁性材料，如 20 世纪 60 年代末制得的 $SmCo_5$，其磁性是普通碳钢的 100 倍，目前已制得第二代高磁性材料 $SmCo_{17}$，其磁性又比 $SmCo_5$ 高 20%，近来研究开发的钕铁硼永磁或钕钛硼永磁材料已广泛地应用于各行各业中，有良好的开发应用前景。

Y-Ba-Cu-O 系列化合物是著名的超导体，在液氮温度出现零电阻率。除此之外，镧系元素化合物还用于制作薄膜电容、电子管阴极（用 LaB）及小型磁透镜（用镝、钬制成的磁透镜体积小、质量轻，常用于高压电子显微镜）。

稀土的光、电、磁等性能被广泛应用于军事领域，包括信息设备、制导设备、半导体设备、激光产生、外层隐形涂料等。例如，导弹精确制导系统使用钐钴磁体和钕铁硼磁体产生电子束聚焦，其弹体控制翼面、尾鳍系统等关键部位也使用稀土合金；含稀土钢材用作坦克的装甲，可改善其防弹性能；稀土永磁材料用于制备舰艇的混合动力发电机及导航系统；镱元素则用于制造坦克和导弹激光引导系统。

21.4.3 稀土发光材料

作为发光材料，稀土荧光粉通常由镧、铈、钆、铽、铕、钇等氧化物为原料合成，色泽鲜艳，稳定性好，广泛应用于彩色电视机阴极射线显像管(cathode-ray tube，CRT)、液晶显示器(liquid crystal display，LCD)背光源、等离子体平板显示器(plasma display panel，PDP)和照明中。2010 年我国发射的“嫦娥二号”卫星，其主要的有效载荷之一的 γ 射线谱仪，由于探测材料采用了 $LaBr_3$ 掺 Ce^{3+}闪烁体，能量分辨率相比“嫦娥一号”普通闪烁探测器提高了近 3 倍，探测灵敏度也有大幅提高。此外，镧系元素还广泛用来制备各种激光器光源，如掺钕的钇铝石榴石激光器及掺钕的玻璃激光器在激光仪器中已广泛使用。下面对稀土发光材料在照明、信息显示和激光方面的应用作进一步介绍。

1. 稀土发光材料在照明方面的应用

1)三基色节能荧光灯

三基色节能荧光灯出现于 20 世纪 70 年代。1971 年，有人提出利用发射窄带的波长峰值分别为 450 nm、550 nm、610 nm 的蓝、绿、红三种基色混合，可以制得高光效、高显色性的荧光灯。1974 年，三基色荧光灯研制成功，其发光示意图见图 21.4。在三基色荧光灯中，玻璃灯管内填充有汞(Hg)蒸气，它可在外加电场作用下产生 254 nm 的紫外(UV)光，进一步激发涂敷在灯管内壁上的红、绿、蓝三基色发光材料发光，通过红、绿、蓝三基色调配出白光，达到照明的目的。目前，三基色荧光灯的发光效率可达 80 lm · W^{-1}，显色指数可大于 80①。一支 11 W 的三基色荧光灯的发光效率相当于一支 60 W 的白炽灯，节能效果明显。三基色荧光灯常用荧光粉为稀土发光材料，其中红光发射多利用 $Y_2O_3:Eu^{3+}$实现，绿光发射荧光粉主要有 $CeMgAl_{11}O_{19}:Tb^{3+}$或 $(La,Ce)PO_4:Tb^{3+}$，蓝光发射材料一般是 $BaMgAl_{10}O_{17}:Eu^{2+}$(简称 BAM)等。利用这些荧光粉还可以制成冷阴极荧光灯(cold cathode fluorescent lamp，CCFL)。CCFL 曾经用作液晶电视、液晶显示器、笔记本电脑等液晶显示器件的背光源。

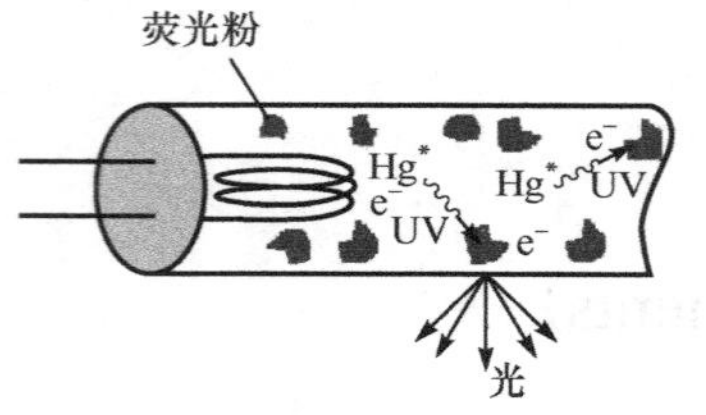

图 21.4　三基色荧光灯发光示意图

以 $BaMgAl_{10}O_{17}:Eu^{2+}$为例，介绍基质和激活剂的概念。在发光材料 $BaMgAl_{10}O_{17}:Eu^{2+}$中，$BaMgAl_{10}O_{17}$称为基质，$Eu^{2+}$称为激活剂。表示式 $BaMgAl_{10}O_{17}:Eu^{2+}$代表在基质 $BaMgAl_{10}O_{17}$中掺杂有少量激活剂 Eu^{2+}，按照离子电荷和离子半径相似性考虑，一般认为 Eu^{2+}占据 $BaMgAl_{10}O_{17}$晶格中 Ba^{2+}的位置。其他很多发光材料也类似地由基质和激活剂组成，如在 $Y_2O_3:Eu^{3+}$中，Y_2O_3称为基质，Eu^{3+}称为激活剂。基质是发光材料的主体化合物，大多数基质化合物本身并不发光或者发光很弱。掺杂在基质化合物中的激活剂是发光中心，一般含量很低(但也有例外，如 NdP_5O_{14}等)。

合成荧光粉的最重要方法是高温固相反应。制备过程包括原料的制备和提纯、配料、高温反应、后处理等阶段。制备发光材料的原料应有很高的纯度，以稀土离子为激活剂的发光材料，稀土原料纯度通常要求在 99.99%以上。因为即使是极少量的杂质也可能明显影响材料的发光性能。在配料过程中，首先要精确称量出按照发光材料的化学式计算出的各种原料及添加的助熔剂、还原剂或疏松剂等，然后把这些原料混合研磨均匀。高温反应是在一定气氛(如空气气氛、还原气氛、惰性气氛等)和一定温度下加热一定时间，使原料组分间发生化学反应形成基质多晶体(粉末)，并使掺杂离子进入基质晶格的过程。高温反应直接影响着材料的发光性能，制备不

① 光源在单位时间内所发出的光量称为光源的光通量，单位是流明(lm)；发光效率表示每消耗 1 W 功率可发出的光通量。显色指数是把日光作为标准的参照光源，认为在日光下物体的颜色是真实的颜色，显色指数为 100，用它去衡量物体在其他光源照射下颜色失真的程度；显色指数数值越大，代表在该光源照射下颜色失真程度越小。

同材料所需的反应温度、时间、气氛不同，如制备 BAM 的反应一般要在 1200～1500℃下、还原气氛中加热至少 1 h。通过高温反应制备的发光材料一般还需进行后处理，如研磨、过筛(筛选一定粒度范围的荧光粉)、洗粉(洗去荧光粉中的助熔剂、杂质、杂相等)、包裹(在发光材料表面上包敷保护膜)等工艺。

除高温固相反应法外，发光材料也可以用水热法、微波法、燃烧法及软化学法(如溶胶-凝胶法、共沉淀法)等方法合成。

2) LED 用稀土发光材料

发光二极管(light emitting diode，LED)是半导体材料制成的固态光源，可将电能转换为光能。LED 灯有使用寿命长、低能耗(比白炽灯节能约 90%，比荧光灯节能约 50%)等优点，由于 LED 避免了污染环境的汞的使用，与日光灯或三基色节能荧光灯相比，LED 还是一种对环境友好的“绿色”照明光源。由于具有上述优点，自 20 世纪 90 年代末以来，半导体材料固态照明被誉为新一代照明技术，各国纷纷投入巨资，发展 LED 照明产业。LED 已被用于移动电话、MP3、MP4 等手持式产品照明、汽车照明、交通指示、室内和室外照明、广告和装饰等各种场合，如图 21.5 所示。

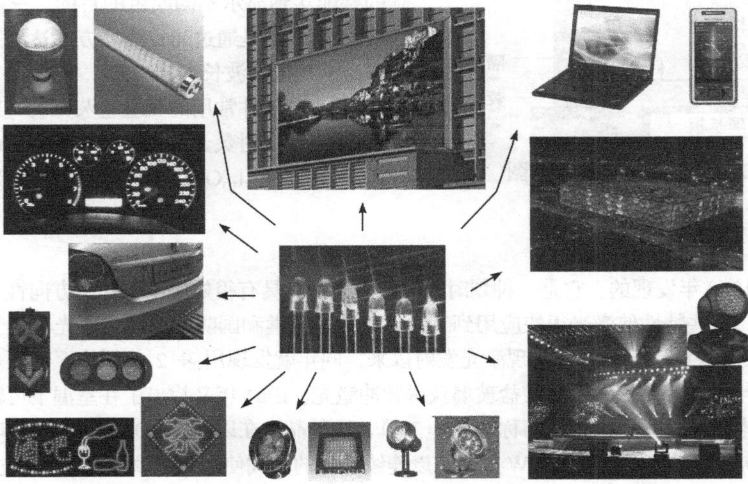

图 21.5 LED 的应用

目前，发射白光的 LED 产品主要是由蓝光 LED 半导体芯片(如 GaN、InGaN 等)和可被蓝光激发的黄光荧光粉组成的。在通常小于 5 V 的直流电驱动下，LED 芯片发射蓝光，其中部分蓝光被荧光粉吸收，产生黄光发射。荧光粉发射的黄光和 LED 芯片剩余的蓝光混合，调控其强度比即可得到各种色温的白光。

当前LED器件最常用的黄光发射荧光粉是掺铈(Ⅲ)的钇铝石榴石 $Y_3Al_5O_{12}$：Ce^{3+}，即 YAG：Ce^{3+}。YAG：Ce^{3+}的发光过程是通过 Ce^{3+}的电子的 4f-5d 跃迁实现的。Ce^{3+}的基态具有 $4f^1$ 电子构型，激发态具有 $5d^1$ 电子构型。Ce^{3+}基态 4f 轨道上的电子吸收 LED 芯片发射的蓝光，被激发到 5d 轨道上；当位于激发态($5d^1$)的电子返回基态($4f^1$)的时候，产生 Ce^{3+}的宽带(500～650 nm)发光，中心波长约为 550 nm，肉眼观察为黄光发射。由于 5d 轨道属于最外层轨道，因此配体场对其能量有较大的影响。

3) 稀土长余辉发光材料

居里夫人发现了镭以后，曾利用镭涂于钟表上作为夜光钟表。但因镭有很强的放射性，后来停止了使用。

有些没有放射性的稀土可制成稀土长余辉发光材料(夜光粉)，如同时掺有 Dy^{3+}和 Eu^{2+}的铝酸锶[$SrAl_2O_4$：(Eu^{2+},Dy^{3+})]，它可以把被光照射后所吸收的能量储存起来，再慢慢地把存储的能量以发光的形式释放出来，称为长余辉发光材料。制成涂料以后，可用于夜光钟表、仪表、应急照明(如门牌、路标、指示牌)等地方。这些材料也是一种节能光源，可以把灯光或日光发射的能量储存起来，再慢慢释放出来，在黑暗中可观察到它发光。

2. 稀土发光材料在信息显示方面的应用

1) 用于阴极射线管器件的红色发光材料

彩色电视已成为居家生活必不可少的家用电器。在阴极射线管彩色电视时代，荧光屏上观察到的五彩缤纷的颜色是由红、绿、蓝三种基色组成的。20 世纪 60 年代中期，发现掺 Eu^{3+}的硫氧化钇($Y_2O_2S:Eu^{3+}$)在阴极射线激发下发射出谱线窄、亮度高而鲜艳的红色荧光，适合用作 CRT 彩色电视机中的红色荧光粉，目前已大量生产使用，此外也应用于计算机及各种彩色显示器中。

2) 用于等离子体平板显示器的红、蓝色发光材料

等离子体平板显示(PDP)彩色电视机是 20 世纪末商品化的一种平板显示器件。PDP 器件发光显示示意图见图 21.6，PDP 电视显示的基本过程可简述如下：低压稀有气体或其混合气体在一定电压下电离，形成气态离子和电子组成的等离子体，气体离子和电子相互碰撞结合发出真空紫外光(vacuum ultraviolet，VUV，指波长小于 200 nm 的紫外光)。在商品化的 PDP 电视中，真空紫外光的波长主要在 147 nm 和 172 nm 附近，真空紫外光激发红、绿、蓝三基色发光材料发光，通过红绿蓝三基色的调配达到显示不同颜色的目的。三基色节能荧光灯和 PDP 电视都是通过光致发光方式达到照明或显示目的，只是激发光的波长不同。

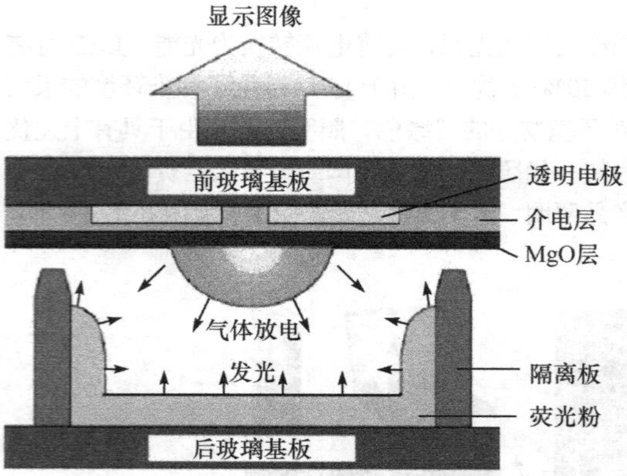

图 21.6　PDP 器件发光显示示意图

PDP 器件常用的三基色荧光粉一般是$(Y,Gd)BO_3:Eu^{3+}$(红光发射荧光粉)、$Zn_2SiO_4:Mn^{2+}$(绿光发射荧光粉)和 $BaMgAl_{10}O_{17}:Eu^{2+}$(蓝光发射荧光粉)。

3. 稀土激光材料

激光(laser)是 1960 年发现的，它是一种划时代的新型光源，具有很好的单色性、方向性和相干性，并且可以达到很高的亮度。这些特性使激光很快应用到工业、农业、医学和国防等部门。激光与稀土激光材料是同时诞生的。自从 1960 年在红宝石中首先实现激光发射以来，同年就发现用掺+2 价钐的氟化钙($CaF_2:Sm^{2+}$)可输出脉冲激光。1961 年首先使用掺钕的硅酸盐玻璃获得脉冲激光。1964 年又找出了在室温下可输出连续激光的掺钕的钇铝石榴石晶体($Y_3Al_5O_{10}:Nd^{3+}$，简称 YAG：Nd)，这种晶体在以脉冲激光的方式使用时，重复频率可高达每秒几百次，每次输出功率可达 100 MW 以上；以连续激光的方式使用时，输出功率已超过 1 kW。钕玻璃是目前输出脉冲能量最大、输出功率最高的固体激光材料，它的大型激光器用于热核聚变的研究中。国内外现已将 YAG：Nd 激光晶体和钕玻璃广泛用于激光热核聚变、激光制导、目标指示、激光测距、激光打孔与焊接、激光医疗机、激光光谱仪，以及激光微区分析仪等方面。例如，使用激光眼科医疗机可进行虹膜打孔，使眼疾患者重见光明。稀土离子是固体激光材料和无机液体激光材料最主要的激活剂，目前已知的 300 多种激光晶体中，有近 300 种是掺入稀土离子作为激活剂的，也就是说，90%以上的激光晶体都是稀土激光晶体。

稀土在信息显示、新型照明光源、辐射检测、激光等众多领域发挥了关键作用。随着新材料的研发，稀土发光材料将获得更广泛的应用。现已查明，单是+3 价镧系离子的 $4f^n$ 电子组态就有 1639 个能级，能级对之间的可能跃迁数目高达 199177 个。在这么多的可能跃迁中，目前只利用了为数极少的跃迁，还有很多跃迁有待开发利用。由此可见，稀土是一个巨大的光学材料宝库，更多有潜力的新型稀土光学材料正等待着人们去开发。

21.4.4　在能源产业中的应用

氢气是较理想的燃料，但其储运不够方便、安全。$LaNi_5$ 合金是极好的储氢材料。1 体积的 $LaNi_5$ 能储存近 2 体积液体氢。稀土应用必将给能源产业带来巨大影响。

在原子能工业上，镧系元素中钐、钆、镝、镥等金属都能强烈地吸收中子，用它们制成控制棒，可以控制核反应的进行速度，在核电厂、军事工业中有重要的地位。

21.4.5　在化学工业中的应用

在化学工业中，尤其是石油化工中广泛使用稀土化合物作催化剂。例如，石油催化裂化就是使用镧系元素的氯化物和磷酸盐作催化剂。汽车尾气的转化、分解也用稀土化合物作催化剂，对于环境保护有重要意义。

21.4.6 在玻璃工业中的应用

镧系元素在玻璃工业中广泛应用。将氧化镧加入玻璃中，能提高玻璃的折射率和降低色散度，使玻璃的光学性能改善，影像清晰，可以制造高级相机镜头及精密光学棱镜，广泛应用于国防和科学研究；+4 价铈化合物的加入可使玻璃脱色[玻璃中因 Fe(Ⅱ)的存在而带浅绿色]，而且铈的加入可阻止紫外光穿透，并具有防核辐射的性能；镨也可作玻璃的脱色剂及着色剂(绿色)，并提高玻璃的强度和耐热性能；钕则既可以作玻璃脱色剂，又可以作玻璃的着色剂，它可以使玻璃呈紫色；钕硒混合则使玻璃呈玫瑰色；铒的氧化物用于制红色玻璃。

21.4.7 在农业中的应用

稀土元素可作为微肥应用。用氯化稀土或硝酸稀土稀溶液拌种，可使粮食增产 10%～20%。稀土微肥可使甜菜、甘蔗糖分增加，马铃薯增产。不过，有关稀土元素的生物化学功能尚待深入开展研究。

21.5 锕系元素基本性质*
(General Properties of Actinides)

周期表中从 89 号到 103 号元素，即从锕到铹共 15 种元素称为锕系元素，它们都具有放射性。铀以后的 11 种元素(93～103 号)是在 1940～1962 年间用人工核反应合成的，称为超铀元素。在了解超铀元素以前，人们把 Ac、Th、Pu、U 分别作为周期表中ⅢB、ⅣB、ⅤB 和ⅥB 族的最后一个元素，因为它们所呈现的氧化态和某些化学性质与相应的副族元素有相似之处。

直到 1944 年，在人工合成得到了 Cm 以后，U 和 Cm 之间的元素相继被发现，而这些元素都有+3 价的化合物，更值得注意的是它们的+3 价离子的吸收光谱与对应的镧系离子的吸收光谱特别相似，也出现了同镧系收缩类似的锕系收缩现象。由此，美国核物理学家西博格(G. T. Seaborg)提出了锕系理论，他认为 ^{90}Th 并不是过去认为的ⅣB 元素，^{92}U 也不是ⅥB 元素，而是与镧系元素相似，Ac、Th、Pa、U 以及 Np、Pu、Am、Cm 等一起组成了锕系元素。锕系元素依次增加的电子填充在 5f 轨道中。

镧系元素中只有 Pm 是放射性元素，而锕系所有元素都有放射性。放射性是指某些元素不稳定原子核自发地放出射线的性质，是原子核进行蜕变的特性。锕系元素的原子核中所含的质子数量多，斥力很大，因而原子核变得不稳定，自发地放射出射线转变为其他核素。

锕系元素原子基态价层电子构型见表 21.7，与相应的镧系元素价层电子构型大同小异，多为 $5f^{0\sim14}6d^{0\sim1}7s^2$。只是在轻锕系元素中，从 Th 至 Np 具有保持 6d 电子的强烈倾向，这是由于在轻锕系元素中，5f 和 6d 轨道的能量比 4f 和 5d 更为接近，而随着 5f 轨道上电子的不断增加，5f 轨道趋于稳定，因此在铀后元素原子基态价层电子构型是有规律的。由于价层电子构型的差异，轻锕系的氧化态较为复杂，从 Th 至 Am，元素表现为多氧化态，且有取得高氧化态的倾向，从 Cm 开始以+3 氧化态为特征，这与镧系元素特征氧化态一致。

表 21.7 锕系元素原子基态价层电子构型及稳定氧化态

元素名称	价层电子构型	稳定氧化态	元素名称	价层电子构型	稳定氧化态
Ac 锕	$6d^17s^2$	3	Bk 锫	$5f^97s^2$	3(+4)
Th 钍	$6d^27s^2$	4(+3)	Cf 锎	$5f^{10}7s^2$	3(+2、+4)
Pa 镤	$5f^26d^17s^2$	5(+3、+4)	Es 锿	$5f^{11}7s^2$	3(+2)
U 铀	$5f^36d^17s^2$	4、5、6(+3)	Fm 镄	$5f^{12}7s^2$	3(+2)
Np 镎	$5f^46d^17s^2$	4、5(+3、+6)	Md 钔	$5f^{13}7s^2$	3(+2)
Pu 钚	$5f^67s^2$	3、4(+5、+6)	No 锘	$5f^{14}7s^2$	3(+2)
Am 镅	$5f^77s^2$	3(+2、+4、+5、+6)	Lr 铹	$5f^{14}6d^17s^2$	3
Cm 锔	$5f^76d^17s^2$	3(+4)			

锕系元素的离子半径也有与镧系元素相似的表现，称为锕系收缩，但锕系收缩的程度小一些。锕系元素的吸收光谱与镧系相似，表现出 f-f 吸收的特征，如 $Ce^{3+}(4f^1)$ 与 $Pa^{4+}(5f^1)$、$Gd^{3+}(4f^7)$ 与 $Cm^{3+}(5f^7)$、$La^{3+}(4f^0)$ 与 $Ac^{3+}(5f^0)$ 都是无色的，而 $Nd^{3+}(4f^3)$ 与 $U(5f^3)$ 是浅红色的。

锕系元素的不少化合物都与相应镧系化合物表现为类质同晶，如三氯化物、二氧化物及许多盐都表现出相同的性质。在形成配合物的倾向上，5f 轨道相对于 6s 及 6d 轨道比镧系的 4f 轨道相对于 5s 及 5d 轨道更为伸展，在形成配合物时，其配位键的共价性比镧系元素配合物更显著。因此，锕系元素形成配合物倾向较镧系大，而且因为 5f 电子的轨道运动磁矩受到配位体电场一定程度的抑制，锕系元素离子的磁性也表现得更为复杂。

图 21.7 是锕系某些变价元素在酸性介质中的 $\Delta_r G_m^\ominus / F\text{-}Z$ 图。由该图可以得出以下结论：

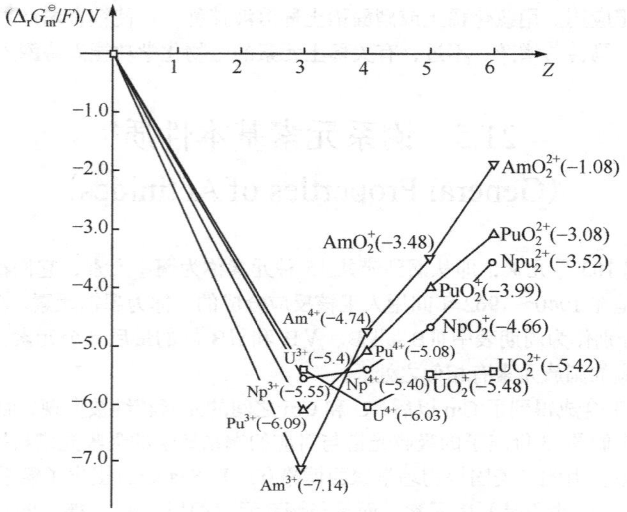

图 21.7　锕系某些变价元素在酸性介质中的 $\Delta_r G_m^\ominus / F\text{-}Z$ 图$[c(H^+) = 1\ mol \cdot dm^{-3}]$

(1) 锕系元素是电正性很强的金属元素，是强还原剂。

(2) U、Np、Pu、Am 这几个元素中，U 的 U^{4+}、Np 的 Np^{4+}、Pu 的 Pu^{3+}、Am 的 Am^{3+} 都是它们的相应热力学稳定态，而 U^{3+}、Np^{3+} 都具有较强的还原性。

(3) U 的可变价态中，$E^\ominus(UO_2^{2+}/UO_2^+) = 0.06\ V$，$E^\ominus(UO_2^{2+}/U^{4+}) = 0.32\ V$，所以不太强的氧化剂即可将 U^{4+} 或 UO_2^+ 氧化为 UO_2^{2+}。例如

$$2Fe^{3+} + U^{4+} + 2H_2O = UO_2^{2+} + 2Fe^{2+} + 4H^+$$

而 NpO_2^{2+}、PuO_2^{2+}、AmO_2^{2+} 都是相当强的氧化剂。

(4) UO_2^+ 处于峰点，因此在水溶液中，UO_2^+ 会歧化，生成 UO_2^{2+} 及 U^{4+}：

$$2UO_2^+ + 4H^+ = UO_2^{2+} + U^{4+} + 2H_2O$$

(5) Pu 的四种氧化态 Pu^{3+}、Pu^{4+}、PuO_2^+、PuO_2^{2+} 在一条直线上，因此这四种氧化态都比较稳定，可以在溶液中存在，但 Pu^{4+}、PuO_2^+、PuO_2^{2+} 都是中等强度的氧化剂。

21.6 钍 和 铀*

(Thorium and Uranium)

21.6.1 钍及其重要化合物

钍矿主要有钍石$(ThO_2 \cdot SiO_2)$、方钍石$(ThO_2 \cdot UO_2)$和独居石等，其中独居石分布最广。在独居石中，钍

与稀土元素共生在矿物中，ThO_2 占 4%～12%。因此，从独居石中提取稀土元素时，可以分离出 $Th(OH)_4$，这是钍的重要来源之一。

钍为银白色柔软金属，在空气中逐渐变成暗灰色。钍的化学性质相当活泼，与镁相似，它易溶于浓盐酸或王水中，与稀酸(包括氢氟酸)作用缓慢，在浓 HNO_3 中呈钝态，它不与碱发生作用。高温下钍能与水蒸气、氮、碳反应。钍的最稳定氧化态为+4，Th^{4+}既可以存在于固体中，又可以存在于溶液中。在水中形成$[Th(H_2O)_n]^{4+}$水合离子，与其他 M^{4+}相比，Th^{4+}较难水解。当 pH＞3.0 时，Th^{4+}发生强烈水解，产物为 $Th(OH)^{3+}$、$[Th(OH)_2]^{2+}$、$[Th_2(OH)_2]^{6+}$、$[Th_4(OH)_8]^{8+}$等，最终产物为六聚物$[Th_6(OH)_{15}]^{9+}$。

钍形成配合物及复盐的能力超过镧系元素。钍的重要化合物有 $Th(NO_3)_4$ 及 ThO_2。以 $Th(NO_3)_4$ 为原料，加入不同的试剂，可以析出不同的沉淀，如氢氧化物、过氧化物、氟化物、碘酸盐、草酸盐、磷酸盐等。后 4 种化合物在强酸(6 $mol \cdot dm^{-3}$)溶液中不会溶解，因此可以用于分离性质相似的其他+3、+4 价阳离子。ThO_2 是白色粉末，熔点高，经灼烧过的 ThO_2 几乎不溶于酸中($HNO_3 + HF$ 除外)，呈化学惰性。灼烧氢氧化钍或含氧酸盐都可生成 ThO_2。

21.6.2　铀及其重要化合物

铀在自然界主要存在于沥青铀矿(主要成分为 UO_2)中。铀是银白色活泼金属，在空气中很快被氧化而变黑。由于氧化膜不紧密，不能保护金属。粉末状的铀在空气中可以自燃。铀与稀酸作用放出氢。在高温下可以与水蒸气、氮气、碳作用，但不与碱作用。

铀的氧化态有+2、+3、+4、+5、+6，其中以+6 最为重要，其次是+4。

硝酸铀酰是最重要的铀氧基化合物。当铀的各种氧化态的氧化物溶于 HNO_3 时，便可能到 $UO_2(NO_3)_2$：

$$UO_3 + 2HNO_3 \longrightarrow UO_2(NO_3)_2 + H_2O$$

蒸发浓缩溶液可得 $UO_2(NO_3)_2 \cdot nH_2O$，其中 $n = 2$、3、6、24。$UO_2(NO_3)_2$ 是带有荧光的黄绿色晶体，易溶于水及各种有机溶剂中，在溶液中以 UO_2^{2+} 形式存在。$UO_2(NO_3)_2$ 在 400℃分解为 UO_3：

$$2UO_2(NO_3)_2 \xlongequal{400℃} 2UO_3 + 4NO_2(g) + O_2(g)$$

UO_3 溶于 NaOH，得黄色的重铀酸钠：

$$2UO_3 + 2NaOH + 5H_2O \longrightarrow Na_2U_2O_7 \cdot 6H_2O$$

重铀酸钠加热脱水得无水盐，称为铀黄，是黄色颜料。UO_3 在 700℃下分解：

$$3UO_3 \xlongequal{700℃} U_3O_8 + 1/2O_2(g)$$

在 400℃以下 UO_3 可被 CO 还原，得暗棕色 UO_2：

$$UO_3 + CO(g) \xlongequal{400℃} UO_2 + CO_2(g)$$

UO_3 与 SF_4 在 300℃下作用得到 UF_6：

$$UO_3 + 3SF_4 \xlongequal{300℃} UF_6(g) + 3SOF_2$$

UF_6 是无色晶体，熔点为 64℃，在 56.5℃升华，具有挥发性。利用 $^{238}UF_6$ 与 $^{235}UF_6$ 蒸气扩散速度不同，可对 ^{235}U 与 ^{238}U 进行分离，取得 ^{235}U 核燃料，因此 UF_6 是重要化合物。UF_6 遇水会水解：

$$UF_6 + 2H_2O \longrightarrow UO_2F_2 + 4HF$$

UF_4 是绿色固体粉末，十分稳定，熔点 1000℃，显然是典型离子型化合物，由 UO_2 与 HF 作用制取：

$$UO_2 + 4HF \longrightarrow UF_4 + 2H_2O$$

它是制取金属铀的原料。

习　　题

1. f 区包括哪些元素？稀土元素指哪些元素？

2. 写出下列原子或离子的核外电子排布方式：

(1) La； (2) Ce^{3+}； (3) Eu^{2+}； (4) Lu^{3+}。

3. 试解释为什么镧系元素的特征氧化数是+3，而铈(Ce)、镨(Pr)、铽(Tb)、镝(Dy)却常呈+4 氧化态，铕(Eu)、钐(Sm)、镱(Yb)、铥(Tm)又有+2 氧化态。
4. 什么是镧系收缩？既然镧系会收缩，为什么相邻镧系元素原子半径才收缩 1 pm，比过渡金属的 5 pm 更小？
5. 镧系收缩对第六周期镧系后元素性质带来什么影响？
6. 简述镧系元素单质和化合物的物理性质和化学性质。
7. 试述稀土元素的重要用途。
8. 锕系元素中超铀元素指什么？
9. 锕系元素和镧系元素同处ⅢB 族，但锕系元素的氧化态种类(+2，+3，+4，+5，+6)较镧系(+2，+3，+4)多，为什么？
10. 完成并配平下列反应方程式：

(1) $LaCl_3(l) \xrightarrow{电解}$

(2) $Na(s) + La_2O_3(s) \xrightarrow{\triangle}$

(3) $La(s) + Cl_2(g) \xrightarrow{\triangle}$

(4) $La(s) + HCl(aq) \longrightarrow$

(5) $La(s) + H_2O(l) \xrightarrow{\triangle}$

(6) $La(s) + Zn^{2+}(aq) \xrightarrow{\triangle}$

(7) $La(s) + H_2(g) \xrightarrow{\triangle}$

(8) $La^{3+}(aq) + H_2C_2O_4(aq) \longrightarrow La_2(C_2O_4)_3 \cdot 9H_2O(s) +$

(9) $La_2(C_2O_4)_3 \cdot 9H_2O(s) \xrightarrow{\triangle}$

(10) $Eu_2O_3(s) + HCl(aq) \xrightarrow{\triangle}$

(11) $CeO_2(s) + HCl(aq) \xrightarrow{\triangle}$

(12) $2Ce(SO_4)_2(aq) + H_2O_2(aq) \xrightarrow{\triangle}$

(13) $LaCl_3(aq) + H_2O(l) \xrightarrow{\triangle}$

(梁宏斌)

第 22 章　氢和稀有气体
（Hydrogen and Noble Gases）

本章学习要求

1. 会应用氢、稀有气体元素结构特点解释氢和稀有气体元素的基本性质。
2. 了解氢能源，掌握氢的成键特征及氢气的制备。
3. 理解不同类型的氢化物在周期表中的位置。
4. 了解稀有气体的发现和工业制备方法。
5. 了解氦Ⅱ超流体现象，理解稀有气体的化学性质、用途及实验安全注意事项。
6. 了解稀有气体化合物制备，理解氙的化学性质及氙化合物的化学性质和几何构型。

22.1　氢
（Hydrogen）

22.1.1　氢元素基本性质

1. 氢在自然界中的存在、氢经济以及氢工业

氢是宇宙中丰度最大的元素，是太阳的主要组成元素。地壳中氢的质量分数约 0.14%，排第十位，在非金属元素中位居第三，前两位是氧和硅。化合物中的氢在地壳中的主要存在形式有水和有机物。单质氢气以痕量[0.5 ppm（1 ppm=10^{-6}）]存在于低层大气中，极其稀薄的外层大气基本只由氢气构成。氢的化学性质丰富而多变，几乎能与其他所有元素形成化合物。

氢气燃烧不仅提供大量的热而且产物只有水，作为清洁能源其优势不言而喻。在经济学领域也因此催生了与现有的石油经济相对应的氢经济，即在热能等方面用氢气替代石油，逐步淘汰化石燃料，减缓全球变暖。氢经济系统中设想利用风能、太阳能及水的势能等可再生能源转化成电能，再从水中生成氢。然而众多的技术挑战阻碍了大规模氢经济的实现，这些问题包括氢气储存、运输和以氢为动力的能够安全运行的发动机设备的研制，以及电解水的成本等。尽管如此，氢经济仍在缓慢地发展。

因为氢气是能源载体，所以制氢工业得到蓬勃发展，每年生产约 7000 万吨。工业制氢的方法主要是由石油产品中的烃类化合物与水蒸气反应。由于原料是化石燃料，也存在碳排放等环境污染问题，因此目前工业大规模制氢仍属于不可再生资源路线。

目前工业制备出来的氢气，几乎一半用于合成氨然后直接或间接地用作肥料，另一半氢气用在石化工业领域：在加氢脱烷基化、加氢脱硫等工艺中处理石油产品。氢气的其他用途也十分广泛，人造黄油工业中用氢气将含不饱和化合物的脂肪或油类加氢转变为饱和化合物；冶金工业中氢化还原矿物制备金属；利用氢气低密度、低黏度的特点，尤其氢气是比热容和热导率最高的气体，发电站中用氢气作发电机的冷却剂。氢气燃烧能放出大量的热，是燃烧

比焓（标准燃烧焓除以质量）高的燃料之一，我国长征系列运载火箭的部分推进剂就是以液氢为燃料，以液氧为氧化剂。氢燃料电池提供动力的汽车也已量产。

氢键的判断依据*

国际纯粹与应用化学联合会（IUPAC）在 2011 年 3 月推荐的“氢键”定义是：氢键是分子间或内部通过 X—H 片段相互吸引的作用力。即在一个分子或分子片段中有 X—H，且其中 X 电负性高于 H，这个 H 原子与来自于同一分子或另一个分子的原子或者原子团之间有证据证明有相互吸引力，就是氢键。该定义给出的氢键可以表示为 X—H…Y—Z，其中“…”表示氢键，X—H 表示氢键给体，Y 表示氢键受体。氢键的本质也不仅仅是纯静电作用，有些氢键还存在较明显的电子离域效应。

由于氢键影响了分子间的相互作用，引起物质宏观性质的变化，因此氢键的判断可以依据熔沸点等性质的变化，如碳族、氮族、氧族、卤素的氢化物中 NH_3、H_2O、HF 呈现反常高沸点，可以判断出它们存在氢键。而相邻第二周期 C 的氢化物 CH_4 没有呈现反常高沸点，所以推断 CH_4 中不存在氢键。这是因为 N、O、F 的电负性高，而 C 的电负性低。但这并不意味着电负性低于 N、O、F 的元素，包括 C 的其他分子中不能产生氢键，也不意味着宏观性质没有明显变化就一定不存在氢键。例如，CHF_3 中有 C—H…F 氢键，其他元素如 S 等也存在 S—H…Y 氢键，但作用结果不是很明显。因此，使用仪器测量原子间距离，用 X—H 键键长增大、H…Y 之间原子距离减小来证明 H…Y 之间存在氢键作用，核磁共振波谱（NMR）也被用来分析氢键的存在。

2. 氢元素的生物学作用

氢是生物体中原子数目最多的元素。水（H_2O）占人体质量的 60%以上，大部分构成人体体液。H 与 C、O、N 等元素组成脂肪、糖类、氨基酸、蛋白质、核酸等，构成人体的各种组织和器官，维持各种生理功能。

3. 氢原子的结构特点

1）同位素

氢有三种同位素 ^1H、^2H 和 ^3H，依次称为氕、氘和氚，元素符号分别为 H、D 和 T。此外，实验室合成有高度不稳定的 ^4H 到 ^7H，但自然界中未观察到。氕和氘在地壳中的相对丰度以质量分数表示分别为 99.9885%和 0.0115%，氕占绝对多数量。氚是放射性同位素，可失去一个电子变成 ^3_2He，此β衰变的半衰期为 12.4 年。氚在地表水中的丰度为每 1021 个氢原子含 1 个氚原子。氚的含量是稳定的，因为氚是宇宙射线与大气气体相互作用而产生的，生成的速率与衰变的速率相等，即维持了稳态平衡。实验室中氚可由中子 ^1_0n 轰击 ^6_3Li 或 ^7_3Li 生成。

D_2O 称为重水，D_2O 中的氢键比 H_2O 的氢键强，因此标准压力下沸点（标准沸点）也高一些，为 101.4℃。利用 D_2O 和 H_2O 沸点的差异，可通过分馏的方法制备重水。获取重水的另一个技术是利用电解水时 H_2 的生成速率是 D_2 的 8 倍的事实，这样电解后电解池中剩下就是富含 D_2O 的水。

核电厂中用重水减慢释放出来的中子速率。D_2O 也被广泛地用于分析化学及反应机理研究。例如，在核磁共振研究中，用 D_2O 取代 H_2O 作溶剂，以排除溶剂的干扰。红外光谱中，较重的同位素会导致振动吸收向低频移动，利用 H_2O 中 O—H 伸缩振动峰（3550 cm^{-1}）和 D_2O 中 O—D 伸缩振动峰（2440 cm^{-1}）不同，反应过程中引入 D，通过观察 O—D 的红外信号是否出现判断分子中氢原子的移动。

相对于 H_2O 的反应，涉及 D_2O 的反应都会慢一些，因而高等生物大量摄入 D_2O 或氘代食物后会中毒。

2)电子构型

氢原子基态电子构型是 $1s^1$,与碱金属最外层电子构型相同,但氢第一电离能为 1312 kJ · mol^{-1},比碱金属大很多，而且氢与碱金属的化学性质差异也很大，不能归属为碱金属。氢原子获得一个电子变为稀有气体构型，与卤素相似，但氢的第一电子亲和能为 72.77 kJ · mol^{-1}，得到一个电子变为−1 价离子比较困难，化学性质与卤素差异很大，因此也不能归属为卤素。氢原子是半充满的电子构型，又与碳族相似，但因有效核电荷和原子半径差异，性质依旧差异较大。因此，在元素周期表中氢元素排在左上方的特殊位置。

氢原子可失去 1s 电子转变为 H^+，或得到一个电子转变为 H^-。H^+即质子，是裸露的原子核，半径小且带一个正电荷，能使邻近的原子或分子发生强烈的变形。因此，除了气态质子流以外，并不存在自由的质子，它总是与其他原子或分子结合在一起，如在水溶液中的 H_3O^+、固体中的 NH_4^+ 等。H^-的半径变化很大，如在 LiH 中是 126 pm，在 CsH 中是 154 pm，反映了氢核对核外两个电子的控制力较弱，所以 H^-的变形性很高，H^-可给出电子对，表现出路易斯碱性，如形成配离子四氢合硼(Ⅲ)离子$[BH_4]^-$。

氢原子电子数少，而常用于结构测定的 X 射线是通过与电子相互作用测定原子位置的，因此化合物中涉及氢原子的键距和键角难以用 X 射线衍射法测定，通常采用的方法是中子衍射，因为中子可与原子核相互作用。

22.1.2　氢元素单质

由于氢元素有三种同位素 ^1H、^2H 和 ^3H，即氕、氘和氚，因此它有三种单质：H_2、D_2和 T_2。以下重点介绍 H_2。

1. 物理性质

常温常压下氢气(H_2)是无色、无味、无毒但高度易燃易爆的气体。H_2 分子体积小，分子间作用力弱，沸点很低，为−252.879℃(20.271 K)，D_2的沸点略高，为−249.7℃。液态或固态氢在上百万大气压的高压下转变为导体，导电性类似于金属，称为金属氢，是一种高密度、高储能材料。H_2是非极性分子，在水中溶解度低，0℃时 1 体积水只能溶解 0.02 体积的氢气。

2. 化学性质

氢气在低压下放电，H_2 分子发生解离、电离、再结合等一系列过程后形成等离子体，通过光谱还可以观察到系统中存在 H、H^+、H_2^+ 和 H_3^+ 。

H_2 是一种动力学不活泼的分子，发生反应时通常需要提供适当的活化途径，如催化剂、光照等。

(1)与非金属反应。

H_2分子键能高(436 kJ · mol^{-1})、键长短(74 pm)，键强度大，常温下非常稳定，除了与个别单质(F_2)可直接反应外，由于 H_2的动力学惰性，其余单质与氢反应都需要在光照、加热或加催化剂条件下进行。反应机理对反应速率影响也较大，如 H_2与 O_2、卤素单质反应是按自由基链式反应机理进行的，反应一旦引发即迅速进行。氢气体积分数为 4.0%～75.6%的空气遇火源会发生爆炸，因此氢气在储存、运输和使用过程中一定要防止泄漏。例如

$$H_2(g) + F_2(g) \xrightarrow[\text{低温}]{\text{暗处}} 2HF(g)$$

$$H_2(g) + Cl_2(g) \xlongequal{\triangle} 2HCl(g)$$

$$2H_2(g) + O_2(g) \xlongequal{\triangle} 2H_2O(l)$$

事实上氢的名称就是源于生成 H_2O 的反应。早在 1671 年氢气就已经由铁和稀酸反应而制得，直到 1766 年英国化学家、物理学家卡文迪什（H. Cavendish，1731—1810）发现氢气是与当时已知气体组成都不同的纯物质。1783 年，法国化学家拉瓦锡（A. L. de Lavoisier，1743—1794）因为发现 H_2 与 O_2 反应生成水而将氢元素以希腊语命名为 hydrogen，hydro 是“水”的意思、gen 是“产生”的意思，直接翻译过来就是“成水”元素。中国近代化学启蒙者徐寿（1818—1884）因为氢气“轻”而翻译为“氢”。

氢气与不活泼非金属反应的典型例子是合成氨反应，由于氨具有极其广泛的应用，因此工业氢气几乎一半用于合成氨：

$$N_2(g) + 3H_2(g) \xrightarrow[\text{催化剂}]{\text{高温高压}} 2NH_3(g)$$

（2）与活泼金属（碱金属及原子半径大的碱土金属 Ca、Sr、Ba）在高温下反应，生成金属氢化物。例如

$$2Li(l) + H_2(g) \xlongequal{450℃} 2LiH(s)$$

$$Ca(s) + H_2(g) \xlongequal{300℃} CaH_2(s)$$

（3）与氧化物的反应。

氢是一种重要的还原剂，高温下可以把一些金属氧化物还原制备金属，该方法具有产品性质易控制、金属纯度高的优点。例如

$$WO_3(s) + 3H_2(g) \xlongequal{\triangle} W(s) + 3H_2O(g)$$

$$CuO(s) + H_2(g) \xlongequal{\triangle} Cu(s) + H_2O(g)$$

在一些无机发光材料的合成中，氢气被用作还原剂，在高温下把 CeO_2、Eu_2O_3 还原为激活离子 Ce^{3+}、Eu^{2+}（参阅 21.4.3 小节）。

（4）氢气是工业上合成气的主要组成部分，由合成气可以生产一系列化学品，如制备甲醇、饱和烃。

$$CO(g) + 2H_2(g) \xrightarrow[\text{Co催化剂}]{\text{高温高压}} CH_3OH(g)$$

（5）有机不饱和化合物的氢化反应。此氢化反应几乎消耗了一半的工业氢气。例如，烯烃催化加氢制备烷烃。

$$CH_3CH_2CH{=}CH_2(g) + H_2(g) \xrightarrow[\text{Pt}]{\text{高温}} CH_3CH_2CH_2CH_3(g)$$

人造黄油工业中，就是通过类似的反应用氢气使液态不饱和植物油加氢而转变为固态的食用脂肪。

3. 制备

1）金属与酸或碱反应制氢

早在 17 世纪就已发现稀酸与活泼金属反应可以制备氢气，反应快、产品纯度高且易收

集，至今依然是实验室制氢的常用方法。例如

$$Zn(s) + 2H^+(aq) \xlongequal{} Zn^{2+}(aq) + H_2(g)$$

$$2Al(s) + 2OH^-(aq) + 6H_2O(l) \xlongequal{\triangle} 2[Al(OH)_4]^-(aq) + 3H_2(g)$$

$$Si(s) + 2OH^-(aq) + H_2O(l) \xlongequal{\triangle} SiO_3^{2-}(aq) + 2H_2(g)$$

2) 金属氢化物与水反应制氢

金属氢化物中氢以 H^-的形式存在，H^-为强布朗斯特碱，接受水中的质子 H^+而形成 H_2(野外生氢剂)。

$$CaH_2(s) + 2H_2O(l) \xlongequal{} Ca(OH)_2(s) + 2H_2(g)$$

3) 化石资源路线工业制氢

考虑到安全性、生产成本等因素，前面两类反应都只适用于少量制氢，而工业大规模制氢则采用化石能源，用烃类(如甲烷、丙烷)的蒸气以及煤或焦炭与水蒸气在高温催化条件下进行反应：

$$CH_4(g) + H_2O(g) \xrightarrow[\text{催化剂}]{\text{高温}} CO(g) + 3H_2(g)$$

$$C(s) + H_2O(g) \xrightarrow[\text{催化剂}]{1000℃} CO(g) + H_2(g)$$

CO 与 H_2 的混合物(水煤气)进一步与水反应(水煤气变换反应)产生更多的氢气：

$$CO(g) + H_2O(g) \xrightarrow[\text{催化剂}]{1000℃} CO_2(g) + H_2(g)$$

4) 电解法制氢

工业上电解食盐水时，阳极生成 $Cl_2(g)$，电解池中得到 NaOH，阴极上放出 $H_2(g)$，因此氢气也是氯碱工业的副产品(参阅 12.5.2 小节)。

电解法制备的氢气比较纯，但如果不是氯碱工业，单纯电解水制氢能耗大，不具备经济价值。地球上存在大量的水，这是氢气庞大的自然资源库，如果能寻找到合适的催化剂实现电解水制氢的工业化，或者利用太阳能实现光解水制氢的工业化，则有望用水取代化石能源，实现氢的廉价生产。

5) 生物制氢*

有机体在金属酶的作用下，尤其是厌氧环境中分解，可以产生氢气。例如，动物大肠上的某些细菌在厌氧环境下使糖分解生成氢气。乳糖不耐症患者吞下乳糖后，呼出气体中 H_2 的含量可能高达 70 ppm 以上，这被用来诊断乳糖不耐症。工业上利用微生物生产的氢气称为生物氢，其中一种方法就是利用厌氧有机体发酵制氢，其资源广泛，涉及从种植的生物如海藻到家庭垃圾；另一种方法是有机体如绿藻和青菌通过光合作用制氢。目前生物氢仍处于研究阶段。

氢燃料电池简介*

氢燃料电池是指通过氢气与氧气的电化学反应，把化学能直接转化为电能的装置。一种氢燃料电池的构造示意图见图 22.1。电池主要由正极(cathode)和负极(anode)①、质子交换膜、聚合物电解质等组成。氢燃料

① 在英文书刊中，无论是原电池还是电解池，通常把发生氧化反应的电极记作"anode"，发生还原反应的电极记作"cathode"。在中文书刊中，以电极电势高、低区分正极、负极。这样，在原电池中，中文的"负极"在英文书刊中记作"anode"，而"正极"记作"cathode"；而在电解池中，中文的"阳极"在英文书刊中记作"anode"，而"阴极"记作"cathode"。

电池是一种无盐桥的原电池。

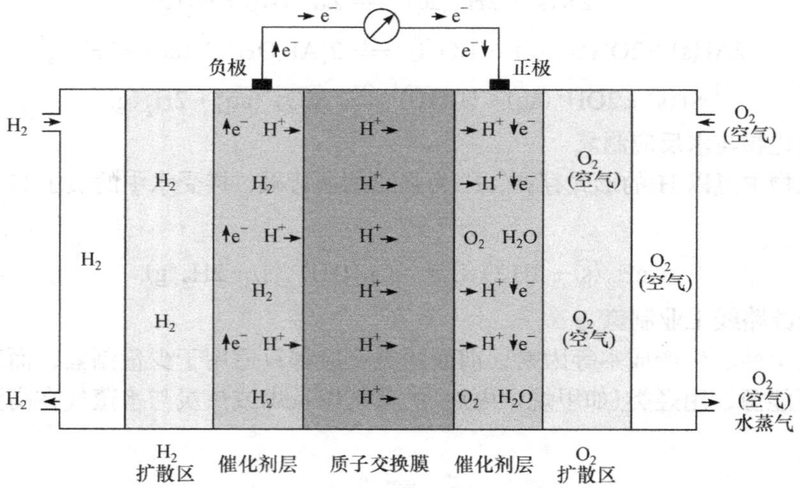

图 22.1　一种氢燃料电池的构造示意图

氢燃料电池的工作原理简述如下。具有一定压力的氢气进入负极，空气（含有氧气）进入正极。在负极区，氢气经扩散层到达催化剂层和质子交换膜的界面，在催化剂的作用下发生氧化反应，生成氢离子和电子：

负极：

$$2H_2 \xlongequal{\text{催化剂}} 4H^+ + 4e^-$$

其中，电子从负极通过外电路到达正极，而氢离子通过质子交换膜进入聚合物电解质中（质子交换膜只具备传输质子 H^+的能力，不能传输 H_2 分子、H 原子和电子），再传导到正极区；在正极区，氧气与通过质子交换膜进入的氢离子以及经外电路传入的电子相遇，发生还原反应，生成水：

正极：

$$O_2 + 4H^+ + 4e^- \xlongequal{\text{催化剂}} 2H_2O$$

生成的水以水蒸气或冷凝水的形式随多余的氧气从阴极出口排出。

以上两反应式合并，得电池放电总反应：

$$O_2 + 2H_2 \xlongequal{\text{催化剂}} 2H_2O$$

可见，反应产物仅为水，这说明氢燃料电池是一种无污染、对环境友好的新能源，而且它放电功率大、能量转化效率高，可达 80%。目前，以氢燃料电池提供动力的汽车已量产，行驶速度可达 150 km · h^{-1}，一次加氢行程可达 800 km。

作为绿色新能源，氢燃料电池具备良好的发展前景。研发工作主要涉及电极材料、质子交换膜、催化剂、聚合物电解质等领域。电极材料多为多孔材料。质子交换膜最薄可达 8 μm，1 m^2 质子交换膜的质量约 20 g，目前价格与同质量黄金相近。新型催化剂的研发对于提高电池性能也具有重要意义，目前铂基金属间化合物显示出一定的前景。除了上述技术问题外，与燃油汽车相比，氢燃料电池动力的汽车还存在自身价格较高、加氢站建设费用高且未普及等问题，有待通过技术进步来解决。

22.1.3　氢元素化合物

1. 二元氢化物

氢几乎能与所有元素形成化合物。氢的电负性为 2.20，与电负性小的金属形成离子型氢化物，与电负性大的非金属形成共价型氢化物。图 22.2 给出 s、p、d 区元素二元氢化物的成键规律。

离子型　→　金属型　→过渡型　→共价型

Li	Be											B	C	N	O	F
Na	Mg											Al	Si	P	S	Cl
K	Ca	Sc	Ti	V	Cr				Ni	Cu	Zn	Ga	Ge	As	Se	Br
Rb	Sr	Y	Zr	Nb					Pd			In	Sn	Sb	Te	I
Cs	Ba	La	Hf	Ta								Tl	Pb	Bi		

图 22.2　s、p、d 区元素二元氢化物的成键规律图(空格表示未发现该元素的氢化物)

离子型氢化物由其组成元素的单质直接化合而成，也称为盐型氢化物，为不挥发的白色固体，且都具有较高的熔沸点。离子型氢化物包括碱金属氢化物(MH，M = Li、Na、K、Rb、Cs)及部分碱土金属氢化物(MH_2，M = Mg①、Ca、Sr、Ba)，其中氢原子得到电子形成 H^-。H^-为强布朗斯特碱，接受水中的质子 H^+而形成 H_2，该反应活性很高，因此离子型氢化物通常被用来去除有机溶剂中少量的水。

共价型氢化物也称分子型氢化物。如表 22.1 所示，从结构上看共价型氢化物有两种类型，一种是独立的小分子，如 CH_4、NH_3；另一种是复杂的结构，如 $(BeH_2)_x$、$(AlH_3)_x$。

表 22.1　共价型氢化物

$(BeH_2)_x$	B_2H_6	CH_4	NH_3	H_2O	HF
	$(AlH_3)_x$	SiH_4	PH_3	H_2S	HCl
		GeH_4	AsH_3	H_2Se	HBr
		SnH_4	SbH_3	H_2Te	HI
		PbH_4	BiH_3		

共价型氢化物依据参与成键的电子数可分为足电子氢化物、富电子氢化物和缺电子氢化物。足电子氢化物是指碳族元素氢化物，中心原子所有价电子都参与成键；富电子氢化物是指氮族、氧族、卤素氢化物，中心原子上存在孤对电子；缺电子氢化物是指硼烷、$(AlH_3)_x$，分子中电子太少，不足以填满成键和非键轨道。

d 区和 f 区元素与氢形成金属型氢化物。金属型氢化物又称为非化学计量比氢化物，如 Ti 的氢化物组成由 $TiH_{1.7}$ 变化到 TiH_2。金属型氢化物中 H 原子占据金属结构的间隙位置，是具有金属光泽的导电性固体。H 与金属间肯定存在键合作用，但键的具体性质仍不清晰。

H_2 与 Pd 的作用极为特殊：H_2 吸附到金属 Pd 表面后，先分解为 2 个 H 原子，H 原子会“溶解”进入金属 Pd 内部。在加热或在 Pd 的一侧施加高压 H_2，H 原子会从另一侧扩散出来并重新结合为氢气分子而被释放出来。这种方式的作用具有专一性，可利用这个原理小规模提纯氢气。红热状态的 Pd 能吸收高达自身体积 900 倍的 H_2，冷却后可将 H_2 储存于其中，加热后 H_2 又可重新释放出来，因此 Pd 称为氢海绵。

Cu 和 Zn 的氢化物不能严格归为任何一类，属于中间氢化物。

ⅥB 族只有 Cr 能形成氢化物，而ⅦB 族和Ⅷ族左边两列的金属氢化物尚属未知，因此这个区域称作氢化物空白区。但这些金属能够活化氢，是重要的加氢催化剂。

① MgH_2 性质介于离子型氢化物和分子型氢化物之间。

储氢*

液氢的体积能量密度是 8.5 MJ · dm^{-3}，低于汽油(34.2 MJ · dm^{-3})，而且氢气液化耗能且要求特殊设备，不利于日常(如车辆)使用，因此需要研发合理温度、压力条件下可逆的储氢材料。金属间化合物 $LaNi_5$ 形成的氢化物极限组成是 $LaNi_5H_6$，组成中氢密度大于液体 H_2，但储存的 H_2 只占 2%(质量分数)，对于运输用途而言依然过重。正在研究的材料中还有轻金属 Li、Mg、Al 形成氢化物、硼氢化物等，如 MgH_2(8%)、$LiNH_2$(10%)、$LiBH_4$(20%)、$Al[BH_4]_3$(17%)。此外，研究中用于储氢的材料还有金属有机框架材料、有机氮杂环化合物。

除了寻找可逆储氢材料，储氢研究中还有氢脆问题需要解决，即金属与氢气作用时，由于氢原子占据金属晶格的空隙，从而导致金属膨胀或相变，使金属的延展性降低甚至丧失而产生断裂的情况。

2. 配合物

H^-中氢核对核外两个电子的控制力较弱，所以 H^-可给出电子对，按照软硬酸碱理论，H^-属于软碱，是一种两电子的 σ 给予体，可与 d、f 区元素形成数量较多的配合物，包括氢化物空白区的元素，即氢化物空白区的元素未检测到其氢化物的存在，却能与 H^-形成配合物。单一 H^-配体的配离子有$[BH_4]^-$、$[AlH_4]^-$、$[FeH_6]^{4-}$、$[ReH_9]^{2-}$、$[TcH_9]^{2-}$等，但习惯上将含这些配离子的配合物简化写成简单化合物的形式，如 $NaBH_4$。也有 H^-与其他配体共同配位的配合物，如$[RhH(NH_3)_5]^{2+}$。此外，还有氢原子桥连的配合物，如$[(OC)_5W\text{-}\mu\text{-}H\text{-}W(CO)_5]^-$。

H_2 基态有一对成键电子，可提供给金属，同时空的反键轨道可以接受金属原子的反馈电子，由于这个反馈键的协同成键作用，氢分子也可以作为配体形成含氢分子的配合物，如$[W(CO)_3(H_2)P(i\text{-}Pr)_3]$[$i$-Pr = —$CH(CH_3)_2$，异丙基]。

22.2 稀 有 气 体
(Noble Gases)

稀有气体元素包括氦(helium)、氖(neon)、氩(argon)、氪(krypton)、氙(xenon)、氡(radon)、鿫(oganesson)七种元素，元素周期表ⅧA 族。氦、氖、氩、氪、氙、氡在地壳中的丰度依次为 8×10^{-9}、7×10^{-11}、1.2×10^{-6}、1×10^{-11}、2×10^{-12} 和痕量，鿫是人工合成元素。比较而言，氩和氦并不稀少，氩的丰度高于钨(1×10^{-6})、溴(3.7×10^{-7})、碘(1.4×10^{-7})、银(7×10^{-8})和汞(5×10^{-8})，氦的丰度高于金(1.1×10^{-9})。前六种元素在自然界中均以游离态的单质形式存在。将空气液化、分馏即可制取这些稀有气体。

22.2.1 稀有气体的发现与命名

1868 年 8 月 18 日，法国天文学家首次在太阳谱线中发现了 He 的黄色谱线，但最初预测为 Na 的谱线；同年 10 月 20 日英国天文学家洛克耶(Lockyer，1836—1920)也观察到，并认识到该谱线不属于任何已知元素，从而将新元素命名为 helium，在希腊语中为"来自太阳"的意思。1881 年意大利物理学家首次在地球上探测到 He 的谱线，1895 年英国化学家拉姆齐(图 22.3)在矿物中寻找氩的工作中意外地分离出了氦。

稀有气体中 Ne、Ar、Kr、Xe 的发现都与拉姆齐的空气分馏工作有关。1894 年英国化学家拉姆齐和物理学家瑞利(图 22.3)发现用化学法制备的氮气比空气分馏法得到的氮气轻 0.5%，他们认定空气分馏法得到的氮气中还存在另一种气体，预测二者沸点接近，事实上 N_2 和 Ar 沸点分别为 77 K 和 87 K。他们根据此微小差异，经过深入分析而发现了 Ar。在 1898 年一年

拉姆齐(W. Ramsay，1852—1916，英国化学家)，1904年诺贝尔化学奖获得者，发现了Ne、Ar、Kr、Xe，首次分离出了He

特拉弗斯(M. W.Travers，1872—1961，英国化学家)，与拉姆齐共同发现了Ne、Kr、Xe

瑞利(Rayleigh，1842—1919，英国物理学家)，1904年诺贝尔物理学奖获得者，与拉姆齐共同发现了Ar

图 22.3　为发现稀有气体元素做出卓越贡献的科学家

内他们蒸发残留液态空气中几乎所有的成分，又先后发现了 Kr、Ne、Xe，元素名称分别源于希腊语的“隐藏者”“新的”“奇怪、客人”，反映了发现者当时的心情。

氡是 1899 年发现的第五种放射性元素，与前面的稀有气体元素不同，氡是由研究元素放射性的一批物理学家发现的。首次由英国物理学家卢瑟福（Rutherford，1871—1937）和美国电气工程师欧文斯（Owens，1870—1940）在研究钍（Th）放射产生的气体中发现。之后其他科学家在镭（Ra）、锕（Ac）放射产生的气体中分别都发现了氡，当时分别被称为钍射气（themanation）、镭射气（radiumemanation）、锕射气（acemanation），最终选用了镭射气的简写 radon，元素符号 Rn。

根据 Rn 与 Ar、Kr、Xe 的光谱相似以及同为化学惰性，1904 年拉姆齐提出了将它们归为元素周期表的同一族，即稀有气体元素族。

早在 1895 年，即 Ar 发现的第二年，丹麦化学家汤姆森（H. P. J. J. Thomsen，1826—1909）就预言在元素周期表中应存在一族类似于 Ar 的化学惰性元素，连接卤素和碱金属，由这族最后的元素结束周期表,并预言这个周期共包含 32 种元素。1922 年丹麦物理学家玻尔（N. Bohr，1885—1962）预言这第七种稀有气体元素的原子序数应为 118。2015 年 12 月，国际纯粹与应用化学联合会（IUPAC）和国际纯粹与应用物理学联合会（IUPAP）确认了 118 号元素：

$$^{249}_{98}Cf + ^{48}_{20}Ca \longrightarrow ^{294}_{118}Og + 3n$$

并依据俄罗斯核物理学家奥加涅相（Y. Oganessian，1933—）的名字将元素命名为 oganesson，符号 Og，以表彰他在极重元素合成中发挥的主导作用。

稀有气体的熔点、沸点及空气中的含量列于表 22.2。

表 22.2　稀有气体的熔点、沸点及空气中的含量

元素	熔点		沸点		空气中含量
	/K	/℃	/K	/℃	摩尔分数/%
He	0.95	−272.20*	4.222	−268.928	5.24×10^{-4}
Ne	24.56	−248.59	27.104	−246.046	1.818×10^{-3}
Ar	83.81	−189.34	87.302	−185.848	9.340×10^{-1}

续表

元素	熔点		沸点		空气中含量
	/K	/℃	/K	/℃	摩尔分数/%
Kr	115.78	−157.37	119.93	−153.415	1.14×10^{-4}
Xe	161.40	−111.75	165.051	−108.099	8.7×10^{-6}
Rn	202	−71	211.5	−61.7	6×10^{-18}
Og	325±15#	52±15#	450±10#	177±10#	

* 在常压下 He 无法压缩至固体，数值是 2.5 MPa 下的熔点。

为预测值。

22.2.2　稀有气体的存在形式、制备及用途

1. 氦

氦是宇宙中第二丰富的元素，占总质量的 23%，仅次于氢。但氦在地球上是稀有的，主要存在于天然气或放射性矿石中。在地球的大气层中，氦的浓度十分低，体积分数只占 0.00052%，所以氦不是由空气分馏制备的。放射性矿物中所含有的氦是由元素如钍和铀等α衰变产生的。氦也因此被困在地下，所以有些天然气中氦含量会较高，最高可达 7%，是工业氦的主要来源。从天然气中提取氦的原理是利用氦在所有气体中沸点最低的特性，首先通过低温和高压将大部分其他气体液化并分离出去，得到的粗氦产品再通过连续暴露在低温环境以及活性炭中进行净化，得到 99.995%纯 A 级氦，主要杂质只有氖。为便于运输，再通过深度冷却制成液氦。氦还可以通过放射性方法如锂轰击氘来获得，但此工艺不具备工业级的经济价值。

由于氦密度低，不易燃烧，最广为人知的是充入飞艇气球中，实际上这只占氦使用中的一小部分。氦的主要用途有：

(1) 总产量 30%左右的氦气用来提供低温，其中大部分用于医疗冷却，如磁共振成像扫描仪以及核磁共振光谱仪中冷却超导磁体。

(2) 利用氦的化学惰性，在硅和锗晶体、钛和锆生产工艺以及气相色谱、焊接中用作保护气。

(3) 因为氦在固体中扩散速度是空气的 3 倍，而且也不会像氢气那样渗透到大块金属中，所以工业中被用作示踪气体来检漏。

(4) 潜水时若吸入了高浓度的氮气、氧气，会发生“醉氧”和“醉氮”，所以供潜水员呼吸的不能是空气或纯氧气，且氦作为一种呼吸气体是没有麻醉作用的，所以用氦氧混合物替代空气。但是在距水面 150 m 以下潜水，呼吸氦氧混合物的潜水员会产生高压神经综合征，表现出震颤和精神运动功能下降的症状，这种特殊潜水是在氦氧混合物中加入一定量的麻醉气体(如氢或氮)来降低氦氧的比例。

(5) 因为氦的惰性和高热导率，而且在反应堆条件下不形成放射性同位素，所以氦在气冷式核反应堆中被用作导热的介质。

(6) 氦在科学研究中也发挥着重要的作用，除了作气相色谱的载气、提供低温应用于低温物理学领域，还有如氦定年技术，就是通过测量氦的水平来估算含铀和钍的岩石和矿物的年代；在一些望远镜的镜片间充入氦可以降低温度变化产生的扭曲效应。

在使用氦过程中，要注意防止缺氧和低温冻伤(使用氖也是)。稀有气体无色无味，如果

大量吸入氦气，会造成体内氧气被氦取代，发生缺氧。为防止氦泄漏而导致人员窒息，需要有探测器显示工作环境的氧气水平。

2. 氖、氩、氪、氙

氖在宇宙中含量颇为丰富，质量分数位居第五，占总质量的 0.13%，前面是氢、氦、氧和碳。但在地球上氖相对稀缺，大气中的体积分数 0.0018%。而氩是地球大气中最丰富的稀有气体，大气中的体积分数 0.934%，是 CO_2 含量(0.0415%)的 20 多倍。工业中氖、氩、氪、氙都主要由空气分馏获得。

氖的主要用途有：

(1) 氖气本身没有颜色，通电后会发出橙黄色的光，亮度在稀有气体真空管中位居第二(第一是氦)，因此常被用于广告的霓虹灯中和日常生活中的试电笔。氖发射的光有穿透雾的能力，可用于飞机信号灯。

(2) 氖是一种潜在的液态低温制冷剂。液态氖的单位体积制冷量是液氦的 40 倍，是液氢的 3 倍，即氖的蒸发热是氦的 40 倍、氢的 3 倍。因此，虽然氖价格比氦高，但在有些情况下，用液氖制冷成本更低。

(3) 氖可以在移动的时候被追踪，从而显示出甲烷泄漏的路径，因此氖被用于天然气测漏。

(4) 氖还用于高压指示器、避雷器、波长计管和氦氖激光器等。

每年在世界范围内生产氩约 70 万吨，因为氩在空气中含量较高而且是工业制备液氧、液氮的副产品，所以氩是稀有气体中最廉价的，其化学性质比 N_2 更稳定，因此氩的使用范围很广，主要有：

(1) 被用作保护气、氩弧焊、白炽灯以及用于精密仪器灭火器中。氩气气氛也被用来生长硅和锗的晶体。在石墨电炉中，为了防止高温时石墨发生反应，会充入氩气以防止石墨燃烧。氩弧焊是指焊接时由于氧气或氮气容易给材料引入缺陷，所以用氩气保护，称为氩弧焊。食品包装中使用氩气排出含水和氧气的空气，用于食品防腐。美国《独立宣言》和宪法等文件就保存在充满氩的环境下以抑制其文件材料降解。在这方面的应用中，因为氦气能从大多数容器的分子间孔中逸出，必须定期更换，所以氩气使用效果更好。还有实验室中手套箱、无水无氧反应的反应器里通常都是充氩气作保护气。

(2) 氩的密度比空气大，可置换靠近地面的氧气。所以在家禽业中被用来窒息禽鸟，是一种在疾病暴发后更人道的屠宰方式。

(3) 科学研究中液氩被用于中微子实验、寻找暗物质等。此外还有氩激光器以及地质学上 K-Ar 定年法确定 10 万年以上的矿物和岩石的年代等。

氪灯有很多谱线，多重发射线使电离氪气放电发出的光较白，所以在摄影中以氪灯为白色光源，如高速的照相闪光灯。氪等离子体用在明亮的、高功率的气体激光器中。氪本身无毒，但其麻醉性比空气高 7 倍，吸入含有 50%氪和 50%空气的气体所引起的麻醉相当于在 4 倍大气压力之下吸入空气，也相当于在 30 m 水深处潜水。

氙气可以安全地保存在普通的密封玻璃或金属容器中，却容易溶解在大多数塑料和橡胶中，并会逐渐从用这种材料密封的容器中逸出。声音在氙气中传播速度是 169 $m \cdot s^{-1}$，比空气中的慢，因为重氙原子在空气中的位移平均速度小于氮和氧分子的平均速度。因此，氙气(相对分子质量 131)与六氟化硫(相对分子质量 146)一样，会使人的声音变得很低(但科学演示时都选用 SF_6，因为氙气太贵)。氙气被用于发光器件，称为氙灯闪光灯，用于照相闪光灯和频闪灯。氙灯发出的光接近正午的阳光，用于太阳模拟器。氙灯可以放出紫外线，作为紫外光源。使用氙灯，主要目的是保护眼睛。氙气具有麻醉性，但比传统麻醉剂贵得多。

3. 氡

氡是镭、钍等放射性元素蜕变时的产物。氡一般是作为含铀矿石处理工业的副产品被制备出来。

^{222}Rn 的半衰期约为 3.8 天，这意味着只有在放射性衰变链中产生后不久才能发现氡。假设氡浓度的增加是由于地下产生了新的裂缝，因而可用来勘探石油、天然气等。但在 20 世纪七八十年代的研究中，也曾尝试用断层附近氡含量来预测大地震，但当时的测量结果并不理想，即有无氡信号的地震和无地震的高氡信号，所以一度认为此方法并不合理。但 2009 年又重启类似的研究，所以目前氡这个特性的应用研究仍处于探索阶段。

氡是一种已知的污染物。在标准条件下，氡是气态的，容易吸入，因此对健康造成危害。有研究表明氡是肺癌的第二种最重要病因（第一是吸烟）。对多数人而言，接触的大部分氡来自家中。氡的一个常见的来源是地下的含铀矿物，因此它聚集在地下区域，如地下室。氡也可能存在于地下水中，如温泉。铀矿石加工的残渣中也可能含氡，而且氡很容易被释放到大气中，影响附近的人们。

22.2.3　稀有气体单质性质

1. 物理性质

稀有气体元素单质为单原子分子，常温常压下都是无色、无味的气体。

氦的低温性质极为特殊，是唯一不能在标准大气压下固化的物质，常压下即使降低到接近 0 K 依然是液态的，量子力学的解释是氦的零点能太高，仅靠降温无法实现固化。2.5 MPa、1～1.5 K 条件下可得到固体氦。与其他晶体相同，固体氦有锐利的熔点和周期性的晶体结构。不同的是，固氦和液氦折射率几乎相同以及具备可压缩性，加压后液氦的体积甚至可以降低 30%。

氦降至 4.222 K 转为液态。此液氦呈现正常无色液体状态，即加热时起气泡并沸腾，温度降低时收缩。但当温度继续降至 2.1768 K 以下后，性质发生突变，液氦不会沸腾，且随温度降低会膨胀，密度减小。前一种液态氦称为氦Ⅰ，后一种静止的液氦称为氦Ⅱ，两种液氦的转变温度 2.1768 K 称为λ点（因为液氦的比热容-温度曲线图形似λ，如图 22.4 所示）。氦Ⅰ和氦Ⅱ黏度都很低且密度只有 0.145～0.125 g · mL^{-1}，是经典物理学理论计算密度值的 1/4，量子力学将其称为量子流体。

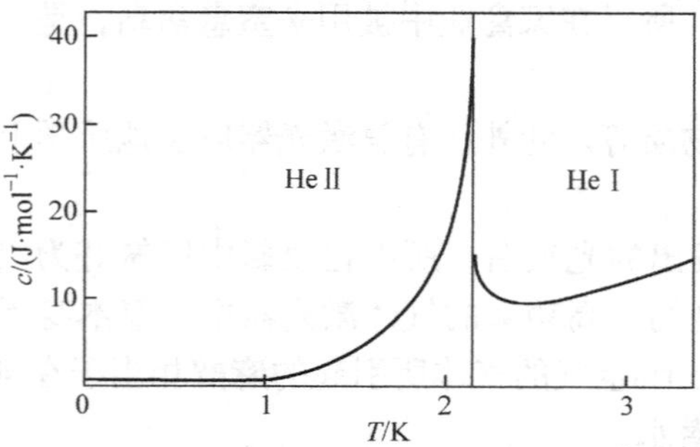

图 22.4　液氦比热容-温度图

氦Ⅰ折射率为 1.026，与一般气体相当，因此很难观察到液-气界面，做实验时为了方便观察，通常中间放一块聚苯乙烯泡沫薄板，以示液-气界面。氦Ⅱ具有高热导率，所以升高温度不会起气泡和沸腾，而是直接从表面蒸发。氦Ⅱ的黏度系数小到无法测量，因此称为超流体。如图 22.5 所示，氦Ⅱ会沿着固体表面蠕动，以达到同等的水平，过一段时间后，这两个容器中的水平将趋于相等。因此盛装氦Ⅱ的容器如果没有密封，即使下面没有漏洞，也会在容器底部看到氦Ⅱ滴下的现象(图 22.6)。目前解释氦Ⅱ超流体现象的理论是双流体模型，即氦Ⅱ中含有基态氦原子和激发态氦原子，前者使之呈现超流体现象，即完全零黏度流动，后者使之表现为普通流体。

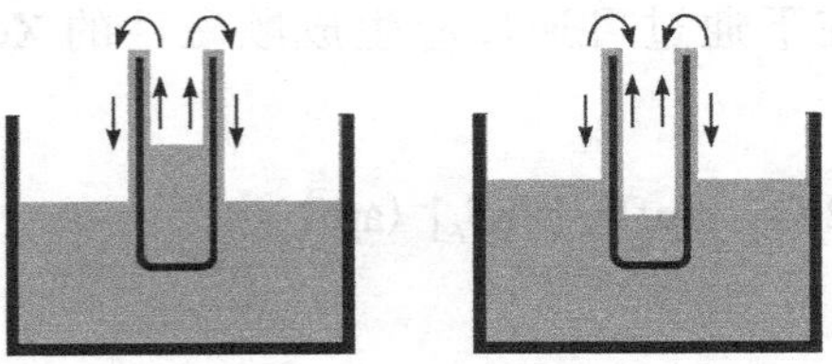

图 22.5　氦Ⅱ沿着表面蠕动以达等液面

图 22.6　敞开容器里氦Ⅱ滴漏

氖是仅次于氦的第二轻的稀有气体。氖的特殊物理性质体现在它的液体范围窄，是所有单质中最窄的：仅在 24.55～27.05 K 呈液态。

氩在水中的溶解度为 62 mg · L^{-1}，与氧气接近，是氮气的 2.5 倍。

氙和氡原子核分别包含 54 个和 86 个质子，在标准温度和压力下，纯氙气和氡气密度分别为 5.761 g · dm^{-3} 和 9.73 g · dm^{-3}，约为海平面地球大气层密度(1.217 g · dm^{-3})的 4.7 倍和 8 倍。氡是室温下密度最大的气体之一，也是致密惰性气体之一。液氙和固体氙密度都比较大，分别是 3.100 g · cm^{-3} 和 3.640 g · cm^{-3}。固体氙的密度甚至大于花岗岩的平均密度(2.75 g · cm^{-3})。

液态氙由于其原子体积大，具有较高的极化率，是一种优良的溶剂。它能溶解碳氢化合物、生物分子，甚至是水。

固体氙在 140 GPa 左右开始转变为金属相，至 155 GPa 则完全为金属相。金属相的氙为天蓝色，而金属大多是银白色的，这与固体氙特殊的电子能带有关。而固体氡有灿烂的辐射发光，随着温度降低，辐射光从黄色变为橙红色。

2. 化学性质

稀有气体元素化学性质极其稳定，一般不与其他元素化合。在稀有气体中，氙的化合物最先被发现。1962 年，英籍化学家巴特列特(N. Bartlett，1932—2008)在加拿大英属哥伦比亚大学(UBC)注意到 Xe 的第一电离能(1170 kJ · mol^{-1})与 O_2 的电离能(1165 kJ · mol^{-1})接近，于是依据 $O_2[PtF_6]$的合成方法，将等体积 Xe 和 PtF_6 蒸气在室温下反应，由此首次合成了世界上第一例稀有气体元素化合物 $Xe[PtF_6]$，也因此改变了人类对稀有气体的认识，将“惰性气体族”改为“稀有气体族”。其他非放射性稀有气体元素的第一电离能分别是 He 2372 kJ · mol^{-1}、Ne 2081 kJ · mol^{-1}、Ar 1521 kJ · mol^{-1}、Kr 1351 kJ · mol^{-1}，随着原子半径增大，第一电离能逐渐减小，因此 Xe 反应活性最高，但只能与活泼非金属反应。

氙气和氟气反应需要电、加热或光照，因为 F_2 可在 Ni 表面生成 NiF_2 保护层，所以采用 Ni 反应器。依据氟和氙的不同配比，可生成二氟化氙、四氟化氙和六氟化氙：

$$Xe(g)+F_2(g)\xrightarrow[Xe:F_2=2:1]{400℃,\ 1\times10^5\ Pa}XeF_2(s)$$

$$Xe(g)+2F_2(g)\xrightarrow[Xe:F_2=1:5]{600℃,\ 6\times10^5\ Pa}XeF_4(s)$$

$$Xe(g)+3F_2(g)\xrightarrow[Xe:F_2=1:20]{300℃,\ 6\times10^5\ Pa}XeF_6(s)$$

不同反应路线设计可以影响反应条件、反应速率和产物纯度。水的存在对反应影响很大，只有在完全干燥、无水蒸气的条件下才可以避免 HF 的生成。Xe 与 O_2F_2(FOOF)反应也能生成 XeF_2。

在特定条件如液态 SbF_5 中 Xe、XeF^+的存在下通过可逆反应生成顺磁性的 Xe_2^+，apf(antimony pentafluoride)表示在液态 SbF_5 中：

$$3Xe(g) + XeF^+(apf) + SbF_5(l) \rightleftharpoons 2Xe_2^+(apf) + [SbF_6]^-(apf)$$

22.2.4 稀有气体化合物

有文献报道 Na_2He 的存在，但仍未被广泛认可；尚未报道 Ne 的化合物；在极端条件下制得氟氩化氢(HArF)，在−265℃才能保持稳定。此外，氩还可以作为客体分子，与水形成包合物等。氪的化合物二氟化氪(KrF_2)在首次合成出氙化合物的一年后被合成出来。氪还能形成笼形包合物，氪以分子间力结合，溶解时氪会逃逸出来。利用氡与氟气直接化合，可以得到氟化氡，它与氙的相应化合物类似，但更稳定，更不易挥发。此外，氡能和水、酚等形成配合物。稀有气体中氙的化合物最多，下面做主要介绍。

1)氙的卤化物

氙的卤化物包括氯化物和氟化物。

氯化物尚未完全被证实，XeCl 是一种激基复合物，用于激光器中。$XeCl_2$ 结构尚需进一步确认，也可能只是 Xe 和 Cl_2 通过范德华力结合。$XeCl_4$ 非常不稳定，很难用化学法合成，可通过放射性的$[^{129}ICl_4]^-$的放射性衰变获得。

氙的氟化物中有三种是稳定的：XeF_2、XeF_4、XeF_6，常温常压下都是无色晶体。它们之间可相互转化：氙和氟在紫外光照射下生成 XeF_2，NiF_2 催化下长时间加热 XeF_2 可转化为 XeF_6，NaF 存在下 XeF_6 热解生成高纯度 XeF_4。几种氙的氟化物结构如图 22.7 所示。

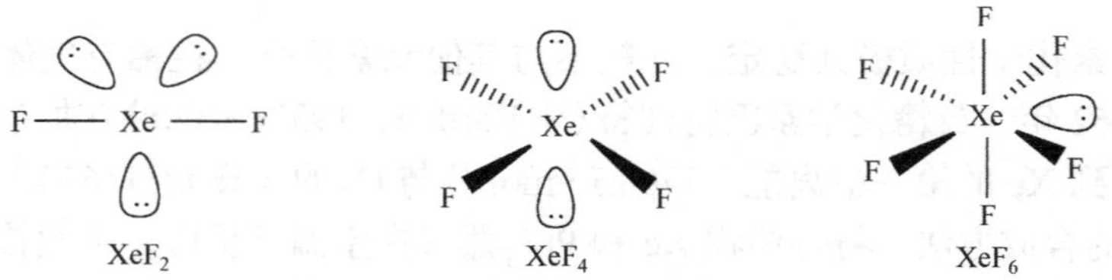

图 22.7　氙的氟化物结构示意图

氙的氟化物都具有强氧化性，反应后自身转化为 Xe 单质。高溴酸盐的首次合成就是利用了 XeF_2 在碱性介质中氧化溴酸盐。XeF_2 与 Si 反应得到 SiF_4，自身转变为 Xe，而且该反应相对较快、选择性高、产物都是气体，在微电子工业中用高纯度的 XeF_2 气体蚀刻 Si。XeF_4 可以将金属氟化。

$$BrO_3^-(aq) + XeF_2(aq) + 2OH^-(aq) = BrO_4^-(aq) + 2F^-(aq) + H_2O(l) + Xe(g)$$

$$2XeF_2(g) + Si(s) = 2Xe(g) + SiF_4(g)$$

$$XeF_4(s) + Pt(s) = PtF_4(s) + Xe(g)$$

XeF_2 可溶解于 BrF_5、BrF_3、IF_5、无水 HF、乙腈和水中，在水中溶解度为 25.9 $g \cdot dm^{-3}$，非碱性条件下相当稳定，有碱存在时，几乎立刻分解。

$$2XeF_2(s) + 2H_2O(l) = 2Xe(g) + 4HF(aq) + O_2(g)$$

XeF_2 可通过氟与金属配位形成$[M_x(XeF_2)_n][AF_6]_x$配合物(M = Mg、Ca、Sr、Ba、Pb、Ag、La、Nd，A = P、As、Sb)。

XeF_4 为可升华固体，升华温度为 115.7℃，能迅速水解生成极易爆炸的 XeO_3；与 Xe 发生归中反应生成 XeF_2：

$$6XeF_4(s) + 12H_2O(l) = 2XeO_3(aq) + 4Xe(g) + 24HF(aq) + 3O_2(g)$$

$$XeF_4(s) + Xe(g) \xlongequal{400℃} 2XeF_2(s)$$

XeF_6 具有强挥发性，液体和气体呈现黄色。可由单质直接化合，也可在 NiF_2 催化下，于 300℃、60 MPa 加热 XeF_2 制备。XeF_6 化学性质更为活泼，也会发生激烈水解生成 XeO_3：

$$XeF_6(s) + 3H_2O(l) = XeO_3(aq) + 6HF(aq)$$

也可以不完全水解：

$$XeF_6(s) + H_2O(l) = XeOF_4(l) + 2HF(aq)$$

以上反应都不能在玻璃或石英容器中进行，因为 XeF_6 可以与 SiO_2 反应，生成 $XeOF_4$ 和 $SiF_4(g)$：

$$2XeF_6(s) + SiO_2(s) = 2XeOF_4(l) + SiF_4(g)$$

含$[XeF_8]^{2-}$的盐如 $Na_2[XeF_8]$、$K_2[XeF_8]$，非常稳定，热稳定性可达 400℃以上。可由金属氟化物与 XeF_6 反应制备。碱金属直接生成 $M_2[XeF_8]$(M = K、Na)，热稳定性略低的先生成 $M[XeF_7]$，再加热分解生成 $M_2[XeF_8]$(M = Cs、Rb，热解温度 50℃、20℃)。

2) 氙的含氧化合物

几种氙的含氧化合物结构如图 22.8 所示。

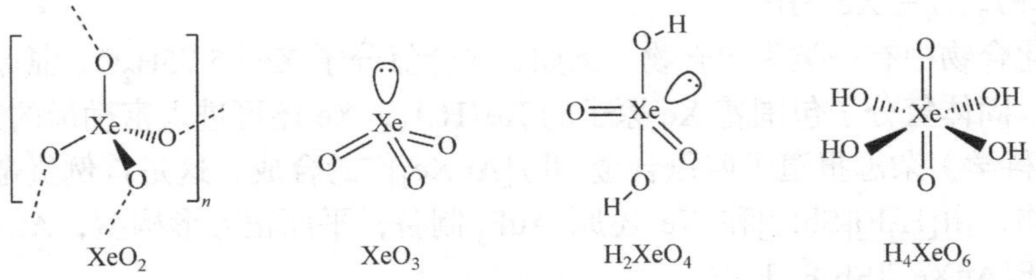

图 22.8　氙的含氧化合物结构示意图

二氧化氙 XeO_2 为黄色固体，0℃下 XeF_4 在 H_2SO_4 水溶液中水解得到。晶体结构是 XeO_4 四面体组成的无限网络，性质不稳定，分解为 XeO_3 和 Xe：

$$3XeO_2(s) = Xe(g) + 2XeO_3(s)$$

三氧化氙 XeO_3 为无色晶体，由 XeF_6 水解得到。熔点 25℃，熔点之上易爆炸。

$$2XeO_3(s) = 2Xe(g) + 3O_2(g) \qquad \Delta_r H_m^{\ominus} = -402\ kJ \cdot mol^{-1}$$

XeO_3 易溶于水并与水反应生成 H_2XeO_4，H_2XeO_4 继而解离为 $HXeO_4^-$。因此，XeO_3 溶于碱液得到 $HXeO_4^-$。

$$XeO_3(s) + H_2O(l) = H_2XeO_4(aq)$$

$$H_2XeO_4(aq) \rightleftharpoons H^+(aq) + HXeO_4^-(aq)$$

XeO_3 与碱金属氟化物如 KF、RbF 或 CsF 反应生成 $MXeO_3F$(M = K、Rb、Cs)。

氙酸 H_2XeO_4 由 XeF_4 溶解在水中制备。氙酸是强氧化剂，分解产物都是气体：Xe、O_2 和 O_3，因此氙酸作为氧化剂的优势是副产物都是可逃逸的气态物质，不会引入固体杂质。

氙酸盐中含 $HXeO_4^-$（不是 XeO_4^{2-}），碱性条件下易分解为 XeO_6^{4-} 和 Xe。

$$2HXeO_4^-(aq) + 2OH^-(aq) = XeO_6^{4-}(aq) + Xe(g) + O_2(g) + 2H_2O(l)$$

$BaXeO_6$ 与浓硫酸反应生成四氧化氙 XeO_4。XeO_4 为浅黄色固体，低温稳定，在−35.9℃以上分解为 Xe 和 O_2。

$$Ba_2XeO_6(s) + 2H_2SO_4(aq) = 2BaSO_4(s) + 2H_2O(l) + XeO_4(aq)$$

已知有许多氙氧氟化合物，包括 $XeOF_2$、$XeOF_4$、XeO_2F_2 和 XeO_3F_2，结构如图 22.9 所示。

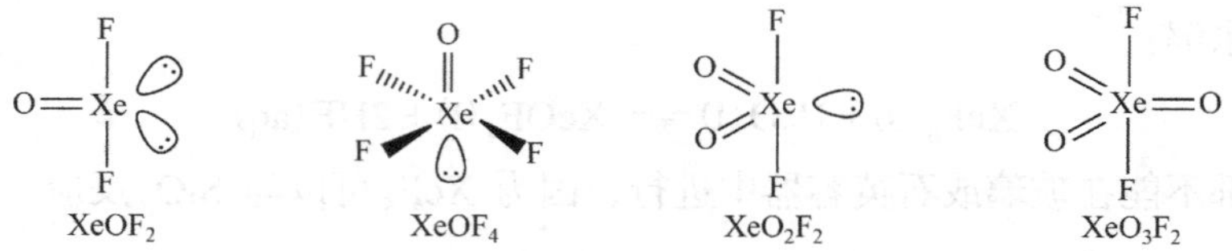

图 22.9　氙氧氟化合物结构示意图

$XeOF_2$ 由 OF_2 和 Xe 低温反应获得，或者 XeF_4 水解。−20℃分解为 XeF_2 和 XeO_2F_2。

$XeOF_4$ 由 XeF_6 不完全水解得到，或 XeF_6 和 Na_4XeO_6 反应得到。$XeOF_4$ 与 CsF 反应得到 $XeOF_5^-$。$XeOF_3$ 与碱金属氟化物如 KF、RbF 或 CsF 反应生成 $XeOF_4^-$。

此外，氙也可以与比 F、O 电负性小的元素(如 Cl、C、N、B)直接键合，但分子中必须有强的吸电子基团才可使这些化合物稳定，如 C_6F_5—Xe—Cl、C_6F_5—Xe—C≡N、C_2F_5—C≡C—Xe^+、F—Xe—N$(SO_2F)_2$、F—Xe—BF。

氙形成的化合物中有一类为包合物。例如，水合氙分子 Xe · 5.75H_2O，氙原子占据水分子晶格中的空位；固体氢分子包围着 Xe 原子的 $Xe(H_2)_8$；Xe 还可进入富勒烯的笼子内部。

2000 年《科学》杂志报道了四氙合金(Ⅱ)$[AuXe_4]^{2+}$的合成，这是首例贵金属、稀有气体间形成的配合物，由$[H_2F][SbF_6]$和 Xe 还原 AuF_3 制备，平面正方形构型，Au—Xe 键键长为 274 pm，存在于$[AuXe_4][Sb_2F_{11}]_2$中。

习　题

1. 利用氢原子的结构特点解释氢在元素周期表的位置为什么具有特殊性，怎样理解。
2. 利用氢原子的结构特点解释：为什么 H^-不能独立存在，为什么金属氢化物中 H^-的半径变化很大，为什么 H^-可作为配体形成配合物。
3. 依据氢分子的结构特点及化学热力学和动力学知识解释：为什么室温下 H_2 在大多数情况下是一种不活泼的分子，但 H_2 与 O_2 或 Cl_2 反应一旦引发即迅速进行。
4. 用氢气作燃料产物只有水，从这个意义上说，氢气是一种清洁能源，但为什么说目前氢气的使用仍存在环境污染问题？简述目前氢气制备的几种途径。
5. 氢燃料电池是以氢气直接燃烧产生动力吗？为什么？要改善氢燃料电池性能，应从哪些方面开展研究工作？(开放式问题)
6. 二元氢化物中存在哪几种类型的化学键？举例说明其规律性。
7. 氢气是一种强还原剂？举例说明氢气作为还原剂在工业上的用途。
8. 稀有气体有哪些主要用途？使用中应注意什么？

9. 根据 Xe 的结构特点，举例说明 Xe 是稀有气体元素化学性质中较活泼的元素。
10. 为什么稀有气体化学绝大多数内容都是与 Xe—F 或 Xe—O 键有关？
11. 应用 VSEPR，指出下列分子的价电子几何构型和分子几何构型：
(1) XeF_2、XeF_4、XeF_6；
(2) $XeOF_2$、$XeOF_4$、XeO_2F_2 和 XeO_3F_2。

（乔正平）

参 考 文 献

迪安 J A. 2003. 兰氏化学手册. 2 版. 北京: 科学出版社
华彤文, 王颖霞, 卞江, 等. 2013. 普通化学原理. 4 版. 北京: 北京大学出版社
刘新锦, 朱亚先, 高飞. 2010. 无机元素化学. 2 版. 北京: 科学出版社
宋天佑, 程鹏, 徐家宁, 等. 2019. 无机化学(上、下册). 4 版. 北京: 高等教育出版社
唐宗薰. 2009. 中级无机化学. 2 版. 北京: 高等教育出版社
严宣申, 王长富. 2016. 普通无机化学. 2 版. 北京: 北京大学出版社
周公度, 叶宪曾, 吴念祖. 2012. 化学元素综论. 北京: 科学出版社
Brown T L, LeMay H E, Bursten B E, et al. 2018. Chemistry: The Central Science. 14th ed. Harlow: Pearson Education, Inc.
Rumble J R. 2020. CRC Handbook of Chemistry and Physics. 101st ed. Boca Raton: CRC Press.

附　录

附录 1　SI 基本单位、导出量及与 SI 单位一起使用的单位

物理量	单位名称	单位符号	
SI 基本单位			
长度 length	米 meter	m	
电流 electric current	安[培] Ampere	A	
时间 time	秒 second	s	
温度 temperature	开[尔文] Kelvin	K	
物质的量 amount of substance	摩[尔] mole	mol	
质量 mass	千克 kilogram	kg	
SI 单位导出量			SI 基本单位表述
磁通量 magnetic flux	韦[伯] Wber	Wb	$V \cdot s \cdot m^{-2}=kg \cdot s^{-2} \cdot A^{-1}$
电导 conductance	西[门子] Siemens	S	$\Omega^{-1}=m^{-2} \cdot kg^{-1} \cdot s^{3} \cdot A^{2}$
电量 electric quantity	库[仑] Coulomb	C	$A \cdot s$
电容 capacitance	法[拉第] Faraday	F	$C \cdot V^{-1}=m^{-2} \cdot kg^{-1} \cdot s^{4} \cdot A^{2}$
电压 voltage	伏[特] Volt	V	$J \cdot C^{-1}=m^{2} \cdot kg \cdot s^{-3} \cdot A^{-1}$
电阻 resistance	欧[姆] Ohm	Ω	$V \cdot A^{-1}=m^{2} \cdot kg \cdot s^{-3} \cdot A^{-2}$
功率 power	瓦[特] Watt	W	$J \cdot s^{-1}=m^{2} \cdot kg \cdot s^{-3}$
力 force	牛[顿] Newton	N	$m \cdot kg \cdot s^{-2}$
能量、功、热 energy, work, heat	焦[耳] Joule	J	$N \cdot m=m^{2} \cdot kg \cdot s^{-2}$
频率 frequency	赫[兹] Hertz	Hz	s^{-1}
温度 temperature	[摄氏]度 degree Celsius	℃	℃=K−273.15
压力 pressure	帕[斯卡] Pascal	Pa	$N \cdot m^{-2}=m^{-1} \cdot kg \cdot s^{-2}$
与 SI 单位一起使用的单位			换算关系
长度 length	埃 ångström	Å	10^{-10} m; 0.1 nm
能量 energy	电子伏特 electronvolt	eV (e×V)	≈1.602 18×10^{-19} J
	兆电子伏特 mega electronvolt	MeV	≈1.602 18×10^{-13} J
体积 volume	升 liter	L	$dm^{3}=10^{-3}$ m^{3}
	毫升 milliliter	mL	$cm^{3}=10^{-6}$ m^{3}
压力 pressure	巴 bar	bar	10^{5} Pa=10^{5} $N \cdot m^{-2}$
质量 mass	吨 tonne	t	10^{3} kg
	原子质量单位 atomic mass unit [$=m_a(^{12}C)/12$]	u	≈1.660 54×10^{-27} kg

数据来源：迪安 J A. 2003. 兰氏化学手册. 3 版. 北京：科学出版社. 2.2～2.5

（乔正平）

附录 2　一些单质和化合物的热力学函数（298.15 K，101.325 kPa）

化学式	状态	$\Delta_f H_m^\ominus$ /(kJ · mol^{-1})	$\Delta_f G_m^\ominus$ /(kJ · mol^{-1})	$S_m^\ominus$ /(J · K^{-1} · mol^{-1})
Al	c	0	0	28.30(10)
$AlCl_3$	c	−704.2	−628.8	109.29
Al_2O_3(刚玉)	c	−1675.7(13)	−1582.3	50.92(10)
$Al(OH)_3$	c	−1284	−1306	71
Ar	g	0	0	154.846(3)
As	c	0	0	35.1
As_2O_5	c	−924.87	−782.3	105.4
As_4O_6	c	−1313.94	−1152.52	214.2
At	c	0	0	121.3
Au	c	0	0	47.4
AuCl	c	−34.7		92.9
$AuCl_3$	c	−117.6		148.1
Ag	c	0	0	42.55(20)
Ag_2O	c	−31.1	−11.21	121.3
AgBr	c	−100.37	−96.90	107.11
AgCl	c	−127.01(5)	−109.8	96.25(20)
AgF	c	−204.6		83.7
AgI	c	−61.84	−66.19	115.5
$AgNO_3$	c	−124.4	−33.47	140.92
Ba	c	0	0	62.48
$BaCl_2$	c	−855.0	−806.7	123.67
$BaCO_3$	c	−1213.0	−1134.4	112.1
$BaSO_4$	c	−1473.19	−1362.2	132.2
Be	c	0	0	9.50(8)
$BeCl_2$	c	−490.4	−445.6	75.81
Bi	c	0	0	56.7
Bi_2O_3	c	−574.0	−493.7	151.5
B	c	0	0	5.90(8)
BF_3	g	−1136.0(8)	−1119.4	254.42(20)
B_2H_6	g	35.6	86.7	232.1
B_5H_9	l	42.7	171.8	184.2
$B_{10}H_{14}$	c	−29.83	212.9	234.9
BN	c	−254.4	−228.4	14.80
B_2O_3	c	−1273.5(14)	−1194.3	53.97(30)
Br_2	l	0	0	152.21(30)
Cd	c	0	0	51.80(15)
CdS	c	−161.9	−156.5	64.9

续表

化学式	状态	$\Delta_f H_m^\ominus$ /(kJ · mol^{-1})	$\Delta_f G_m^\ominus$ /(kJ · mol^{-1})	$S_m^\ominus$ /(J · K^{-1} · mol^{-1})
Ca	c	0	0	41.59(40)
$CaCO_3$	c	−1207.6	−1129.1	91.7
CaF_2	c	−1228.0	−1175.6	68.6
CaO	c	−634.92(90)	−603.3	38.1(4)
$Ca(OH)_2$	c	−985.2	−897.5	83.4
$CaSO_4$	c	−1425.2	−1309.1	108.4
C(石墨)	c	0	0	5.74(10)
	g	716.68(45)		158.100(3)
C(金刚石)	c	1.897	2.900	2.377
CO	g	−110.53(17)	−137.16	197.660(4)
CO_2	g	−393.51(13)	−394.39	213.785(10)
Ce	c	0	0	72.0
CeO_2	c	−1088.7	−1024.7	62.30
Cs	c	0	0	85.23(40)
CsF	c	−553.5	−525.5	92.8
Cl_2	g	0	0	233.08(10)
ClO_2	g	102.5	120.5	256.8
Cl_2O	g	80.3	97.9	266.2
Cr	c	0	0	23.8
Cr_2O_3	c	−1140	−1058.1	81.2
Co	c	0	0	30.0
CoO	c	−237.7	−214.0	53.0
$CoCl_2$	c	−312.5	−269.8	109.2
$Co(OH)_2$	c	−539.7	−454.4	79.0
Cu	c	0	0	33.15(8)
CuCl	c	−137.2	−119.9	86.2
$CuCl_2$	c	−220.1	−175.7	108.09
CuI	c	67.8	−69.5	96.7
CuO	c	−157.3	−129.7	42.6
Cu_2O	c	−168.6	−149.0	93.1
$Cu(OH)_2$	c	−450	−373	108.4
$CuSO_4$	c	−771.4(12)	−662.2	109.2(4)
CH_4	g	−74.6	−50.5	186.3
C_2H_6	g	−84.0	−32.0	229.1
C_2H_4	g	52.5	68.4	219.3
C_2H_2	g	227.4	209.0	201.0
CH_3OH	l	−239.1	−166.6	126.8
C_2H_5OH	l	−277.6	−174.8	161.0
CH_3COOH	l	−484.4	−390.2	159.9
$CH_3COOC_2H_5$	l	−479.3	−332.7	257.7

续表

化学式	状态	$\Delta_f H_m^\ominus$ /(kJ · mol^{-1})	$\Delta_f G_m^\ominus$ /(kJ · mol^{-1})	$S_m^\ominus$ /(J · K^{-1} · mol^{-1})
Dy	c	0	0	75.6
Dy_2O_3	c	−1863.1	−1771.5	149.8
Er	c	0	0	73.18
Er_2O_3	c	−1897.9	−1808.7	155.6
Eu	c	0	0	77.78
Eu_2O_3	c	−1651.4	−1556.9	146
F_2	g	0	0	202.791(5)
Fe	c	0	0	27.32
$FeCl_3$	c	−399.4	−333.9	142.34
FeO	c	−272.0	−251.4	60.75
Fe_2O_3	c	−824.2	−742.2	87.40
Fe_3O_4	c	−1118.4	−1015.4	145.27
$Fe(OH)_2$	c	−574.0	−490.0	87.9
$Fe(OH)_3$	c	−833	−705	104.6
Gd	c	0	0	68.07
Gd_2O_3	c	−1819.6	−1730	150.6
H_2	g	0	0	130.680(3)
HBr	g	−36.29(16)	−53.4	198.700(4)
HCl	g	−92.31(10)	−95.30	186.902(5)
HClO	g	−78.7	−66.1	236.7
HCN	l	108.87	124.93	112.84
	g	135.1	124.7	201.81
HF	g	−273.30(70)	−275.4	173.779(3)
	l	−299.78	75.40	51.67
HI	g	26.50(10)	1.7	206.590(4)
HNO_2	g	−79.5	−46.0	254.1
HNO_3	l	−174.1	−80.7	155.60
H_2O	c	−292.72		
	l	−285.830(40)	−237.14	69.95(3)
	g	−241.826(40)	−228.61	188.835(10)
H_2O_2	l	−187.78	−120.42	109.6
	g	−136.3	−105.6	232.7
H_3PO_4	c	−1284.4	−1124.3	110.5
	l	−1271.7	−1123.6	150.8
H_2S	g	−20.6(5)	−33.4	205.81(5)
H_2SO_4	l	−814.0	−689.9	156.90
H_2SiO_3	c	−1188.67	−1092.4	134.0
Hg	l	0	0	75.90(12)
$HgCl_2$	c	−224.3	−178.6	146.0
Hg_2Cl_2	c	−265.37(40)	−210.7	191.6(8)

续表

化学式	状态	$\Delta_f H_m^\ominus$ /(kJ · mol⁻¹)	$\Delta_f G_m^\ominus$ /(kJ · mol⁻¹)	$S_m^\ominus$ /(J · K⁻¹ · mol⁻¹)
HgO	c	−90.79(12)	−58.49	70.25(30)
HgS	c	−58.2	−50.6	82.4
I_2	c	0	0	116.14(30)
	g	62.42(8)	19.37	260.687(5)
K	c	0	0	64.68(20)
	l	2.284	0.264	71.46
	g	89.0(8)		160.341(3)
KCl	c	−436.5	−408.5	82.55
K_2CO_3	c	−1151.0	−1063.5	155.5
K_2CrO_4	c	−1403.7	−1295.8	200.12
$K_2Cr_2O_7$	c	−2061.5	−1882.0	291.2
$K_3Fe(CN)_6$	c	−249.8	−129.7	426.06
$K_4Fe(CN)_6$	c	−594.1	−453.1	418.8
KH	c	−57.72	−53.01	50.21
$KMnO_4$	c	−837.2	−737.6	171.71
K_2O	c	−361.5	−322.1	94.1
KO_2	c	−284.9	−239.4	122.5
K_2O_2	c	−494.1	−425.1	102.0
KOH	c	−424.7	−378.7	78.9
KSCN	c	−200.16	−178.32	124.26
K_2SO_4	c	−1437.8	−1321.4	175.6
$K_2S_2O_8$	c	−1916.10	−1697.41	278.7
La	c	0	0	56.9
La_2O_3	c	−1793.7	−1705.8	127.32
Li	c	0	0	29.12(20)
$LiAlH_4$	c	−116.3	−44.7	78.7
$LiBH_4$	c	−190.8	−125.0	75.9
Li_3N	c	−164.6	−128.6	62.59
Mg	c	0	0	32.67(10)
$MgCl_2$	c	−641.3	−591.8	89.63
$MgCO_3$	c	−1095.8	−1012.1	65.7
Mg_3N_2	c	−461.1	−400.9	87.9
MgO	c	−601.6(3)	−569.3	26.95(15)
$Mg(OH)_2$	c	−924.7	−833.7	63.24
Mn	c	0	0	32.01
MnO_2	c	−520.1	−465.2	53.1
Mo	c	0	0	28.71
MoO_3	c	−745.2	−668.1	77.8
NH_3	g	−45.94(35)	−16.4	192.776(5)
NH_4Cl	c	−314.5	−202.9	94.6

续表

化学式	状态	$\Delta_f H_m^\ominus$ /(kJ · mol^{-1})	$\Delta_f G_m^\ominus$ /(kJ · mol^{-1})	$S_m^\ominus$ /(J · K^{-1} · mol^{-1})
NH_4HCO_3	c	−849.4	−665.9	120.9
$(NH_4)_2SO_4$	c	−1180.9	−901.70	220.1
Nd	c	0	0	71.6
Nd_2O_3	c	−1807.9	−1720.9	158.6
Ni	c	0	0	29.87
NiO	c	−240.6	−211.7	38.00
$Ni(OH)_2$	c	−529.7	−447.3	88.0
N_2	g	0	0	191.609(4)
NCl_3	l	230.0		
NF_3	g	−132.1	−90.6	260.8
NH_3	g	−45.94(35)	−16.4	192.776(5)
N_2H_4	l	50.6	149.3	121.2
$(NH_2)_2CO$	s	−331.1	−196.8	104.6
NO	g	91.29	87.60	210.76
NO_2	g	33.1	51.3	240.1
N_2O_4	g	11.1	99.8	304.38
N_2O_5	g	11.3	117.1	355.7
Na	c	0	0	51.30(20)
NaCl	c	−411.2	−384.1	72.1
Na_2CO_3	c	−1130.7	−1044.4	135.0
$NaHCO_3$	c	−950.81	−851.0	101.7
NaH	c	−56.34	−33.55	40.02
NaO_2	c	−260.2	−218.4	115.9
Na_2O	c	−414.2	−375.5	75.04
Na_2O_2	c	−510.9	−449.6	94.8
NaOH	c	−425.6	−379.4	64.4
Na_2S	c	−364.8	−349.8	83.7
Na_2S_2	c	−397.0	−392	151
Na_2SO_4	c	−1387.1	−1270.2	149.6
$Na_2S_2O_3$	c	−1123.0	−1028.0	155
O_2	g	0	0	205.152(5)
O_3	g	142.7	163.2	238.9
Pb	c	0	0	64.80(30)
$PbCl_2$	c	−359.4	−314.1	136
$PbBr_2$	c	−278.7	−261.9	161.5
PbI_2	c	−175.5	−173.58	174.9
PbO_2	c	−277.4	−217.3	68.60
P(白磷)	c	0	0	41.09(25)
	g	316.5(10)	280.1	163.1199(3)

续表

化学式	状态	$\Delta_f H_m^\ominus$ /(kJ · mol^{-1})	$\Delta_f G_m^\ominus$ /(kJ · mol^{-1})	$S_m^\ominus$ /(J · K^{-1} · mol^{-1})
P(红磷)	c	−17.46	−12.46	22.85
P_4	g	58.9(3)	24.4	280.01(50)
PCl_3	g	−227.1	−267.8	311.8
PCl_5	g	−374.9	−305.0	364.6
PH_3	g	5.4	13.4	210.24
P_4O_{10}	c	−3009.9	−2723.3	228.78
Pt	c	0	41.63	25.87
Pr	c	0	0	73.2
Rb	c	0	0	76.78(30)
RbOH	c	−418.19		
Ru	c	0	0	28.53
Sb	c	0	0	45.7
$SbCl_3$	c	−382.0	−323.7	184.1
$SbCl_5$	l	−440.16	−350.2	301
Sm	c	0	0	69.58
Sm_2O_3	c	−1823.0	−1734.7	151.0
Se	c	0	0	41.97
SeO_2	c	−225.4		
SeO_3	c	−166.9		
Si	c	0	0	18.81(8)
$SiCl_4$	l	−686.93	−620.0	239.7
	g	−657.0	−617.0	330.7
SiF_4	g	−1615.0(8)	−1572.7	282.76(50)
SiH_4	g	34.3	56.8	204.65
Si_2H_6	g	80.3	127.2	272.7
SiO_2(石英)	c	−910.7(10)	−856.4	41.46(20)
Sr	c	0	0	55.0
SrO	c	−592.0	−561.9	54.4
S(斜方)	c	0	0	32.054(50)
S(单斜)	c	0.360	−0.070	33.03
	g	277.17(15)		167.829(6)
S_8	g	101.25	49.16	430.20
SO_2	g	−296.81(20)	−300.13	248.223(50)
SO_3	g	−395.7	−371.02	256.77
SO_2Cl_2	g	−364.0	−320.0	311.9
Sn(白)	c	0	0	51.08(8)
Sn(灰)	c	−2.09	0.13	44.14
$SnCl_2$	c	−325.1		130

续表

化学式	状态	$\Delta_f H_m^\ominus$ /(kJ · mol^{-1})	$\Delta_f G_m^\ominus$ /(kJ · mol^{-1})	$S_m^\ominus$ /(J · K^{-1} · mol^{-1})
$SnCl_4$	l	−511.3	−440.2	258.6
SnO	c	−280.71(20)	−251.9	57.17(30)
SnO_2	c	−577.63(20)	−515.8	49.04(10)
$Sn(OH)_2$	c	−561.1	−491.6	155.0
Tb	c	0	0	73.22
Tm	c	0	0	74.01
Tm_2O_3	c	−1888.7	−1794.5	139.8
Ti	c	0	0	30.72(10)
TiO_2	c	−944.0(8)	−888.8	50.62(30)
$TiCl_4$	l	−804.2	−737.2	252.3
	g	−763.2(30)	−726.3	353.2(40)
U	c	0	0	50.20(20)
V	c	0	0	28.94
V_2O_5	c	−1550	−1419.3	130
W	c	0	0	32.6
WO_3	c	−842.9	−764.1	75.9
Xe	g	0	0	169.685(3)
XeF_2	c	−164.0		
XeF_4	c	−261.5	−123.0	
XeF_6	c	−360		
XeO_3	c	402		
$XeOF_4$	l	146		
Yb	c	0	0	59.87
Yb_2O_3	c	−1814.6	−1726.7	133.1
Zn	c	0	0	41.63(15)
ZnO	c	−350.46(27)	−320.52	43.65(40)
$Zn(OH)_2$	c	−641.91	−553.59	81.2

数据来源：迪安 J A. 2003. 兰氏化学手册. 2 版. 北京：科学出版社. 6.4～6.53, 6.90～6.144

（乔正平）

附录 3　常见弱酸、弱碱在水溶液中的解离平衡常数(298.15 K)

分子式	K_{a1}	K_{a2}	K_{a3}	K_{a4}
H_3BO_3	5.81×10^{-10}			
$H_2B_4O_7$	1.00×10^{-4}	1.00×10^{-9}		
H_2CO_3	4.45×10^{-7}	4.69×10^{-11}		
H_2CrO_4	1.82×10^{-1}	3.25×10^{-7}		

续表

分子式	K_{a1}	K_{a2}	K_{a3}	K_{a4}
HF	6.31×10^{-4}			
H_2O_2	2.29×10^{-12}			
H_2S	1.07×10^{-7}	1.26×10^{-13}		
H_2Se	1.29×10^{-4}	1.00×10^{-11}		
H_2SeO_3	2.40×10^{-3}	5.01×10^{-9}		
H_2SeO_4		2.19×10^{-2}		
H_2SO_3	1.29×10^{-2}	6.24×10^{-8}		
H_2SO_4		1.02×10^{-2}		
$H_2S_2O_3$	2.5×10^{-1}	1.8×10^{-2}		
H_3AsO_4	5.98×10^{-3}	1.74×10^{-7}		
H_3PO_4	7.11×10^{-3}	6.34×10^{-8}	4.79×10^{-13}	
$H_4P_2O_7$	1.23×10^{-1}	7.94×10^{-3}	2.00×10^{-37}	4.47×10^{-50}
H_4SiO_4	2.51×10^{-10}	1.58×10^{-12}		
H_6TeO_6	2.24×10^{-8}	1.00×10^{-11}		
HBrO	2.82×10^{-9}			
HClO	2.90×10^{-8}			
$HClO_2$	1.15×10^{-2}			
HCN	6.17×10^{-10}			
HIO	3.16×10^{-11}			
HIO_3	1.57×10^{-1}			
HIO_4	2.29×10^{-2}			
HNO_2	7.24×10^{-4}			
NH_4^+	5.68×10^{-10}			
Al^{3+}水解	1.05×10^{-5}			
Co^{3+}水解	1.78×10^{-2}			
Cr^{3+}水解	1.12×10^{-4}			
Ti^{3+}水解	2.82×10^{-3}			
Zn^{2+}水解	1.10×10^{-9}			
乙酸 CH_3COOH	1.75×10^{-5}			
甲酸 HCOOH	1.77×10^{-4}			
柠檬酸 $HOC(CH_2COOH)_3$	7.45×10^{-4}	1.73×10^{-5}	4.02×10^{-7}	
草酸 HOOCCOOH	5.36×10^{-2}	5.35×10^{-5}		

分子式	K_b
氨 NH_3	1.76×10^{-5}
甲胺 CH_3NH_2	4.17×10^{-4}
乙胺 $C_2H_5NH_2$	4.27×10^{-4}
苯胺 $C_6H_5NH_2$	3.98×10^{-10}
吡啶 C_5H_5N	1.48×10^{-9}

数据来源：迪安 J A. 2003. 兰氏化学手册. 2 版. 北京：科学出版社. 8.19～8.23

（乔正平）

附录 4　常见难溶化合物的溶度积(298.15 K)

化合物	K_{sp}	化合物	K_{sp}	化合物	K_{sp}
AgBr	5.35×10^{-13}	$BaSO_3$	5.0×10^{-10}	Hg_2Br_2	6.40×10^{-23}
Ag_2CO_3	8.46×10^{-12}	$CaCO_3$	2.8×10^{-9}	Hg_2Cl_2	1.43×10^{-18}
AgCl	1.77×10^{-10}	$CaC_2O_4\cdot H_2O$	2.32×10^{-9}	HgS(黑)	1.6×10^{-52}
Ag_2CrO_4	1.12×10^{-12}	CaF_2	5.3×10^{-9}	$Mg(OH)_2$	5.61×10^{-12}
AgCN	5.97×10^{-17}	$CaSO_4$	4.93×10^{-5}	$Mn(OH)_2$	1.9×10^{-13}
AgI	8.52×10^{-17}	$Ca_3(PO_4)_2$	2.07×10^{-29}	MnS(晶体)	2.5×10^{-13}
Ag_3PO_4	8.89×10^{-17}	$Ca(OH)_2$	5.5×10^{-6}	α-NiS	3.2×10^{-19}
Ag_2SO_4	1.20×10^{-5}	CdS	8.0×10^{-27}	$PbCl_2$	1.70×10^{-5}
Ag_2S	6.30×10^{-50}	$Cr(OH)_3$	6.3×10^{-31}	PbS	8.0×10^{-28}
AgSCN	1.03×10^{-12}	$CuCO_3$	1.4×10^{-10}	$PbSO_4$	2.53×10^{-8}
$Al(OH)_3$	1.3×10^{-33}	$Cu(OH)_2$	2.2×10^{-20}	SnS	1.0×10^{-25}
$BaCO_3$	2.58×10^{-9}	CuS	6.3×10^{-36}	$SrCO_3$	5.60×10^{-10}
$BaCrO_4$	1.17×10^{-10}	Cu_2S	2.5×10^{-48}	$Zn(OH)_2$	3×10^{-17}
BaF_2	1.84×10^{-7}	$Fe(OH)_3$	2.79×10^{-39}	β-ZnS	2.5×10^{-22}
$BaSO_4$	1.08×10^{-10}	$Fe(OH)_2$	4.87×10^{-17}		
$Ba_3(PO_4)_2$	3.4×10^{-23}	FeS	6.3×10^{-18}		

数据来源：迪安 J. A. 2003. 兰氏化学手册. 2 版. 北京：科学出版社. 8.6～8.18

(乔正平)

附录 5　常见配离子的累积稳定常数(298.15 K)

离子	β_1	β_2	β_3	β_4	β_5	β_6
NH_3						
Ag^+	1.74×10^3	1.12×10^7				
Co^{2+}	1.29×10^2	5.50×10^3	6.17×10^4	3.55×10^5	5.37×10^5	1.29×10^5
Co^{3+}	5.01×10^6	1.00×10^{14}	1.26×10^{20}	5.01×10^{25}	6.31×10^{30}	1.58×10^{35}
Cu^{2+}	2.04×10^4	9.55×10^7	1.05×10^{11}	2.09×10^{13}	7.24×10^{12}	
Zn^{2+}	2.34×10^2	6.46×10^4	2.04×10^7	2.88×10^9		
Cl^-						
Cu^+		3.16×10^5	5.01×10^5			
Fe^{3+}	30.2	1.35×10^2	97.7	1.02		
Hg^{2+}	5.50×10^6	1.66×10^{13}	1.17×10^{14}	1.17×10^{15}		
CN^-						
Ag^+		1.26×10^{21}	5.01×10^{21}	3.98×10^{20}		

续表

离子	β_1	β_2	β_3	β_4	β_5	β_6
Au^+		2.00×10^{38}				
Fe^{2+}						1.00×10^{35}
CN^-						
Fe^{3+}						1.00×10^{42}
F^-						
Al^{3+}	1.26×10^{6}	1.41×10^{11}	1.00×10^{15}	5.62×10^{17}	2.34×10^{19}	6.92×10^{19}
OH^-						
Al^{3+}	1.86×10^{9}			1.07×10^{33}		
Cr^{3+}	1.26×10^{10}	6.31×10^{17}		7.94×10^{29}		
Fe^{2+}	3.63×10^{5}	5.89×10^{9}	4.68×10^{9}	3.80×10^{8}		
Fe^{3+}	7.41×10^{11}	1.48×10^{21}	4.68×10^{29}			
Zn^{2+}	2.51×10^{4}	2.00×10^{11}	1.38×10^{14}	4.57×10^{17}		
I^-						
Hg^{2+}	7.41×10^{12}	6.61×10^{23}	3.98×10^{27}	6.76×10^{29}		
SCN^-						
Fe^{3+}	8.91×10^{2}	2.29×10^{3}				
$S_2O_3^{2-}$						
Ag^+	6.61×10^{8}	2.88×10^{13}				
$C_2H_4(NH_2)_2$ 乙二胺						
Co^{2+}	8.13×10^{5}	4.37×10^{10}	8.71×10^{13}			
Co^{3+}	5.01×10^{18}	7.94×10^{34}	4.90×10^{48}			
$C_2O_4^{2-}$ 草酸根						
Fe^{3+}	2.51×10^{9}	1.58×10^{16}	1.58×10^{20}			
C_5H_5N 吡啶						
Cu^{2+}	3.89×10^{2}	2.14×10^{4}	8.51×10^{5}	3.47×10^{6}	1.00×10^{57}	1.58×10^{10}

数据来源：迪安 J A. 2003. 兰氏化学手册. 2 版. 北京：科学出版社. 8.80～8.98

（乔正平）

附录 6 标准电极电势(298.15 K)

A. 酸性介质[$a(H^+)=1$]

电极反应	$E^\ominus$/V
$F_2(g)+2e^- \rightleftharpoons 2F^-(aq)$	+2.87
$S_2O_8^{2-}(aq)+2H^+(aq)+2e^- \rightleftharpoons 2HSO_4^-(aq)$	+2.08
$O_3(g)+2H^+(aq)+2e^- \rightleftharpoons O_2(g)+H_2O(l)$	+2.075

续表

电极反应	$E^{\ominus}$ /V
$H_2O_2(aq) + 2H^+(aq) + 2e^- = 2H_2O(l)$	+1.763
$MnO_4^-(aq) + 4H^+(aq) + 3e^- = MnO_2(c) + 2H_2O(l)$	+1.70
$2HClO(aq) + 2H^+(aq) + 2e^- = Cl_2(g) + 2H_2O(l)$	+1.630
$MnO_4^-(aq) + 8H^+(aq) + 5e^- = Mn^{2+}(aq) + 4H_2O(l)$	+1.51
$2BrO_3^-(aq) + 12H^+(aq) + 10e^- = Br_2(aq) + 6H_2O(l)$	+1.5
$PbO_2(s) + 4H^+(aq) + 2e^- = Pb^{2+}(aq) + 2H_2O(l)$	+1.468
$Cl_2(aq) + 2e^- = 2Cl^-(aq)$	+1.3583
$Cr_2O_7^{2-}(aq) + 14H^+(aq) + 6e^- = 2Cr^{3+}(aq) + 7H_2O(l)$	+1.36
$Cl_2(g) + 2e^- = 2Cl^-(aq)$	+1.3583
$2HNO_2(aq) + 4H^+(aq) + 4e^- = N_2O(g) + 3H_2O(l)$	+1.297
$MnO_2(s) + 4H^+(aq) + 2e^- = Mn^{2+}(aq) + 2H_2O(l)$	+1.23
$O_2(g) + 4H^+(aq) + 4e^- = 2H_2O(l)$	+1.229
$ClO_4^-(aq) + 2H^+(aq) + 2e^- = ClO_3^-(aq) + H_2O(l)$	+1.201
$Br_2(l) + 2e^- = 2Br^-(aq)$	+1.087
$HNO_2(aq) + H^+(aq) + e^- = NO(g) + H_2O(l)$	+0.996
$NO_3^-(aq) + 4H^+(aq) + 3e^- = NO(g) + 2H_2O(l)$	+0.957
$HNO_3(aq) + 2H^+(aq) + 2e^- = HNO_2(aq) + H_2O(l)$	+0.94
$2Hg^{2+}(aq) + 2e^- = Hg_2^{2+}(aq)$	+0.991
$Cu^{2+}(aq) + I^-(aq) + e^- = CuI(c)$	+0.861
$Ag^+(aq) + e^- = Ag(s)$	+0.7991
$Hg_2^{2+}(aq) + 2e^- = 2Hg(l)$	+0.7960
$Fe^{3+}(aq) + e^- = Fe^{2+}(aq)$	+0.771
$O_2(g) + 2H^+(aq) + 2e^- = H_2O_2(aq)$	+0.695
$2HgCl_2(aq) + 2e^- = Hg_2Cl_2(s) + 2Cl^-(aq)$	+0.63
$H_3AsO_4(aq) + 2H^+(aq) + 2e^- = HAsO_2(aq) + 2H_2O(l)$	+0.560
$I_2(c) + 2e^- = 2I^-(aq)$	+0.5355
$Cu^+(aq) + e^- = Cu(s)$	+0.520
$4H_2SO_3(aq) + 4H^+(aq) + 6e^- = S_4O_6^{2-}(aq) + 6H_2O(l)$	+0.507
$[Fe(CN)_6]^{3-}(aq) + e^- = [Fe(CN)_6]^{4-}(aq)$	+0.361
$Cu^{2+}(aq) + 2e^- = Cu(s)$	+0.340
$Hg_2Cl_2(s) + 2e^- = 2Hg(l) + 2Cl^-(aq)$	+0.2676
$H_2SO_4(aq) + 2H^+(aq) + 2e^- = SO_2(aq) + 2H_2O(l)$	+0.158
$Sn^{4+}(aq) + 2e^- = Sn^{2+}(aq)$	+0.15

续表

电极反应	$E^{\ominus}$ /V
$S(s) + 2H^+(aq) + 2e^- = H_2S(aq)$	+0.144
$2H^+(aq) + 2e^- = H_2(g)$	0
$Pb^{2+}(aq) + 2e^- = Pb(s)$	−0.125
$Sn^{2+}(aq) + 2e^- = Sn(s)$	−0.136
$Ni^{2+}(aq) + 2e^- = Ni(s)$	−0.257
$Co^{2+}(aq) + 2e^- = Co(s)$	−0.277
$[Ag(CN)_2]^-(aq) + e^- = Ag(s) + 2CN^-(aq)$	−0.31
$Cd^{2+}(aq) + 2e^- = Cd(s)$	−0.4025
$Cr^{3+}(aq) + e^- = Cr^{2+}(aq)$	−0.424
$Fe^{2+}(aq) + 2e^- = Fe(s)$	−0.44
$Zn^{2+}(aq) + 2e^- = Zn(s)$	−0.7626
$Mn^{2+}(aq) + 2e^- = Mn(s)$	−1.18
$Al^{3+}(aq) + 3e^- = Al(s)$	−1.67
$Be^{2+}(aq) + 2e^- = Be(s)$	−1.99
$Mg^{2+}(aq) + 2e^- = Mg(s)$	−2.356
$Na^+(aq) + e^- = Na(s)$	−2.714
$Ca^{2+}(aq) + 2e^- = Ca(s)$	−2.84
$Sr^{2+}(aq) + 2e^- = Sr(s)$	−2.89
$Ba^{2+}(aq) + 2e^- = Ba(s)$	−2.92
$K^+(aq) + e^- = K(s)$	−2.925
$Li^+(aq) + e^- = Li(s)$	−3.045

B. 碱性介质[$a(OH^-) = 1$]

电极反应	$E^{\ominus}$ /V
$O_3(g) + H_2O(l) + 2e^- = O_2(g) + 2OH^-(aq)$	+1.246
$ClO^-(aq) + H_2O(l) + 2e^- = Cl^-(aq) + 2OH^-(aq)$	+0.890
$MnO_4^{2-}(aq) + 2H_2O(l) + 2e^- = MnO_2(s) + 4OH^-(aq)$	+0.62
$MnO_4^-(aq) + e^- = MnO_4^{2-}(aq)$	+0.56
$2ClO^-(aq) + 2H_2O(l) + 2e^- = Cl_2(g) + 4OH^-(aq)$	+0.421
$O_2(g) + 2H_2O(l) + 4e^- = 4OH^-(aq)$	+0.401
$IO_3^-(aq) + 3H_2O(l) + 6e^- = I^-(aq) + 6OH^-(aq)$	+0.257
$S_4O_6^{2-}(aq) + 2e^- = 2S_2O_3^{2-}(aq)$	+0.08
$S(s) + 2e^- = S^{2-}(aq)$	−0.407
$2SO_3^{2-}(aq) + 3H_2O(l) + 4e^- = S_2O_3^{2-}(aq) + 6OH^-(aq)$	−0.576
$AsO_4^{3-}(aq) + 2H_2O(l) + 2e^- = AsO_2^-(aq) + 4OH^-(aq)$	−0.67
$2H_2O(l) + 2e^- = H_2(g) + 2OH^-(aq)$	−0.828

资料来源：迪安 J A. 2003. 兰氏化学手册. 2 版. 北京：科学出版社. 8.121～8.138

（龚孟濂）

附录 7　原子半径(单位：pm)*

H — 32 110						元素符号 金属半径 共价半径 范德华半径											He — 37 140
Li 152 130 182	Be 111.3 99 153											B 86 84 192	C — 75 170	N — 71 155	O — 64 152	F 71.7 60 147	Ne — 062 154
Na 186 160 227	Mg 160 140 173											Al 143.1 124 184	Si 118 114 210	P 108 109 180	S 106 104 180	Cl — 100 175	Ar — 101 188
K 232 200 275	Ca 197 174 231	Sc 162 159 215	Ti 147 148 211	V 134 144 207	Cr 128 130 206	Mn 127 129 205	Fe 126 124 204	Co 125 118 200	Ni 124 117 197	Cu 128 122 196	Zn 134 120 201	Ga 135 123 187	Ge 128 120 211	As 124.8 120 185	Se 116 118 190	Br — 117 185	Kr — 116 202
Rb 248 215 303	Sr 215 190 249	Y 180 176 232	Zr 160 164 223	Nb 146 156 218	Mo 139 146 217	Tc 136 138 216	Ru 134 136 213	Rh 134 134 210	Pd 137 130 210	Ag 144 136 211	Cd 148.9 140 218	In 167 142 193	Sn 151 140 217	Sb 145 140 206	Te 142 137 206	I — 136 198	Xe — 136 216
Cs 265 238 343	Ba 217.3 206 268	La 183 194 243	Hf 159 164 223	Ta 146 158 222	W 139 150 218	Re 137 141 216	Os 135 136 216	Ir 135.5 132 213	Pt 138.5 130 213	Au 144 130 214	Hg 151 132 223	Tl 170 144 196	Pb 175 145 202	Bi 154.7 150 207	Po 164 142 197	At — 148 202	Rn — 146 220
Fr 270 242 348	Ra 220 211 283	Ac 187.8 201 247	Rf — 157 —	Db — 149 —	Sg — 143 —	Bh — 141 —	Hs — 134 —	Mt — 129 —	Ds — 128 —	Rg — 121 —	Cn — 122 —	Nh — 136 —	Fl — 143 —	Mc — 162 —	Lv — 175 —	Ts — 165 —	Og — 157 —

La 183 194 243	Ce 181.8 184 242	Pr 182.4 190 240	Nd 181.4 188 239	Pm 183.4 186 238	Sm 180.4 185 236	Eu 208.4 183 235	Gd 180.4 182 234	Tb 177.3 181 233	Dy 178.1 180 231	Ho 176.2 179 230	Er 176.1 177 229	Tm 175.9 177 227	Yb 193.3 178 226	Lu 173.8 174 224
Ac 187.8 201 247	Th 179 190 245	Pa 163 184 243	U 156 183 241	Np 155 180 239	Pu 159 180 243	Am 173 173 244	Cm 174 168 245	Bk — 168 244	Cf 186 168 245	Es 186 165 245	Fm — 167 245	Md — 173 246	No — 176 246	Lr 161 246

*数据来源：金属半径：迪安 J A. 2003. 兰氏化学手册. 2 版. 北京：科学出版社. 4.31～4.37

范德华半径、共价半径：Rumble J R. 2018. CRC Handbook of Chemistry and Physics. 99th ed. Boca Raton：CRC Press. 9-56～9-57

附录 8　有效离子半径(除镧系、锕系以外元素，单位：pm)

元素	电荷	配位数			
		4	6	8	12
H	1–		154		
Li	1+	59	76		
Be	2+	27	45		
B	1+	35			
	3+	11	27		

续表

元素	电荷	配位数			
		4	6	8	12
C	4–	260			
	4+	15	16		
N	3–	146			
	1+	25			
	3+		16		
	5+		13		
O	2–	138	140	142	
F	1–	131	133		
	7+		8		
Na	1+	99	102	118	139
Mg	2+	57	72	89	
Al	3+	39	53.5		
Si	4+	26	40		
P	3–		212		
	3+		44		
	5+	17	38		
S	2–		184		
	4+		37		
	6+	12	29		
Cl	1–		181		
	5+	34			
	7+	8	27		
K	1+	137	138	151	164
Ca	2+		100	112	135
Sc	3+		74.5	87	
Ti	2+		86		
	3+		67		
	4+	42	60.5	74	
V	2+		79		
	3+		64		
	4+		58	72	
	5+	35.5	54		
Cr	1+	81			
	2+		73LS 80HS		
	3+		61.5		
	4+	41	55		
	5+	34.5	49	57	
	6+	26	44		

续表

元素	电荷	配位数			
		4	6	8	12
Mn	2+	66HS	67LS	96	
			83HS		
	3+		58LS		
			64.5HS		
	4+	39	53		
	5+	33			
	6+	25.5			
	7+	25	46		
Fe	2+		61LS		
		63HS	78HS	92HS	
	3+		55LS		
		49HS	64.5HS	78HS	
	4+		58.5		
	6+	25			
Co	2+	38	65LS	90	
			74.5HS		
	3+		54.5LS		
			61HS		
	4+	40	53HS		
Ni	2+	55	69		
	3+		56LS		
			60HS		
	4+		48LS		
Cu	1+	60	77		
	2+	57	73		
	3+		54LS		
Zn	2+	60	74	90	
Ga	2+		120		
	3+	47	62		
Ge	2+		73		
	4+	39	53		
As	3−		222		
	3+		58		
	5+	33.5	46		
Se	2−		198		
	4+		50		
	6+		42		
Br	1−		196		
	3+	59			
	5+		47		
	7+		25		

续表

元素	电荷	配位数			
		4	6	8	12
Rb	1+		152	161	172
Sr	2+		118	126	144
Y	3+		90	101.9	
Zr	4+		72	84	
Nb	3+		72		
	4+		68	79	
	5+	48	64	74	
Mo	3+		69		
	4+		65		
	5+	46	61		
	6+	41	59		
Tc	4+		64.5		
	5+		60		
	7+	37	56		
Ru	3+		68		
	4+		62		
	5+		56.5		
	7+	38			
	8+	36			
Rh	3+		66.5		
	4+		60		
	5+		55		
Pd	2+	64	86		
	3+		76		
	4+		61.5		
Ag	1+	100	115	130	
	2+	79	94		
	3+	67	75		
Cd	2+	78	95	110	131
In	1+		140		
	3+	62	80	92	
Sn	2+		118		
	4+	55	69	81	
Sb	3−		245		
	1+		89		
	3+	76	76		
	5+		60		
Te	2−		221		
	4+	66	97		
	6+	43	56		

续表

元素	电荷	配位数			
		4	6	8	12
I	1−		220		
	5+		95		
	7+	42	53		
Xe	8+	40	48		
Cs	1+		167	174	188
Ba	2+		136	142	160
Hf	4+	58	71	83	
Ta	3+		72		
	4+		68		
	5+		64	74	
W	4+		66		
	5+		62		
	6+	42	60		
Re	4+		63		
	5+		58		
	6+		55		
	7+	38	53		
Os	4+		63		
	5+		57.5		
	6+		54.5		
	7+		52.5		
	8+	39			
Ir	3+		68		
	4+		62.5		
	5+		57		
Pt	2+		80		
	4+		62.5		
	5+		57		
Au	1+		137		
	3+	68	85		
Hg	1+		119		
	2+	96	102	114	
Tl	1+		150	159	170
	3+	75	88.5	98	
Pb	2+	98	119	129	149
	4+		78	94	
Bi	3−		213		
	3+		103	111	
	5+		76		
Po	2−		−230		
	6+		67		

续表

元素	电荷	配位数			
		4	6	8	12
At	1−		227		
	5+		57		
	7+		62		
Fr	1+		180		
Ra	2+			148	170

注：HS 表示高自旋；LS 表示低自旋。

数据来源：迪安 J A. 2003. 兰氏化学手册. 2 版. 北京：科学出版社. 4.30～4.34

（乔正平）